화학원소의 주기율표

비금속 · 세미메탈 · 금속

원자번호 / 원소기호 / 원자량

주기	1 IA (s-block)	2 IIA (s-block)	3 IIIB	4 IVB	5 VB	6 VIB	7 VIIB	8 VIIB	9 VIIB	10 VIIB	11 IB	12 IIB	13 IIIA	14 IVA	15 VA	16 VIA	17 VIIA	18 VIIIA (s-block)
1	1 **H** Hydrogen 1.0079																	2 **He** Helium 4.0026
2	3 **Li** Lithium 6.941	4 **Be** Beryllium 9.0122											5 **B** Boron 10.811	6 **C** Carbon 12.0107	7 **N** Nitrogen 14.0067	8 **O** Oxygen 15.9994	9 **F** Fluorine 18.9984	10 **Ne** Neon 20.1797
3	11 **Na** Sodium 22.9898	12 **Mg** Magnesium 24.3050											13 **Al** Aluminum 26.9815	14 **Si** Silicon 28.0855	15 **P** Phosphorus 30.9738	16 **S** Sulfur 32.065	17 **Cl** Chlorine 35.453	18 **Ar** Argon 39.948
4	19 **K** Potassium 39.0983	20 **Ca** Calcium 40.078	21 **Sc** Scandium 44.9559	22 **Ti** Titanium 47.867	23 **V** Vanadium 50.9415	24 **Cr** Chromium 51.9961	25 **Mn** Manganese 54.9380	26 **Fe** Iron 55.845	27 **Co** Cobalt 58.9332	28 **Ni** Nickel 58.6934	29 **Cu** Copper 63.546	30 **Zn** Zinc 65.38	31 **Ga** Gallium 69.723	32 **Ge** Germanium 72.64	33 **As** Arsenic 74.9216	34 **Se** Selenium 78.96	35 **Br** Bromine 79.904	36 **Kr** Krypton 83.798
5	37 **Rb** Rubidium 85.4678	38 **Sr** Strontium 87.62	39 **Y** Yttrium 88.9058	40 **Zr** Zirconium 91.224	41 **Nb** Niobium 92.9064	42 **Mo** Molybdenum 95.96	43 **Tc** Technetium (98)	44 **Ru** Ruthenium 101.07	45 **Rh** Rhodium 102.9055	46 **Pd** Palladium 106.42	47 **Ag** Silver 107.8682	48 **Cd** Cadmium 112.411	49 **In** Indium 114.818	50 **Sn** Tin 118.710	51 **Sb** Antimony 121.760	52 **Te** Tellurium 127.60	53 **I** Iodine 126.9045	54 **Xe** Xenon 131.293
6	55 **Cs** Cesium 132.9055	56 **Ba** Barium 137.327	57 **La** Lanthanum 138.9055	72 **Hf** Hafnium 178.49	73 **Ta** Tantalum 180.9479	74 **W** Tungsten 183.84	75 **Re** Rhenium 186.207	76 **Os** Osmium 190.23	77 **Ir** Iridium 192.217	78 **Pt** Platinum 195.084	79 **Au** Gold 196.9666	80 **Hg** Mercury 200.59	81 **Tl** Thallium 204.3833	82 **Pb** Lead 207.2	83 **Bi** Bismuth 208.9804	84 **Po** Polonium (209)	85 **At** Astatine (210)	86 **Rn** Radon (222)
7	87 **Fr** Francium (223)	88 **Ra** Radium (226)	89 **Ac** Actinium (227)	104 **Rf** Rutherfordium (261)	105 **Db** Dubnium (262)	106 **Sg** Seaborgium (266)	107 **Bh** Bohrium (264)	108 **Hs** Hassium (277)	109 **Mt** Meitnerium (268)	110 **Ds** Darmstadtium (281)	111 **Rg** Roentgenium (272)							

s-block (1–2족) · d-block 전이금속 (3–12족) · p-block (13–18족) · 비금속 · 금속

희토류

	d-block	f-block													
란타늄 계열 6	57 **La** Lanthanum 138.91	58 **Ce** Cerium 140.116	59 **Pr** Praseodymium 140.9076	60 **Nd** Neodymium 144.242	61 **Pm** Promethium (145)	62 **Sm** Samarium 150.36	63 **Eu** Europium 151.964	64 **Gd** Gadolinium 157.25	65 **Tb** Terbium 158.9254	66 **Dy** Dysprosium 162.500	67 **Ho** Holmium 164.9303	68 **Er** Erbium 167.259	69 **Tm** Thulium 168.9342	70 **Yb** Ytterbium 173.054	71 **Lu** Lutetium 174.9668
애티니움 계열 7	89 **Ac** Actinium 227.03	90 **Th** Thorium 232.0381	91 **Pa** Protactinium 231.0359	92 **U** Uranium 238.0289	93 **Np** Neptunium (237)	94 **Pu** Plutonium (244)	95 **Am** Americium (243)	96 **Cm** Curium (247)	97 **Bk** Berkelium (247)	98 **Cf** Californium (251)	99 **Es** Einsteinium (252)	100 **Fm** Fermium (257)	101 **Md** Mendelevium (258)	102 **No** Nobelium (259)	103 **Lr** Lawrencium (262)

소자재료 공정개론

Principles of DEVICE MATERIALS PROCESSING

소자재료 공정개론

Principles of
DEVICE MATERIALS PROCESSING

이시우 지음

카오스북
CHAOS BOOK

소자재료
공정개론

발행일 2014년 12월 1일
저 자 이시우
발행인 오성준
발행처 카오스북
주 소 경기도 파주시 문발동 507-9번지
전 화 031-949-2765
팩 스 031-949-2766

등록번호 제406-2012-000111호

디자인 디자인콤마

웹사이트 www.chaosbook.co.kr
ISBN 978-89-98338-60-2 93560

정가 23,000원

머리말

물리분야에 고체물리(solid state physics)가 있듯이 화학분야에는 고체화학(solid state chemistry)이 있다. 첨단산업의 발전과 함께 고체물리 및 고체화학에 대한 중요성은 점점 커지고 있으며 이 두 분야 사이의 경계도 점점 가까워지고 있다. 특히 나노기술, 정보기술, 생명과학기술, 에너지기술 등이 발전하면서 여러 융합기술, 특히 고체상태에 대한 이해가 더욱 중요하게 되었다.

전자소자, 기계소자, 화학소자, 바이오소자, 에너지소자 등은 기본적으로 고체재료를 바탕으로 만들어지고 있으며 소자의 설계, 소재의 활용, 소자의 제작을 위한 공정이 잘 적용이 되어야 우리의 일상생활에 유용하게 쓰일 수 있다. 예를 들어 반도체 산업 분야를 보면 양자역학을 기본으로 하는 고체물리의 기본원리가 반도체소자에 적용되고 전자적인 원리에 의해 설계가 되며 소자를 제조하기 위해서는 여러 종류의 소재가 박막형태로 증착, 패터닝되어야 한다. 여기에는 다양한 화학공정이 단위공정으로 활용되고 있다. 이러한 전자소자의 제조기술은 기계소자, 바이오소자, 화학소자, 에너지소자 등으로 파급되고 있다.

고체상태를 다루는 학문분야는 다학제간의 협력, 융합이 필요한 대표적인 분야이며 이러한 여러 부분들이 조화롭게 응용이 되어야 성공적인 제품이 만들어질 수 있다. 현재 전자디바이스는 정보기술뿐 아니라 에너지기술에도 폭 넓게 응용되고 있으며 이와 관련된 고체재료의 기본원리, 소자의 기본원리, 공정기술의 기본원리는 비단 재료를 전공하는 과학기술자뿐만 아니라 전자, 화학, 물리, 화공, 기계를 포함한 여러 분야의 과학기술자들에게 필요한 기본지식이 되었다.

재료를 전공을 하지 않은 학생들을 위해 특히 전자소자, 에너지소자 분야에 응용되는 소재와 관련하여 고체상태의 기본 원리를 다루는 좀 더 균형 잡힌 교재가 필요하다는 느낌이 들어 2010년 교보문고를 통해 재료과학과 공학 책을 출간하였다. 이 책은 재료를 전공하지 않는 학생들 중 3, 4학년 학부생이나 대학원생을 위한 기초 교재로 활용될 수 있으며 연구자를 위한 기초 입문서로도 활용될 수 있다.

이와 더불어 모든 소자는 고체재료를 가공하는 공정을 통해 구현되고 상품으로 대량 생산된다. 이러한 면에서 볼 때 융합기술 차원에서 재료 공정에 관한 기본 원리도 중요하다. 이 책은 재료를 가공하여 소자를 만드는 공정의 기본 원리를 기술하고자 하였다. 다른 공정기술과 마찬가지로 재료공정도 몇몇 단위 공정으로 체계화할 수 있으며 이러한 공정들이 응용에 따라 반복적으로 적용이 되면서 제품이 만들어진다. 이 책은 전자, 화학, 물리, 화공, 기계를 포함한 여러 분야의 과학기술자들에게도 재료공정과 관련하여 좋은 입문서가 될 수 있으리라 생각한다. 재료공정의 중심에는 반도체소자를 만드는 공정이 있으며 많은 재료공정 중에 나노소재 및 나노소자를 만드는 공정이 중요하다. 이 책에서는 다양한 재료공정 중에서 나노소자 및 나노구조를 만드는 공정들을 다루었다. 그 중심에는 반도체 소자 제조 공정이 있기 때문에 이 책은 반도체 소자 제조에 관심이 있는 학생들에게 좋은 지침서가 될 수 있다. 또 한편 이러한 반도체소자 제조 공정이 에너지 및 다른 소자의 제조에도 활용되기 때문에 다른 분야의 공정에 관심이 있는 사람들에게도 좋은 지침서가 될 수 있으리라 생각한다. 이 책이 학생들에게는 한 학기에 마칠 수 있는 교재로 또 연구자들에게는 좋은 지침서가 되기를 바란다. 끝으로 이 책을 흔쾌히 출간해 주신 카오스북 출판사와 디자인 콤마에 감사드린다.

2014년 12월

포항공과대학교 화학공학과 교수 **李 時 雨**

목 차

CHAPTER

1

서론

1.1 소재, 소자와 공정

우주의 모든 물질은 주기율표상에 있는 원소로 이루어져 있으며, 이러한 원소들이 화학결합을 함으로써 다양한 물질들이 형성된다. 재료는 우리가 사용하고 있는 모든 하드웨어를 구성하는 기본 물질이며 이러한 면에서 수학이 과학기술분야의 공통의 언어라 하면 재료는 하드웨어를 만드는 공통의 원료이다. 인류의 문명은 에너지와 재료를 활용하면서 발전해 왔다. 인류의 역사와 기술의 발전을 재료로 구분하는 것은 그 당시 어떠한 재료를 어느 분야에 활용하였느냐 하는 것이 그 사회의 기술수준과 생활수준을 결정하는 중요한 부분이었기 때문이다. 지금도 재료를 제대로 이해하고 활용할 줄 아는 나라가 과학기술에서 앞서 가는 나라이다. 인류의 문명은 인간이 자연에 존재하는 돌이나 나무를 이용해 처음으로 도구를 만들거나 집과 같은 구조물을 만들면서 발전하기 시작하였으며 석기시대, 청동기시대를 거쳐 철기시대로 이어져 왔고 근래에 들어와서는 인공섬유 및 합성수지의 발전과 함께 플라스틱의 시대, 정보기술의 발전과 더불어 실리콘의 시대 등으로 불리기도 한다. 한편으로 탄소의 새로운 나노구조들이 관심을 끌기 시작하면서 21세기를 탄소의 시대라고 이야기하기도 한다. 이러한 발전의 바탕에는 물질의 변환과 관련된 물리적·화학적 원리, 공정기술이 뒷받침하고 있다. 우리가 현재 활용하고 있고 앞으로 유용하게 활용될 것으로 기대하는 모든 정보 관련 소자와 에너지 관련 소자도 재료를 가공하는 공정기술로 만들어지고 있다.

표 1.1에는 지각을 이루고 있는 성분을 원소들의 무게 %와 화합물의 무게 %로 나타내었다. 지각은 지구에서 맨틀 위에 있는 부분으로 5~50 km 정도의 두께이고 전체 지구에서 차지하는 부피는 1% 미만이다. 대부분의 금속원소들은 산화물 형태로 지각에 존재한다.

표 1.1 지각의 원소 구성비와 화합물 구성비

원소	중량 %	화합물	중량 %
산소	46.6	SiO_2	60.6
규소	27.7	Al_2O_3	15.9
알루미늄	8.1	FeO	6.7
철	5.0	CaO	6.4
칼슘	3.6	MgO	4.7
소디움	2.8	Na_2O	3.1
포타슘	2.6	K_2O	1.8
마그네슘	2.1	TiO_2	0.7
기타	1.5	P_2O_5	0.1

우리가 활용하는 재료의 대부분은 이 지각에 있는 원료로부터 화학적인 변환에 의해 만들어진다. 지각에 있는 원소는 산소가 47% 정도로 가장 많고 실리콘이 28% 정도로 그 다음이다. 지각에 있는 금속원소들은 거의 대부분 산화물 형태로 존재하며 지각의 성분을 화합물로 보면 실리카가 61% 정도로 가장 많고 그 다음이 알루미나, 산화철 등이다. 그 외의 화합물들은 양이 상대적으로 적다. 우리가 활용하는 모든 소재는 이들 원료로부터 아래와 같이 화학적인 변환과 여러 공정을 거처 만들어진다.

$$\text{지각에서 채취되는 원료} \rightarrow \begin{matrix}\text{화학적, 물리적 변환}\\ \text{여러 종류의 공정}\end{matrix} \rightarrow \text{상품화된 소재, 소자} \tag{1.1}$$

그 예로 지각에 존재하는 철광석과 실리카 재료로부터 철과 규소를 만드는 화학공정을 들 수 있다.

$$Fe_2O_3 + C \rightarrow Fe + CO_2,\ CO \tag{1.2}$$

$$SiO_2 + C \rightarrow Si + CO_2,\ CO \tag{1.3}$$

이 화학반응은 열탄소환원법(carbothermal reduction)이라 불리는데 철의 경우는 용광로에서 위치에 따라 900~1650°C의 온도 범위에서 이 반응이 연속적으로 수행되며 쇳물이 연속적으로 흘러나오게 된다. 규소의 경우는 1900°C 이상에서 수행되며 탄소 전극을 이용하여 용광로보다는 작은 전기로에서 조업하게 된다. 비철금속으로 가장 사용량이 많은 알루미늄의 경우는 산화알루미늄 용액으로부터 전기분해에 의해 금속으로 얻게 되는데 이는 알루미늄이 탄소보다 강력한 환원제여서 열탄소환원법을 효과적으로 활용할 수 없기 때문이다. 위의 공정을 보면 금속을 얻기 위해 많은 에너지가 소모되고 또한 온실기체로 주목받는 이산화탄소가 대량 방출되는 것을 알 수 있다. 이상과 같이 원류로부터 부가가치가 높은 제품을 만들기 위해서는 다른 분야와 마찬가지로 재료 및 소자 분야에서도 다양한 공정이 핵심적인 역할을 한다.

그림 1.1에서는 지각에 존재하는 원소들의 양을 규소를 1이라 했을 때의 상대적인 값으로 나타내었다. 여기에서 산업적으로 쓰이는 주요 금속들은 Al, Fe, Mg, Ti, Mn, Cr, Cu, Zn, Ni, Sn, W, Pb 등이며 희귀금속들은 Ag, Rh, Ru, Pd, Os, Au, Pt 등이다. 원자번호 57의 La에서 71의 Lu 등은 희토류로 분류된다. 이러한 희귀금속이나 희토류 등은 화학촉매, 투명전극, 강자성체 등에서 중요한 원소로 활용되며 그 중요성이 커지고 있으나 매장량이 적고 또한 지역적으로 편중되어 있어 문제가 되고 있다.

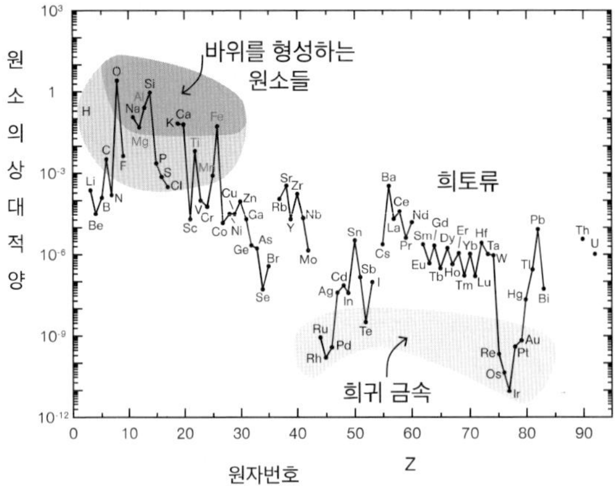

그림 1.1 지각에 존재하는 원소들의 상대적인 양(규소 원소를 1이라 보았음)

19세기와 20세기에 걸쳐 원자의 구조, 전자와 광자의 특성이 규명되면서 양자역학이 태동, 발전하게 되었다. 특히 반도체의 특성이 규명되면서 재료분야는 다른 분야와 함께 눈부시게 발전하였으며 20세기 중반에 발명된 고체재료 트랜지스터, 집적회로는 현재의 정보기술을 가능하게 하였다. 이후의 기술발전은 과거보다 훨씬 빠르게 진척되고 있다. 20세기 말 21세기 초의 정보화 시대, 디지털 혁명은 정보기술 분야의 하드웨어의 발전으로 빠르게 진행되고 있다. 0과 1을 이용해 2진법으로 처리되는 디지털정보는 전자와 광자의 펄스로 표시되며 이러한 신호는 고체재료를 통해 발생, 전달, 처리, 저장되고 있다. 또한 태양전지 같은 에너지 소자는 반도체로 만들어지며 여기에 빛이 들어와 흡수되어 전자와 정공의 짝이 생기면 이들 전자가 재결합하여 소멸되기 전에 밖으로 흘러나오게 하여 전기 에너지로 활용된다. 2차전지는 충전과 방전을 거듭하며 전기에너지를 저장하고 필요할 때 전원으로 활용하는 소자로 모바일 전자기기에 필수적인 부품이다. 여기에는 이온전도체가 활용된다. 이러한 전자소자와 에너지소자에는 공통적으로 전자재료가 중요하게 활용된다.

재료기술은 다학제의 원리가 적용되는 대표적인 분야로 화학과 물리의 원리를 기초로 하고 있다. 화학, 화공을 통한 재료의 합성 및 대량생산, 재료과학과 공학을 통한 물질의 구조와 물성의 이해, 그리고 응용분야에서 기계공학을 통한 구조재료의 설계 및 응용, 전자공학을 통한 전자소자의 설계 및 응용 등이 중요하다. 그림 1.2는 이러한 관계를 나타내고 있다.

실제 원료로부터 재료를 합성 가공하는 분야는 재료의 경제성을 좌우하게 되고 이때 만들어지는 재료의 구조와 물성에 지대한 영향을 미친다. 화학을 통한 좀 더 우수한 재료의 합성 및 가공은 이러한 이유에서 관심을 끌고 있다. 이러한 재료와 관련된 화학의 영역을 재료화학(혹은 고체화학)이라 하고 재료와 관련된 물리의 영역을 고체물리라 한다.

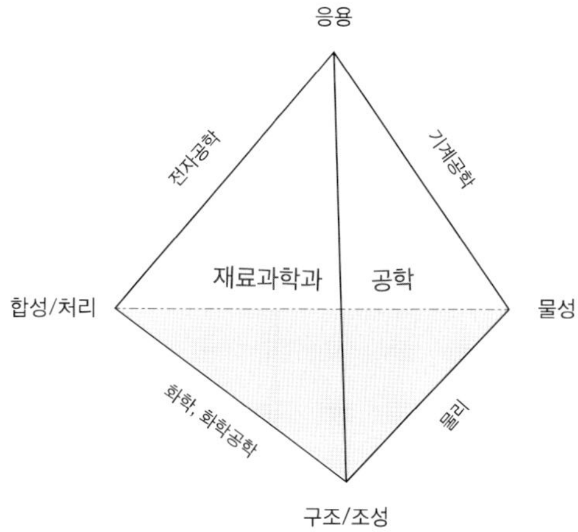

그림 1.2 다학제 간 학문인 재료과학과 공학(MSE: Materials Science and Engineering) 분야에서 재료의 합성 및 가공, 재료의 조성, 구조와 물성, 재료의 응용과의 관련성. 기초과학인 화학, 물리, 공학분야인 화학공학, 기계공학, 전자공학 등이 관련된다.

재료의 조성과 구조는 물성에 지대한 영향을 미치며 이의 상관관계와 관련된 원리, 구조의 측정 및 규명, 물성에 대한 연구는 재료과학과 공학분야의 중심이 된다. 구조재료는 토목, 기계분야에서 구조물의 제조에 널리 응용되며 전자재료는 전자분야에서 소자를 제조하는 데 중요하게 활용된다. 이러한 면에서 볼 때 재료를 응용한 새로운 기술의 개발에는 여러 학제 간의 공동 노력이 필요하다.

그림 1.3에 보는 바와 같이 과거의 소재들은 주로 지각에 존재하는 원료를 직접 가공하여 만들었다. 일례로 점토 같은 재료를 채취하여 물에 반죽하고 성형을 한 후 고온에서 소성하여 가공하는 것을 들 수 있으며 도자기 같은 여러 세라믹 제품들이 만들어졌다. 이 경우 재료의 미세구조는 약 100배에서 1000배 정도의 배율을 갖는 광학현미경으로 관찰하였다. 최근의 정밀 세라믹 제품은 원료를 실험실에서 화학적으로 합성하여 조성 및 미세구조를 정밀히 제어하고 다양한 용매에 분산시켜 성형한 후 고온 고압에서 소성하여 뛰어난 물성을 갖는 구조물로 만들어진다. 이러한 것들은 전자현미경을 통해 수만에서 수백만 배까지 확대해 그 미세구조를 분석, 제어하며 각종 첨단 제품의 부품소재로 활용된다.

고체재료는 또한 각종 소자를 만드는 데 응용이 된다. 그림 1.4에는 각종 시스템을 칩 위에 소자화한 예가 요약되어 있다. 전자와 광자들이 관여하는 소자는 양자시스템인데 여기에는 정보기술의 근간이 되는 각종 실리콘반도체소자, 화합물반도체소자, 디스플레이소자, 태양전지와 같은 에너지소자 등이 있다. 이외에도 다양한 형태의 시스템온칩이 관심을 끌고 있다.

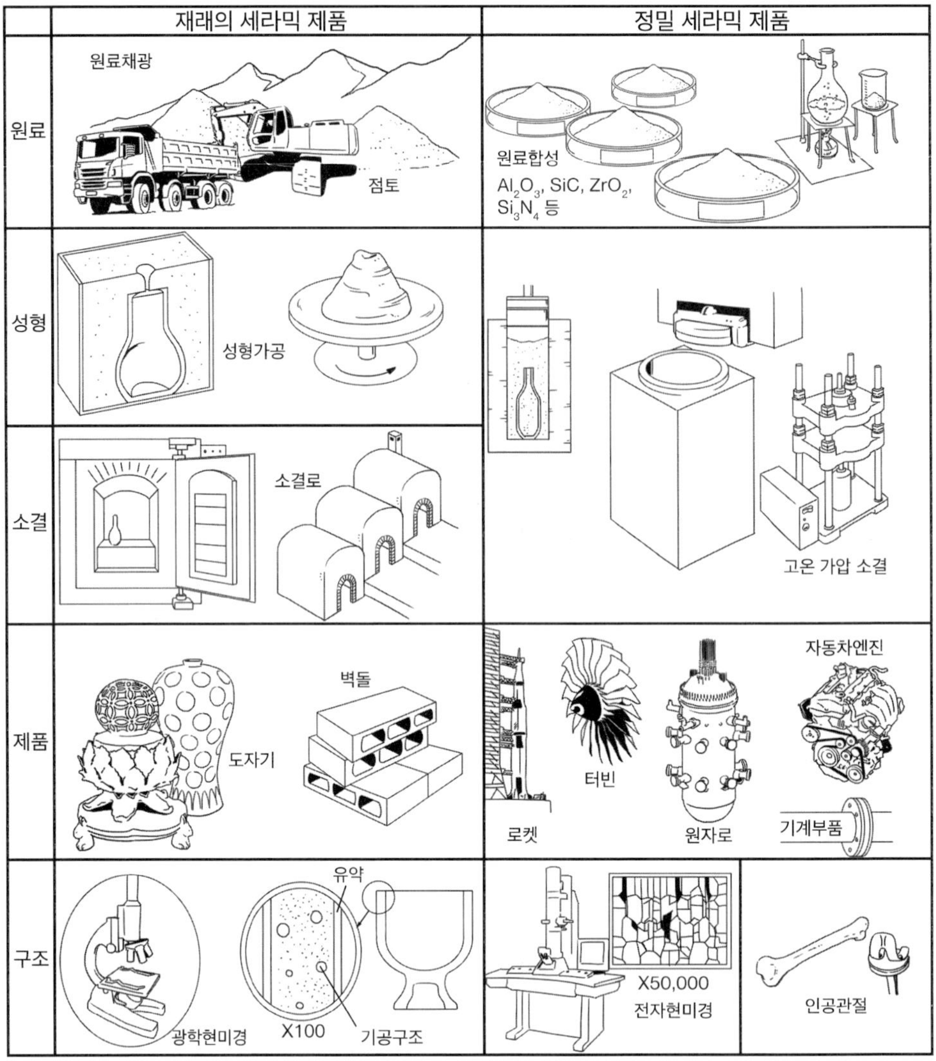

그림 1.3 전통적인 세라믹 제품과 정밀세라믹 제품, 그리고 제법의 비교

화학시스템, 기계시스템, 바이오시스템 모두 같은 개념으로 소형화, 집적화할 수 있으며 이에는 모두 다양한 소재가 응용되고 공정을 통해 배열되고 있다. 이상에서 보는 바와 같이 모든 하드웨어의 제작에는 각 소자의 특성에 맞는 소재를 활용해야 하며 이제까지 알고 있는 고체재료는 물론이고 다양한 분자소재도 폭넓게 쓰이고 있다. 이러한 다양한 칩은 실리콘 위(COS: chip on silicon), 유리 위(COG: chip on glass) 그리고 플라스틱(COP: chip on plastic)이나 스테인레스 스틸 등 여러 소재 위에 만들어지고 있다. 우리가 나노기술에, 그리고 융합기술에 관심을 갖는 가장 큰 이유는 결국은 이러한 여러 시스템을 잘 설계하고 좀더

잘 만들 수 있는 기반기술을 확보하자는 것이다. 실제로 시스템온칩 제조의 핵심기술은 소자, 소재, 공정기술이라 볼 수 있다. 이 분야의 연구는 첫째, 소재 연구로 무기소재, 유기소재, 단분자 및 고분자화학소재, 촉매소재, 바이오소재, 광자 및 전자소재, 정보전자소자용 화학분자소재에 관한 연구를 들 수 있으며 둘째, 소재를 가공하고 패터닝하는 다양한 공정기술 연구, 셋째, 관련 소자 연구로 차세대 실리콘 집적회로, 박막트랜지스터, 발광소자, 디스플레이소자, 정보저장소자, 배터리 및 에너지소자, 바이오소자 등을 예로 들 수 있다.

각종 시스템온칩 중 퀀툼 시스템은 정보기술 분야에서 광범위하게 상업화되어 있으며 기타 다른 시스템온칩이 상업화될 것으로 기대되고 있다. 이 책에서는 이러한 다양한 소자 및 소재들과 관련된 공정기술의 기본 원리를 다루고자 한다.

그림 1.5(a)는 20세기 초에 개발된 진공관의 개념도이다. 1897년 음극에서 방출되는 음극선이 음전하를 띤 전자라는 것이 톰슨(Joseph John Thomson)에 의해 확인된 후 진공관은 전자의 흐름을 제어하는 소자로 자리를 잡게 되었다. 이후 라디오, 텔레비전 등의 발명으로 이어져 전자산업의 태동을 가능하게 하였다. 전자 방출 필라멘트는 흐르는 전류에 의해 높은 온도로 가열되고 열전자를 방출하게 된다. 금속망으로 만들어진 그리드에 걸리는 전압은 방출된 전자가 양극으로 이동하는 흐름을 제어하게 된다.

이러한 진공관 트랜지스터는 부피가 크고 열이 많이 나며 수명이 짧다는 단점을 갖고 있다. 1948년에 미국의 벨연구소에서는 저매니움 반도체를 이용해 세계 최초로 접합형 고체재료 트랜지스터를 발명하였다. 당시에는 저매니움보다 용점이 높은 규소결정을 효율적으로 키울 수 있는 기술이 발달되지 않아 저매니움 결정을 사용하였다. 이후 실리콘의 단결정 성장기술

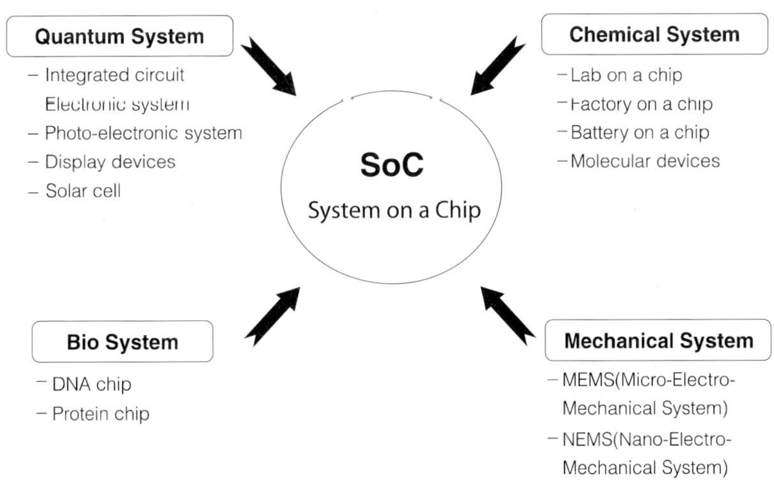

그림 1.4 다양한 형태의 시스템온칩

이 개발되어 현재의 반도체소자는 대부분 물성이 뛰어난 실리콘으로 만들어지고 있다. 고체 재료 트랜지스터는 20세기 초에 발명된 진공관 트랜지스터를 대체하게 되었으며 소자의 소형화를 가능하게 하였다. 이러한 트랜지스터는 전자신호를 증폭하거나 스위칭하는 역할을 담당하며 물의 흐름을 제어하는 수도꼭지처럼 전자의 흐름을 제어하는 밸브 역할을 한다. 그림 1.5(b)는 현재 메모리, 마이크로프로세서 등에 쓰이는 MOSFET(metal-oxide-semiconductor field effect transistor)의 구조이다. 실리콘 반도체에 3가나 5가 금속원소를 주입해 p형, 혹은 n형 반도체를 만들고 금속으로 된 게이트에 걸리는 전압에 의해 소스와 드레인 단자 사이에 흐르는 전하의 흐름을 제어한다. 그림 1.5(c)에는 단결정 실리콘에 전자회로를 집적한 칩을 포장하여 만들어진 집적회로 제품의 예가 나타나 있다. 이러한 반도체 기술을 바탕으로 미국의 실리콘 밸리에는 수많은 벤처 기업들이 탄생하였으며 라디오, 텔레비전, 집적회로, 컴퓨터 등 다양한 전자기기들이 상품화되었다. 60년대 초 처음 개발된 집적회로는 25마이크론 선폭(머리카락의 굵기가 약 100마이크론)에 100개 미만의 소자가 집적되었으나 현재의 마이크로프로세서에는 선폭이 20나노미터 수준으로 10억 개 이상의 소자가 집적되어 있다. 그림 1.6은 인텔에서 생산해 온 개인컴퓨터용 마이크로프로세서의 발전 추이를 보여주고 있다.

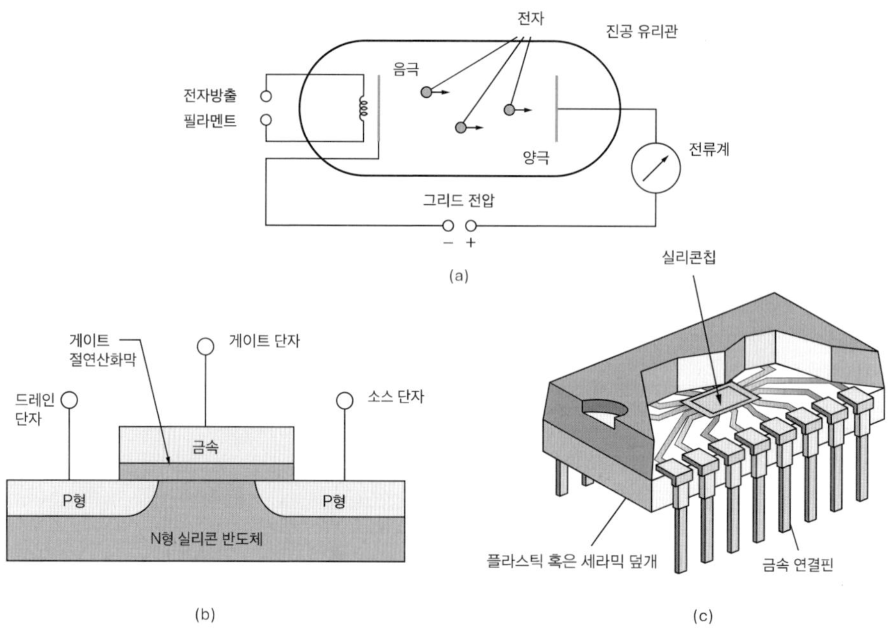

그림 1.5 (a) 20세기 초에 발명되어 상품화된 진공관, (b) 실리콘 반도체로 만들어진 트랜지스터(MOSFET: metal-oxide-semiconductor field effect transistor)의 구조, (c) 단결정 실리콘에 회로를 집적 만들어진 집적회로 제품의 예

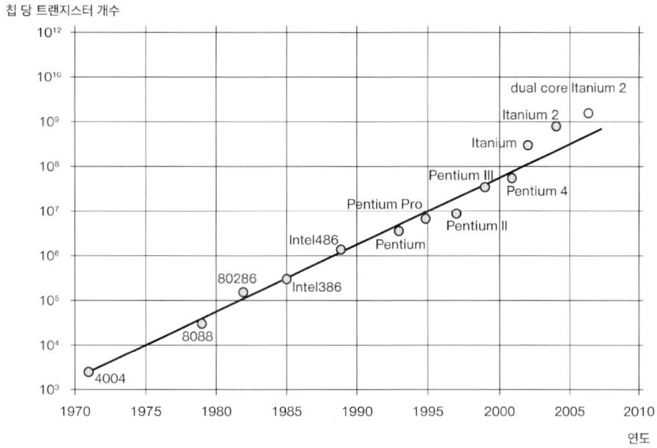

그림 1.6 무어의 법칙과 인텔 마이크로프로세서의 발전 추이

매년 회로의 집적도가 2배로 늘어난다는 무어의 법칙이 직선으로 나타나 있는데 그간의 추세가 이 법칙에 가깝게 발전해 온 것을 알 수 있다. 그림 1.7은 60년대 초 집적회로의 첫 시제품이 나온 이후 연도에 따라 집적회로의 선폭이 어떻게 감소해 왔는가를 보여주고 있다. 1킬로비트(2^{10}=1024 bit) 메모리(SSI: small scale integration)에서 시작하여 메가비트(10^6) 시대에 들어서면서 서브마이크론(1마이크론=10^{-6}미터 미만)으로 선폭이 줄어들었으며(VLSI: very large scale integration) 현재에는 20~30나노미터(나노미터=10^{-9}미터) 선폭의 기가(10^9)비트 시대(ULSI: ultra large scale integration)를 열었다. 이러한 추세로 조만간 테라비트(10^{12}) 시대가 열릴 것으로 기대된다. 소자의 소형화는 가공 공정기술의 발전을 통해 가능했으며 소자의 속도는 더욱 빨라지고 많은 전자기기들의 소형화가 가능하게 되었다.

이와 관련하여 요구되는 핵심소재의 추세를 표 1.2에 요약하였다. 현재 반도체 제조 팹에서 쓰이는 300밀리 웨이퍼는 450밀리로 발전하고 소자의 선폭은 20나노미터 이하로 축소되며 게이트 절연막의 두께는 1나노미터 이하, 전하를 저장하는 캐패시터 유전체의 유전상수는 500 이상, 금속박막 간 절연막의 유전상수는 2 이하로 발전될 것으로 예상된다. 제조원가를 줄이기 위해 기판의 크기는 점점 커지는 추세이고 소자의 집적도를 높이기 위해 선폭은 계속적으로 줄어드는 추세이다. 이에는 공정기술의 발전이 뒷받침되어야 하고 이러한 공정을 수행할 수 있는 장비의 개발이 이루어져야 한다.

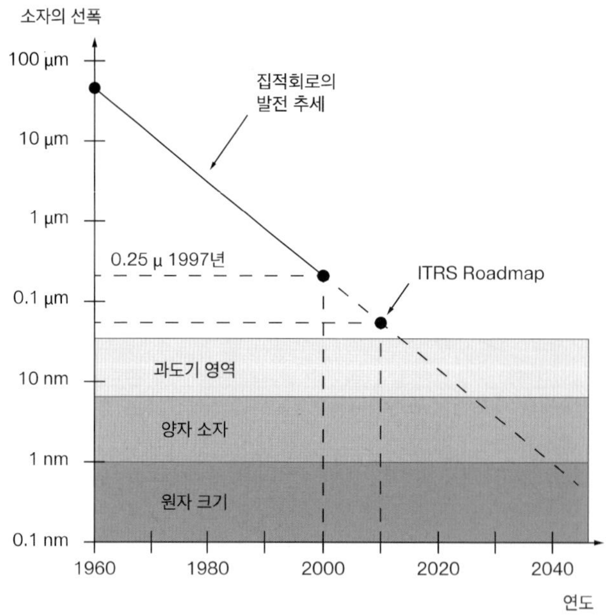

그림 1.7 제조공정기술의 발전에 의한 집적회로 선폭의 축소 동향

표 1.2 집적회로 전자소자의 기술발전 동향 예상

	과거 **메가비트**	**현재** **기가비트**	**미래** **테라비트**
연도	2000	2015	2025
게이트절연막의 두께	30 ~ 40Å	10 ~ 15Å	10Å 이하
유전체의 유전상수	4 ~ 9	50	500 이상
절연체의 유전상수	3.0 ~ 4.1	2.5 ~ 3	2.0 이하
웨이퍼의 직경	200mm	300mm	450mm
회로선폭	130nm	50nm	20nm 이하

(1nm = 10 Å)

그림 1.8에는 집적회로 제조공정에서 간단한 p-n접합을 만드는 개념도가, 그림 1.9에는 이를 실제로 구현하는 공정의 개념이 소개되어 있다. 그림 1.8에서 보면 먼저 *n*형의 단결정 실리콘 웨이퍼를 반응기에 넣고 산소를 불어넣으며 산화시키면 실리콘 표면에 적절한 두께의 산화막을 형성하게 된다. 다음 특정 부분의 산화막을 에칭하여 제거하고 다시 반응기에서 가열하면서 도판트를 함유한 기체분자를 흘려보내면 도판트 기체가 표면에 흡착 분해되면서 확산되어 실리콘 안으로 주입된다. 이때 산화막은 마스크 역할을 해서 필요한 부분에만 *p*형의 도판트가 주입되어 p-n접합이 형성된다. 집적회로의 기본 제조 개념은 이러한 부분을 웨이퍼 전체에 동시에 제조하고 필요한 부분은 금속막으로 서로 연결 단결정 실리콘 웨이퍼

위에 소자를 집적하는 것이다. 또한 많은 수의 소자를 미세한 회로로 연결 다량의 제품을 동시에 제작하게 된다. 단결정 규소 기판에 이러한 개념으로 소자를 만들고 금속 배선을 통해 연결하는 집적의 개념이 현재의 집적회로를 가능하게 하여 정보화 사회를 여는 초석이 되었다. 그림 1.9에는 패턴을 만드는 일련의 공정이 소개되어 있다.

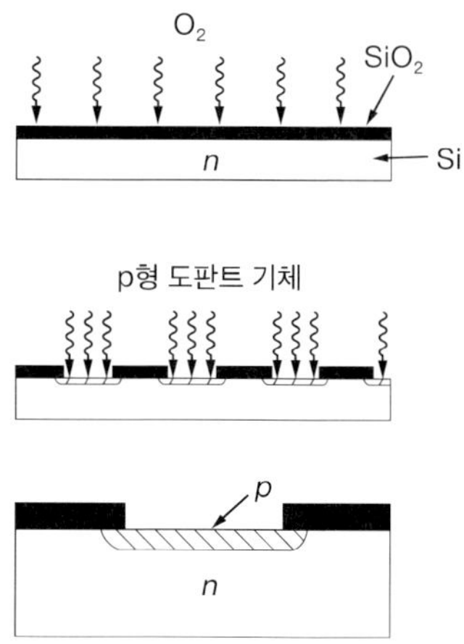

그림 1.8 실리콘 단결정 기판에 p–n 접합부를 만드는 개념도

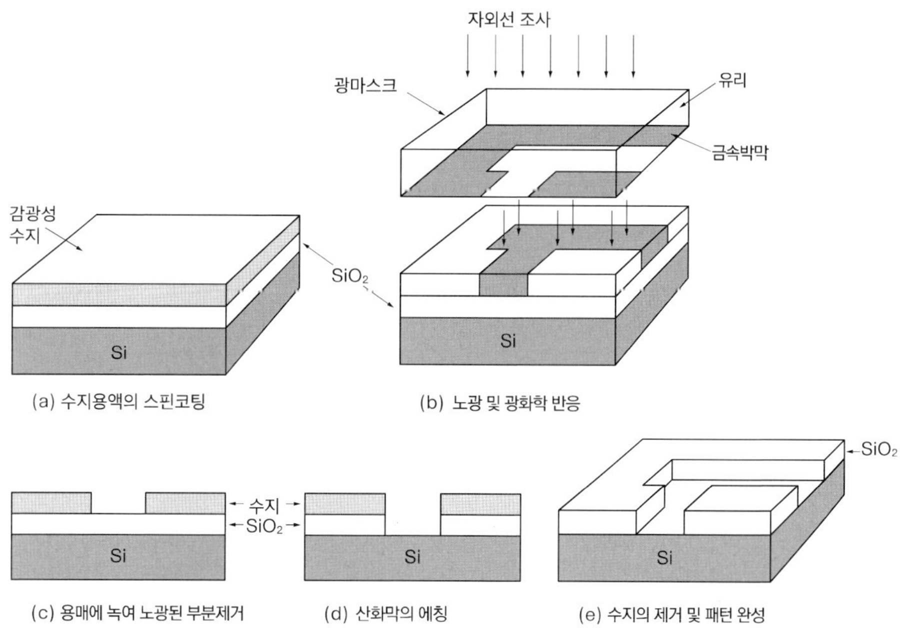

그림 1.9 실리콘 단결정 기판에 미세구조를 만드는 공정의 예

먼저 특정 파장의 자외선에 반응하는 감광성 고분자를 유기용매에 녹여 용액을 만들고 웨이퍼를 회전시키면서 용액을 떨어뜨려 스핀코팅한다. 다음 투명한 유리기판에 금속박막이 코팅되어 패턴된 광마스크를 통하여 자외선을 쬐어주는 노광공정을 수행한다. 이때 자외선은 유리부분을 통해서만 투과해 감광성 수지 위에 조사된다. 빛이 도달한 부분은 광화학반응이 일어나게 되고 이후 용매로 씻어내면 빛을 받은 부분만 녹아나가게 된다.

다음에 반응기에 식각기체를 도입하면(산화막은 주로 불소 성분으로 에칭함) 수지가 마스크 역할을 하고 노출된 부분의 실리콘산화막만 식각이 된다. 이후 수지를 제거하면 마지막 단계에 나타난 바와 같은 패턴이 형성된다. 여기에 도판트 기체를 흘려 확산시키면 앞서와 같은 p-n 접합부가 형성된다. 그리고 여기에 금속박막을 증착하고 식각하면 소자의 각 부분을 도체로 연결할 수 있다. 이와 같은 공정을 여러 번 반복하여 원하는 회로 패턴을 만들게 된다.

이제까지 언급한 소자는 디지털 정보를 저장, 처리하는 소자로 디지털 정보화 사회에서 핵심적인 하드웨어이다. 이러한 소자는 컴퓨터의 작동에 중심적인 역할을 하는 각종 메모리와 마이크로프로세서에 활용되고 있으며 그 속도가 생명이기 때문에 나노 초 정도의 작동이 가능한 단결정 실리콘을 중심으로 만들어진다. 박막트랜지스터를 이용한 디스플레이에서는 소자가 유리 위에 만들어지며 각 픽셀을 구동하는 트랜지스터는 수소화된 비정질 실리콘으로 만들어진다. 이 경우 소자의 속도는 마이크로초 정도로 단결정 실리콘보다는 떨어지지만 디스플레이 소자로서 역할을 하는 데에는 문제가 없다. 경우에 따라 고화질을 구현하기 위해서는 비정질 실리콘보다 전자의 이동도가 높은 다결정 실리콘을 활용한다. 응용에 따라 소자의 성능을 구현할 수 있는 경제성 있는 소재와 공정을 적용해야 한다.

이상의 예에서 보듯이 전자소자는 반도체를 비롯해 절연체, 유전체, 도체 등으로 만들어지는 것을 알 수 있으며 이러한 소재들이 박막형태로 만들어지고 이들을 패터닝해 필요한 기능을 수행하게 된다. 그림 1.10에는 이러한 소자들을 만들기 위한 단위공정을 보여주고 있다. 여러 전기적인 특성을 갖는 소재들이 쓰이며 이들을 박막형태로 만드는, 그리고 나노규모의 미세패턴을 만드는 공정기술이 소자 제조에 중요하다. 박막을 만드는 공정은 물리적인 방법(PVD: physical vapor deposition), 화학적인 방법(CVD: chemical vapor deposition)이 있으며 산화막을 만들기 위한 산화공정, 도판트의 확산공정, 감광성 수지를 이용하고 자외선 노광을 이용한 리소그라피공정, 에칭공정, 수지를 제거하는 애싱공정, 세정공정, 이온 주입공정, 열처리공정, 도금공정, 화학적, 기계적 연마공정 등 다양한 단위공정이 집적회로의 제작에 활용되고 있다. 현재의 집적회로는 이러한 단위공정이 수백 번 반복되면서 만들어진다.

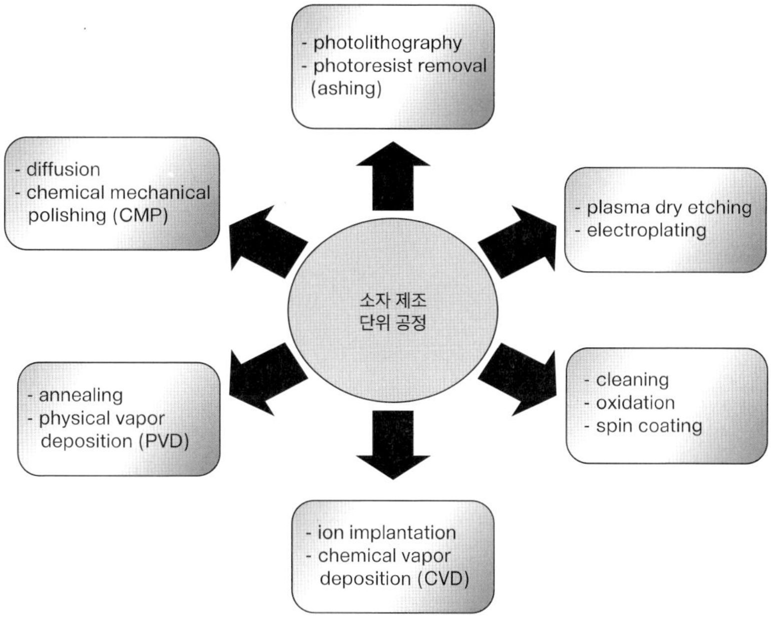

그림 1.10 전자재료를 박막형태로 증착하고 패터닝해서 집적회로를 만드는 데 활용되는 단위 공정들

이러한 집적회로의 제조기술은 태양전지와 같은 에너지소자 및 다른 시스템온칩의 제조에도 파급되어 널리 쓰이고 있으며 이에 대한 내용을 이 책에서 다루게 된다. 집적회로의 제작에는 일부의 습식법을 제외하고는 대부분 건식공정이다. 이는 가장 선폭이 작은 미세회로를 만드는 집적회로공정에서는 나노구조의 제조에 유리하고 또한 오염을 최소화할 수 있는 건식공정이 필수적이기 때문이다. 정밀한 패턴을 만들 수 있는 가공기술과 소재기술은 각종 디지털 전자소자, 디스플레이소자의 제조에 밑거름이 되어 현재의 정보화 사회를 가능하게 하였다. 또한 정보기술에서 파급된 관련 기술은 에너지소자, 기계소자, 바이오소자, 각종 센서소자를 제작하는 데 응용되어 새로운 산업을 창출할 것으로 기대되고 있다. 지금까지의 패터닝 기술은 대부분이 진공 증착공정을 통해 형성되는 박막을 기본으로 하여 그림 1.9에 나타난 바와 같은 광묘화(photolithography) 공정을 통해 이루어지고 있다. 이러한 추세는 앞으로도 상당 기간 지속될 것으로 예상된다. 한편으로는 다양한 패터닝 공정이 다양한 소자를 만드는 데 활용될 것으로 예상된다.

집적회로 이외의 다양한 소자들의 제조에는 액상공정을 이용한 직접 패터닝 방법도 유용하게 쓰일 것으로 기대된다. 여기에는 우수한 물성의 기능성 용액을 필요로 하고 이를 이용해 박막을 제조하고 물성을 평가하며 또한 소자구조를 만들어 계면 특성 및 소자 특성을 규명하는 연구가 필요하다. 이러한 분야는 인쇄전자(printing electronics), 한 번 쓰고 버리는 소자(disposable electronics), 유연소자(flexible device)로 대변되며 이러한 분야에서도 관련 소재 및 공정기술이 중요하다. 집적회로와 달리 나노구조의 패터닝 기술이 필요없는 분야에서 이러한 인쇄전자 기술이 경제적으로 유리하게 적용될 수 있다. 이와 관련된 소재, 공정, 소자의 연구가 활발하게 이루어지고 있다. 직접 인쇄법에 의해 여러 소자를 제조하기 위해서는 다양한 특성을 구현하는 유기소재, 무기소재, 하이브리드 소재를 나노크기로 만들고 용매에 분산시켜 용액 상태로 만들어야 한다. 이러한 기능성 용액을 만들기 위해서는 각종 유기, 무기 소재를 입자, 튜브, 와이어 등 다양한 나노구조로 합성하고 이를 적절한 용매를 사용해 용액화하는 것이 필요하다. 이 용액을 적절한 공정을 이용해 프린팅함으로써 소재를 박막화하고 패터닝하여 여러 특성을 구현해야 한다. 이를 바탕으로 우수한 박막 트랜지스터, 태양전지, 발광 다이오드, 센서, 에너지소자 등을 만드는 기반을 마련할 수 있다.

1.2 재료의 종류

재료는 편의상 금속재료, 세라믹, 저분자 및 고분자 형태의 유기재료로 분류된다. 이러한 재료들은 모두 그림 1.11에 보는 바와 같은 주기율표상의 원소로 되어 있다. 이 중 금속재료와 세라믹은 무기재료이며 고분자재료는 유기재료이다. 또한 이들을 섞어서 만든 복합재료가 있다. 이들 원소 중 흰색은 금속, 옅은 회색은 세미메탈(혹은 메탈로이드), 회색은 비금속원소이다.

■ 금속재료

금속재료는 하나 혹은 둘 이상의 금속원소로 이루어져 있다. 금속원소는 전자를 잘 내놓는 전기음성도가 작은 원소들로 주기율표에서 IA, IIA에 속하는 s블록 원소들, IIIB, IVB, VB, VIB, VIIB, VIIIB, IB, IIB의 d블록 전이금속들 그리고 굵은 선 아래의 IIIA, IVA, VA의 p블록 원소들이 이에 해당된다. 수소를 포함한 그 외의 원소들은 비금속원소들이다. 금속재료로 대표적인 것이 철, 알루미늄, 구리, 은, 니켈, 타이타늄 등이 있고 둘 이상의 원소로 된 합금원소는 스테인레스 스틸을 비롯한 여러 특수강들이 있다. 금속원소로 이루어진 금속재료는 원자 간에 강한 금속결합을 하고 있으며 원자들의 배열이 비교적 규칙적이다. 일부 금속은 질소, 탄소, 산소, 규소 등과 같은 비금속원소를 포함하기도 한다. 금속재료는 일반적으로

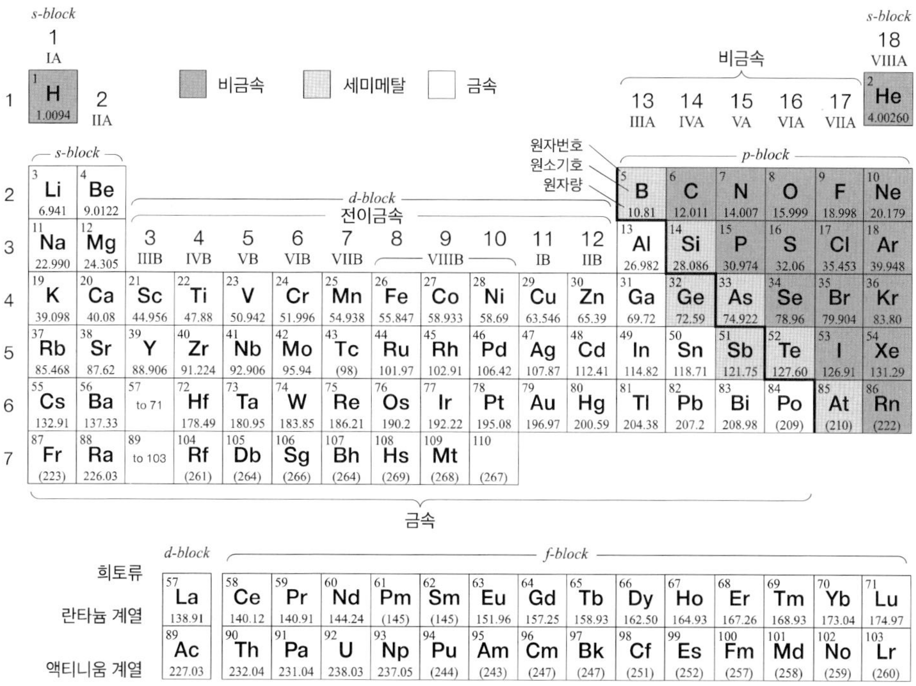

그림 1.11 화학원소의 주기율표

열전도도와 전기전도도가 높다. 비교적 질기고 강하며 상온에서 연성이 있다. 이에 따라 힘으로 눌러 얇은 판재로 만들 수 있다. 높은 온도에서도 강도가 비교적 높은 편이다. 가장 보편적으로 쓰이는 철금속재료와 그 외의 비철금속재료로도 구분된다.

■ 세라믹재료

세라믹재료는 주기율표상에 있는 금속원소와 비금속원소의 화합물이다. 세라믹 물질은 다양한 종류가 있다. 공유결합 특성이 강한 물질, 이온결합의 특성이 강한 물질, 이 두 결합의 특성을 어느 정도 혼합적으로 갖고 있는 물질 등 원소 간의 결합 형태가 다양하므로 각각의 결합 특성에 따라 다양한 물성을 지니게 된다. 가장 다양하게 많은 세라믹은 산화물로 실리카(SiO_2), 알루미나(Al_2O_3), 마그네시아(MgO), 타이타니아(TiO_2), 지르코니아(ZrO_2) 등 여러 종류가 있으며 여러 분야에서 광범위하게 활용되고 있다. 다음은 질화물로 질화규소(Si_3N_4), 질화티타늄(TiN), 질화알루미늄(AlN), 질화탄탈럼(TaN, 혹은 Ta_3N_5) 등이 있다. 이외에도 탄소와의 결합에 의한 탄화물(SiC, TiC, ⋯), 실리콘과의 결합에 의한 규화물(silicide: $TiSi_2$, $MoSi_2$, WSi_2, ⋯), 보론과의 결합에 의한 보라이드(TiB_2) 등이 있다. 또한 칼코

지나이드(chalcogenide)로 불리는 VIA족과의 화합물로 황화물(sulfide), 셀렌화물(selenide), 텔루리윰화물(telluride) 등도 있다. 할라이드 화합물도 고체상태인 경우가 있으나 재료로 널리 쓰이지는 않는다. 세라믹 화합물의 결정성은 결정질, 비정질 혹은 그들의 혼합 상태로 다양하게 존재한다. 대부분의 세라믹 물질은 아주 단단하고 고온강도가 높으나 기계적으로 잘 깨지는 성질(취성)이 있다. 단열이나 절연특성이 우수하고 열에 강하며 내마모성이 우수하기 때문에 내화벽돌이나 고온 액체금속의 용기, 우주왕복선 외부의 단열 타일 등으로 쓰인다.

■ 저분자 및 고분자 유기재료

유기분자들도 고체재료로 관심을 끌고 있으며 그중 분자량이 10,000 이상으로 큰 물질이 고분자이다. 이와 함께 분자량이 1,500 이하로 작은 다양한 유기소재도 관심을 끌고 있으며 분자량이 1,500 이상의 올리고머 유기소재도 있다. 20세기는 플라스틱의 시대라 할 정도로 고분자재료는 우리 생활에 광범위하게 쓰이고 있다. 고분자재료는 탄소를 함유하는 유기화합물로 이루어져 있고 긴 사슬의 분자로 되어 있어 분자량이 높다. 긴 사슬의 분자는 탄소 사이의 공유결합으로 이루어져 있고 이 긴 분자와 분자 간에는 반데어발스 힘으로 약하게 결합되어 있다. 대부분의 고분자 물질은 비정질이나 일부는 결정질과 비정질의 혼합상을 보이기도 한다. 고분자재료의 강도나 연성은 재료에 따라 다양하게 변하며 대부분 절연체여서 전기적 절연재로 많이 쓰인다. 보통 고분자재료는 밀도가 낮고 열에 약하며 물러지는 온도와 분해온도가 낮다. 주기율표상의 원소 중 주로 탄소와 수소로 되어 있으며 일부 질소, 산소, 유황, 인, 규소 등이 포함되기도 한다. 낮은 온도에서 쉽게 가공이 되어 다양한 형태로 우리 일상생활에 광범위하게 쓰인다. 고분자를 포함하여 저분자의 유기재료도 전기적으로 다양한 특성을 갖고 있어 전도체, 반도체, 절연체 등이 있으며 이러한 소재를 이용한 전자 및 광자소자가 관심을 끌고 있다. 유기 박막 트랜지스터, 유기 발광 다이오드, 유기 태양전지 등이 그 예이며 액정소재도 정보소자에 중요하게 활용되고 있다.

■ 반도체재료

이상과 같이 재료는 금속, 세라믹, 유기재료 세 가지로 크게 구분해 볼 수 있다. 그러나 그림 1.11의 주기율표상에서 세미메탈(semimetal), 혹은 메탈로이드(metalloid)로 불리는 원소들로 이루어진 재료들은 도체와 절연체의 중간 정도의 특성을 갖는다. 특히 IVA에 속하는 원소들은 서로 공유결합에 의해 연결되어 전기전도도가 절연체와 도체의 중간 정도인 반도체를 형성한다. 그 대표적인 예가 실리콘과 저메니움이다. 반도체라는 특성은 재료의 물성 또는 기능에 의한 분류이나 이들은 무기물로서 금속과 비금속의 중간에 위치하는 재료이다. 특히 탄소는 그 결합형태에 따라 다이아몬드, 흑연 등 다양한 형태가 존재하며 이들은 탄소 사이의 공유결합에 의해 형성된다. 같은 원소 간의 결합이기는 하나 그 특성에 의해 탄소재료는 세라믹으로 구분되기도 하며 세라믹처럼 강하고 딱딱하며 고온에서 안정하다. 같은 IVA 원소인 실리콘의 경우도 공유결합을 하고 있으며 일부분 금속의 특성을 갖기도 하나 일부분 세라믹의 특성을 갖는다. 실리콘의 전기전도도는 금속과 같은 도체와 세라믹 같은 절연체의 중간 정도인 반도체의 특성을 갖는다. 금속과 달리 연성이 없고 세라믹처럼 단단하고 잘 깨지는 특성을 갖고 있다. 현재 전자소자의 90% 이상이 실리콘으로 만들어지고 있으며 가장 중요한 전자소재이다. 또한 IIB-VIA(ZnS, CdSe 등), IIIA-VA(GaAs, InP 등), IVA-IVA(SiC, SiGe 등) 화합물들은 화합물반도체를 형성하며 공유결합과 이온결합의 특성을 동시에 갖고 있다. 반도체는 단순히 전기전도도가 도체와 절연체의 중간이라는 특성만 갖고 있는 것이 아니라 적절한 불순물을 주입시켜 전기전도도와 전도 형태를 바꿀 수 있으며 이러한 특성이 현재 우리가 활용하고 있는 다양한 전자소자의 탄생을 가능하게 했다.

재료는 그 기능에 의해 분류하기도 한다. 그림 1.12는 여러 기능성 재료의 응용에 대해 요약한 것이다. 가장 대표적인 것이 구조재료로 우리 주위에 건물, 교량, 용기, 자동차, 비행기, 여러 도구 등 각종 구조물을 만드는 데 활용된다. 금속재료, 고분자재료, 세라믹재료의 응용에서 구조재료가 가장 생산량이 많다. 생산량으로 보면 구조재료에는 미치지 못하지만 산업적으로 중요한 것이 전자의 흐름과 관련된 전자재료이다. 전자를 잘 통하는 전도체, 전자의 흐름을 차단하는 절연체, 전하를 저장할 수 있는 유전체, 그리고 전도도가 절연체와 도체의 중간인 반도체가 있다. 이러한 재료들은 컴퓨터의 부품으로 쓰이는 메모리, 마이크로프로세서 등의 전자소자 제조에 중요하게 활용된다. 또한 자성재료들은 하드디스크 등의 정보저장매체로 중요하게 활용된다. 광학재료는 빛을 흡수, 방출, 전달하는 물질들로 정보화 시대에 중요하게 쓰이고 있다. 각종 에너지 디바이스에도 고체재료는 중요하게 쓰이고 있으며 연료전지, 태양전지, 2차전지 등에도 재료의 중요성이 커지고 있다. 생체재료 및 화학재료에는 촉매, 내식성 재료, 생체친화적인 재료 등이 있으며 생체재료는 인공관절, 치아, 인공장기 등에 응용된다.

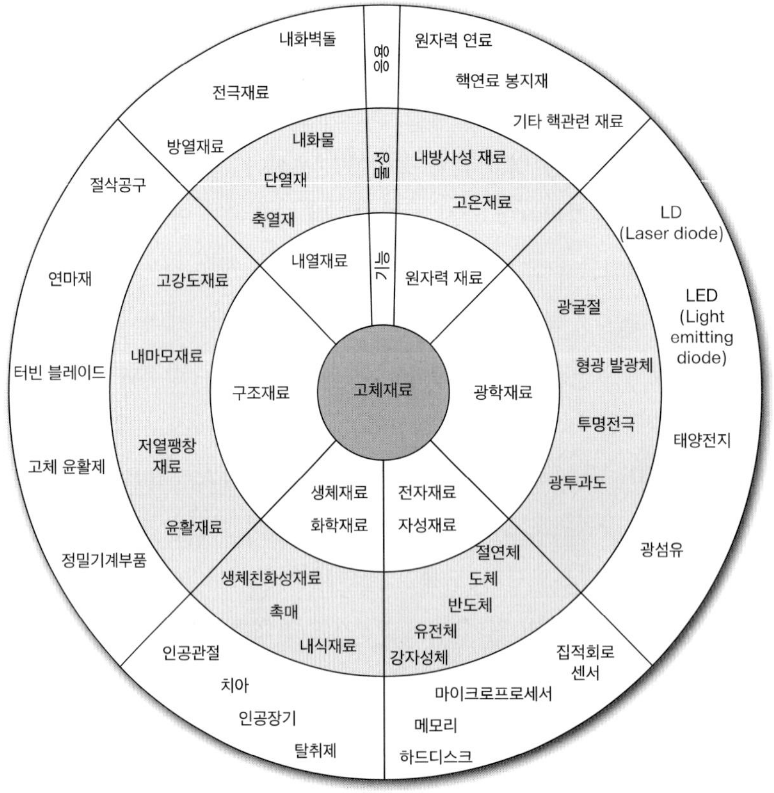

그림 1.12 재료의 다양한 기능과 물성 그리고 응용

1.3 반도체기술 로드맵

재료공정은 재료를 만들고 패터닝하며 원하는 형태의 소자로 만들고자 하는 모든 과정을 말한다. 특히 나노재료공정은 나노미터 규모의 패턴을 만들기 위한 공정을 말한다. 이러한 의미에서 재료공정 중 가장 앞서가는 공정이 정보기술분야의 하드웨어를 만드는 집적회로 공정이다. 집적회로 공정은 가공할 수 있는 미세패턴의 크기로 그 발전 추세를 나타낸다. 그간 집적회로의 세대간 발전은 패턴 크기의 축소와 이에 따른 단일 트랜지스터가 차지하는 면적의 축소로 나타났다. 그림 1.13에 나타난 바와 같이 DRAM(dynamic random access memory)의 경우 각 세대는 금속 배선 간 거리의 반으로 정의되어 왔고 마이크로프로세서의 경우는 폴리실리콘 배선 사이 간격의 반으로 정의되었다. 그간의 발전 추세는 3년간 패턴의 크기가 0.7배로 축소되어 이에 따라 트랜지스터가 차지하는 면적은 약 0.5배로 축소되었다.

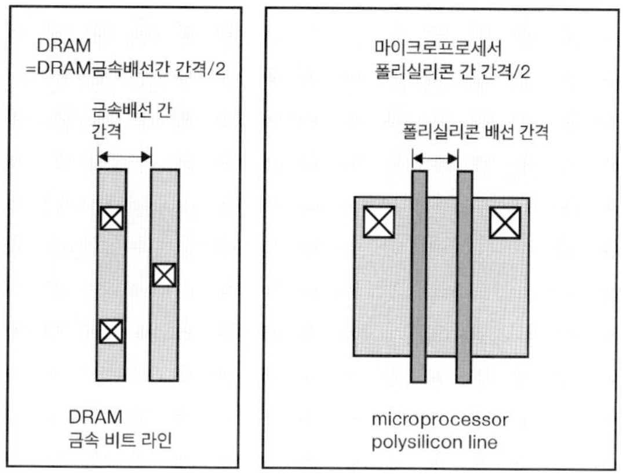

(a)

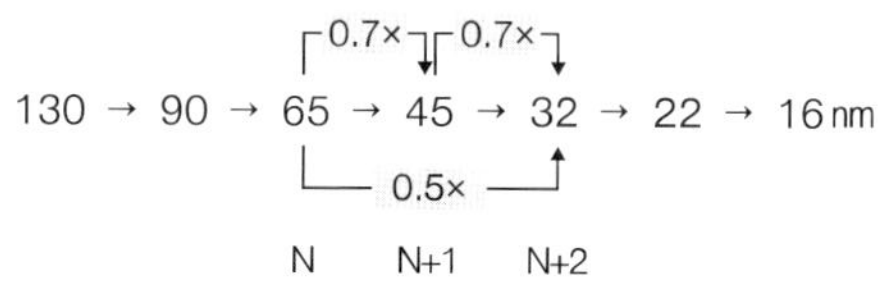

(b)

그림 1.13 (a) DRAM과 마이크로프로세서에서 패턴 크기의 정의. DRAM의 경우는 금속 배선 사이의 간격의 반, 마이크로프로세서의 경우는 폴리실리콘 배선 사이의 반으로 정의된다. (b) 패턴 크기의 축소 단계를 나노미터로 나타냄.

이와 동시에 칩 크기는 커지면서 회로의 집적도는 4배씩 증가하였다. 그림 1.13(b)에서 보는 바와 같이 현재 양산되는 소자의 선폭이 65나노미터라면 차세대 소자의 선폭은 0.7배로 줄어든 45나노미터가 되고 차차세대는 0.5배로 줄어든 32나노미터가 된다. 실제로 반도체 회사에서는 줄어든 선폭으로 소자를 만들어 그 수율이 90% 이상이 되면 양산으로 넘어가고 차세대, 차차세대 연구팀들은 다음 단계의 소자를 집중적으로 연구하여 양산을 위해 전력을 기울인다. 소자의 각 세대는 패턴의 크기로 분류되며 이러한 차원에서 볼 때 반도체 소자 제조기술의 발전은 리소그라피 공정에 의한 제조 가능한 패턴 크기가 중요함을 알 수 있다.

참고로 표 1.3에는 ITRS(International Technology Roadmap of Semiconductors)에서 2009년에 발표한 년도별 DRAM, flash 메모리, 마이크로프로세서 소자의 발전 추이가 나타나 있다. 매년 로드맵은 이전 해의 것보다 개선되어 발표되며 발표되는 시점에서 15년 이후의 미래까지 작성된다. 회로의 선폭은 작아지고 회로의 집적도는 높아지는 추세를 알 수 있는데 자세한 내용은 ITRS 홈페이지를 참고할 수 있다. 휘발성 메모리인 DRAM보다 비휘발성 메모리인 플래쉬 메모리가 더 집적도가 높고 선폭이 작게 만들어지는 것을 알 수 있다.

표 1.3 ITRS에서 2009년에 발표한 년도별 DRAM, flash 메모리, 마이크로프로세서 소자의 발전 추이

생산연도	2009	2010	2011	2012	2013	2014	2015	2016
DRAM 1/2피치(nm)	52	45	40	36	32	28	25	22.5
DRAM 생산 세대	2G	2G	4G	4G	4G	8G	8G	8G
DRAM 기가 빗/칩	2.15	2.15	4.29	4.29	4.29	8.59	8.59	8.59
셀 면적(마이크론^2)	0.016	0.012	0.0064	0.0051	0.0041	0.0032	0.0026	0.002
생산 칩 크기(mm^2)	61	47	49	39	31	49	39	31
flash 1/2피치(nm)	38	32	28	25	23	20	18	15.9
flash 세대(1빗/셀)	11G	11G	22G	16G	16G	32G	32G	64G
flash 세대(2빗/셀)	22G	22G	44G	32G	32G	64G	64G	128G
flash 세대(4빗/셀)				64G	64G	128G	128G	256G
셀 면적(마이크론^2)	0.0057	0.004	0.0032	0.0026	0.002	0.0016	0.0013	0.001
생산 칩 크기(mm^2)	95.98	67.86	107.73	64.13	50.9	80.8	64.13	101.8
MPU/ASIC 1/2피치(nm)	54	45	40	32	27	24	21	18.9
logic(마이크로프로세서) 생산세대	p09h	p09h	p11h	p11h	p13h	p13h	p13h	p16h
생산 칩크기(mm^2)	260	184	260	184	260	206	164	260
트랜지스터 개수/칩, M/chip	2212	2212	4424	4424	8848	8848	8848	17696

생산연도	2017	2018	2019	2020	2021	2022	2023	2024
DRAM 1/2피치(nm)	20	17.9	15.9	14.2	12.6	11.3	10	8.9
DRAM 생산 세대	16G	16G	16G	32G	32G	32G	64G	64G
DRAM 기가 빗/칩	17.18	17.18	17.18	34.36	34.36	34.36	68.72	68.72
셀 면적(마이크론^2)	0.0016	0.001	0.001	0.0008	0.0006	0.0005	0.0004	0.0003
생산 칩 크기(mm^2)	49	39	31	49	39	31	49	39
flash 1/2피치(nm)	14.2	12.6	11.3	10	8.9	8	7.1	6.3
flash 세대(1빗/셀)	64G	128G	128G	256G	256G	512G	512G	1024G
flash 세대(2빗/셀)	128G	256G	256G	512G	512G	1024G	1024G	2048G
flash 세대(4빗/셀)	256G	512G	512G	1024G	1024G	2048G	2048G	4096G
셀 면적(마이크론^2)	0.0008	0.0006	0.0005	0.0004	0.0003	0.0003	0.0002	0.00016
생산 칩 크기(mm^2)	80.8	128.26	101.8	161.59	128.26	203.59	161.59	256.51
MPU/ASIC 1/2피치(nm)	16.9	15	13.4	11.9	10.6	9.5	8.4	7.5
logic (마이크로프로세서) 생산세대	p16h	p16h	p19h	p19h	p19h	p22h	p22h	p22h
생산 칩크기(mm^2)	206	164	260	206	164	260	206	164
트랜지스터 개수/칩, M/chip	17696	17696	35391	35391	35391	70782	70782	70782

G: giga, 10^9 M: mega, 10^6

표 1.4 ITRS에서 2009년에 발표한 년도별 DRAM 소자의 구체적인 발전 추이

생산연도	2009	2010	2011	2012	2013	2014	2015	2016
DRAM 1/2피치(nm)	52	45	40	36	32	28	25	22.5
DRAM 생산 세대	2G	2G	4G	4G	4G	8G	8G	8G
웨이퍼 크기 mm	300	300	300	300	300	450	450	450
mask levels	24	26	26	26	26	26	26	26
Max. lithography(mm)								
field size(length×width)	33×26	33×26	33×26	33×26	33×26	33×26	33×26	33×26
캐패시터 용량 C_s(fF/cell)	25	25	25	20	20	20	20	20
t_{eq} at C_s	0.8	0.8	0.8	0.6	0.6	0.6	0.5	0.5
고유전체 유전상수	40	40	40	50	50	50	60	60
캐패시터 면적(마이크론^2)	0.58	0.58	0.58	0.35	0.35	0.35	0.29	0.29
저유전체 유전상수	3.6-4.1	3.6-4.1	3.1-3.4	3.1-3.4	3.1-3.4	2.5-2.8	2.5-2.8	2.5-2.8
유효비저항 Cu($\mu\Omega$-cm)	2.2	2.2	2.2	2.2	2.2	2.2	2.2	2.2

생산연도	2017	2018	2019	2020	2021	2022	2023	2024
DRAM 1/2피치(nm)	20	17.9	15.9	14.2	12.6	11.3	10	8.9
DRAM 생산 세대	16G	16G	16G	32G	32G	32G	64G	64G
웨이퍼 크기 mm	450	450	450	450	450	450	450	450
mask levels	26	26	26	26	26	26	26	26
Max. lithography(mm)								
field size(length×width)	33×26	33×26	33×26	33×26	33×26	33×26	33×26	33×26
캐패시터 용량 C_s(fF/cell)	20	20	20	20	20	20	20	20
t_{eq} at C_s	0.45	0.4	0.35	0.3	0.25	0.25	0.2	0.17
고유전체 유전상수	60	60	60	65	70	70	70	70
캐패시터 면적(마이크론^2)	0.26	0.23	0.2	0.17	0.14	0.14	0.12	0.1
저유전체 유전상수	2.3-2.6	2.3-2.6	2.3-2.6	2.3-2.6	2.3-2.6	2.3-2.6	2.3-2.6	2.3-2.6
유효 비저항 Cu ($\mu\Omega$-cm)	2.2	2.2	2.2	2.2	2.2	2.2	2.2	2.2

표 1.4에는 ITRS에서 2009년에 발표한 년도별 DRAM 소자의 구체적인 발전 추이가 나타나 있다. 집적도가 높아지면서 소자를 만들기 위한 마스크의 수(즉 리소그라피 공정의 반복 횟수)가 증가하고 웨이퍼의 크기도 300밀리미터에서 450밀리미터로 커지는 것을 알 수 있다. 그만큼 장비의 크기도 커지고 공정이 복잡해진다. 그리고 캐패시터의 크기를 줄이면서 캐패시턴스의 감소를 막기 위해 유전체의 유전상수를 높여야 한다. 또한 소자에서 신호전달 속도의 감소를 막기 위해 금속막 층간 절연체의 유전상수는 낮추어야 하므로 이에 대응하는 재료

및 공정의 개발이 필요하다. 또한 배선재료의 비저항도 줄어들어 이에 대응하는 소재 및 공정이 필요하다.

이상에서 보는 바와 같이 소자의 발전 추세는 리소그래피 공정에서 만들 수 있는 회로의 선폭으로 나타내며 그만큼 리소그라피 공정을 통해 만들어 낼 수 있는 선폭이 중요하다. 실제로 회로의 선폭은 로드맵에서 예측하는 것보다 더 빠르게 감소되기도 하는데 이는 현장에서 실현되는 리소그라피 및 다른 공정기술의 발전에 영향을 받기 때문이다. 2014년 현재 국내 반도체 업체의 기술 수준에 의하면 DRAM의 경우 20나노대 수준, 낸드 플래시 메모리는 10나노대 수준으로 양산되고 있으며 이러한 추세가 어디까지 계속 이어질 수 있을지는 예측하기 힘든 상황이다. 현 시점에서 이러한 반도체기술의 로드맵에 대해 회의적인 시각도 많으며 이제까지 발전해 왔던 반도체공정 기술이 한계에 도달해 더 이상의 예측이 의미가 없다는 의견도 대두되고 있다. 또 한편으로는 실리콘 소재를 바탕으로 한 기존의 소자 및 공정기술이 새로운 나노소재 및 나노소자 기술로 발전해야 한다는 시각도 있다.

1.4 태양전지

고체재료를 이용한 소자와 관련해서 반도체를 이용한 정보기술 분야가 있고 또한 에너지기술 분야와 관련해서도 여러 소자가 그리고 재료공정이 활용된다. 에너지소자와 관련하여 그 대표적인 예로 태양전지를 들 수 있다. 반도체의 특성을 이용하면 태양빛으로부터 전기를 얻을 수 있는 태양전지를 만들 수 있다. 화석연료의 고갈과 환경오염은 우리로 하여금 새로운 대체에너지를 찾도록 요구하고 있는데 태양전지는 가장 관심을 끌고 있는 대체에너지 소자이다. 그림 1.14는 지구 표면과 대기층의 꼭대기에서 얻어지는 솔라 스펙트럼을 보여주고 있는데 대기층 꼭대기에서 단위 면적당 에너지의 양은 1,353 Watt/m^2(air mass zero) 정도이다. 대기층 꼭대기에서 얻어지는 스펙트럼은 5,250°C의 흑체에서 방출되는 스펙트럼과 거의 동일한데 이는 태양 표면온도의 근사치에 해당한다. 지구 표면에서는 태양빛이 대기층을 통과하면서 흡수되는 부분이 없어지게 되는데 주로 물과 산소, 이산화탄소 등에 의해 손실되며 자외선 영역에서는 오존에 의해 상당량이 흡수된다. 이때 에너지의 양은 925 Watt/m^2(air mass one) 정도이다. 보통 연구실에서 솔라 시멀레이터를 이용해 태양전지의 효율을 측정할 때는 섭씨 25에서 1,000 Watt/m^2(air mass 1.5)의 광원을 사용한다. 이 태양광 스펙트럼 중 실리콘 반도체가 흡수할 수 있는 영역은 1,100nm 이하 파장의 빛이며 GaAs가 흡수할 수 있는 영역은 870nm 이하 파장의 빛이다. 이러한 태양빛으로부터 에너지를 얻는 기본 메카니즘은

그림 1.15에 나타난 바와 같다.

그림 1.15(a)에 나타난 바와 같이 반도체 층 A와 B가 접합을 이루고 그림에 나타난 바와 같은 밴드에너지 구조를 갖게 되면 B에서 빛을 흡수해 전자가 가전자대(E_v)에서 전도대(E_c)로 뛰어 오르고 이것이 다시 재결합하여 소멸되기 전에 A로 넘어가 외부회로에 전자의 공급이 가능해진다. A와 B의 접합은 다양한 소재로 만들 수 있으며 이에 따라 여러 종류의 태양

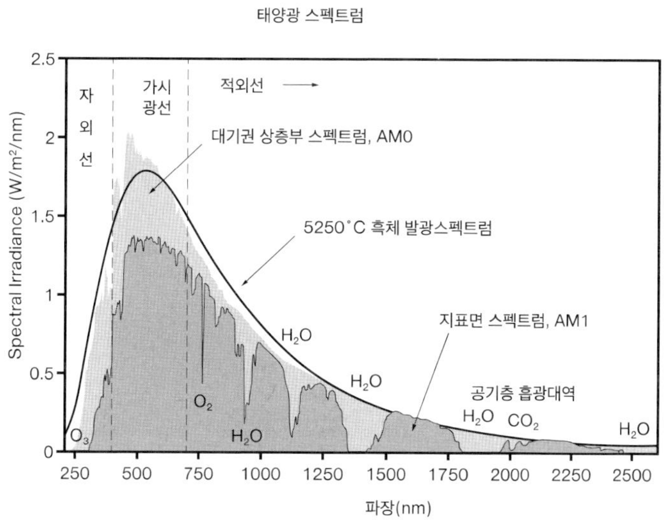

그림 1.14 지구 표면(air mass 1)과 대기층의 꼭대기(air mass 0)에서 얻어지는 솔라 스펙트럼. 대기층 꼭대기에서 얻어지는 스펙트럼은 5,250°C의 흑체에서 방출되는 스펙트럼과 거의 동일하다.

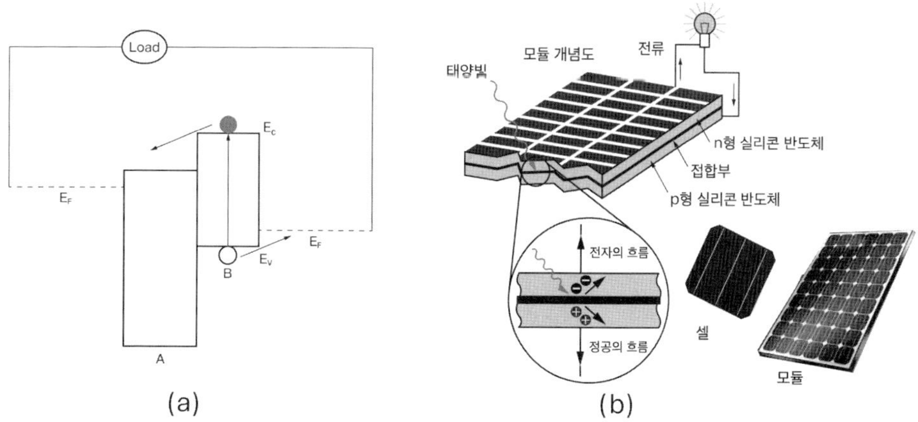

그림 1.15 빛으로부터 전기에너지를 얻는 시스템의 기본 개념도.
(a) p-n 접합 다이오드의 전자에너지 밴드 구조, (b) 태양전지 셀과 모듈의 개념도

전지가 있다. 상용화되어 가장 널리 쓰이는 것은 실리콘 결정 태양전지이며 단결정이나 다결정질 실리콘이 웨이퍼 형태로 가공되고 확산공정이나 이온주입공정을 이용해 *n*형, *p*형 도핑을 해 *p-n*접합이 만들어져 작동한다. 이외에도 다양한 반도체의 접합으로부터 태양전지의 제작이 가능하며 반도체의 종류에 따라 광흡수 대역이 달라진다. 그림 1.15(b)에는 태양전지 셀과 이들이 여러 개 조합되어 만들어진 모듈을 보여주고 있다. 그림 왼쪽 아래 부분에 나타난 셀 하나에서 보통 0.5 ~ 0.6볼트의 전압이 얻어지며 이들을 직렬로 연결하면 개수에 비례해 전압이 높아진다. 태양전지에서 얻어지는 파워는 모듈에서 얻어지는 전압과 전류의 곱으로 나타나며 전류는 셀이 조합된 모듈의 전체 면적에 비례한다.

그림 1.16에는 태양전지의 여러 종류가 나타나 있다. 현재 가장 널리 상업화되어 있는 것이 1세대 태양전지로 90% 이상의 시장점유율을 갖고 있는 결정형 실리콘 태양전지이다. 이들 중 고품위 단결정 실리콘은 16~22%의 효율을 나타내고 있다. 이들 결정형 태양전지는

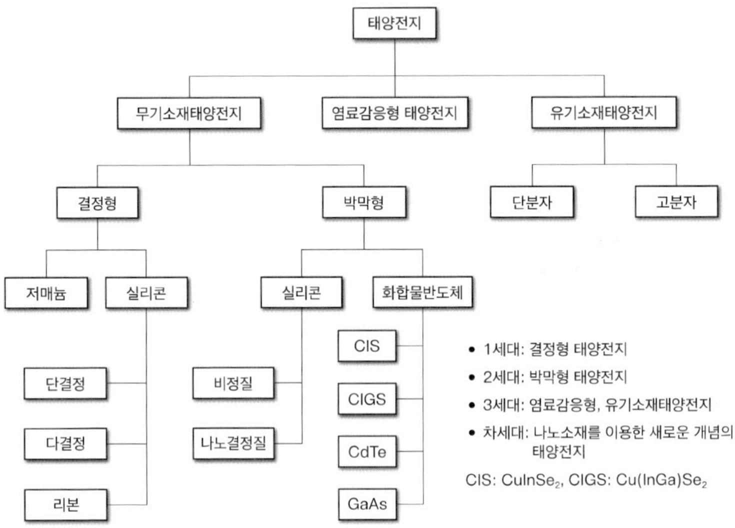

	모듈	연구용 단위셀
염료감응형 태양전지	3~5%	11%
박막형 비정질실리콘	6~8%	13.2%
CdTe 박막형	8~10%	16.5%
CIGS 박막형	9~11%	19.5%
다결정, 미세결정 실리콘	12~15%	20.3%
단결정 실리콘	14~16%	21.6%
고품위 단결정 실리콘	16~18%	24.7%
3층(GaInP/GaAs/Ge) 태양전지	–	39.0%

그림 1.16 여러 종류의 태양전지들과 효율. 효율은 실험실에서 측정된 최고치와 여러 셀이 조합 상용화될 수 있는 형태로 제작되었을 때의 효율이 나타나 있다.

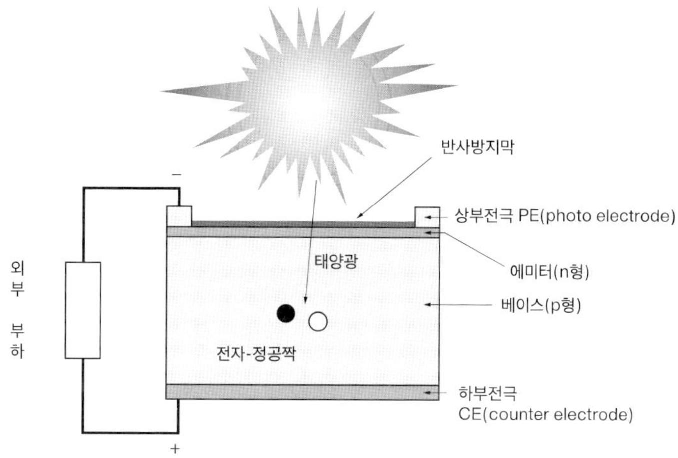

그림 1.17 결정형 실리콘 태양전지의 개념도. 상부전극, 하부전극이 있고 그 사이에 p–n접합이 형성되어 있다.

실리콘 결정에 p-n접합을 형성한 것으로 다이오드이며 그 기본 구조가 그림 1.17에 나타나 있다. 여기에서 에미터 부분은 높은 농도로 도핑된 n형이 쓰이며 여기에서 광을 흡수해 발생된 정공이 빨리 p형으로 확산하도록 그 두께를 얇게 한다. p형은 광흡수도를 고려해 적절한 두께가 되어야 하고 한편으로는 전자가 n층으로 확산하는 거리도 고려해야 한다. 태양전지는 큰 면적으로 제작해야 하고 가급적 높은 전압을 발생시켜야 하며 또한 각 부분의 저항을 최소화하여야 높은 효율을 얻을 수 있다. 광이 들어오는 상부 전극은 전극의 면적을 넓혀 저항을 줄이는 반면 빛이 들어오는 면적을 최대화하기 위해 선 형태의 배선을 하게 된다.

이러한 결정형 실리콘은 효율이 비교적 높고 반도체소자 제조분야에서 잘 정립이 된 실리콘소재와 소자 기술을 활용한다는 장점이 있다. 그러나 실리콘을 결정으로 성장시키는 데 많은 에너지가 필요하고 이에 따라 가격이 비교적 비싸다는 단점이 있다. 단결정보다는 다결정이 그리고 원료를 적게 쓸 수 있는 리본형 태양전지가 비교적 저렴하나 효율이 낮다. 단결정의 성장에는 초크랄스키 방법을 쓰고 다결정은 틀에 용융실리콘을 부어 고체화시켜 이를 웨이퍼 형태로 얇게 잘라 활용한다. 리본 형태는 용융실리콘을 틀을 이용해 종이처럼 얇게 뽑으며 결정화해 직접 사용한다. 다음으로 관심을 끌고 있는 것이 박막형으로 p-n접합을 박막형태로 증착하여 제조하는 것이다. 다양한 기판을 사용할 수 있고(유연성 기판 포함) 또한 다양한 반도체 소재를 활용할 수 있다는 장점이 있으나 증착공정이 비싸고 효율도 증착공정에 의존하게 된다. 최근에는 광흡수대역이 높은 2, 3, 4성분계의 화합물반도체가 관심을 끌고 있으나 효율적인 증착공정과 소재의 안정성에 대해 더 많은 연구가 필요하다. 결정형, 박막형 모두 반도체의 *p-n*접합을 이용하므로 그 원리는 동일하다. 이들 태양전지는 다이오드로 광에 의해 스스로 전압이 발생하여 외부회로로 전류가 흐르게 되며 *p-n*접합의 원리가 적용된다.

그림 1.18에는 결정형 태양전지에서 *p-n*접합과 금속 배선으로 셀을 제작하는 개념도가 나타나 있다. 먼저 고순도 규소를 만들고 이들을 용융상태에서 *p*형의 결정으로 성장시킨 후 절삭에 의해 박판 형태의 웨이퍼로 만든다.

이후 절삭 공정에서 형성된 결정결함을 제거하고 일정 형태의 표면 거칠기를 만들기 위해 에칭공정을 수행하는데 이러한 거칠기는 표면적을 증대시켜 태양전지의 효율을 향상시킨다. 정보전자용 소자에서 계면의 거칠기가 소자 성능에 부정적인 영향을 주는 것과는 반대 현상이다. 이후 *n*형 도판트를 확산시켜 *p-n*접합을 만든 후 셀의 상단과 하단에 금속 배선을 형성한다. 전도도가 높은 은 나노입자 페이스트를 이용하여 프린팅 방법으로 패터닝한 후 열처리를 통한 어닐링으로 페이스트 내의 바인더를 날려 보내고 반도체 규소 층과 저항이 낮은 접합을 형성한다. 이 예에서 보듯 에너지소자인 태양전지는 여러 재료와 관련 단위공정을 통해 만들어지며 이 책에서는 앞서 정보전자소자, 그리고 각종 시스템온칩, 에너지소자 등의 제조와 관련된 나노공정을 다루고자 한다.

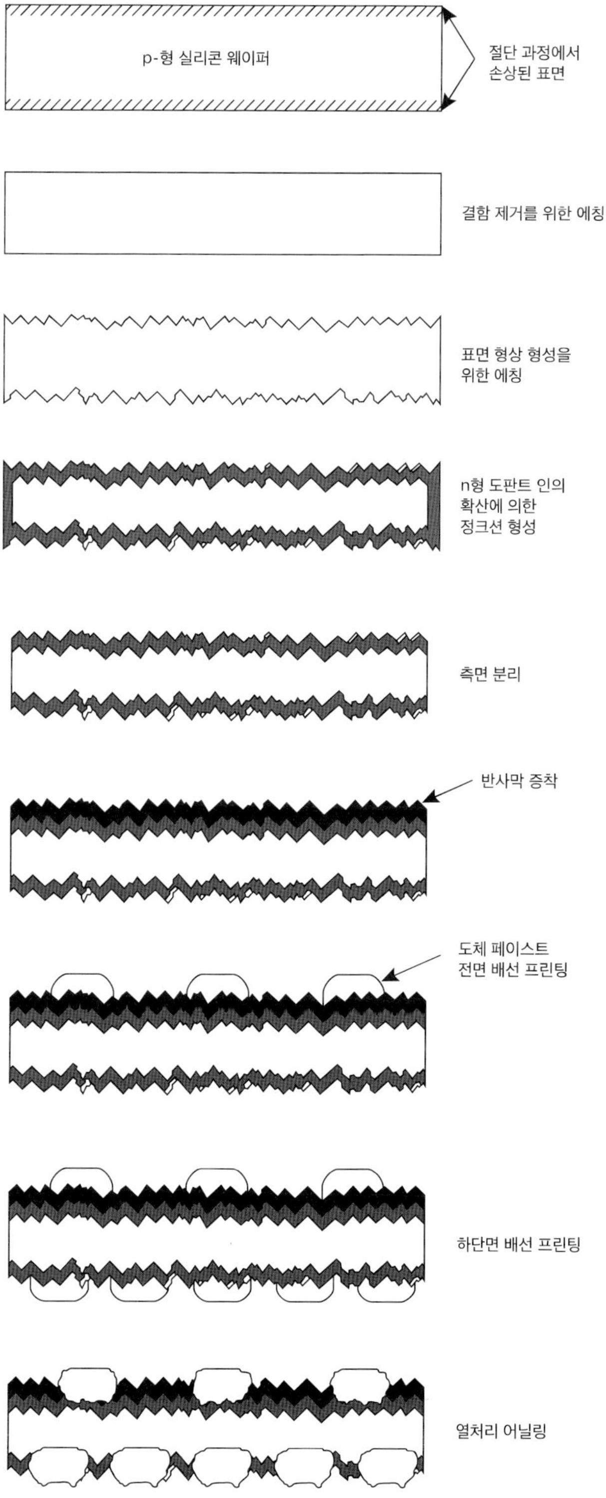

그림 1.18 결정형 태양전지에서 p–n접합과 금속 배선에 의한 태양전지 셀 제작의 개념도

연습문제

01 우리가 사용하고 있는 모든 하드웨어는 재료로 만들어지고 모든 재료는 주기율표상의 원소 혹은 원소들이 화학 결합하여 만들어지는 화합물로 이루어져 있다. 금속재료, 세라믹 재료, 유기재료에 대해 설명하고 이들의 물성, 이들의 응용, 그리고 각각의 재료에 대해 10개 이상 예시하라.

02 ITRS 로드맵에서 DRAM, flash 메모리의 1/2피치 선폭과 생산세대를 연도에 따라 도시하고 현재 생산되고 있는 선폭과 생산세대와 비교하여라. 이들의 연도에 따른 변화에 대해 설명하고 현재와 비교해 차이가 있으면 이에 대해 논의하라.

03 시스템온칩 중 집적회로, 멤스, 랩온어칩, 디스플레이소자에 대해 찾아보고 각각의 소자를 예를 들어 이들의 구조와 작동원리, 제작방법에 대해 조사 설명하라.

04 제 3세대 태양전지에 대해 조사하고 3개 정도를 찾아 이들의 작동원리, 구조, 제조방법에 대해 설명하라.

05 현재 사용되고 있거나 연구가 되고 있는 투명전극재료에 대해 조사하고 설명하라. 특히 유연성 기판에 사용할 수 있는 투명전극에 대해 관련 소재와 제법에 대해 기술하라.

CHAPTER

2

규소소재, 결정성장, 웨이퍼 제조

2.1 규소소재

규소는 주기율표상에 있는 원소 중 가장 중요하고 가장 많이 연구된 원소이다. 탄소 바로 아래에 위치하는 규소는 4족의 원소로 지각에 산소 다음으로 많은 원소이며 지각의 1/4 이상을 차지하고 있다. 규소는 지각에 산화물로 존재하고 이산화규소(실리카) 단일 산화물 혹은 다른 금속산화물과 복합산화물(실리케이트)을 형성하여 존재한다. 실리카나 이를 함유한 복합산화물인 실리케이트 화합물은 지각의 90% 이상을 차지하며 이러한 면에서 실리콘은 거의 무한정으로 존재하는 자원이라 볼 수 있다. 규소는 반도체로 전자소자에서 전자의 흐름을 조절하는 층, 또는 태양전지에서 빛을 흡수 자유전자를 발생시키는 층으로 중요한 역할을 한다. 실리콘이나 저매니움이 전자소자의 제조에 활용되기 전인 1920년대에는 셀레니움이나 구리산화물이 다이오드 제조에 활용되었으며 고체상태의 정류소자(rectifier)로 쓰였다. 1948년에 미국의 벨연구소에서 쇼클리 등이 발표한 고체재료 트랜지스터는 바이폴라 소자였으며 저매니움으로 만들어졌다. 저매니움은 그 융점이 섭씨 936도로 규소보다는 낮은 온도에서 녹아 융점이 1,414도인 규소보다 결정성장이 용이했다. 1950년대 초반까지는 저매니움을 기반으로 한 반도체 기술이 발전하였으나 1950년대 후반부터 규소결정 성장기술이 발전하면서 반도체 소자는 규소로 만들어지기 시작했다. 표 2.1에는 몇몇 중요한 반도체의 물성이 나타나 있다. 마이크로스코픽 옴의 법칙에 의해 자유전자의 흐름에 의해 나타나는 물질의 전도도는 아래 식과 같이 주어진다.

$$\sigma = \mathrm{e}n\mu, \quad \mathrm{J} = \sigma \mathrm{E} \tag{2.1}$$

여기에서 전기전도도 σ는 비저항의 역수로 단위부피당 자유전자의 개수 n, 전자의 이동도 μ, 전자 하나가 갖는 전하량 e의 곱으로 나타난다. 단위면적당 전류의 흐름인 J는 전기전도도

표 2.1 반도체의 밴드갭, 상온에서 캐리어의 이동도와 농도

물질	밴드갭, E_g (eV)	전자 이동도 μ_e	정공 이동도 μ_h	자유전자 농도 n_e	전자 affinity
Si	1.12	1400	380	1.5×10^{10}	4.01
Ge	0.66	3640	1900	2.5×10^{13}	4.13
CdS	2.59	340	18	–	–
GaAs	1.47	7200	200	2×10^{6}	4.07
InSb	0.17	80000	455	1.4×10^{16}	–

이동도(cm^2/V·s), 농도(개수/cm^3), 전자 affinity : 진공준위와 전도대의 에너지 차(eV)

에 전기장의 세기 E를 곱한 값으로 나타난다. 이 장의 끝에 있는 연습문제 5에 나타난 금속재료의 물성과 비교해보면 반도체에서 전자의 이동도가 금속보다 크나 자유전자의 개수가 훨씬 적어 전기전도도는 금속재료가 훨씬 크다.

저매니움은 그 밴드갭이 0.66 eV로 규소의 1.12 eV보다 낮고 이에 따라 저매니움 진성반도체(intrinsic, 불순물이 포함되지 않은 순수한 반도체)의 비저항은 47 Ω-cm, 규소 진성반도체의 비저항은 230,000 Ω-cm로 나타난다. 이는 자유전자의 농도가 저매니움이 높기 때문이다. 이에 따라 저매니움은 누설전류가 높고 높은 전압에서 작동할 수 없으며 소자의 조업 가능한 온도가 섭씨 100도 정도까지이다. 반면에 규소는 150도, 갈리움아세나이드는 300도까지 조업이 가능하다. 실제로 지금은 규소 소재가 저매니움보다 가격이 훨씬 저렴하다. 결정을 성장시키기 위해서는 소재를 도가니에서 녹여야 하는데 여기에는 고온에서 안정한 흑연 도가니가 활용된다. 규소는 용융상태에서 흑연과의 반응성이 높아 문제가 되었으나 고순도 실리카 용기를 흑연 도가니 안에 넣어 이 문제가 극복되었다. 또한 집적회로가 개발되면서 단결정에 소자를 집적하는 평탄화공정(planar technology)이 중요한데 규소의 경우는 그 산화막이 아주 안정하여 반도체-절연체 계면이 쉽게 형성되고 그 특성이 우수하다. 규소의 경우는 표면을 산화시키면 쉽게 안정된 산화막을 형성할 수 있으며 이 산화막을 기반으로 평탄화 공정을 효율적으로 수행할 수 있다. 반면에 저매니움은 그 산화막이 불안정하고 휘발성이 있어 소자의 제작에 어려움이 있다. 화합물 반도체인 갈리움아세나이드의 경우도 역시 고품위의 절연산화막을 성장하기 어렵다. 두 화합물 중 하나가 더 쉽게 산화되어 계면에서 금속층이 분리 석출되기 때문이다. 특히 GaAs 화합물반도체는 용융상태에서 결정을 성장하기가 어려우며 우수한 품질의 대구경 웨이퍼를 만들기가 어렵다. 반면에 작동이 가능한 온도 한계치가 높고 또한 전자의 이동도가 높아 소자의 속도가 빠르기 때문에 특수 용도에 활용된다. 특히 빛을 방출하는 소자의 제조가 가능해 LED(light emitting diode) 소자에 활용된다.

1950년대 후반부터 규소소재 기술을 기반으로 한 소자가 출연하면서 미국에는 실리콘 밸리가 형성되기 시작하여 이후 다양한 기업들이 출현하게 되었다. 현재 메모리, 마이크로프로세서, 기타 다양한 전자소자에 활용되는 중요한 반도체재료는 규소이며 반도체소자의 95% 이상은 실리콘소자이다. 또한 태양전지 분야에서는 결정형 태양전지에 쓰이는 소재로 규소의 중요성과 시장이 점점 커지고 있으며 상용화된 태양전지의 90% 이상이 규소 반도체로 만들어진다. 기초 소재로 실리콘은 그만큼 중요하다. 규소소재는 지각에 존재하는 고순도 실리카를 원료로 만들어진다. 스칸디나비아 반도에서 생산되는 고순도 실리카 모래나 광석(규사: quarzite)이 주로 활용되는 것으로 알려져 있다. 지각의 원료로부터 규소소재를 만드는 화학공정과 반도체소자 및 태양전지소자를 만들기 위한 결정성장 기술에 대해 이 장에서 다루고자 한다.

아래의 두 화학반응은 우리가 지각에서 얻는 철광석과 이산화규소로부터 각각 철과 규소를 만드는 열탄소 환원(carbothermal reduction) 화학반응이다.

$$Fe_2O_3 + C \longrightarrow Fe + CO,\ CO_2 \tag{2.2}$$

$$SiO_2 + C \longrightarrow Si + CO,\ CO_2 \tag{2.3}$$

지각에 존재하는 대부분의 금속원소는 산소와의 친화력이 높아 산화물로 존재하며 이를 채취하여 탄소와 섞어 고온으로 가열함으로써 금속원소를 만들어 낼 수 있다. 이를 보면 화학적인 변환이 재료의 합성에 중요함을 알 수 있다. 첫 번째 반응은 용광로에서 철을 만드는 공정이며 두 번째 반응은 규소산화물로부터 공업용 규소를 만드는 공정이다. 이 반응은 규소화학의 원료 뿐 아니라 반도체 소자와 태양전지 제조에 쓰이는 중요한 소재인 고순도 규소의 원료를 만드는 중요한 공정이다. 철강재료의 생산량에 비해 규소재료는 그 양이 비교적 적으며 대단위의 용광로보다는 그림 2.1에 나타난 바와 같은 상대적으로 소규모의 전기로가 많이 쓰인다. 고순도 규사는 석탄이나 코크스, 목재 등과 같은 탄소원과 혼합되어 전기로에 장입된다. 전기로에는 흑연전극이 삽입되어 전기에너지로 발생되는 아크에 의해 섭씨 1,900~2,000도 정도로 가열된다. 탄소와 규사의 반응은 여러 경로를 따르게 되며 일부 중간 물질로 탄화규소도 형성되나 전체 화학반응은 일산화탄소, 이산화탄소와 용융 규소가 생성되는 반응식 (2.3)으로 표시할 수 있다. 이렇게 해서 생성되는 금속급 규소(MGS: metallurgical grade Si)는 98% 정도의 순도를 갖고 있으며 여기에 포함된 주요 불순물들은 표 2.2에 나타난 바와 같다. 주로 철, 알루미늄 등 여러 금속 불순물이 포함되어 있으며 표에는 원자 개수로 표현된 농도로 ppm(parts per million)으로 나타나 있다. 즉 규소 원자 백만 개 중에 포함된 불순물 원자의 개수로 볼 수 있다. 이 공정은 에너지가 많이 소모되는 공정이며 생산되는 규소 킬로그램당 13~15kWh/kg 정도의 전력이 필요하다. 이러한 금속급 규소는 철강산업이나 알루미늄산업에서 첨가제로 쓰이며 약 20% 정도는 실리콘수지를 포함한 유기규소산업의 원료로 쓰인다. 약 1~2%는 전자소자, 태양전지 등 전자재료로 쓰이며 이를 위해서는 전자소자급 규소가 필요하다. 2008년도의 전자소자용 다결정실리콘의 세계 총생산량은 약 6만 톤 정도였으며 이후 태양전지 생산의 급격한 증가로 생산량이 두 배 이상 늘어나고 있다.

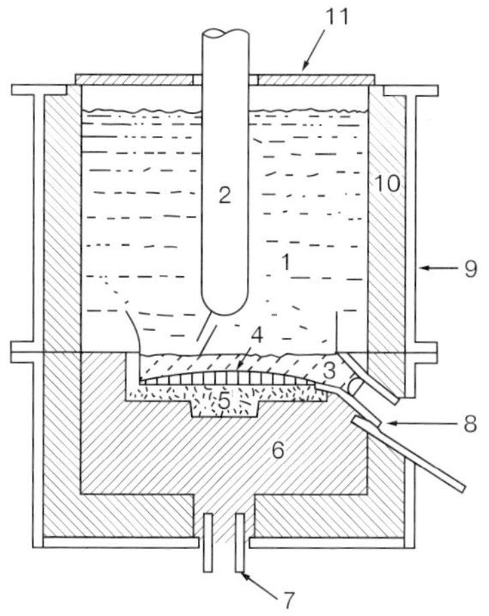

그림 2.1 공업용 규소를 생산하는 전기로의 단면도. (1) 탄소와 규사의 혼합물, (2) 흑연전극, (3) 용융실리콘, (4) 탄화규소, (5) 내화벽돌, (6) 전극 페이스트, (7) 구리전극, (8) 용융 규소 방출구, (9) 주철 구조물, (10) 내화벽돌, (11) 흑연 뚜껑

표 2.2 금속급 및 전자소자급 규소에 포함된 불순물 농도

금속급 규소에 포함된 불순물들

금속 불순물 원소	농도 범위, ppm atomic(ppma)
Al	1500~4000
B	40~80
Cr	50~200
Fe	2000~3000
Mn	70~100
Ni	30~90
P	20~50
Ti	160~250
V	80~200

전자소자급 규소의 불순물 허용치(parts per billion atomic, ppba)

3족 원소	< 0.3
5족 원소	< 1.5
중금속 원소	< 0.1
탄소	< 300
산소	< 50
기타 성분	< .001

실제로 전자소자에 필요한 규소는 전자소자급(EGS: Electronic grade Si)으로 11N (99.999999999%)의 순도를 필요로 하는데 각 원소의 허용치는 표 2.2에 나타나 있다. 특히 금속 불순물의 경우 규소의 물성과 소자의 성능에 크게 영향을 미치며 대개의 경우 ppb(parts per billion) 즉 규소 원자 10억 개당 불순물 원소가 1개 정도 있는 수준이 요구된다. 규소 원자의 농도는 5.02 $\times 10^{22}/cm^3$이므로 단위부피 당 허용되는 금속원자의 개수를 알 수 있다. 이러한 순도는 우리가 활용하는 모든 재료 중 가장 높은 수준이며 보통의 분석 방법으로는 검출하기 힘든 정도이다. 전기적 성질이 불순물에 가장 민감하여 전기전도도를 측정하여 불순물의 농도를 파악할 수 있다. 메모리나 마이크로프로세서 등에 사용되는 전자소자급 규소는 1,000~30,000 Ω-cm의 저항을 갖고 있으며 ppb수준의 불순물을 포함하고 있다. 순도가 높은 규소는 그만큼 제조단가가 높아지며 태양전지의 경우는 순도에 대한 요구도가 전자소자급보다는 덜 엄격해 6N(99.9999%), 즉 불순물의 농도가 ppm정도의 수준 이하로 유지된다. 결정형 태양전지에서는 규소 원료가 원가에서 차지하는 비중이 20~30%나 되어 1% 정도인 전자소자보다 훨씬 높으므로 규소의 순도를 더 높여 효율을 높이는 것은 경제적으로 타당성이 없다. 실제로 태양전지급 규소는 전자소자급의 1/3 정도의 원가로 만들 수 있다. 태양전지급 규소는 저항이 1 Ω-cm 정도 이상으로 전자소자급보다 높으나 이때 마이너리티 캐리어의 라이프 타임은 25마이크로초 이상으로 이 정도 수준이면 태양빛을 전자로 변환하는 데 문제가 없는 것으로 나타난다.

그림 2.2에는 반응 (2.3)으로 만들어지는 98%의 금속급 규소로부터 전자소자급 규소를 만들기 위해 응용되는 화학공정의 개념도가 나타나 있다.

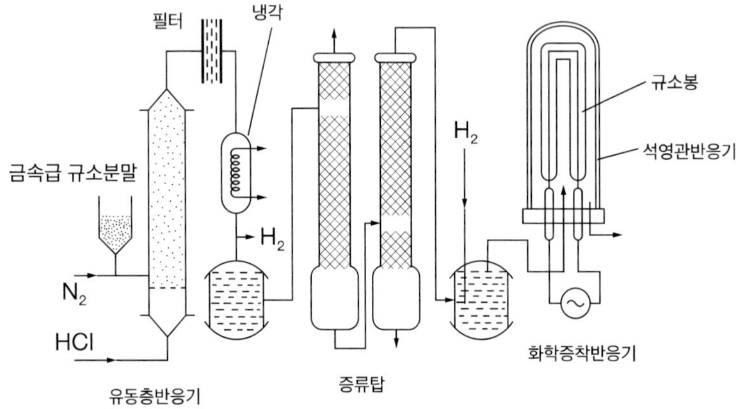

그림 2.2 공업용 규소로부터 전자소자급 규소를 만드는 공정개념도(독일 지멘스사 개발)

먼저 금속급 규소를 분말로 분쇄한 후 질소기체와 함께 유동층반응기에 공급하고 염화수소 기체와 300°C 정도에서 반응시킨다. 이 반응은 높은 발열반응이며 아래 식과 같은 반응으로 90% 정도의 삼염화 사일린, 10% 정도의 사염화 사일린이 함께 생성된다.

$$Si(s) + 3HCl(g) \longrightarrow SiHCl_3(g) + H_2(g) \tag{2.4}$$

$$Si(s) + 4HCl(g) \longrightarrow SiCl_4(g) + 2H_2(g) \tag{2.5}$$

여기에 소요되는 에너지는 1.2kWh/kg Si 정도이다. 이 반응에서 다른 여러 종류의 금속 불순물들도 염화물로 전환된다. 삼염화사일린(trichlorosilane: TCS)의 끓는점은 31.8°C이고 사염화사일린의 끓는점은 57.6°C이다. 생성된 혼합기체는 필터를 통해 입자를 걸러낸 후 냉각에 의해 액화된다. 그리고 부산물로 생성되는 수소 기체는 재활용된다. 이 혼합물은 증류탑에서 분리되어 불순물은 제거되고 주산물로 삼염화사일린, 부산물로 사염화사일린이 얻어진다. 여기에서 규소의 전기적 특성에 영향을 주는 금속 불순물들은 ppb 수준으로 낮춘다. 이 증류공정에 소모되는 에너지는 150 kWh/kg 정도로 상당히 높다. 여기에서 부산물로 생성되는 사염화사일린은 규소산업의 다른 분야에 원료(유기규소화합물, 광섬유, 고순도 석영, 실리카 입자의 원료 등)로 쓰이며 주산물 삼염화사일린은 아래 식 (2.6)의 화학증착반응에 의해 다시 고체 규소로 석출시킨다.

$$SiHCl_3 + H_2(g) \longrightarrow Si(s)+3HCl \tag{2.6}$$

액체 삼염화사일린은 수소 기체로 버블링을 통해 기화시켜 반응기에 주입한다. 화학증착반응기에서 초기 규소봉이 굵기는 4밀리미터 정도이며 직접 통전에 의해 저항 가열되어 섭씨 1,100도로 유지된다. 이 온도에서 식 (2.6)의 증착공정을 200~300시간 진행하면 200밀리미터 직경의 다결정 규소 막대가 자라게 되고 11N의 고순도 규소를 얻을 수 있다. 이러한 규소는 메모리나 마이크로프로세서 제조에 쓰이는 실리콘 웨이퍼, 결정형 태양전지 제조에 쓰이는 웨이퍼의 기초 원료가 된다. 태양전지의 경우는 제조원가를 낮추는 것이 중요하며 금속 불순물은 ppm(parts per million, 6 nine: 6N)정도로 해서 제조원가를 낮춘다. 이 공정에서 소모되는 에너지도 상당히 높아 150kWh/kg 정도이다. 이상의 예에서 보듯 소재 산업에서 원료로부터 재료를 만드는 기본 공정은 화학반응을 통해 이루어진다. 이와 함께 지구온난화의 주범으로 문제가 되는 이산화탄소 및 각종 공해물질이 배출되는 문제도 화학반응과 연계되어 있다는 것을 알 수 있다.

반도체로서의 규소의 특성과 소자에의 응용 연구가 미국에서 진행된 반면 고순도 규소의 제조공정은 독일의 지멘스사에서 먼저 개발되어 50년대 후반, 60년대 초에 특허출원되었다. 이 공정의 단점은 에너지가 많이 소모되고 규소 회수율이 30%밖에 안 되며 염소도 90% 이상이 사염화규소로 빠져나가게 된다. 이에 따라 부산물인 사염화규소의 가격에 따라 공정의 원가가 영향을 받는다. 화학증착반응기의 크기가 작고 회분식 조업을 하게 되어 에너지 소모가 크다는 것도 단점이다. 이후 삼염화 혹은 사염화 화합물을 수소화해 SiH_4, SiH_2Cl_2를 만들어 원료로 활용하는 공정이 개발되었다. 이러한 화합물들은 부식이 덜 심하고 또한 반응성이 높아 좀 더 낮은 온도에서 좀 더 낮은 에너지를 소모하며 규소를 증착할 수 있다. 아래 반응은 섭씨 900도 정도에서 진행되며 독성이 덜하나 사일린 기체는 공기 중에서 폭발성이 있어 주의해야 한다.

$$SiH_4(g) \longrightarrow Si(s) + 2H_2(g) \tag{2.7}$$

이러한 사일린 원료기체는 고순도로 제조한 삼염화사일린으로부터 아래의 2단계 반응에 의해 얻어진다.

$$2SiHCl_3 \longrightarrow H_2SiCl_2 + SiCl_4 \tag{2.8}$$

$$3H_2SiCl_2 \longrightarrow SiH_4 + 2SiHCl_3 \tag{2.9}$$

이러한 2단계 반응은 촉매가 충진된 고정층 반응기에서 진행되며 생성되는 사염화, 삼염화 사일린은 재순환된다. 이렇게 해서 얻어지는 사일린 기체는 다시 정제되어 식 (2.7)의 원료로 사용되며 또한 디스플레이 산업에서 비정질 규소 박막을 증착하는 화학증착 원료기체로도 활용된다.

이외에도 규소를 석출시키는 지멘스 화학증착반응기를 대체하는 공정들의 예가 그림 2.3에 나타나 있다. 유동층 반응기에서는 규소입자를 유동시키고 이 반응기에 위의 사일린이나 이염화사일린 기체를 공급하여 규소입자를 성장시키게 된다. 씨앗규소입자는 화학증착에 의해 크기가 커져 반응기 하단으로 배출된다. 이 경우에는 지멘스사의 화학증착반응기보다 반응기를 크게 설계할 수 있고 연속 조업이 가능해 에너지 소요량을 30kWh/kg Si 정도로 낮출 수 있는 것으로 알려져 있다. 이 경우 오염을 줄이고 유동층 반응기를 안정적으로 조업하는 것이 중요하다. 증기-액상-고상 변환 반응기에서는 흑연관의 온도를 규소의 융점보다 높게 유지해 사일린 기체가 분해되면서 생성된 규소가 액상으로 석출된다. 이들이 액상으로 흘러내리면서 고체화해 고순도 규소제품으로 만들어진다.

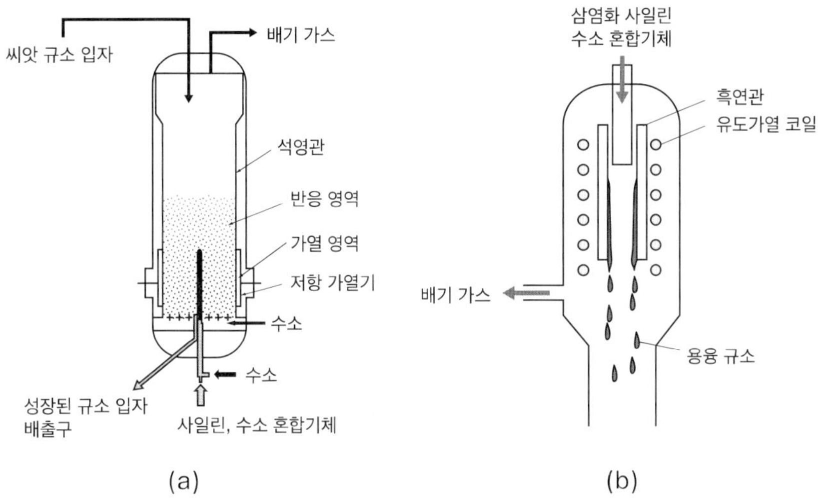

그림 2.3 회분식 반응 시스템인 지멘스 화학증착기를 대체하는 연속 공정의 예.
(a) 유동층 반응기, (b) 증기-액상-고상 변환 반응기

현재 전체 고순도 다결정실리콘의 약 80% 정도는 지멘스 공정으로 제조되고 있다. 우리나라는 반도체 산업이 발달되어 있고 또한 태양전지 사업을 하는 업체가 늘어나면서 안정적인 규소의 공급이 중요하게 되었다. 과거에는 고순도 규소를 수입하여 결정을 성장 가공하는 웨이퍼 제조업체만 있었으나 현재에는 금속급 규소를 수입하여 지금까지 소개한 공정에 의해 고순도 규소를 만드는 업체들이 늘어나고 있다.

2.2 결정의 성장

앞서 제조한 고순도 규소는 전자소자나 에너지소자를 제조하기 위해서 결정으로 성장시켜야 하고 원하는 모양으로 가공을 해야 한다. 비교적 가격이 저렴한 금속급 규소는 고순도 규소 및 웨이퍼, 그리고 소자로 만들어지면서 부가가치가 급격히 상승하게 되나 여기에는 고도의 기술이 필요하다. 앞서 그림 2.2의 고순도 규소 제조에서 보는 바와 같이 공정의 최종 단계에서는 지멘스 공정으로 알려진 화학증착법으로 고순도 규소 막대를 성장시키는데, 이 막대는 다결정 구조를 갖고 있으며 2차원 면결함(planar defect)인 입계(grain boundary)가 존재한다. 그레인 내에서는 원자의 배열이 규칙적이나 서로 다른 그레인은 다른 배열을 갖고 있다. 그레인 사이의 입계는 원자 크기의 3~5배 정도의 두께를 갖고 있다. 입계에는 많은 결정결함이 존재하며 전자는 입계에서 산란이 되어 그 이동도가 현격하게 떨어진다. 이에

따라 작동 속도가 중요한 전자소자의 제조에 쓰이는 웨이퍼는 단결정이어야 하며 아래와 같이 변환시키는 결정성장 공정이 필요하다. 그림 2.4에는 다결정과 단결정의 원자 배열 형태가 나타나 있다.

다결정 규소(임의의 배열 및 입계) ⟶ 단결정(원자의 규칙적 배열)

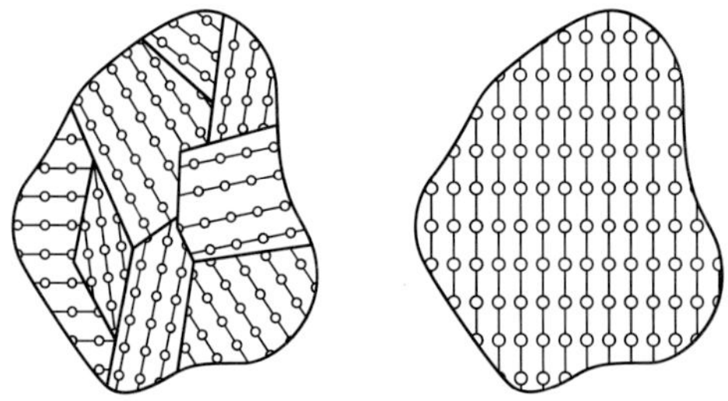
(a) (b)

그림 2.4 (a) 다결정, (b) 단결정 물질의 원자 배열 형태

이러한 결정성장 과정은 원자의 배열에 규칙성을 부여하는 것으로 엔트로피가 감소하는 방향이며 이에 따라 에너지를 외부에서 공급해야 한다. 또한 공정을 느리게 수행하며 잘 제어해야 결함의 발생을 억제할 수 있다. 에너지 소자인 태양전지에는 단결정규소 혹은 다결정규소가 쓰이나 단결정은 효율이 높은 반면 제조단가가 비싸므로 정보기술 분야의 전자소자와는 달리 다결정규소가 많이 쓰인다. 실제로 정보전자소자 제품에서는 웨이퍼가 차지하는 원가가 1~2% 정도로 낮으나 이에 비해 태양전지에서는 규소소재의 가격이 원가의 20~30%정도를 차지하여 규소소재의 제조원가를 낮추는 것이 상당히 중요하다. 메모리나 마이크로프로세서 같은 전자소자에서는 소자의 작동속도가 중요하여 단결정이 필수적이다. 여기에 사용되는 웨이퍼는 11N 정도의 고순도가 요구되고 0차원 점 결함(vacancy)은 어느 정도 허용이 되나 1차원 결함인 전위(dislocation)나 2차원 결함인 입계 등은 허용되지 않는다.

그림 2.5에는 전자소자용 혹은 태양전지용 규소 결정을 성장시키는 방법을 나타내었다. 크게 용융상태에서 잉곳을 성장시켜 절단하여 웨이퍼로 만드는 방법과 직접 박판으로 성장하는 방법으로 구분해 볼 수 있다.

잉곳 성장법에서는 용융 상태에서 결정을 성장시킨 후 다시 절단에 의해 웨이퍼 형태로 가공해야 하며 이 과정에서 1/3~1/2 정도의 규소가 톱밥 형태의 입자 슬러리로 손실된다. 쉬트 및 리본 형태로 결정을 성장시키는 박판성장 공정은 이러한 손실을 줄일 수 있으나 공정이 까다롭고 물성이 떨어진다는 단점이 있다. 현재 전자소자용 규소 웨이퍼는 단결정으로 거의 대부분 초크랄스키 공정을 이용한 잉곳 풀링 공정으로 만들어지고 있으며 태양전지용은

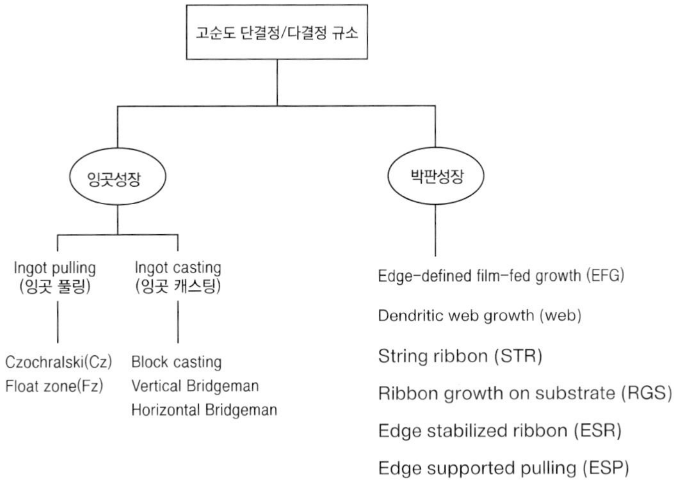

그림 2.5 결정성장 공정의 분류도

비용 문제로 잉곳 캐스팅과 절단 가공에 의한 다결정 웨이퍼가 약 80% 나머지는 절단 가공이 필요 없는 쉬트나 리본 성장법으로 만들어지고 있다. 웨이퍼 원자재 값의 비중이 비교적 작은 전자소자 분야에서는 웨이퍼의 크기에 따라 500~700마이크론 두께로 만들어지고 있으며 규소 원료의 사용량을 최소화해야 하는 태양전지 분야에서는 200~350마이크론 두께의 웨이퍼가 만들어지고 있다. 실제 소자가 형성되는 부분은 웨이퍼의 상단 몇 마이크론에 지나지 않으며 나머지는 기계적인 지지대 역할을 할 뿐으로 태양전지 분야에서는 100마이크론 이하 두께의 웨이퍼 절단 가공기술을 개발함으로써 고가의 규소 소비를 최소화하려고 노력하고 있다. 그림 2.6에는 여러 형태의 결정성장 공정과 관련하여 그 개념도를 소개하였다.

잉곳 풀링 방법으로는 그림 2.6(a)에 나타난 초크랄스키 방법과 그림 2.6(b)에 나타난 부유영역(float zone)성장법이 있다. 초크랄스키 방법은 결정화하고자 하는 물질이 용융된 액체상태 표면에 씨앗 결정을 접촉시켜 서서히 회전시키며 끌어 올리는 방법으로, 성장하는 결정이 직접 용기 표면에 접하지 않아 내부 스트레스의 발산이 쉽기 때문에 결함이 적은 단결정을 성장시킬 수 있다. 단지 액상이 고체 용기의 벽과 접촉하고 있어 오염물질이 액상으로 유입될 가능성이 있다.

부유영역(float zone) 결정성장법은 고체 봉을 끌어 올리면서 결정을 성장시키는데 중앙부분에 가열 코일이 있어 이 부분만 용융상태로 있게 된다. 결정이 고체 벽과 접촉하지 않고 성장되기 때문에 내부스트레스의 발산이 가능하고 오염이 적다는 장점이 있다. 반면에 용융영역이 표면장력에 의해 유지되므로 공정의 수행이 어렵고 또한 큰 결정을 키우기가 힘들다.

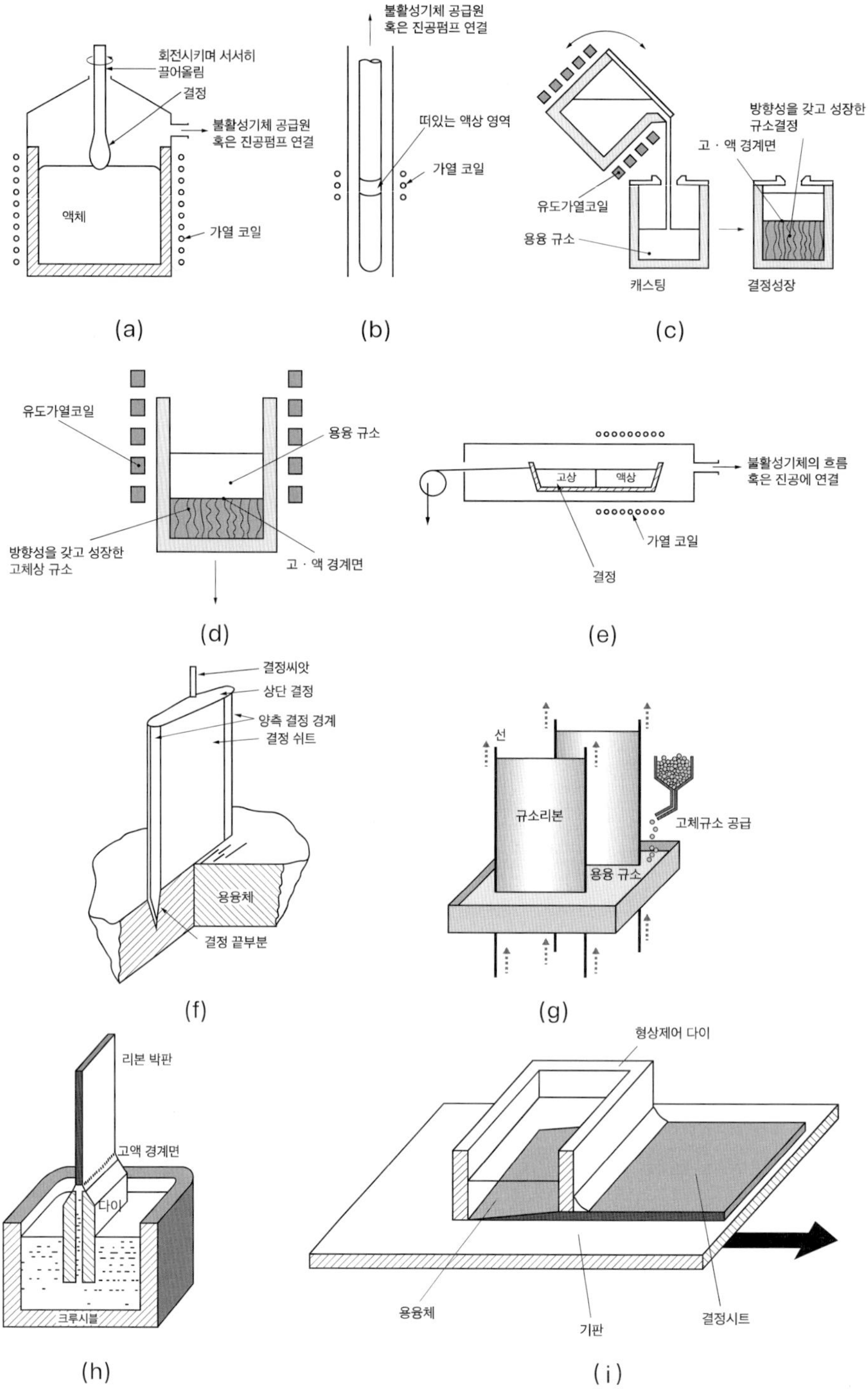

그림 2.6 여러 결정 성장 공정의 개념도. (a) 초크랄스키(Czochralski:Cz), (b) Float zone(Fz), (c) 블록 캐스팅, (d) 수직 브리지만(Bridgeman) 캐스팅, (e) 수평 브리지만 캐스팅, (f) 결정웹 성장(dendritic web), (g) 스트링 리본 성장법, (h) EFG(edge defined film fed growth), (i) RGS(ribbon growth on substrate)

현재 반도체소자용 규소 웨이퍼는 90% 이상이 초크랄스키 방법으로 만들어지고 있다. 이 공정이 잘 제어된 물성을 갖는 고순도의 규소 단결정을 경제적으로 만들 수 있기 때문이다.

잉곳 캐스팅 방법은 틀에서 용융 상태의 액상으로부터 결정을 성장시키는 방법이다. 이 경우 단결정을 성장시킬 수는 없고 다결정 규소가 얻어지며 단결정보다 다결정을 쓰는 태양 전지 분야에서 활용된다. 여기에는 그림 2.6(c)에 나타난 블록 캐스팅법과 그림 2.6(d, e)에 나타난 브리지만법이 있다. 블록 캐스팅법은 두 개의 틀이 있어 하나의 틀에서는 물질을 용융 시켜 또 하나의 틀에 부어 넣어 결정을 성장시키는 방법이다. 틀을 서서히 이동시켜 결정화시키는 브리지만 방법보다 빠른 속도로 결정을 성장시킬 수 있다. 이때 틀의 바닥으로부터 결정이 성장되어 이후 방향성을 갖고 위로 성장하게 된다. 규소의 경우 고체화하면서 부피가 늘어나 용기에 압력을 가하게 되는데, 벽면의 표면이 질화규소 층으로 되어 있어 용융 규소가 달라붙지 않아 쌓이는 스트레스가 용기 벽 쪽보다는 기상과의 계면 쪽으로 발산하게 된다. 브리지만법에서는 틀에 결정성장 물질을 넣고 유도가열 코일에 고주파 전류를 흘려보내 물질을 가열한다. 이때 틀은 고열에 안정하고 전기를 통하지 않는 석영 용기를 주로 사용하며 내벽은 석영 용기와 용융물질의 직접 접촉을 차단하기 위해 질화규소로 코팅되어 있다. 유도 전류에 의해 물질이 가열되어 녹으면 틀을 서서히 끌어당겨 가열 영역에서 벗어난 부분이 냉각되어 결정화가 일어난다. 이후 액상과 고상의 계면에서 원자가 배열되며 결정이 성장하게 된다. 이 브리지만 공정에는 그림 2.6(d)의 수직형 브리지만과 그림 2.6(e)의 수평형 브리지만 두 가지 형태가 있다. 이 브리지만 공정은 틀을 서서히 이동 결정을 성장시키기 때문에 앞서 블록 캐스팅 공정보다 시간이 많이 소요된다.

결정성장 공정에서는 필연적으로 온도구배가 존재해 이에 따른 열팽창, 수축이 일어나며 이때 발생하는 스트레스가 적절히 발산되지 않으면 내부 스트레스에 의해 결정결함이 생기게 된다. 블록 캐스팅이나 브리지만 공정에서 윗면은 기상과 접하여 내부 스트레스가 발산될 수 있으나 옆과 아래쪽으로는 용기 벽과 접하고 있어 내부 스트레스의 발산이 쉽지 않다. 이 경우 전위(디스로케이션)같은 결정결함이 발생될 수 있으며 심하면 용기나 성장된 결정에 금이 가거나 깨지게 된다.

절단 가공을 할 필요가 없는 결정성장 방법을 개발하여 규소 원료의 소비를 최소화하기 위한 노력은 1970년대 유류 파동 때부터 미국에서 시작되었다. 이 중 몇 가지 대표적인 예가 그림 2.6(f)~(i)에 소개되었다. 이러한 방법들은 결정성장 후 박판을 만들기 위해 절단을 해야 하는 과정을 생략할 수 있으나 공정의 제어가 쉽지 않고 또한 우수한 물성을 얻기가 힘들다. 그럼에도 불구하고 몇몇 공정들은 파일롯 단계 혹은 양산에 활용되고 있으며 50~400마이크론의 두께, 5~30센티미터의 폭, 그리고 분당 5~125,000제곱센티미터의 면적을 생산할 수 있는 다양한 규모로 조업이 되고 있다. 그림 2.6(f)에 나타난 방법은 결정웹 성장법이라 하는데 모양을 제어하기 위한 틀이 없는 상태에서 액면에 씨앗막대를 접촉시켜 서서히 끌어 올린다. 이때 막대의 양쪽 끝에서 결정성장이 시작되어 박판 형태의 결정이 성장된다. 박판의 폭은 시작할 때 막대의 폭에 의해 결정되는데 고액 경계면은 과냉각된 액상 안쪽에 형성된다. 성장되는 박판의 두께 및 폭을 일정하게 유지하기 위해서는 소수점 한 자리까지 온도를 정밀하게 제어해야 하며 100~150마이크론 두께의 박판을 8센티미터의 폭까지 분당 1~3센티미터의 속도로 성장한 예가 보고되고 있다. 그림 2.6(g)에 나타난 리본 연속성장법은 두 개의 금속선을 용기의 바닥에 뚫린 구멍을 통해 위로 통과시켜 용융 규소를 통해 서서히 끌어올림으로써 규소박판을 만드는 공정으로 5~150마이크론 정도의 얇은 판을 만들 수 있다. 이때 금속선을 끌어 올리는 속도에 의해 성장 속도가 결정되며 두께는 성장 속도, 냉각속도, 용융 규소의 표면장력 등에 의해 결정된다. 이 방법은 앞서 틀이 없는 결정웹 성장법보다 온도나 공정의 제어에 대한 요구도가 덜 엄격하며 용융 규소와 접촉성이 좋은 금속선이 사용된다. 그림 2.6(h)에는 EFG(edge defined film fed growth) 공정의 개념도가 나타나 있으며 흑연으로 만들어진 가열 용기와 다이가 한 몸체로 된 장치를 활용한다. 다이 내부 공간에는 표면장력에 의한 캐필러리 힘에 의해 용융 규소가 채워지게 되며 캐필러리 상단의 액체상에 씨앗 결정을 접촉시켜 끌어 올리면서 박판을 성장시킨다. 고액 계면은 다이 상단의 약간 윗부분에 형성되며 상단과 계면 사이의 액면은 표면장력에 의해 유지된다. 박판의 두께는 100~400마이크론 정도에서 제어가 가능하며 다른 결정 성장시스템과 마찬가지로 성장 속도, 냉각속도 등에 의해 결정된다. 웹성장보다는 온도에 대한 정확도가 낮아도 되어 몇도 정도의 제어로 충분하다.

한 장의 박판을 성장시키는 장치에 비해 팔면체 틀로 10~12.5센티미터 폭의 박판 8장을 동시에 성장시킬 수 있는 장치도 개발되어 양산성을 높이고 있다. 그림 2.6(i)는 RGS(ribbon growth on substrate) 공정의 기본 개념을 보여 주고 있다. 여기에서는 용융 규소를 담은 용기가 기판 위에 근접해 위치해 있고 기판을 끌어당기면서 기판 위에 일정 두께의 규소 박판을 성장시킨다. 박판의 두께는 다른 결정성장 공정과 마찬가지로 성장속도, 표면장력, 기판에 의한 열방출 속도, 기판과 다이 사이의 간격에 의해 결정된다. 기판은 흑연이나 다른 세라믹을 활용하며 결정성장 이후의 냉각 과정에서 열팽창 계수의 차이에 의해 박판이 분리되도록 한다. 박판의 폭은 장치의 크기에 따라 결정되는데 현재 300마이크론 내외의 두께, 10센티미터 정도의 폭, 분당 4~9미터의 성장속도로 조업하는 공정이 알려져 있다.

이제까지 다양한 결정 성장시스템을 소개하였는데 각 공정에 대한 열수지 방정식을 세워 경계조건과 함께 해를 구하면 결정성장 속도 등을 조업변수의 함수로 구할 수 있다. 실제 결정성장 시스템은 유체의 흐름과 열전달, 물질전달이 복합적으로 나타나는 복잡한 계이다. 정보전자소자용 웨이퍼는 거의 대부분이 초크랄스키 공정을 이용해 만들어지고 있으며 태양전지용 웨이퍼는 다른 결정성장 공정이 활용되고 있다. 여기에서는 초크랄스키 공정에 대해 소개하고 공정의 해석을 하고자 한다.

2.3 초크랄스키 결정성장 공정

그림 2.7에는 초크랄스키 공정의 개념도가 나타나 있다. 앞서 그림 2.2에 소개된 바와 같이 고순도 다결정 규소는 최종적으로 지멘스 화학증착반응기에서 만들어지며 덩어리 형태로 깨서 실리카 도가니에 담게 된다. 이때 도판트 원소를 일정량 첨가하여 같이 녹여 생성되는 결정에 함유시킨다. 이에 따라 n형 혹은 p형 결정을 성장시키게 된다. 실제로 용융 규소에 반응하지 않는 재료는 거의 없어 도가니로 쓸 수 있는 재료는 한정되어 있다. 고온에서 안정한 탄소는 용융 규소에 쉽게 녹아 들어가기 때문에 흑연 도가니를 직접 쓸 수는 없고 실리카가 코팅된 흑연 도가니를 쓰거나 혹은 실리카 도가니를 흑연 도가니 안에 넣어 공정을 수행한다. 이 흑연 도가니의 바깥쪽에 있는 흑연 구조물은 전도체로 여기에 전류를 흘려보내 저항발열체로 활용할 수 있으며 50~100 kW 정도의 파워로 실리카 도가니를 가열하게 된다. 도가니와 잉곳은 반대 방향으로 회전하여 액상의 혼합을 유발하고 안정한 결정성장을 유지하게 되는데, 한편으론 이때 발생하는 용융 규소의 흐름은 실리카 용기의 벽을 침식시켜 산소가 유입된다. 규소의 용융점에서 규소액상에 산소의 용해도는 산소 원자의 개수로 $10^{18}/cm^3$ 정도인데 성장된 규소에 포함되는 산소는 10^{17}~$10^{18}/cm^3$ 정도이다. 기계적인 지지를 위해 흑연 도가니를 쓰고 또한 발열체로 흑연 구조체가 활용되는데 여기에서 일부 탄소가 증발 용융 규소에 유입된다. 결정에 유입되는 탄소 함량은 10^{15}~$10^{16}/cm^3$ 정도이다. 장치 내부로 고순도 아르곤이나 헬륨을 공급하여 불순물의 유입을 차단하고 용융체 액면에서 증발하는 SiO, CO 성분을 연속적으로 바깥으로 흘려 내보낸다. 용융 규소의 표면 온도가 약 1,420°C 정도가 되면 5~8밀리미터 정도의 씨앗 결정을 액체의 표면에 접촉시켜 결정을 성장시킨다. 씨앗 결정을 규소 액체 표면에 접촉시키면 고체-액체 계면이 형성되며 액체 내의 규소 원자가 씨앗 결정의 표면에 배열 고체화함으로써 단결정을 성장시키게 된다. 씨앗 결정의 배열에 따라 성장하는 결정의 배열이 결정되며 결정을 끌어 올리는 방향은 항상 정확하게 액면에 수직이어야 한다. 이에 따라 결정성장 장치

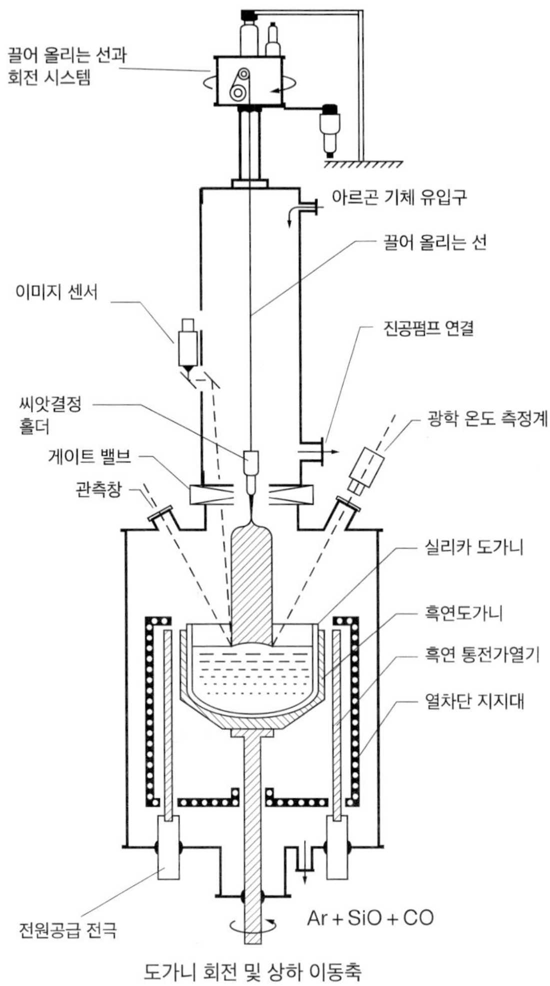

그림 2.7 초크랄스키 단결정 성장 장치의 개념도

는 진동을 흡수하는 바닥에 설치해야 하며 결정을 끌어 올리는 장치는 흔들리지 않게 작동해야 한다. 씨앗 결정과 도가니는 서로 반대 방향으로 회전되며 씨앗 결정을 서서히 끌어 올려 규소 잉곳을 성장시키게 된다. 이때 액체 표면의 온도는 약간 낮추어 우리가 원하는 직경의 결정이 성장되도록 한다. 성장되는 결정의 직경은 끌어올리는 속도에 의존하며 그 속도가 느릴수록 직경이 커진다. 씨앗 결정을 담가 처음 결정을 성장시킬 때는 끌어올리는 속도를 빠르게 해 씨앗 결정보다 작은 3밀리미터 직경의 결정을 성장시킨다. 이는 씨앗 결정의 끝에서 발생되는 전위가 성장되는 결정으로 파급되는 것을 막아준다. 그 개념도가 그림 2.7에 나타나 있다.

이후 끌어 올리는 속도를 낮게 조절하여 정상상태에서 결정성장을 하게 되며 직경은 작게는 75밀리미터에서 크게는 300, 450밀리미터까지 키운다. 끌어올리는 속도는 보통 시간 당

50~100밀리미터 정도이다. 현재 반도체 업체에서 쓰는 웨이퍼는 300밀리미터가 주종을 이룬다. 약 100킬로그램의 규소를 50센티미터 직경의 도가니에 장입하고 200밀리미터 직경의 결정을 성장하면 1미터 정도 길이의 잉곳이 얻어진다. 웨이퍼의 직경이 커지면서 장입하는 규소의 양도 많아지고 도가니의 직경도 커지는 추세이다.

갈리움아세나이드 화합물반도체 결정의 성장에도 초크랄스키 방법이 활용된다. 그림 2.9에 보는 바와 같이 실리콘은 반도체로서 다이아몬드 큐빅 구조를 갖고 있다. 갈리움아세나이드는 징크 블렌드 구조로 다이아몬드 큐빅 결정격자에 Ga원자와 As원자가 교대로 나타나는 구조이다. 다이아몬드 큐빅 구조는 탄소의 sp3 결합에 의해 형성되는 구조로 fcc(face centered cubic) 격자점에 원자가 위치하고 또한 fcc 구조 내에 있는 tetrahedral interstitial 위치의 반이 차 있는 형태이다. 실리콘의 경우도 sp3 결합에 의해 같은 결정구조를 갖게 되며

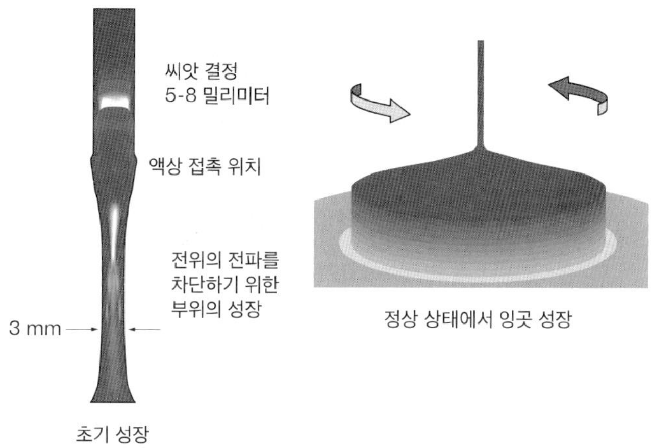

그림 2.8 씨앗 결정을 이용 잉곳을 성장하는 공정의 초기 진행 과정

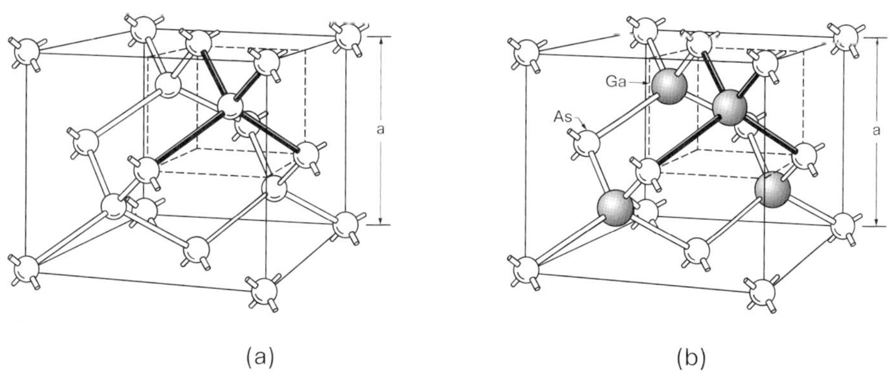

그림 2.9 (a) 실리콘 반도체의 다이아몬드 큐빅 구조, (b) 갈리움아세나이드의 징크 블렌드 구조

이웃하는 원자와 두 개의 전자를 공유하며 공유결합을 형성하게 된다. 실리콘의 물성은 부록 4에 첨부되었다.

갈리움아세나이드의 경우 두 성분이 1:1로 정확히 각 원소가 교대로 배열되는 결정을 성장시켜야 하기 때문에 결함이 발생되기 쉽고 무결함의 단결정을 키우기가 기술적으로 더 어렵다. 실리콘의 결정성장과는 달리 2성분계이기 때문에 이들에 대한 상평형도가 중요하다. 그림 2.10에는 Ga-As계의 상평형도가 나타나 있다. Ga와 As는 1:1 화합물을 형성하는데 그 융점은 1,238°C로 나타난다. 액상에서 결정이 형성될 때 갈리움이나 아스닉이 1:1 조성을 벗어나면 조성에 따라 고체상에 갈리움아세나이드와 갈리움의 혼합물 혹은 갈리움아세나이드와 아스닉의 혼합물이 생기게 된다. 갈리움아세나이드 용융체는 흑연 도가니나 질화보론 같은 세라믹이 코팅된 흑연 도가니를 활용한다. 아스닉은 614C°에서 승화하고 융점에서 증기압이 높기 때문에 이의 증발을 막는 것이 중요하다. 여기에는 LEC(liquid encapsulated Czochralski) 방법이 쓰이는데 융점이 450°C인 B_2O_3를 첨가하여 액면 위에 5~10밀리미터 두께의 용융 보론 산화물로 덮개를 형성한다. 이 물질은 비중이 1.5로 5.71인 갈리움아세나이드보다 작고 서로 혼합되지 않아 위에 뜨며 화학적으로 안정하여 아스닉의 증발을 차단하는 층으로 효과적이다. 규소결정을 성장시킬 때처럼 씨앗결정을 B_2O_3 아래 용융체에 담가 같은 방법으로 끌어올려 갈리움아세나이드 결정을 성장시킨다. 이 경우 기술적인 어려움 때문에 결함 없이 키울 수 있는 결정의 직경이 아직까지는 규소보다 작다.

결정을 끌어올리는 속도는 규소나 갈리움아세나이드 모두 시간당 50~100밀리미터 정도이다. 계면의 위치는 결정성장을 하는 동안 일정한 위치에 고정되며 용융체가 소모되면서 도가니의 위치를 조금씩 위로 올리게 된다. 이렇게 액면의 위치를 고정시켜야 파이로미터로 계면의 온도를 정확히 읽을 수 있으며 이를 통해 온도를 일정하게 제어할 수 있다. 끌어올리는 속도가 너무 빠르면 고체-액체 계면이 단절되거나 너무 느리면 오히려 고체상이 다시 녹게 된다. 온도가 최적 값보다 높아지면 결정성장이 잘 되지 않고 낮으면 액면 전체가 고체화할 가능성이 있다. 현재의 결정성장 장치는 모든 것이 무인 자동화되어 있어 전위(디스로케이션)가 전혀 없는 무결함의 결정을 안정하게 키울 수 있다. 실제로 1차원 선 결함인 전위가 포함된 결정은 전자소자 제조에 쓰일 수 없다.

그림 2.6(b)에 소개된 floating zone 방법은 용융 물질이 도가니와 직접 접촉하지 않기 때문에 산소 등의 불순물이 훨씬 적게 되며 이 경우 성장된 결정의 저항이 높아 전력반도체나 센서, 기타 특수 용도에 쓰인다. 그러나 앞서 언급했듯이 표면장력에 의해 액상의 영역이 유지되기 때문에 성장시킬 수 있는 결정의 크기가 제한되므로 이 방법에 의해 만들어지는 웨이

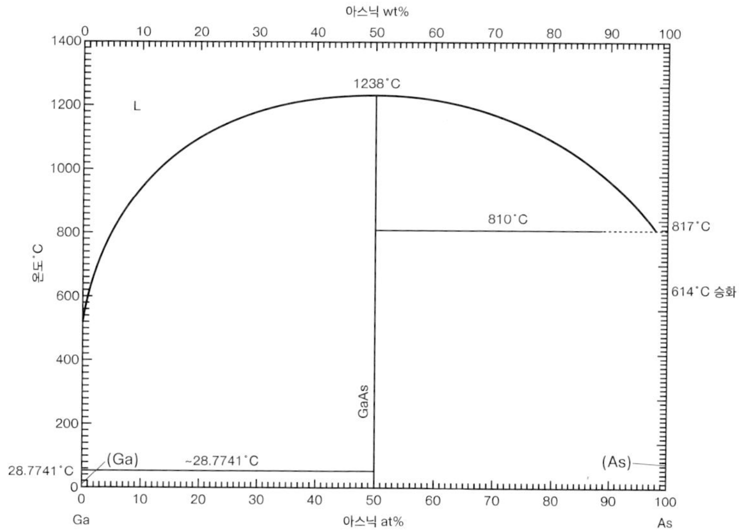

그림 2.10 Ga와 As에 의해 형성되는 상평형도. 화합물 GaAs가 형성된다.

퍼는 아주 작은 시장점유율을 나타내고 있다.

결정성장에 있어서 용융 규소의 흐름은 추가된 도판트의 농도 분포, 성장되는 결정의 직경 등에 영향을 미친다. 성장되는 결정의 회전에 의해 이와 접하는 액면이 같이 회전하게 되며 또한 회전하는 도가니는 이와 접한 용융체가 같이 회전하게 한다. 이들은 서로 반대 방향의 흐름을 유발한다. 또한 도가니 내에서는 온도의 분포에 의해 액체의 비중이 달라지며 열이 가해지는 도가니 벽 쪽이 온도가 높아 액체의 비중이 낮고 결정과의 계면과 액상 표면이 온도가 낮아 비중이 높게 된다. 이 경우 무거운 부분이 가벼운 부분의 위에 있게 되어 유체역학적 불안정에 의해 중력에 의한 자연대류 현상이 나타난다. 도가니에서 유체의 흐름은 이들이 복합적으로 나타나 그림 2.11(a)에 나타난 바와 같이 상당히 복잡한 흐름 형태가 나타난다. 이러한 용융 유체의 흐름은 계면에서 온도의 주기적인 변화를 가져와 결정의 크기가 커졌다 작아졌다 하여 잉곳의 표면에 파도 형태의 완만한 굴곡이 생기게 된다. 또한 결정에 유입되는 도판트의 농도도 균일성에서 조금씩 벗어나 평균값에서 위 아래로 진동을 하게 된다. 좀 더 균일하고 우수한 특성의 결정을 성장시키기 위해서는 이러한 흐름을 억제하는 것이 유리하며 그림 2.11(b)에 나타난 바와 같이 외부 자장을 걸어 주어 그 효과를 얻을 수 있다. 용융 규소가 전도체이기 때문에 자기장에서 흐르는 유체에 body force가 생겨 중력에 의한 효과를 억제할 수 있다. 한편으로는 우주의 중력이 없는 상태에서 결정을 성장시키면 자연대류에 의한 흐름을 제거할 수 있어 좀 더 우수한 결정이 얻어지는 것으로 알려져 있다.

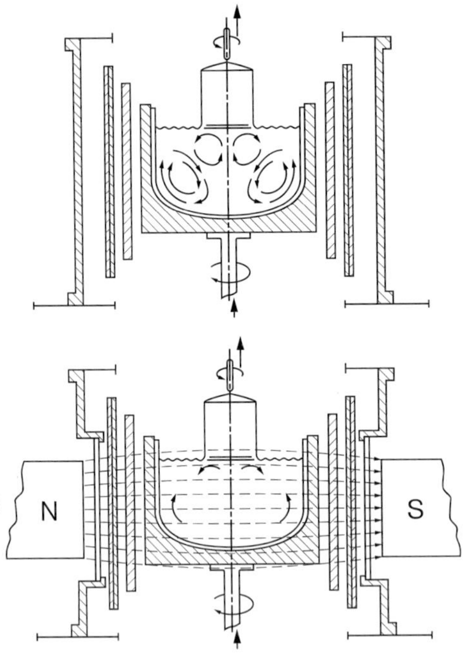

그림 2.11 초크랄스키 결정성장에서 용융 규소에 형성되는 유체의 흐름. (a) 서로 반대로 회전하는 결정과 도가니, 그리고 비중의 차이에 의한 자연대류가 흐름에 영향을 준다. (b) 외부에서 걸어주는 자장에 의해 유체의 흐름을 억제한 경우

2.4 결정성장 공정의 해석

그림 2.12에는 결정성장 시스템의 1차원 개념도가 나타나 있다. 실제 성장 시스템은 삼차원계로 유체의 흐름, 열의 흐름, 그리고 도판트 물질의 분포 등 모멘텀, 열, 물질전달이 동시에 일어나는 상당히 복잡한 계이다. 고체와 액체의 계면은 1,420°C 정도로 유지되며 표면장력과 수평 방향의 온도 분포 등으로 곡선 형태의 계면이 형성된다. 즉 결정의 바깥쪽보다 안쪽이 온도가 높아 위로 볼록한 계면이 형성된다. 계면에서 x방향으로 멀어질수록 온도는 떨어져 그림에 나타난 바와 같은 온도 분포가 형성된다. 이 계에서 유체의 흐름과 온도 분포, 그리고 도판트 농도의 분포 등을 2차원 혹은 3차원적으로 해석하여 지배 방정식을 세우고 이를 푸는 것은 상당히 복잡하고 수치 해석적 접근 방법을 필요로 한다. 여기에서는 문제를 간소화한 1차원적 접근방법을 소개하고자 한다.

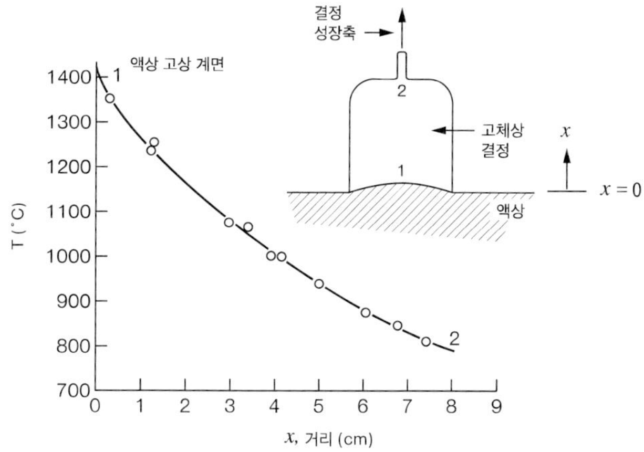

그림 2.12 1차원으로 단순화된 계에서 고체–액체 계면에서부터 거리에 따른 고체상 결정의 온도 분포
(J. Cryst. Growth, 49, 718, 1980)

1차원적 접근을 위한 단순화된 계의 개념도는 그림 2.13과 같다. 여기에서 고체와 액체의 계면을 원점 $x = 0$으로 정의하고 고체상 쪽의 방향으로 x축을 정의한다. 모델링과 계산을 통해 결정의 성장 속도와 결정의 직경과의 관계를 얻고자 하며 결정의 성장 속도를 느리게 할수록 성장하는 결정의 직경은 커질 것으로 짐작할 수 있다. 이들의 관계식은 계의 열수지(heat balance) 식으로부터 구할 수 있다. 고체상은 액상과의 계면에서 가장 온도가 높으며 액상에서 고체상 쪽으로 그리고 고체상의 위쪽으로 열이 전달된다. 또한 결정 표면에서 기상 쪽으로 열이 흐르게 된다. 계면의 온도는 규소의 융점 1,414°C보다 조금 높게 1,420°C로 유지된다. 그림 2.13에서 액상과 고체상의 계면 1에서의 열전달 수지식은 아래와 같다.

$$L\frac{dm}{dt} + k_L\frac{dT}{dx_1}A_1 = k_s\frac{dT}{dx_2}A_2 \tag{2.10}$$

여기에서 L은 액상의 규소가 고상으로 변하면서 방출되는 열로 규소의 융해열(heat of fusion)이며 dm/dt는 단위 시간당 고체화하는 규소의 무게이다. 즉 이 항은 단위 시간당 규소의 고체화에 의해 방출되는 열량을 나타낸다.

왼쪽의 두 번째 항과 오른쪽 항은 각각 액상과 고상에서 전도에 의해 전달되는 열량이다. 이 식은 액상에서 계면으로 전도에 의해 전달되는 열과 규소가 응고하면서 방출되는 열의 합이 계면에서 고체상으로 전달되는 열과 같다는 것을 나타낸다. 여기에서 액상에서 유체의 흐름은 무시하였다. 액상과 고상의 계면은 표면장력에 의해 곡선의 형태를 나타내게 되나 1차원 모델에서는 이 영향을 무시하고 계면이 x축에 수직한 평면으로 보며 이에 따라 계면의

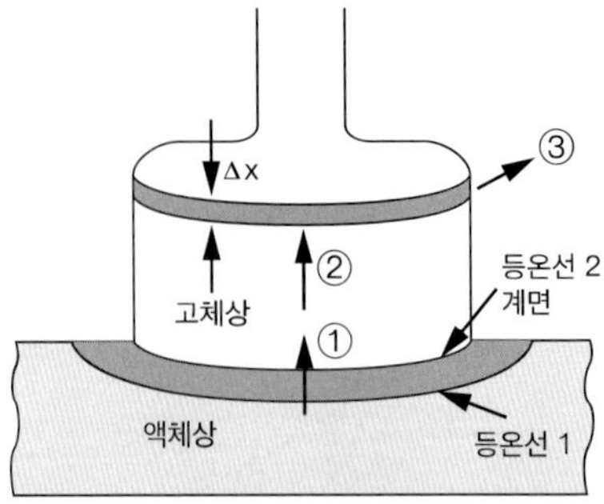

그림 2.13 초크랄스키 결정성장 공정에서 결정이 성장되는 액–고상 계면과 열 흐름의 1차원적 모식도.

면적 A_1과 잉곳의 단면적 A_2는 같게 된다. 또한 k_L, k_s는 액상과 고상의 열전도도이며 일반적으로 이 물성 값은 온도의 함수이다. 고체상에서 콘트롤 볼륨 2로 표시된 부분의 열수지 식은 아래와 같다.

$$k_s \pi r^2 \left[\left(\frac{dT}{dx} \right)_{x+\Delta x} - \left(\frac{dT}{dx} \right)_x \right] = 2\pi r \Delta x (\varepsilon \sigma T^4) \tag{2.11}$$

왼쪽 항은 그림에 나타난 두께 Δx의 고상에서의 제어 부피에서 전도에 의해 나가는 열과 들어오는 열의 차이이며 오른쪽 항은 3으로 표시된 제어 부피 고체 표면에서 복사에 의해 기상으로 방출되는 열을 나타낸다. 고체 표면에서 기상으로 방출되는 열은 복사열 이외에 대류에 의한 항도 있으나 일반적으로 결정성장에서는 복사열이 가장 커서 대류 전달은 무시된다. r은 성장되는 결정의 반지름이며 πr^2은 단면적, $2\pi r \Delta x$는 제어 부피의 측면 면적이 된다. 오른쪽 항은 스테판-볼츠먼 법칙에 의한 복사열 방출을 나타내며 이 항은 온도의 4제곱과 면적에 비례한다. ε는 규소의 방사율(emissivity, 약 0.55), σ는 스테판-볼츠먼 상수이다. 고체상 규소의 열전도도는 온도에 의존하는데 1,000°C 이하에서는 아래와 같이 표시된다.

$$k_s = k_M \frac{T_M}{T} \tag{2.12}$$

여기에서 T_M은 규소의 녹는 온도, k_M은 이 온도에서의 전도도를 나타낸다.

식 (2.10), (2.11), (2.12)로부터 아래와 같은 미분방정식이 얻어지고

$$\left(\frac{d^2T}{dx^2} \right) = BT^5 \qquad B = \frac{2\varepsilon\sigma}{rk_M T_M} \tag{2.13}$$

이 미분방정식을 풀면 아래와 같은 온도 분포식을 얻을 수 있다.

$$T = \left(\frac{3k_M r T_M}{8\sigma\varepsilon} \right)^{\frac{1}{4}} \frac{1}{\sqrt{x + \left(\frac{3k_M r T_M}{2\sigma\varepsilon} \right)^{\frac{1}{2}}}} \tag{2.14}$$

액체로부터 결정화되는 고체의 양은 성장 속도 V, 규소의 밀도 ρ, 단면적 A_2로부터 아래와 같이 표시되며

$$dm = A_2 \rho V dt \tag{2.15}$$

식 (2.10)의 오른쪽 항에 나타난 계면에서의 온도구배는 고체상의 온도 분포식 (2.13)으로부터 구한다. 식 (2.10)로부터 결정성장의 최대 속도 V_{max}는 $k_L \frac{dT}{dx_1} A_1 = 0$일 때이며 아래와 같이 주어진다.

$$V_{max} = \frac{k_s}{L\rho} \left(\frac{dT}{dx} \right)_s = \frac{1}{\rho L} \sqrt{\frac{2\sigma\varepsilon k_M T_M^5}{3r}} = \frac{\text{constant}}{\sqrt{r}} \tag{2.16}$$

식 (2.10)에서 왼쪽의 두 번째 항, 즉 액상에서 계면으로의 열전도는 무시하였는데 이에 따라 계면에서 고상으로 전달되는 열량은 실제보다 낮아지며 여기서 계산한 결정성장 속도는 실제보다 큰 값이 된다. 규소결정의 반경이 7.5cm일 때 V_{max}는 시간당 50cm로 나타나지만 실제 결정성장에서 속도는 20cm 정도로 한다. 식 (2.16)으로부터 결정성장 속도는 성장되는 결정 반경의 제곱근에 반비례하는 것을 알 수 있다.

그림 2.14에는 직경이 작은 범위에서 결정성장 속도와 식경과의 관계가 도시되어 있다. 이 그림에서 점선으로 표시된 것은 이론적인 계산 값이며 실제 성장 속도는 이보다 낮은 값으로 조업한다. 실제로 성장 속도가 너무 빠르면 액체면과 고체면이 분리되어 성장이 불가능해지고 너무 느리면 고체상이 액체상으로 녹아들어가는 역반응이 빨라지게 된다.

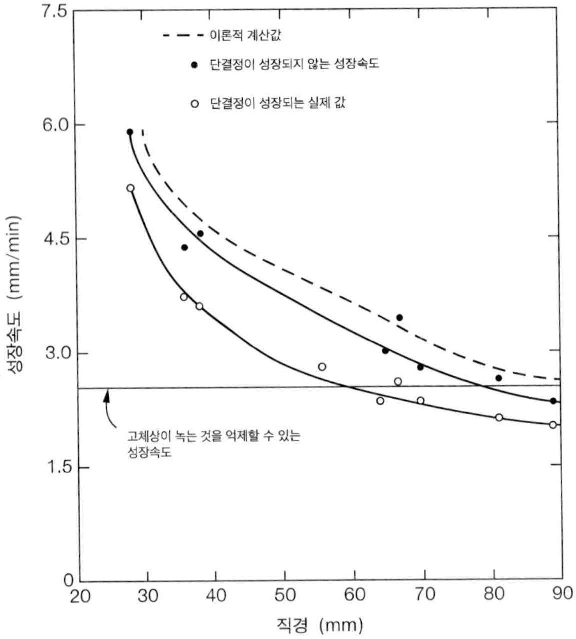

그림 2.14 초크랄스키 결정성장 공정에서 결정성장 속도와 결정의 직경과의 관계
(J. Cryst. Growth, 54, 267, 1981) (J. Cryst. Growth, 50, 865, 1980)

또 한 가지 고려해야 할 사항은 결정의 성장 속도에 다라 성장되는 잉곳의 결정성이 영향을 받는다는 것이다. 단결정을 성장시키기 위해서는 결정성장 속도를 적절히 낮출 필요가 있다. 결정성장이 빠르면 계면에서 원자가 규칙적으로 배열하기 위한 충분한 시간이 주어지지 않아 그레인들이 형성되는 다결정 구조로 자라게 된다. 그림 2.14에서 까만 점은 다결정이 성장되는 경우이다. 이보다 성장 속도를 낮추었을 때 흰 점으로 표시된 부분에서 단결정이 성장된다. 이러한 부분은 이제까지 소개한 수학적 모델링으로는 알 수 없는 사항이며 실험적 관찰이 필요하다. 현재의 초크랄스키 공정은 모든 것이 자동화된 장치에서 1차원 선 결함인 전위(디스로케이션)가 없는 단결정을 성장시키고 있으며 반도체 산업에서 쓰이는 300밀리미터 웨이퍼를 양산하고 있다. 차세대 웨이퍼로는 450밀리미터가 고려되고 있으며 이와 관련된 기술적인 문제가 연구되고 있다. 대구경의 웨이퍼를 쓰면 좀 더 많은 칩을 생산할 수 있어 경비의 절감이 기대되나 동시에 공정과 장비와 관련된 기술적인 문제가 해결되어야 한다. 결정성장 장치는 진동이 없는 무진실에서 수행되며 중력이 없는 상태에서는 비중 차에 의한 용융체의 자연대류 현상을 억제할 수 있어 좀 더 우수한 결정을 성장시킬 수 있을 것으로 기대되어 대기권 밖 우주왕복선에서 실험이 수행되기도 하였다.

전자소자를 만들기 위한 실리콘 웨이퍼는 n형 혹은 p형으로 만들어진다. p형 규소소재의 경우 주로 3가인 보론을 포함시키며 *n*형 반도체의 경우는 5가인 인, 비소, 안티모니 등을 포함시킨다. 적당량의 도판트를 규소소재와 섞어 용융시켜 결정을 성장하면 고-액체 계면에서 결정이 성장할 때 도판트 원자가 같이 포함된다. 소재의 전기적인 특성은 도판트의 농도에 민감하기 때문에 도판트의 농도와 분포를 정확히 제어하는 것이 중요하다. 그림 2.15에는 액상 1과 고상 2 사이에 나타난 액상과 고체상의 계면에서 결정이 성장하는 모식도가 나타나 있다. 고-액 계면에서 액상의 원자가 고상표면에 붙으며 결정이 성장되는데 액상의 도판트 원자도 규소 원자와 같이 고상으로 유입된다. 이때 고상으로 유입되는 도판트의 농도는 액상에서의 농도에 의존하게 된다. 유체의 흐름과 열의 전달과 관련된 경계조건은 경계면에서 연속적이나 질량의 이동과 관계되는 도판트의 농도는 그 경계조건이 연속적이지 않아 결정성장에서 농도 분포를 제어하는 것은 용이하지가 않다.

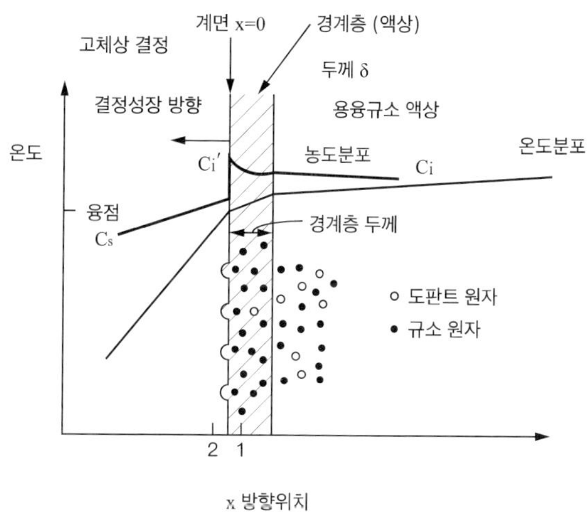

그림 2.15 액상 1과 고상 2 사이에 나타난 액상과 고체상의 계면에서 결정성장 모식도. 실선은 온도 분포와 농도 분포를 나타낸다.

유체의 경우 경계면에서 유속은 고체상과 같아야 하고 온도도 같아야 하나 농도는 같지 않다. 고-액 계면에는 유체의 속도, 온도, 그리고 농도가 급격이 변하는 경계층(boundary layer)이 존재하는데 이 층의 두께가 얇을수록 액상에서의 분포가 균일하다 볼 수 있다. 이 경계층의 두께는 잉곳과 도가니의 회전속도에 의존하며 회전속도가 빠를수록 경계면의 두께는 얇아진다.

액상과 고상의 계면에서 각 상에서의 도판트의 농도는 아래와 같은 관계식에 의존하게 된다.

$$C_s = k_o C_i \tag{2.17}$$

여기에서 C_i는 계면에서 액상의 도판트 농도이고 C_s는 고상의 도판트 농도이다. k_o는 평형 분리계수(equilibrium segregation coefficient) 혹은 분포계수(distribution coefficient)라 불리며 도판트 원소의 고유한 물성 값이다. 이 식은 의도적으로 첨가한 도판트뿐만 아니라 액상 규소에 포함된 다른 불순물에도 적용된다. 모든 원소에 대해 k_o는 1보다 작으며 이는 도판트 원소가 계면에서 고상으로 유입되면서 일부가 액상으로 밀려나는 것을 의미한다. 이러한 현상은 도판트 원소의 용해도가 고상과 액상에서 서로 다르기 때문이다. 이 값은 실험적으로 측정되는데 평형값이기 때문에 평형에 도달하기 위한 시간이 충분히 주어지지 않으면 다른 값이 얻어질 수도 있다. 이 경우 겉보기 분포계수가 얻어진다. 의도적인 도판트이든 그렇지 않은 불순물이든 분포계수가 1보다 작기 때문에 액상의 농도는 점점 높아지고 이에 따라 먼저 고체화된 결정 내의 도판트나 불순물 농도는 나중에 결정화되는 부분의 농도보다 작게 되며 결정의 위치에 따라 농도구배가 생기게 된다. 그림 2.15에 농도 분포도 나타나 있는데 고체상에서는 고체-액체 계면에서 멀어질수록 농도가 낮아지고 계면에서 액상의 농도는 식(2.17)에 따라 고상의 농도보다 크게 된다. 액상이 균일하게 혼합된 경우는 $C_i' = C_i$가 되나 균일하게 혼합되지 않은 경우는 경계층에 농도 분포가 나타나고 $C_i' \neq C_i$가 된다. 표 2.3에는 여러 원소의 분포계수가 나타나 있다.

표 2.3 여러 원소들의 규소 내에서의 분포계수

Dopant	k_o
As	0.3
Bi	7×10^{-4}
C	0.07
Li	10^{-2}
O	0.5
P	0.35
Sb	0.023
Al	2.8×10^{-3}
Ga	8×10^{-3}
B	0.8
Au	2.5×10^{-5}

표 2.3에서 알 수 있는 것은 3가 원소 중 보론은 분포계수가 커 액상에서 고체상으로 도판트의 유입이 쉬운 반면에 알루미늄이나 갈리움은 그 값이 작아 상당히 어려운 것을 알 수

있다. 이것이 보론이 3가 도판트로 주로 쓰이는 이유 중 하나이다. 이러한 분포계수는 고체재료의 고순도화에도 이용될 수 있는데 이 경우는 분포계수가 작은 원소의 경우 고체상에서 제거하는 데 더 유리하다. 성장된 결정에서 도판트 농도의 분포는 모델링을 통해 이론적으로 구할 수 있다. 그림 2.16에는 모델링을 위해 고체-액체 계면 부분이 나타나 있으며 여기에서 각각의 변수는 아래와 같이 정의된다.

V_o : 초기 상태에서 용융된 규소의 부피
V : 고체화된 용융 규소의 부피
I_o : 초기 상태에서 용융 규소 내의 도판트 양
I : 용융 규소에 남아 있는 도판트의 양
C_o : I_o/V_o (초기 도판트의 농도)
f : V/V_o (초기 용융 상태의 규소 중 고체화된 부분)

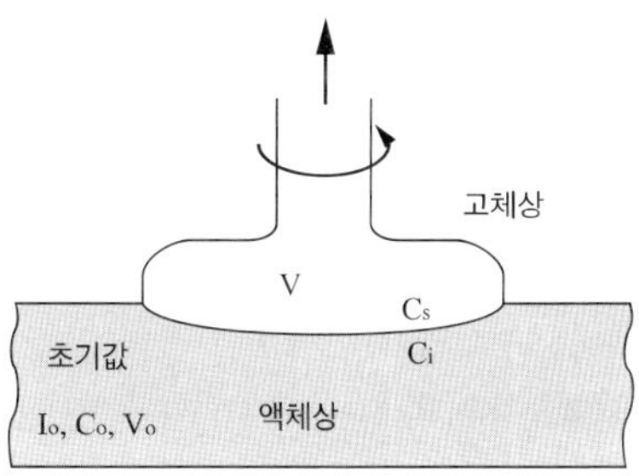

그림 2.16 모델링을 위한 고체-액체 계면 부분.

먼저 결정화 속도가 액상에서의 확산보다 훨씬 느려 실제로 액상은 균일하게 섞여 있다고 가정할 수 있고 액상 내에서의 농도 분포가 무시할 정도로 작은 경우를 고려한다. 이 경우 그림 2.15에서 보는 액상 내의 농도는 $C_i' = C_i$로 균일하다고 가정하게 된다. 또한 고체상에서 도판트의 확산은 액상에 비해 작기 때문에($D_{melt}/D_{solid} \sim 10^6$) 무시한다. 앞서와 마찬가지로 1차원을 고려하며 액상-고상 계면을 $x = 0$으로 정의한다. 고상에서의 농도 C_s는 결정성장의 시간에 따라, 즉 결정에서의 x 방향의 위치에 따라 달라진다. 특정 시간에서 액상의 도판트 농도는 아래와 같이 주어진다. 결정의 성장 과정에서 계면에서 액상의 농도이다.

$$C_i = \frac{I}{(V_o - V)} \tag{2.18}$$

또한 특정 시간에서 액상에서 고상으로 이동하는 도판트의 양은 아래와 같이 주어진다.

여기에서 dV는 이때 고체화되는 액상의 부피이다. 실제로 액상의 부피는 줄어들기 때문에 마이너스 부호가 붙는다.

$$dI = -C_s dV = -k_o C_l dV = \frac{-k_o I dV}{(V_o - V)} \tag{2.19}$$

식 (2.19)로부터 아래와 같은 적분식이 구해지며 그 해는 식 (2.21)과 같이 나타난다.

$$\int_{I_o}^{I} \frac{dI}{I} = \int_{V_o}^{V} \frac{-k_o dV}{V_o - V} \tag{2.20}$$

$$I = I_o \left(1 - \frac{V}{V_o}\right)^{k_o} \tag{2.21}$$

식 (2.21)의 I 값으로부터 아래와 같이 C_s 값이 x에 대해 구해진다.

$$C_s(x) = \frac{-dI}{dV} = k_o \frac{I_o}{V_o}\left(1 - \frac{V}{V_o}\right)^{k_o - 1} \tag{2.22}$$

$$C_s(x) = k_o c_o (1 - f)^{k_o - 1} \tag{2.23}$$

그림 2.17에는 고체화된 용융체 부피의 분율에 따른(혹은 x값에 따른) 고체상에서의 도판트 농도가 나타나 있다.

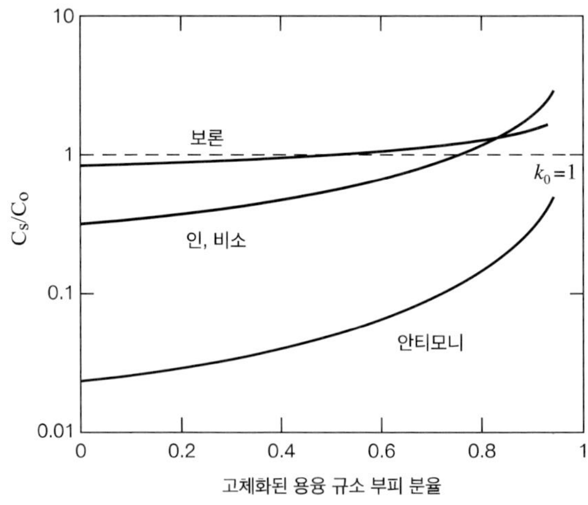

그림 2.17 고체화된 용융체 부피 분율에 따른 고체 내의 도판트 농도

고체상에서의 농도는 초기 농도 c_o로 나누어 나타나 있다. $f = 1$일 때는 값이 정의되지 않는다. $k_o = 1$이면 그림에서 점선으로 나타난 바와 같이 도판트 동도는 액상의 농도와 같은 값으로 일정하게 된다. 분배계수가 1에 가까울수록 농도 분포가 균일하며 그 값이 작을수록 농도변화가 심하다. 규소의 전기전도도는 도판트의 농도에 거의 비례하는데 이에 따라 결정의 위치에 따라 전기적인 특성도 달라진다. 즉 결정성장이 마무리되는 끝부분(tang end)은 결정성장이 시작되는 부분(seed 또는 butt end)보다 도판트 농도가 높게 되며 이에 따라 메모리 소자(DRAM)급으로 활용하기에 저항이 높은 끝부분은 태양전지에 응용하기도 한다.

실제 결정성장에 있어서 액상이 고르게 섞이는 경우보다는 농도구배가 나타나는 것이 보통이며 이 경우는 특히 계면 근처에서의 농도 변화를 고려해야 한다. 앞서 그림 2.15는 액상과 고상의 계면에서 결정성장의 모식도를 나타내고 있는데 액상의 규소 원자와 도판트 원자가 계면에서 고체화하는 상황이 나타나 있다. 분배계수가 1보다 작기 때문에 일부 도판트가 계면에서 액상으로 밀려 나게 된다. 이때 $C_i' \neq C_i$로 액상에서 농도구배가 형성되는데 이를 고려할 때 계면에 형성되는 경계층 개념을 도입하게 된다. 즉 액상에서의 농도 구배는 계면에서 두께 δ에 해당하는 경계층에 형성되고 이와 접하는 액상 전체의 농도는 C_i로 균일하다고 생각한다. 계면에서 밀려나는 도판트 원자는 경계층을 통해 이동하게 되며 유체의 흐름은 무시하고 확산에 의한 이동만 고려한다.

이 경우 겉보기 분배계수를 아래와 같이 정의한다.

$$C_s = k_{eff}\, C_i \tag{2.24}$$

여기에서 k_{eff}는 겉보기 분배계수(effective segregation coefficient)로 아래와 같이 표현할 수 있다.

$$C_s = k_o C_i' - k_{eff}\, C_i > k_o C_i \tag{2.25}$$

여기에서 k_o는 물질의 특성이지만 겉보기 분배계수 k_{eff}는 조업 상태를 고려한 분배계수이다. 경계층 내에서의 농도 분포는 확산과 관련된 Fick의 두 번째 법칙에 의해 아래와 같이 나타난다.

$$D_l \frac{d^2C}{dx^2} + V\frac{dC}{dx} = 0 \tag{2.26}$$

여기에서 D_l는 액상에서 도판트 원자의 확산계수, V는 결정의 성장 속도이다. 이 결정의 성장 속도는 고상-액상 계면의 이동속도이며 이 식은 고상 계면에서 액상으로 밀려나는 도판트의 양은 경계층을 통해 액상으로 이동하는 양과 같다는 물질수지 식을 나타낸다. 이 미분방

정식의 해는 아래와 같이 주어지며

$$C = A\exp(-Vx/D_I) + B \tag{2.27}$$

경계조건은 아래와 같다.

$$C(x=0) = C_i', \quad C(x=\delta) = C_i \tag{2.28}$$

앞서 언급한 바와 같이 고상에서 도판트의 확산 속도는 액상보다 훨씬 작기 때문에 무시된다. 위의 방정식과 경계조건으로부터 아래와 같은 해가 구해진다.

$$\frac{C_i - C_s}{C_i' - C_s} = \exp(-V\delta/D_I) \tag{2.29}$$

이 식으로부터 C_s/C_i를 구하면 (2.25)식으로부터 겉보기 분배계수는 아래와 같이 주어진다.

$$k_{eff} = \frac{k_o}{k_o + (1-k_o)\exp(-V\delta/D_I)} \tag{2.30}$$

그리고 고체상의 농도 분포는 앞서와 같은 방법으로 아래와 같이 구해진다.

$$C_s(x) = k_{eff}C_o(1-f)^{k_{eff}-1} \tag{2.31}$$

앞서의 경우와 같이 완전 혼합이 이루어지는 경우 경계층 두께는 0이 되며 $k_{eff} = k_o$가 된다. k_{eff}는 결정성장 속도, 혼합의 정도, 확산계수 등 조업 조건에 의존하게 되는데 결정성장 속도가 빠르고 확산 속도가 상대적으로 느려 고상 계면에서 밀려나는 도판트가 액상으로 빠르게 전달되지 못하는 경우, 경계면의 두께가 두꺼워지고 $k_{eff} \rightarrow 1$이 된다. 결정의 성장 공정에서 경계면의 두께는 아래와 같이 주어진다.

$$\delta = 1.8D^{1/3}V^{1/6}\omega^{-1/2} \tag{2.32}$$

여기에서 V는 결정의 성장 속도, ω는 결정의 회전 각속도, D는 액상에서 도판트의 확산계수이다. 이 식에서 알 수 있듯이 회전 각속도가 클수록 그리고 확산계수가 작을수록 경계층의 두께는 얇아진다.

2.5 웨이퍼의 제조

잉곳 형태로 성장시킨 결정은 얇은 웨이퍼 형태로 잘라 가공을 해야 하며 규소와 같이 경도가 높은 결정을 절단하려면 단단한 톱날이 필요하다. 그림 2.18에는 잉곳에서부터 웨이퍼를 만드는 절단 공정으로 원형 단일 톱과 다단형 줄 톱을 활용하는 두 가지 공정이 나타나 있다.

전자소자를 만드는 경우에는 초크랄스키 성장법에 의해 성장된 원통형 잉곳을 원형 웨이퍼 형태로 절단 가공한 규소 결정을 기판으로 사용한다. 그림 2.18(a)는 성장된 잉곳을 갈아 직경을 맞추는 공정의 개념도를 보여주고 있다. 다이아몬드 면으로 된 연마기를 회전시키며 잉곳을 회전 이동시켜 갈아내게 된다. 웨이퍼는 300밀리미터 직경으로 메모리나 마이크로프로세서 생산 공정에 주로 쓰이고 있으며 450밀리미터가 차세대 웨이퍼로 연구되고 있다. 두께는 500~900마이크론 정도로 직경이 클수록 두께도 두껍게 가공한다. 그림 2.18(b)에는 잉곳 절단 공정의 개념도가 나타나 있으며 안쪽 날에 다이아몬드가 부착된 원형판이 톱날로 쓰인다. 이 톱날은 스테인레스 스틸로 만들어지고 그 두께는 325마이크론 정도이며 분당 2,000번 정도의 속도로 회전한다. 절단 속도는 초당 0.05센티미터 정도이며 낱장으로 절단되기 때문에 아주 느린 공정이다. 엑스선 회절 분석기로 방향을 잡아 결정의 방향을 맞추어 절단 웨이퍼 표면이 특정한 결정면이 되게 한다. 태양전지용 웨이퍼는 사각형 모양으로 가공되며 초크랄스키법이나 블록 캐스팅법에 의해 성장된 규소를 사용한다. 블록으로 성장된 결정은 그림 2.18(c)와 같이 사각막대형 잉곳으로 절단되고 줄톱으로 사각 웨이퍼로 절단된다. 원형톱이나 줄톱을 사용하여 절단할 때 절삭유를 뿌려주며 공정을 수행하는데 5~30마이크론 크기의 탄화규소, 알루미나 혹은 다이아몬드 입자를 부피 분율로 20~60% 정도 액상에 섞은 슬러리를 사용한다. 액상은 기름이 주로 사용되나 이 경우 웨이퍼가 서로 들러붙는 경향이 있어 물로 세척이 가능한 에틸렌 글리콜 등도 고려되고 있다. 줄톱은 직경 180마이크론 정도의 스테인레스 스틸와이어를 사용하고 홈이 파여진 롤러를 통해 평행으로 이동하며 한 번에 500~700장의 웨이퍼가 동시에 만들어진다. 이러한 줄톱은 초당 5~20미터 속도로 움직인다. 속도에 따라 전체 줄의 길이는 수백 킬로미터 정도이다. 줄톱은 원형톱보다 절단 속도는 떨어지나 생산성이 높으며 톱밥 손실이 적고 절삭 과정에서 웨이퍼의 기계적인 변형이 적다. 웨이퍼 크기 10×10 혹은 15×15제곱 센티미터 정도가 태양전지에 활용되고 그 두께는 250~350마이크론 정도로 가공된다. 최근에는 규소의 소모량을 줄이기 위해 100마이크론 두께까지도 가공하고 있다. 그림 2.18(d)에는 결정을 연마제와 함께 줄톱으로 절단할 때 그 단면도가 나타나 있는데 단면이 원형인 줄톱 날의 빠른 이동과 이에 의해 연마제가 규소 표면을 갉아 냄으로써 절단되는 것을 보여주고 있다. 이때 톱밥으로 30-50%의 규소 결정이 손실된다.

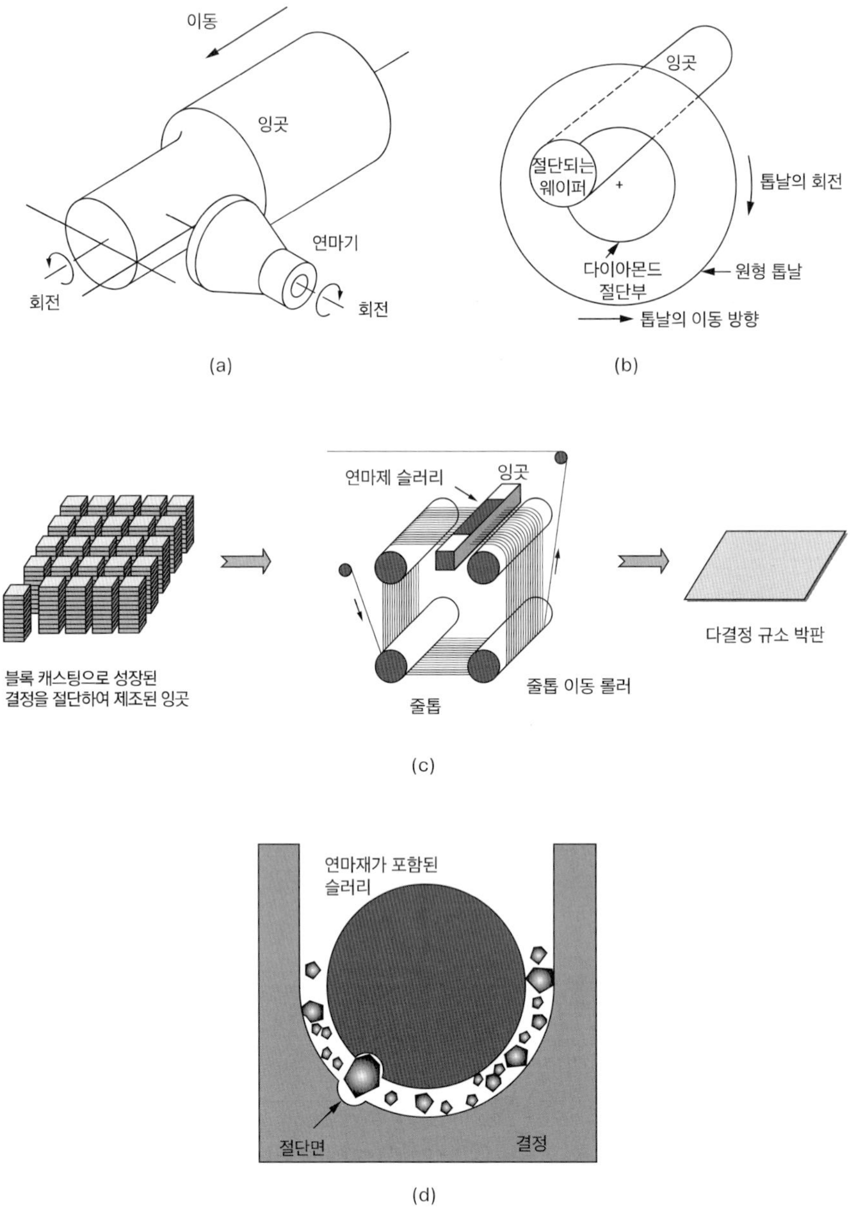

그림 2.18 (a) 잉곳의 직경을 정하기 위한 연마 공정, (b) 잉곳 절단을 위한 원형톱, (c) 블록 형태로 성장시킨 결정을 절단하여 잉곳을 만들고 줄톱을 이용하여 잉곳을 절단 박판을 만드는 개념도, (d) 연마제를 포함한 액상 슬러리를 공급하며 줄톱으로 결정을 절단하는 단면의 개념도

웨이퍼 제조공정에서 기계적인 충격에 의해 표면이 거칠어지고 많은 결함과 오염이 발생된다. 이러한 결함은 웨이퍼가 깨지는 원인이 되고 또한 표면의 거칠기와 오염은 소자의 특성을 현저하게 떨어뜨린다. 이러한 결함을 제거하기 위해 웨이퍼의 양면을 화학적으로 에칭, 제거하게 되는데 전자소자용 웨이퍼는 약 20마이크론 정도, 태양전지용 웨이퍼는 약 10마이크론 정도가 산이나 염기와의 화학반응에 의해 제거된다. 산을 사용하는 경우는 공해 문제가 더 심각하고 염기를 사용하는 경우는 방향성 에칭에 의해 거칠기가 늘어난다. 산으로 에칭하는 경우 초산, 질산, 불산 혼합물이 사용되는데 질산에 의해 규소 표면이 산화되고 이후 불산에 의해 산화규소가 녹아 나오게 된다. 전체 반응은 아래와 같다.

$$3Si + 4HNO_3 + 18HF \longrightarrow 3H_2SiF_6 + 4NO + 8H_2O \tag{2.33}$$

염기로는 KOH 용액을 사용하며 이때 방향성 에칭으로 표면이 거칠어지기도 한다. 태양전지의 경우는 표면 거칠기가 효율 향상에 도움이 되어 NaOH 용액으로 표면 텍스처링(texturing) 공정을 수행하기도 한다. 이때 결정 방향에 따라 에칭 속도가 달라져 규소 표면에 피라미드형의 배열이 나타난다. 전자소자용 웨이퍼에서는 표면의 평탄도가 중요하고 또한 표면의 금속 불순물을 최소화해야 하기 때문에 절삭 이후 여러 처리공정을 거쳐 최종 웨이퍼가 만들어진다. 여기에는 웨이퍼 측면을 갈아 반원 형태로 밖으로 볼록하고 매끈하게 처리하는 공정, 소자가 올라가는 면을 거울면으로 평탄하게 만들기 위한 여러 단계의 연마공정 등이 포함된다. 그 개념도가 그림 2.19(a), (b)에 나타나 있다. 절단된 웨이퍼는 마이크론 크기의 탄화규소나 알루미나 입자가 포함된 글리세린 연마액을 공급하면서 서로 반대로 회전하는 캐스트 철판 사이에서 연마가 되며 양면의 20마이크론 정도가 제거된다. 이 연마공정은 11장의 식각공정에서 더 자세히 다룬다. 톱에 의한 절삭 과정에서 생성된 표면결함을 제거하고 웨이퍼의 두께를 균일하게 한다. 이때 발생되는 기계적 결함은 앞서 언급한 화학적 에칭공정으로 제거한다. 웨이퍼 가공의 마지막 단계에서 폴리싱 공정이 수행되는데 여기에는 기계화학적 연마(CMP) 공정이 활용된다.

여기에서 슬러리로는 10나노 크기의 실리카 입자를 염화나트륨 수용액에 분산시킨 용액을 사용하며 패드는 폴리에스터로 만든 합성섬유를 이용한다. 구경이 큰 웨이퍼의 경우는 정밀한 제어를 위해 싱글 웨이퍼 장비를 사용한다. 웨이퍼를 내리 누르며 회전시켜 화학반응에 의해 형성되는 표면 산화막을 기계적인 연마에 의해 제거하여 거울면과 같이 매끈한 웨이퍼 표면을 얻는다.

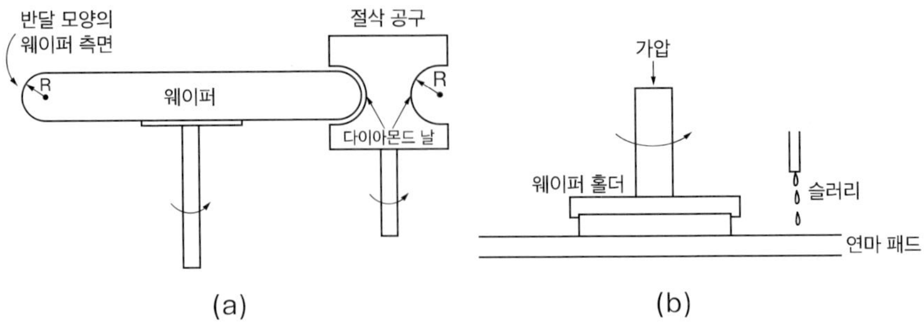

그림 2.19 (a) 웨이퍼의 측면을 갈아 매끈하게 하는 공정과 (b) 웨이퍼 표면을 갈아내는 CMP(chemical mechanical polishing) 공정의 개념도

규소 웨이퍼는 유기 불순물, 금속 불순물, 표면에 흡착된 입자들을 제거하기 위해 사용 전에 반드시 세정을 하는데 여기에는 습식 화학적인 방법이 쓰인다. 흔히 쓰이는 세정액은 NH_4OH-H_2O_2, HCl-H_2O_2, H_2SO_4-H_2O_2 등이다. 규소 표면은 공기 중에 노출된 상태에서 산화되어 항상 산화막이 생성된다. 이를 자연 산화막이라 하는데 두께는 1-2나노미터 정도이다. 또한 화학 세정 과정에서는 산화에 의해 표면 산화막이 생기는데 이를 화학 산화막이라 한다. 이러한 산화막에는 시약이나 주위 환경으로부터 불순물이 포함되는데 희석된 불화수소산 용액에 담가서 제거하고 이후 탈이온수로 세척한다. 웨이퍼 처리 및 반도체 소자 제조공정에서 세정공정은 각 공정 단계마다 수행되며 좀 더 구체적인 내용은 세정공정에서 다룬다. 이러한 세정공정은 소자의 제조에서 수율에 영향을 미치는 중요한 공정이다.

결정의 성장에서 온도 구배에 의한 기계적 스트레스는 결정 내에 결함이 형성되는 원인이 된다. 이러한 기계적 스트레스를 제대로 제어하지 못하면 웨이퍼가 휘어지기도 하며 심하면 균열이 가고 깨지기도 한다. 또한 결정 내부에 전위(디스로케이션) 같은 선결함이 생기고 그레인 경계면 같은 면결함이 생기기도 한다. 전자소자 제조용 웨이퍼에서 0차원인 점결함(vacancy 같은 point defect)은 허용되지만 선결함이 있는 웨이퍼는 소자 제조에 사용할 수 없다. 현재의 초크랄스키 결정성장 공정에서는 선결함이 없는 단결정을 성장시키고 있으며 태양전지용 웨이퍼 제조에서는 제법에 따라 전위결함의 밀도는 10^3~10^6/cm^2 정도로 나타난다. 전위결함 밀도는 열팽창계수와 온도구배의 함수로 나타나며 규소의 경우 열팽창계수 $\alpha=(\Delta L/L)(1/\Delta T)$는 2.6×10^{-6}/°C, 즉 2.6ppm/°C이다. 열스트레스는 아래 식으로 주어지며

$$\sigma = \alpha Y \Delta T \tag{2.34}$$

여기에서 Y는 규소의 탄성계수이다. 열 스트레스 값이 규소의 항복강도(yield strength)인 0.5×10^9dyne/cm^{2}보다 크면 비탄성 변형이 일어나 파괴가 일어날 수 있다. 열팽창계수가 크

고 온도구배가 클수록 변형이 일어나기 쉽다.

규소결정의 금속 불순물은 ppb 수준으로 유지해야 한다. 이는 원료 다결정 규소의 순도를 제어하여 확보하게 되나 결정성장의 과정에서 산소와 탄소의 함량을 제어하는 데에는 한계가 있다. 산소는 용융 상태의 규소가 담겨 있는 실리카 용기 벽의 침식에 의해 유입된다. 웨이퍼에 산소의 양은 10^{17}~10^{18}개/cm^3(10~20 ppm)정도이며 결정성장의 조건에 따라 달라진다. 용융상태의 규소에 녹아 있는 산소는 SiO 형태로 기-액 계면을 통해 증발되는데 결정성장계로 흐르는 불활성 기체에 의해 장비 바깥으로 흘러나간다. 결정성장에서 용기나 결정의 회전속도가 높을수록 용기 벽의 침식이 심해져 결정에 유입되는 산소량이 늘어난다. 또한 기-액 계면의 면적이 넓으면 SiO의 증발이 커져 결정에 산소량이 줄어들고 불활성 기체의 유량이 커지면 SiO의 제거에 의해 산소양이 줄어든다. 산소의 분리계수는 0.5 정도로 앞서 도판트의 경우처럼 결정성장이 진행됨에 따라 잉곳에 유입되는 산소량이 증가하게 된다. 반면에 결정이 성장되면서 용융 규소가 줄어들어 실리카 용기 벽과 접촉하는 면이 감소하기 때문에 침식에 의한 산소 유입량은 감소한다. 웨이퍼에 포함된 규소-산소 결합은 IR 흡수 피크가 $1106cm^{-1}$에서 나타나 웨이퍼 내의 산소량을 측정하는 데 IR분석법이 사용된다. 웨이퍼에 포함된 산소는 SiO_4 형태의 단위구조가 고분자 형태로 결합하면서 침전을 형성하며 성장된 결정이 냉각되면서 용해도가 떨어져 형성된다. 규소결정에서 산소의 용해도는 온도에 따라 아래 식으로 주어진다.

$$C_o = 5.5\times10^{20}\exp(-0.89eV/kT)/cm^3 \tag{2.35}$$

여기에서 1eV는 23.045kcal/mole이다. 규소의 융점 1,414°C에서는 용해도가 $10^{18}/cm^3$정도이고 1,000°C에서는 $10^{17}/cm^3$정도이다. 온도가 떨어지면서 용해도가 감소해 침전이 생기는데 600~700°C 이상에서는 이러한 침전이 불안정하고 400~500°C 이하에서 형성된다. 산화물 침전이 형성되면서 부피가 늘어나기 때문에 규소결정에는 압축(compressive stress) 스트레스가 걸리며 결함을 유발하기도 한다. 반면에 규소결정에 산소가 포함되면 결정의 항복강도는 25%정도 늘어나는 것으로 나타난다. 산소는 5족 원소처럼 전자를 내놓는 도너 역할을 한다. 규소산화물의 침전은 결함이기는 하지만 이 결함이 금속 불순물을 잡아 활성을 없애는 역할(gettering)을 하기 때문에 웨이퍼 내에서의 불순물 제거와 이를 통한 소자의 수율향상에 기여하는 것으로 나타난다. 이에 대한 개념도가 그림 2.20에 나타나 있다. 또한 이러한 효과를 얻기 위해 웨이퍼의 제조 과정에서 열처리를 하게 되는데 이 공정의 가열온도 및 공정진행 시간의 개념도가 그림 2.21에 나타나 있다.

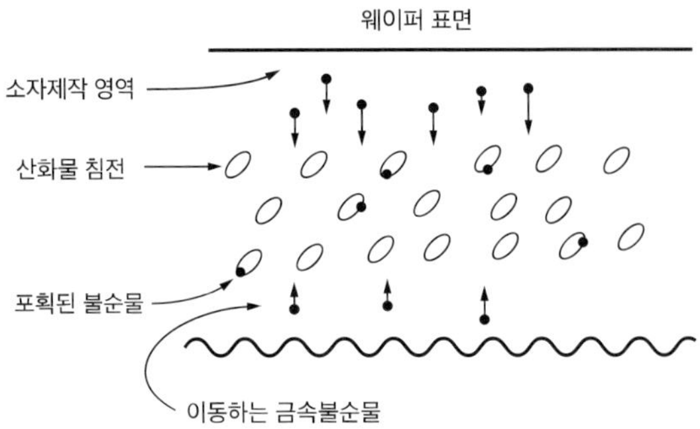

그림 2.20 웨이퍼에서 열처리에 의해 형성되는 산소침전물과 여기에 포획되는 금속 불순물

초크랄스키 공정에 의해 만들어진 규소 웨이퍼에는 15~20 ppm(~10^{18}/cm^3) 정도의 산소 원자가 포함되어 있다. 이를 1,100~1,200°C 정도에서 수 시간 가열하면 웨이퍼 표면층의 산소는 기상으로 방출되고 그림 2.20에 나타난 소자 제작 영역(denuded zone)이 만들어진다. 실제 소자는 경면으로 연마된 웨이퍼 상층부 수 마이크론 정도의 두께에 형성된 소자제작 영역에 만들어진다.

온도에 대한 산소의 확산계수는 아래와 같이 주어진다. 산소는 삽입점(interstitial site)에 존재하게 되고 이 자리를 통해 이동하며 확산하게 된다.

$$D = 0.13\ \exp(-2.53\text{eV/kT})\text{cm}^2/\text{s} \qquad (2.36)$$

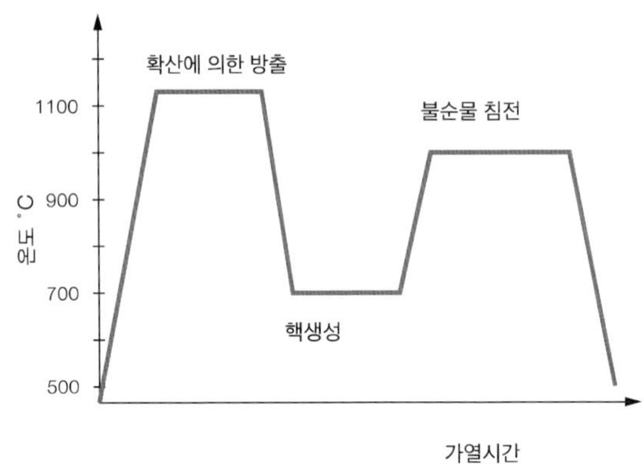

그림 2.21 규소 웨이퍼 처리 공정의 가열온도 및 공정진행 시간의 개념도

산소가 제거된 층의 두께는 아래의 식에 주어진 확산 길이(diffusion length)로부터 구할 수 있다.

$$L = 2(Dt)^{1/2} \qquad (2.37)$$

확산에 의한 방출단계 이후 온도를 낮추어 웨이퍼를 700°C에서 수 시간 가열하면 산소가 침전하면서 작은 산화규소 핵이 생성되고 적절한 시간 동안 가열하면 이들이 1~3나노미터 크기로 안정하게 성장하여 $10^{11}/cm^3$ 정도의 농도로 분포하게 된다. 이후 다시 온도를 올려 1,000°C 부근에서 수 시간 가열하면 산화물 침전 핵이 50~100나노미터 규모로 성장한다. 이 공정에서 최적 크기의 산화물 침전을 만들려면 온도 조절 과정을 잘 제어해야 한다. 이렇게 형성된 산화물 침전 영역에는 금속 불순물이 포획되며 특히 웨이퍼 상부의 소자 제조 영역에 있는 금속 불순물을 내부적으로 제거해 제품의 수율 및 소자의 성능 향상에 기여한다. 또한 소자가 만들어지는 반대쪽 웨이퍼 표면에 인위적으로 결함을 만들어 주면 금속 불순물의 이동을 빠르게 할 수 있다. 이를 위해서 웨이퍼의 하부 표면을 기계적으로 연마하거나 결함이 많은 다결정 규소를 화학증착법으로 증착하기도 한다. 이에 대해서는 다음장 세정공정에서 다시 언급하기로 한다.

탄소는 규소결정에 포함되는 또 하나의 의도하지 않은 불순물이다. 탄소는 결정성장 과정에서 흑연 도가니로부터 유입되기도 하고 공기 중에 있는 이산화탄소로부터 유입될 수도 있다. 탄소는 규소와 같은 4가 원소로 규소결정에서 규소 자리에 위치하는 치환성 불순물(substitutional impurity)이다. 탄소의 존재는 IR에서 $603cm^{-1}$ 피크로 나타난다. 탄소는 분배계수가 0.07로 결정성장에서 그 농도 변화가 큰 편이며 결정성장 초기에는 $10^{16}/cm^3$ 정도에서 성장 끝 부분에서는 $5\times10^{17}/cm^3$ 정도로 나타난다. 탄소는 규소와 같은 4가 원소로 규소결정 내에서 전기적인 활성이 없고 또한 어떤 농도로도 규소와 섞이기 때문에 침전을 형성하지 않으나 규소결정에서 산소의 침전이나 점결함의 형성에 관여하는 것으로 알려져 그 농도를 최소화할 필요가 있다.

성장된 결정은 저항, 결정의 결함, 크기 및 질량 등을 평가하며 드물게 문제가 생기는 경우 탄소, 산소 그리고 금속 불순물의 함량 등을 분석한다. 성장된 결정의 비저항(전기전도도의 역수)은 도판트의 농도에 대해 아래와 같이 주어진다. 여기에서 n과 p는 각각 전자와 정공의 농도이고 μ는 전하의 이동도, e는 전하 하나가 같은 전하량이다.

$$\rho = \frac{1}{e\mu_n n + e\mu_p p}\Omega\cdot\mathrm{cm} \tag{2.38}$$

n형 규소에서는 정공의 농도를 무시할 수 있고 p형 규소에서는 전자의 농도를 무시할 수 있으며 자유 전하의 농도는 도판트의 농도와 거의 같다. 결정의 전기전도도는 그림 2.22에 나타난 4-point probe를 사용해 결정의 평탄한 부분에 접촉시켜 측정하며 바깥쪽 두 탐침

사이에 밀리암페어 크기의 전류를 흐르게 하고 안쪽의 두 탐침 사이에 걸리는 전압을 측정한다. 탐침의 접촉에 걸리는 압력과 전류를 잘 조절하면 재현성 있는 값을 얻을 수 있으며 전류의 양은 측정되는 전압이 2~20밀리볼트 정도가 되도록 조절한다. 측정되는 전도도는 실내 온도에도 영향을 받는다는 것을 유의해야 한다.

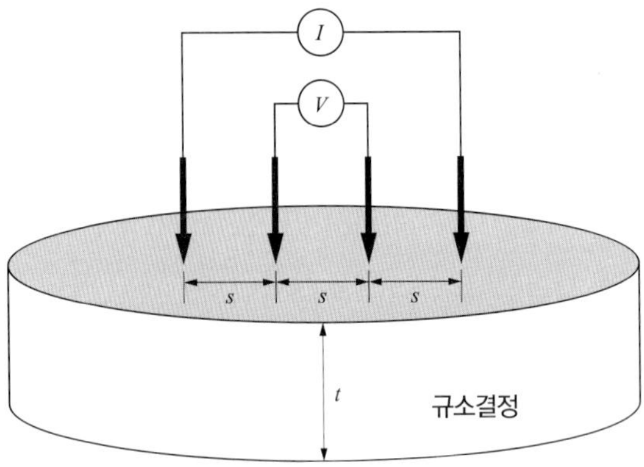

그림 2.22 결정의 전기전도도를 측정하는 4 point probe

탐침 사이의 거리 s는 0.5~1.5밀리미터 정도이고 잉곳 결정을 측정하는 경우 시료의 직경과 두께 t가 s보다 훨씬 큰 경우($s \ll t$)여서 시료의 비저항은 아래와 같이 구해진다.

$$\rho = \left(\frac{V}{I}\right) 2\pi s \tag{2.38}$$

웨이퍼를 측정할 때는 그 두께가 s와 비슷해서 위의 식을 적용하기 힘들며 적절한 보정계수가 필요하다. s보다 훨씬 얇은 박막의 전도도를 측정할 때는 그 두께가 s보다 훨씬 얇게 되며($s \gg t$), 이 경우 보정계수를 도입한 식은 아래와 같다.

$$\rho = \frac{\pi t}{\ln(2)} \frac{V}{I} = 4.532t \frac{V}{I} \Omega \cdot \text{cm} \tag{2.39}$$

이때 비저항을 정확하게 구하려면 전도층의 두께 t를 정확하게 알아야 한다. 확산층의 저항이나 박막의 저항을 나타낼 때는 위의 비저항 값뿐만 아니라 면저항 값을 많이 쓰는데 그 값은 다음과 같다.

$$\rho_s = \frac{\rho}{t} = 4.532\frac{V}{I}\,\Omega / \mathrm{cm} \tag{2.40}$$

비저항은 물질의 고유한 값이며 4 point probe로 측정한 전류-전압 값으로부터 두께를 정확히 알아야 구할 수 있다. 반면에 면저항은 두께를 고려하지 않은 값으로 전도체의 비저항과 기하학적 크기에 의존하는 값이다. 규소결정에서 도판트의 농도와 규소결정의 비저항의 관계를 보여주는 한 예가 그림 2.23에 나타나 있다. 도판트를 주입하지 않은 진성 규소결정(intrinsic silicon)의 비저항은 $2.3\times10^5\ \Omega\cdot\mathrm{cm}$이고 초크랄스키 성장법에 의해 만들어진 규소결정의 비저항은 $50\ \Omega\cdot\mathrm{cm}$ 이하, float zone 결정성장법에 의한 결정은 $200\ \Omega\cdot\mathrm{cm}$ 이하, 진공상태의 float zone 성장법에 의해 만들어지는 결정은 $30{,}000\ \Omega\cdot\mathrm{cm}$ 이하로 나타난다. 진공상태에서 float zone 성장법으로 성장시킨 결정이 불순물 함량이 가장 적어 저항이 가장 높은 것을 알 수 있다. 소자의 응용에 따라 높은 저항의 실리콘이 필요한 경우 비용이 많이 들더라도 진공상태의 float zone 성장법이 필요하게 된다.

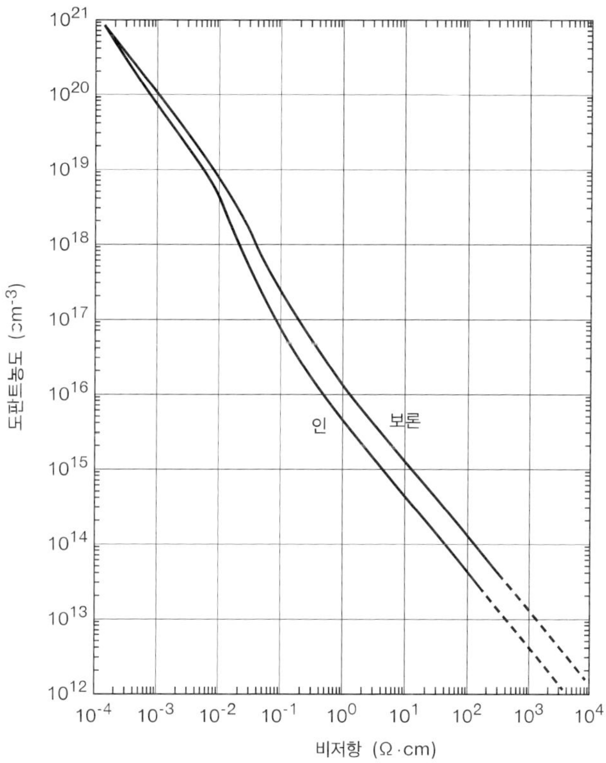

그림 2.23 규소결정의 도판트 농도와 비저항과의 관계

도판트의 용해도에 근접하는 많은 양을 주입하면 결함이 없는 결정을 성장시키기 힘들며 이에 따라 도판트의 용해도가 전기전도도를 높이는 데 한계가 된다. 인을 주입했을 때가 보론을 주입했을 때보다 같은 농도값에서 비저항이 낮은 이유는 전자의 이동도가 정공의 이동도보다 크기 때문이다. 이렇게 해서 제조된 웨이퍼는 불순물이나 입자가 유입되지 않게 특수 플라스틱 재질에 잘 포장하여 소자회사에 판매된다.

소자가 만들어지는 웨이퍼 상단은 결정성장 후 규소 단결정층을 화학증착법에 의해 증착하여 만들어지기도 한다. 이러한 에피웨이퍼도 웨이퍼 제조회사에서 제조하여 부가가치가 높은 제품으로 팔기도 한다. 이 경우 증착공정에서 직접 도판트의 농도를 조절하여 웨이퍼에서부터 그 위의 에피층까지 적절한 도판트 농도 분포를 갖게 만들 수 있다. 이러한 웨이퍼는 고성능 소자를 만들기 위해 활용된다. 이에 대한 화학증착공정은 9장에서 언급하기로 한다.

이제까지의 웨이퍼를 만드는 공정을 전체적인 흐름으로 정리하면 그림 2.24와 같다. 원료로는 자연계에 존재하는 탄소와 고순도 실리카로부터 시작하며 동시에 바닷물의 소금용액(NaCl)으로부터 전기분해로 얻어지는 NaOH, Cl_2, H_2, HCl 등이 원료로 사용된다. 최종 제품인 실리콘 웨이퍼와 부산물로 $SiCl_4$, HCl, NaOH, 그리고 실리카 등이 얻어진다.

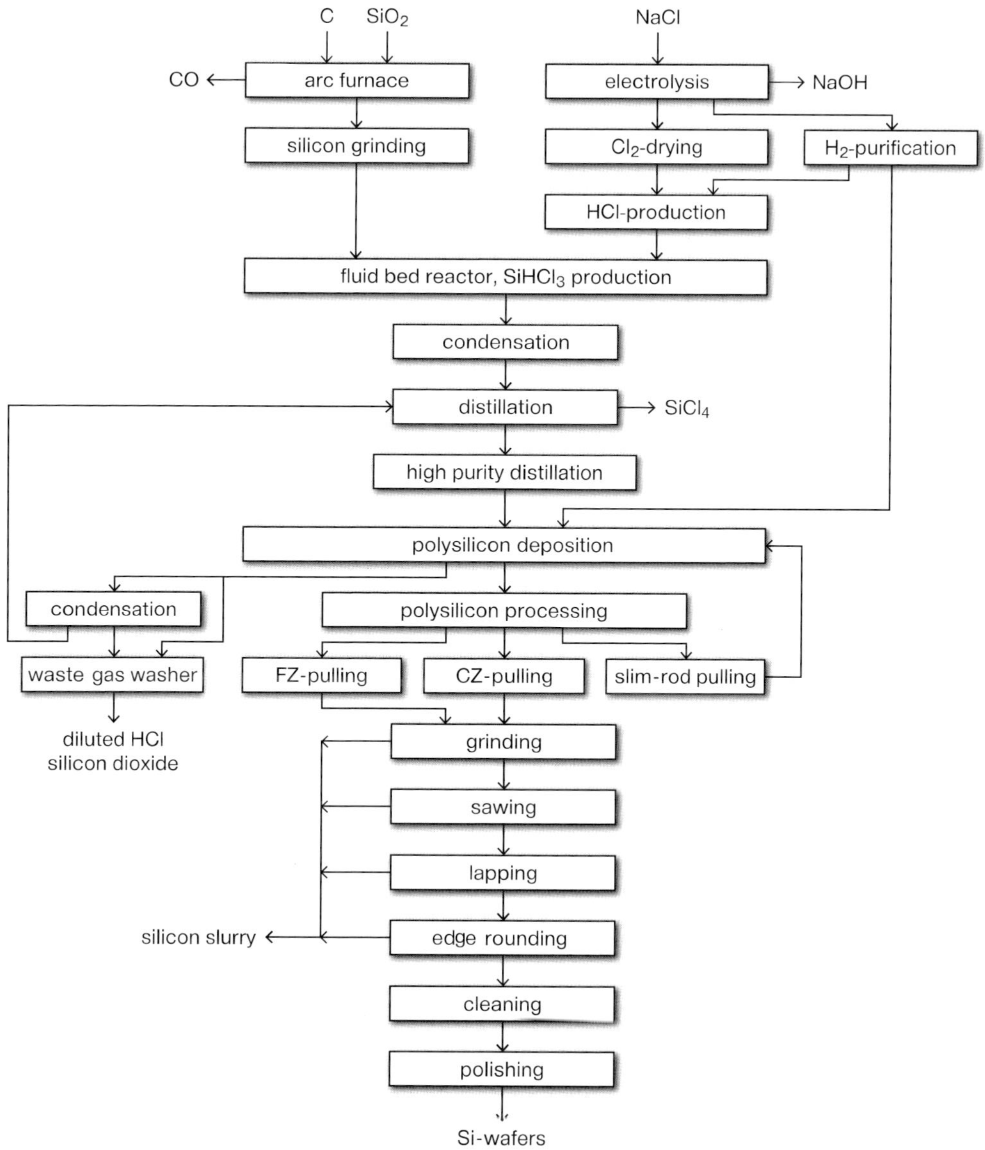

그림 2.24 자연계에 존재하는 탄소와 고순도 실리카, 소금을 원료로 하여 고순도 규소와 규소 웨이퍼를 만드는 공정의 흐름도

연습문제

01 Si(100), Si(110), Si(111) 결정면의 경우 서로 이웃하고 있는 결정면 사이의 거리를 구하라. 각각의 경우 결정성장 속도, 산화 속도, 에칭 속도에 대해 논하라. 각 결정면에서 단위 면적당 실리콘 원자의 개수를 비교하라.

02 실리콘 결정의 unit cell 크기로부터 단위 부피당 실리콘 원자의 개수, 실리콘의 비중을 계산하라. 실리콘 결정에 존재하는 0차원 결함의 평형 농도는 아래와 같이 주어진다.

$$N_v = N \exp(-E_v/kT)$$

Frenkel 결함(vacancy-interstitialcy pair)의 생성 에너지 E_v는 0.9eV이고 N은 격자점의 개수이며 실리콘 결정 내의 결함은 모두 Frenkel 결함이라 가정한다. 이때 300°K에서의 결함의 농도를 구하라. 만약 이 결함으로부터 2개의 전하가 생성된다고 가정하면 진성반도체 실리콘의 300°K에서의 결함의 농도는? 이 값을 평형값과 비교 고찰하여라.

03 도판트 원자가 실리콘의 결정에 균일하게 분포되어 있다고 가정하면 이들 도판트의 농도가 각각 10^{14}, 10^{17}, 10^{20}/cm^{3}일 때 도판트 원소 사이의 거리를 계산하라.

04 순수한 실리콘 막대가 있는데 그 두께가 1,000 마이크론이고 단면적이 1μm^{2}이다. 상온에서 저항을 계산하고 여기에 10볼트의 전압을 걸었을 때 흐르는 전류를 계산하라. 이 순수한 실리콘에 보론을 10^{20}/cm^{3}으로 도우핑하였을 때 흐르는 전류는 얼마인가? 물질의 전도도는 $\sigma = n\mu e = 1/\rho$이다. 여기에서 n은 전하의 농도, μ는 전자의 이동도, e는 전자 하나가 갖고 있는 전하량, ρ는 비저항이다.

05 아래 표를 보고 구리, 은, 알루미늄의 경우 단위 부피당 전하의 농도를 계산하라.

몇몇 금속원소들의 가전자 수, 비중, 비저항, 전자이동도 값

금속	주기율표 그룹	가전자 수	밀도 (gcm^{-3})	비저항 $\mu\Omega$−cm	전자이동도 $(cm^2V^{-1}s^{-1})$
Na	IA	1	0.97	4.20	53
Mg	IIA	2	1.74	4.45	17
Ag	IB	1	10.5	1.59	56
Zn	IIB	2	7.14	5.92	8
Al	IIIB	3	2.7	2.65	12
Sn	IVB	4	7.30	11.0	3.9
Pb	IVB	4	11.4	20.6	2.3
Cu	IB	1, 2	8.97	1.68	23.2

이러한 금속의 전기적인 특성(전하의 농도, 이동도)을 반도체인 실리콘과 비교 설명하여라.

06 보론이 도우핑된 실리콘 결정을 성장시키는 공정에서 결정의 반이 성장되었을 때 비저항이 10Ω-cm로 나타나야 한다. 원료를 도가니에 넣어 준비할 때 1 kg의 순수한 실리콘에 0.01Ω-cm의 저항을 갖는 보론이 도우핑된 실리콘 얼마를 섞어야 하는가? 보론의 분포계수는 0.8이고 홀의 이동도는 $550cm^2/V\cdot s$이다.

07 인이 도우핑된 n-형 실리콘 결정을 초크랄스키 공정으로 성장시킬 때 seed end(0% 성장)에서의 four point probe의 측정값(V/I)은 20 Ω으로 나타났다. 프로브 간의 거리가 1mm일 때 비저항과 도판트 농도를 구하라. 95%가 결정화되었을 때 도판트 농도는? 액상은 균일하게 혼합되었다고 가정한다.

08 보론의 농도가 $10^{15}/cm^3$이고 인의 농도가 $2\times10^{14}/cm^3$인 실리콘 용융체로부터 실리콘 결정을 초크랄스키 공정으로 성장시킬 때 초기의 결정은 p형 결정이다. 결정의 성장이 진행되면서 용융체 내에는 인의 농도가 점점 높아지고 어느 순간 결정은 n형이 될 것이다. 전체 용융체의 몇 %가 결정화되었을 때 이 지점이 나타나는가?

09 실리콘 웨이퍼 내에서 어느 정도의 온도 차이가 존재해야 이로부터 발생하는 스트레스가 yield strength에 도달하는가? 이 지점에 도달하면 디스로케이션 결함이 생성될 수 있어 공정에서는 온도 차가 이보다 작게 유지할 필요가 있다.

10 초크랄스키 결정성장에서 씨앗결정을 액상에 접촉시켜 초기에 3 mm 정도로 작은 직경의 결정을 성장시킨 후 서서히 끌어 올려 원하는 직경의 잉곳을 성장시킨다. 실리콘의 yield strength로부터 키울 수 있는 잉곳의 최대 중량을 계산하라. 300 mm, 450 mm 직경의 잉곳을 성장시켰다면 그 길이는 얼마가 되는가?

CHAPTER 3

세정공정

3.1 오염 물질

나노구조 및 소자의 제조에서 기본적으로 중요한 것이 불순물의 제어이다. 도판트 같이 우리가 원하는 의도적인 불순물의 경우 적절한 농도와 적절한 분포를 얻기 위해 공정을 수행하며, 원하지 않는 불순물의 경우 소자의 성능에 영향을 미치지 않도록 최소화해야 한다. 소자의 기능이나 패턴의 크기에 따라 불순물이 미치는 영향은 다르게 나타날 수가 있다. 특히 불순물의 제어가 중요한 분야는 나노일렉트로닉스로 대변되는 현재의 실리콘 소자이다. 현재의 실리콘 소자는 그 패턴 크기가 50나노미터 이하를 넘어서 20나노미터 또는 그 이하로 점점 미세화되고 있다. 원하지 않는 불순물은 그 종류에 따라 ppm(백만 개 중에 한 개) 혹은 ppb(10억 개 중에 한 개) 이하로 제어되어야 하며 공정에서 발생하는 미세입자에 의한 오염은 사실상 완벽하게 제거해야 한다. 물론 태양전지나 디스플레이, 기타 멤스 같은 소자의 제조에서는 이러한 요구도가 훨씬 완화될 수 있다.

현재의 집적회로 제조공정에서 불순물의 제어를 위해 세 가지 개념의 제조 환경을 적용하고 있는데 클린룸, 습식 및 건식 세정에 의한 웨이퍼 세척, 그리고 웨이퍼 내에서 자체적으로 불순물을 포획 비활성화시키는 게터링 공정이 그것이다. 소자 제조공정에서 오염원은 사람, 기계, 원료로 쓰는 화학약품, 기체 등 다양하다. 공정 전체는 클린룸 안에서 수행되며 내부의 공기는 순환되어 완전히 걸러진다. 가능하면 사람이 없는 무인 자동화 시스템이 점차 늘어나고 있다. 또한 모든 장비는 입자의 발생을 최소화할 수 있게 설계 제작되며 소자의 제조에 쓰이는 모든 원료는 초고순도의 전자시약급(electronic grade)을 사용한다. 공정과 공정 사이에서는 매번 세정단계를 거쳐 웨이퍼 표면에서 입자를 제거하고 또한 잔류 불순물들을 제거한다. 앞서 웨이퍼의 제조에서 기술했듯이 웨이퍼에 포함된 산소로부터 침전을 유도하고 금속 불순물을 확산시켜 이 침전 영역에 포획하게 된다.

소자의 제조에서 한 웨이퍼에 만들어지는 칩 중 90% 이상의 수율을 유지하는 것이 중요하며 이는 제품의 단가에 영향을 미치고 회사의 경쟁력을 좌우한다. 칩의 제조를 위해 많은 공정을 반복적으로 수행해야 하며 전체 수율을 90% 이상 확보한다는 것은 실제 단위 공정이 거의 완벽해야 가능하게 된다. 실제로 수율의 저하를 가져오는 원인 중 75% 정도는 웨이퍼 표면에 붙은 미세입자로 알려져 있으며 미세패턴 크기의 반보다 큰 입자들이 문제를 일으킨다. 웨이퍼 표면에 붙어 있는 입자는 단위면적당 입자의 개수로 나타나며 입자에 의한 레이저의 표면 스캐터링을 통해 측정한다(LLS: localized light scatterers).

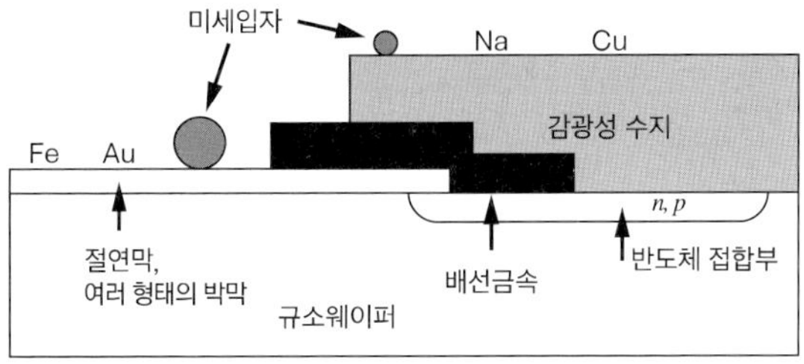

그림 3.1 각 패터닝 단계에서 표면의 미세입자와 금속 불순물 분포. 감광성 수지와 이들 불순물을 제거하기 위한 세정공정이 각 패터닝 공정마다 수행된다.

소자 패턴을 형성해 나가는 공정에서 불순물의 존재와 관련된 개념도를 그림 3.1에 나타내었다. 각 단계는 박막을 형성한 후 감광성 수지를 도포하고 노광공정을 통해 패턴을 형성하는 과정이다. 이 과정에서 원하는 패턴을 만들기 위한 마스크가 필요하다. 만들어지는 소자의 복잡성은 실제 소자를 만들기 위해 필요한 마스크 수로 나타난다. 현재 DRAM 제조 공정은 마스크가 20개를 넘어 30개 수준에 달하는 것으로 알려져 있다. 각 단계에서 패턴을 형성한 후 감광성 수지를 제거하고 표면의 미세입자와 금속 불순물을 제거하는 공정이 반복된다.

웨이퍼에 포함되는 불순물들은 주기율표상에 있는 전체 원소들을 생각해 볼 수 있으나 특히 이들 중 금속원소 불순물들이 소자의 특성에 영향을 주게 된다. 그림 1.11에 나타나 있는 주기율표에서 1, 2족의 알칼리 이온들, 3에서 12족까지의 전이금속들, 그리고 도판트로 13족 3가 원소들, 15족의 5가 원소들이 규소의 특성에 영향을 주게 된다. 이들이 규소결정에 포함되면 규소의 밴드갭 내에 에너지 준위를 형성하는데 그 개념도가 그림 3.2에 나타나 있다.

규소의 밴드갭은 컨덕션밴드(E_c)와 밸런스밴드(E_v) 에너지 준위의 차이이며 이 밴드 사이에는 전자의 에너지 상태가 존재하지 않는다. 그러나 이것은 불순물이 없는 완벽한 결정에 해당되며 불순물이나 결정결함이 있게 되면 각각의 특성에 따라 밴드갭 내에 에너지 상태를 차지하게 된다. n형의 도판트로 쓰이는 인, 비소, 안티모니 원소는 컨덕션밴드 바로 아래에 에너지 준위를 형성하며 p형의 도판트인 보론은 밸런스밴드 바로 위에 에너지 준위를 형성한다. 이러한 불순물들은 반도체의 물성을 조절하기 위해 의도적으로 포함시키는 불순물들이다. 이외에도 두 밴드 주위에 에너지 준위를 형성하는 불순물들을 얕은 준위의 불순물(shallow level impurity)이라 하고 밴드갭의 중간 위치에 가깝게 에너지 준위를 형성하는 불순물들을 깊은 준위의 불순물(deep level impurity)이라 한다.

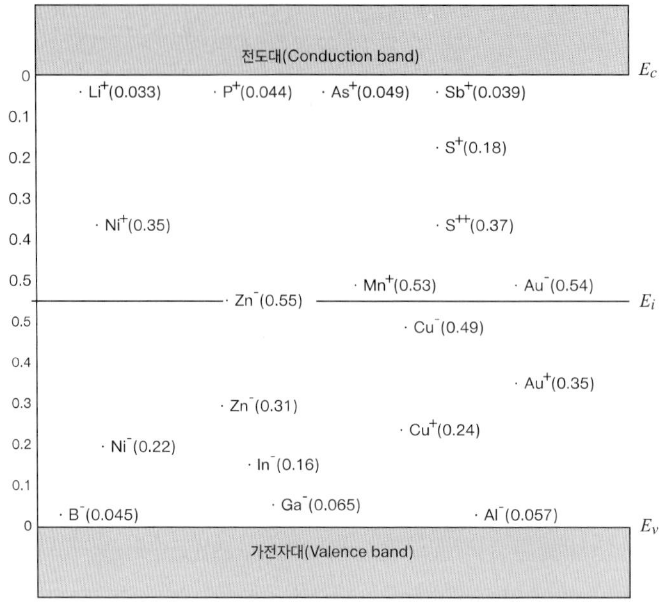

그림 3.2 실리콘 반도체에 유입된 불순물들의 에너지준위. 컨덕션밴드(E_c)나 밸런스밴드(E_v) 에너지준위에 가까운 것들로 5가 및 3가 원소가 있고 미드갭(E_i) 주위에 존재하는 원소들이 있다. E_g=1.1eV.

세정공정에서 불순물의 농도는 단위 면적당 원자의 개수로 나타내며 (100) 웨이퍼 표면에 규소 원자의 개수는 $6.78 \times 10^{14}/cm^2$이다. 웨이퍼 표면에서 철 원자의 개수는 $10^{10}/cm^2$ 수준, 소디움이나 칼슘은 $10^9/cm^2$수준으로 제어해야 한다. 초기 웨이퍼 표면의 금속 불순물은 산화 공정에 의해 형성되는 반도체-절연체 계면의 안정성에 영향을 주고 트랜지스터의 문턱전압(즉 트랜지스터를 켜는 데 필요한 전압)에 변화를 가져오게 된다. 소디움이나 포타슘과 같은 알칼리 금속원소 농도가 $6.5 \times 10^{11}/cm^2$ 수준이 되면 트랜지스터의 작동 전압에 0.1볼트 정도의 변화를 가져 오는데 이는 현재의 소자 제조에서 받아들일 수 있는 한계이다. 이러한 불순물의 제어는 초기 반도체 기술에서 가장 어려운 문제였으며 상업화에 걸림돌이었다. 1비트를 저장하는 DRAM의 메모리셀은 하나의 트랜지스터와 하나의 캐패시터로 되어 있는데 현재의 1기가비트 DRAM에는 이 셀이 10억 개 정도 집적되어 있다. 메모리셀의 MOSFET은 0이나 1의 디지털 정보를 캐패시터에 쓰는 역할을 하며 캐패시터에 저장된 전자의 유무에 따라 0, 1의 정보를 표시한다. 캐패시터에 저장된 전자는 지속적으로 새어나가게 되어 몇 밀리 초마다 재충전을 해 주어야 정보의 손실을 막을 수 있다. 이때 전하의 수명이 25마이크로초 보다는 높아야 한다. 캐패시터에 저장된 전하의 수명에 영향을 주는 인자는 금, 구리, 철 등과 같은 깊은 준위의 불순물의 농도이며 이들의 농도를 ppb 이하로 유지해야 한다. 이러한 요구 사항들은 세정공정의 중요성을 보여주고 있으며 현재의 소자 제조공정에서 청정도를 유지하기 위해 값비싼 투자를 해야 하는 이유이다. ppb 수준의 불순물을 포함한 실리콘 웨이퍼는 우리가 알고 있는 모든 제품 중 가장 순도가 높은 것이며 이러한 수준을 유지할 수 있는 방법으로 클린룸 설비, 습식세정공정, 게터링공정이 중요한 역할을 한다. 이 장에서는 이 세 가지 사항에 대해 기술하고자 한다.

3.2 클린룸과 웨이퍼의 세정

소자 제조에서 오염 입자는 사람, 기계, 공정에 사용되는 화학약품, 기체 등에서 올 수 있으며 대기나 액체, 기체를 통해 전달된다. 소자 제조 라인은 청정실에 설치하게 되는데 이 청정실은 클래스 1, 10, 100 등으로 구별한다. 이 숫자는 0.5마이크론보다 큰 입자가 1ft^{3}의 부피에 몇 개가 있느냐를 나타낸다. 좀 더 구체적으로 미국 연방표준 209D에 따르면 각 청정실의 급에 따라 유지되어야 할 입자의 크기에 따른 개수 분포는 그림 3.3과 같다.

보통 건물의 사무실은 클래스 100,000 정도에 해당하며 가장 현대화된 반도체 제조 청정실은 클래스 1이다. 이러한 정도의 청정도는 입자의 오염원을 제거하고 실내의 공기를 순환여과시켜 달성한다. 사람은 방진복을 입고 호흡을 마스크 등을 이용해 거르기도 하며 아예 로봇 등을 이용한 무인화를 통해 오염원을 제거한다. 반도체소자 제조 공장에서 가장 문제가 되는 입자는 10나노미터에서 10마이크론 사이의 입자들이다. 이 범위의 입자들은 공기 중에 떠서 돌아다닌다. 이 범위보다 큰 입자는 무게가 무거워 즉시 바닥에 가라앉고 이 보다 작은 입자들은 서로 뭉치는 경향이 있다. 청정실 내의 공기는 50cm/s 정도의 라미나 흐름으로

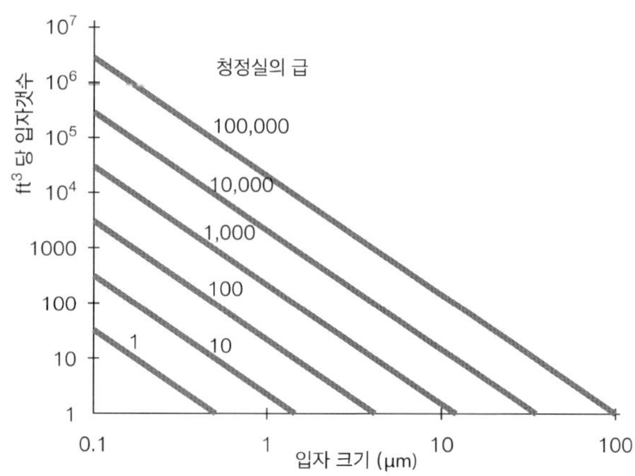

그림 3.3 각 청정실의 급에 대하여 입자의 크기에 따른 개수 분포(미국 연방표준 209D)

순환시켜 HEPA(high efficiency particulate air) 필터를 통해 입자를 제거한다. 이 필터는 1마이크론 이하의 유리섬유로 만들어졌으며 큰 입자는 기계적인 충돌에 의해 제거되고 작은 입자는 정전기력에 의해 제거된다. 공기 중 입자는 제거를 위해 전하를 띠게 만들기도 하나 보통은 그렇게 하지 않아도 소재의 일함수 차이로 필터에 충돌할 때 정전기력이 작용한다. 입자의 대부분은 이 필터에서 포집되어 클라스 1보다 좋은 공기로 방출된다. 웨이퍼 표면을 오염시키는 입자는 공정에 사용하는 화약약품, 탈이온수(DI: deionized water), 기체 등에서도 오며 이러한 원료들은 필터링을 통해 입자를 제거해 활용한다. 대부분의 반도체소자 제조 공장에서는 초순수 물을 직접 제조하여 활용하며 상수도 물을 필터를 통해 입자와 유기물을 제거하고 이온교환수지나 역삼투압 필터 멤브레인 등을 이용해 걸러 사용한다.

반도체 소자를 만드는 공정은 금속 배선 공정이 만들어지기 이전의 전공정(FEOL: front end of the line), 그리고 이후의 후공정으로 나누어진다(BEOL: back end of the line). 이 두 공정의 가장 큰 차이는 공정의 온도에 있다. 금속 배선은 주로 알루미늄으로 만들어지는데 알루미늄의 융점이 660°C 정도이고 400°C 이상에서는 변형에 대한 우려가 있기 때문에 후공정에서는 고온공정을 쓸 수가 없다. 전공정은 산화, 확산, 어닐링 등 고온공정 위주이고 이때 불순물의 확산이 빨라 세정공정의 중요성이 더 크다.

소자의 제조는 필요한 기능성 소재를 박막 형태로 웨이퍼 표면에 성막하고 이를 패터닝하는 단계의 반복으로 이루어진다. 이 단계마다 특정 패턴의 마스크가 활용되며 또한 감광성 수지가 쓰인다. 한 단계에서 다음 단계로 넘어가는 부분에서는 필수적으로 남아 있는 수지를 제거하고 웨이퍼 표면에 잔류하는 미세입자, 각종 불순물을 제거하는 세정공정을 거치게 된다. 감광성 수지는 탄소, 수소가 위주인 고분자 물질이며 이의 제거에는 황산과 과산화수소 용액을 쓰는 습식공정과 산소플라스마를 이용하는 건식공정이 있다. 두 공정 모두 수지의 주성분인 탄소, 수소가 이산화탄소, 물로 산화되어 제거된다. 후공정에서는 금속층의 부식이 문제가 되어 강산화제보다 페놀계의 약한 유기산화제가 쓰인다.

습식공정보다는 건식공정이 유기 수지를 제거하는 데 선택도가 높고 또한 공해를 유발하는 폐기물이 적게 방출된다. 이러한 측면에서 산소플라스마로 산화시켜 이산화탄소와 물로 날려 보내는 애싱(ashing) 공정, 즉 건식공정이 감광성 수지를 제거하는 데 활용된다. 그 반응은 아래와 같이 요약할 수 있다.

$$O_2 + e \longrightarrow 2O + e \text{ (산소 라디칼 발생)}$$

$$C_xH_y + O \longrightarrow CO_2 + H_2O \tag{3.1}$$

진공 상태의 반응기에 전극을 설치하고 전기장을 걸어주면 기체상에서 자유전자가 에너지를 받아 가속되고 이와 충돌하는 기체분자가 분해되어 반응성이 높은 라디칼이 형성된다. 이렇게 형성된 산소 라디칼은 반응성이 높아 탄화수소가 주성분인 감광성 수지를 산화시켜 이산화탄소 및 수증기로 날려 보낸다. 이때의 분해반응은 열에너지가 아닌 전자의 충돌에 의해 일어나므로 저온에서 공정이 수행된다. 이와 관계되는 플라즈마 화학반응은 플라즈마공정에서 좀 더 구체적으로 기술하고 플라즈마 화학반응을 이용한 애싱공정과 반응기는 에칭공정에서 좀 더 상세히 다루도록 한다. 이외에도 UV/O_3, 즉 자외선과 오존을 이용한 강한 산화제로 세정하는 공정이 있고 UV/Cl_2, HF vapor, plasma/NF_3 등을 활용하기도 한다. 자외선도 기체분자를 분해해 활성이 높은 라디칼을 형성할 수 있으며 증기 상태의 불화수소, 불소 라디칼 등은 반응성이 높고 불순물과 반응하여 휘발성이 높은 불소화합물을 형성하므로 금속 불순물, 산화막, 미세 입자 등을 웨이퍼 표면뿐 아니라 반응기 내부로부터 효율적으로 제거할 수 있다.

그러나 웨이퍼 표면의 미세입자를 제거하는 데는 습식법이 필요하며 건식법으로는 한계가 있다. 특히 정전기 등에 의해 달라붙은 입자들은 건식법으로 잘 제거되지 않는다. 또한 습식공정이 장치도 비교적 간단하고 공정의 경제성도 높은 편이다. 1970년대 이전에는 여러 종류의 용액이 세정공정에 활용되었으나 이후 RCA 세정공정이 표준으로 자리 잡게 되었다. 그림 3.4에는 유기 감광성 수지의 제거와 RCA 세정공정을 조합한 전체 세정공정이 나타나 있다.

황산과 과산화수소를 부피 비율로 1:1에서 4:1까지 혼합한 용액으로 감광성 수지를 제거하고 이후 이 과정에서 형성된 화학산화물을 불화수소산 용액에 담가 제거한다. RCA 세정공정은 SC-1, SC-2로 구분되는데 SC-1 공정은 pH가 높은 용액을 쓰는 것으로 H_2O-H_2O_2-NH_4OH를 부피 비율로 5:1:1로 혼합한 용액을 사용한다. 이 용액을 70~80°C로 유지한 상태에서 웨이퍼를 10분 정도 담근다. 이 용액은 유기 불순물을 산화시켜 제거하고 주기율표상의 IB, IIB 금속원소(Au, Ag, Cu, Ni, Zn, Cd, Co, Cr 등)를 포함한 여러 금속원소들을 제거하게 된다. 이 과정에서 실리콘 표면 위의 자연 산화막은 계속적으로 녹아나오며 새로운 화학산화막이 연속적으로 생겨난다. 이때 NH_4OH 성분에 의해 웨이퍼 표면이 식각되면서 거칠어지는 경향이 있으므로 최근에는 이 성분의 농도를 낮춘 용액이 쓰이기도 한다. SC-2 세정공정에서는 pH가 낮은 용액을 쓰는데 HCl-H_2O_2-H_2O를 1:1:6 부피 비율로 혼합한 용액을 사용한다. 이 용액을 70~80°C로 유지한 상태에서 웨이퍼를 10분 정도 담근다.

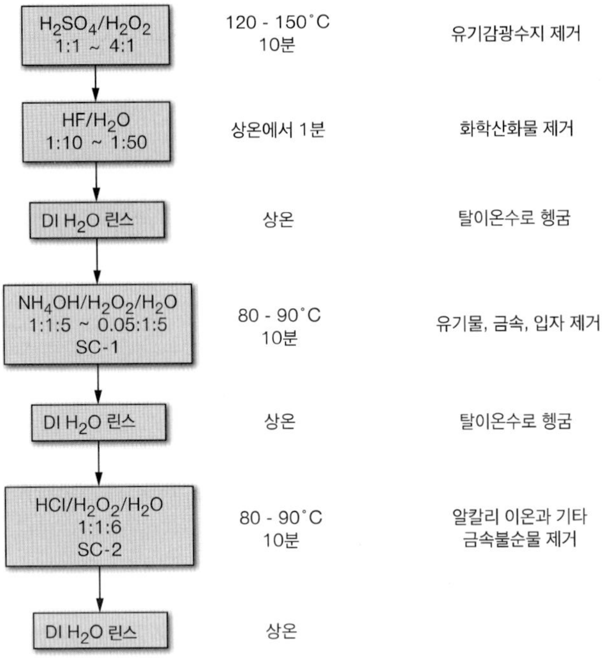

그림 3.4 유기감광성 수지의 제거와 RCA 세정공정을 조합한 전체 세정공정(SC: standard cleaning)

여기에서는 앞서 SC-1 공정에서 암모니아 수에 의해 제거되지 않은 Al, Fe, Mg 금속의 수산화물과 알칼리 금속 이온들이 제거된다. 이러한 성분들은 SC-1 공정에서 웨이퍼 표면에 남게 되는데 SC-2 세정공정에서 제거된다. 이러한 습식세정공정은 웨이퍼를 담은 카세트를 세정 용액에 담그거나 혹은 웨이퍼를 담은 드럼을 회전시키며 세정용액을 스프레이하는 시스템이 사용된다. 세정의 각 단계마다 탈이온수로 헹구어 주는 과정을 거치게 된다. 이때 탈이온수(DI: deionized water)는 입자와 이온 불순물을 제거한 초순수 물로 그 저항이 18 MΩ-cm 정도에 달한다. 순수한 물은 상온에서 이온의 평형 농도가 $[H^+] = [OH^-] = 6\times 10^{13}/cm^3$이며 이때 저항이 18.5 MΩ-cm 정도이다. 실제 반도체소자 제조공정에서 많은 양의 물과 여러 화학제품이 쓰이며 이들의 처리가 환경문제와 관련하여 중요하다. 초순수 물은 소자회사 공장에서 자체 생산 활용하게 된다.

각 세정 단계에서 초음파를 가해 세척을 하면 입자를 제거하는 효율성을 향상시킬 수 있다. 특히 SC-1, SC-2 공정만으로 웨이퍼 표면에 정전기력으로 들러붙은 입자를 제거하기가 어려운데 초음파 세척은 입자의 제거 효율을 높여준다. 음파는 기계적인 에너지로 용액 내에 기포를 발생시켜 이들이 커지거나 팽창, 수축 혹은 급격히 파괴되도록 하여 표면에 붙어 있는 입자를 충격에 의해 떼어내는 역할을 한다. 여기에는 20~50 KHz 혹은 1 MHz 주파수의 초음파가 활용된다. 불산 처리공정을 각 세정 단계에서 삽입할 수도 있는데 이 과정에서 RCA 세정공정에서 웨이퍼 표면에 형성된 화학산화막이 제거되고 수소로 결합된 실리콘 표면이 형성된다. 이에 대해서는 수소 처리된 실리콘 표면이 불안정해 오염의 우려가 있다는 의견도 있다.

3.3 게터링공정

게터링(gettering)이라는 용어는 진공관을 만들 때 관내에 잔류하는 초미량의 기체를 제거하기 위해 세시움 같은 재료를 활용하는 공정에서 쓰이기 시작하였다. 전자소자 제조에 필요한 고순도 실리콘 제조에서 여러 금속 불순물(Fe, Au, Cu 등과 Na^{+}, K^{+}, Ca^{+2} 등의 알칼리 금속 등)을 소자의 작동에 영향을 주지 않는 수준까지 낮추기란 아주 어렵다. 원료를 고순도화하는 공정과 세정공정만으로 이들을 제거하기에는 경제적, 기술적으로 아주 어렵다. 이제까지 언급한 클린룸, 세정공정만으로 이를 달성하기 힘들며 웨이퍼 자체 내에서 소자가 만들어지는 영역에서 이들을 분리 제거하는 것이 유용한 방법이다. 실제 웨이퍼에서 소자가 만들어지는 영역은 웨이퍼의 표면 수마이크론 정도이며 나머지는 기계적인 지지대 역할만 하므로 이 부분으로 불순물을 유도 이동시키고 포획하는 게터링공정이 가능하고 유용한 방법이다. 소자의 작동에 해를 끼치는 금속 불순물들은 의도적으로 주입하는 3가, 5가 금속원소보다 확산 속도가 빠르기 때문에 게터링공정에 유리하다. 그림 3.5에는 여러 불순물들의 규소결정 내에서의 확산계수가 나타나 있다. 3가, 5가 원소는 주로 규소가 위치한 자리(격자점)를 치환하며 이동하기 때문에(substitutional impurity) 규소결정에서 확산 속도가 느린 반면에 알칼리 이온이나 deep level impurity에 속하는 원소들은 규소결정에서 격자점 사이의 공극점(interstitial site)을 따라 이동하기 때문에(interstitial impurity) 확산 속도가 빠르다. 역으로 이러한 원소들의 확산이 빠르기 때문에 넓은 영역에 걸쳐 퍼지며 소자 제조에 문제가 되기도 한다. 즉 구리 원소는 전기전도도가 알루미늄보다 크지만 산화물절연체나 규소에서 확산 속도가 빨라 안정한 구조를 유지하기 힘들기 때문에 배선 재료로 활용하기가 힘들다. 금속원소의 확산에 대해서는 확산공정에서 다시 언급한다.

그림 3.6에는 소자가 만들어진 규소웨이퍼의 단면도를 보여주고 있다. 앞서 웨이퍼 제조공정에서 언급했듯이 초크랄스키 결정성장법에 의해 제조된 웨이퍼에는 ppm 수준의 산소가 존재하는데 그림 2.21에 나타난 바와 같은 열처리공정에 의해 웨이퍼 상단에 산소가 제거된

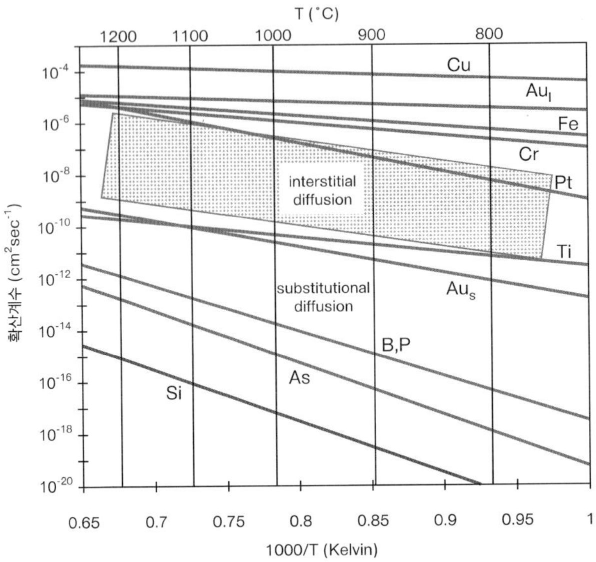

그림 3.5 여러 불순물들의 규소결정 내에서의 확산계수
(Appl. Phys., Vol. A30, 1, 1983)

영역이 형성되고 그 아래 영역에는 규소산화물의 침전이 웨이퍼 내에 고르게 분포하는 영역이 형성된다. 소자가 만들어지는 웨이퍼 상단은 경면으로 결함이 적은 단결정 영역이 만들어지고 하단에는 고의로 결함을 집중시킨 거친 영역이 형성되는 것이다. 열처리하는 동안 금속 불순물들은 웨이퍼 아래로 확산하여 산화물이 침전된 영역에 포획되기도 하고(intrinsic gettering) 또한 웨이퍼 하단의 결함영역에 포획되기도 한다(extrinsic gettering). 금속 불순물들은 도판트 원소보다 그 확산 속도가 백만 배 이상 높기도 하여 산화물 침전영역 및 웨이퍼 하단영역까지 확산 포획된다.

소자가 만들어진 후에는 그 위에 인이 주입된 산화규소막(PSG: phosphosilicate glass)을 화학증착법으로 증착하여 보호막으로 활용하기도 한다. 이 산화물은 알칼리 금속을 포획하는 능력이 있어 게터링층으로 활용할 수 있다. 이 층의 단점은 흡습성이 있어 알루미늄 배선층을 부식시킬 수 있고 또한 층에 전하의 다이폴이 있어 표면전계를 변화시킬 수 있다는 것이다. 소자 제조 후의 보호막으로 규소질화막이 주로 쓰이는데 이 층은 안정하고 또한 수분이나 이온의 확산을 막아주는 특성이 우수하다. 이러한 층은 외부로부터의 오염을 막아주나 반면에 내부의 불순물을 묶어 두는 역할을 하기 때문에 이전에 최적의 청정도를 유지한 후 증착 보호막으로 활용할 필요가 있다.

웨이퍼 세정의 핵심을 이루고 있는 RCA 세정법은 그 효율성이 높아 지난 25년간 큰 변화

없이 활용되고 있으나 이 방법은 다량의 화학약품과 물을 사용하기 때문에 그리고 가열된 상태에서 진행되기 때문에 환경문제가 대두된다. 이후 사용되는 화학약품의 농도를 줄이고

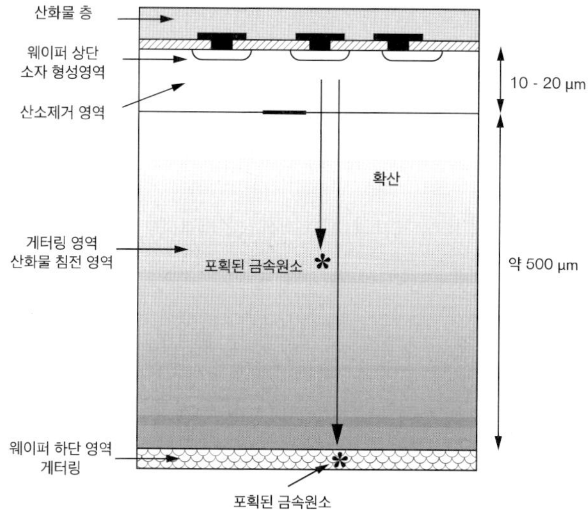

그림 3.6 소자가 만들어진 웨이퍼의 단면도

다른 세정제를 활용하는 방안이 검토되었다. 특히 과산화수소는 쉽게 분해되어 그 농도가 변하는 것도 문제가 된다. 이에 따라 불화수소수와 오존을 주입한 탈이온수를 상온에서 활용하는 공정이 제시되었다. 또한 다량의 폐수를 방출하는 습식세정법 대신에 건식세정기술이 제안되고 있다. 여기에는 화학반응기체의 활용, 플라스마나 저에너지 이온식각, 자외선을 이용한 광화학반응 세정 등이 제시되었다. 웨이퍼의 처리 과정에서 처리온도와 시간을 줄이는 것이 유리하며 게터링공정에서도 이를 도입하여 주로 intrinsic gettering을 활용하는 쪽으로 진행하는 것이 바람직하다. 이외에도 많은 개선책이 있을 수 있으며 결국은 칩제조의 수율을 어느 정도 유지할 수 있는지가 관건이다. 경쟁이 심한 칩제조 산업분야에서 수율은 이익에 가장 직접적으로 큰 영향을 미치는 사안이며 세정공정에서의 어떠한 개선책도 수율에 미치는 영향을 고려할 수밖에 없다.

연습문제

01 그림 3.6에 나타난 웨이퍼의 단면도에서 산소 제거 영역은 웨이퍼를 열처리하여 산소가 확산 웨이퍼 표면을 통해 빠져나감으로써 형성된다. 제2장에 주어진 산소의 확산계수와 확산 길이 식을 활용하여 1,100°C와 1,200°C에서 확산 시간을 6시간으로 했을 때 산소가 제거된 영역(denuded zone)의 두께를 각각 구하라. 산소 제거 영역의 두께를 5마이크론으로 하려면 이 온도에서 확산 시간을 각각 얼마로 해야 하는가?

02 그림 3.5에 주어진 Cu, As와 Fe의 확산계수로부터 위의 조건에서 각 금속원소의 확산 길이를 계산하라. 이로부터 금속원소의 extrinsic gettering, intrinsic gettering에 대해 논의하라.

03 탈이온수의 제조에서 모든 금속이온이 제거되고 상온에서 물의 해리에 의한 $[H^+]$, $[OH^-]$ 이온만 존재한다고 할 때 이 고순도 탈이온수의 비저항을 계산하라. 상온에서 평형에 있는 물의 경우 $[H^+] = [OH^-] \sim 6\times10^{13}/cm^3$이며 Nernst-Einstein 관계식에 의하면 이온의 이동도는 $\mu = zeD/kT$로 주어진다. 여기에서 z는 이온 하나가 갖는 전하수, e는 전자 하나의 하전량, D는 이온의 확산계수이다.
$[H^+]$의 확산 계수는 $9.3\times10^{-5}cm^2/s$, $[OH^-]$의 확산계수는 $5.3\times10^{-5}cm^2/s$이다. 세정공정에서 최종단계에는 탈이온수로 린스하게 되는데, 이때 배출되는 탈이온수의 저항을 측정하여 린스가 완료되었는지를 알 수 있다.

04 웨이퍼 표면에 있는 금속의 불순물에 의한 트랜지스터 작동전압의 변화는 $\Delta V = eQ_M/C_{ox}$로 주어진다. 여기에서 e는 1가 이온 하나가 갖는 전하량, Q_M은 금속 이온 불순물의 단위 면적당 농도, C_{ox}는 $k\varepsilon_o/d$(k는 실리콘 산화막의 유전상수, 3.9, ε_o는 진공의 퍼미티비티, d는 산화막의 두께)이다. 산화막의 두께가 10나노미터이고 Q_M이 $8.5\times10^{11}/cm^2$일 때 전압의 변화는 얼마인가? 불순물은 모두 Na^+로 가정한다. 전압의 변화를 0.1볼트 이하로 제어하려면 표면의 불순물 농도를 얼마 이하로 제어해야 하는가? 산화막의 두께가 5나노미터, 2나노미터로 얇아지면 불순물의 농도는 얼마 이하로 제어해야 하는가? (100) 실리콘 표면에서 단위 면적당 실리콘 원자의 개수를 고려할 때 몇 %에 해당하는가?

CHAPTER

4

규소의 산화공정

반도체인 규소는 주기율표상에 있는 원소 중 가장 중요하고 가장 많이 연구된 원소이다. 자연이 인간에게 준 가장 중요한 물질인 규소가 전자소자를 만드는 물질의 왕좌를 차지하게 된 이유는 그 물질 자체의 특성이 인간이 생활하는 온도 범위에서 작동하기에 적합하다는 것과 이 원소의 산화물인 산화규소가 가장 안정하고 우수한 절연체이기 때문이다. 규소소재의 표면을 산화시키면 반도체 소자에서 가장 중요한 부분인 반도체-절연체 계면을 형성할 수 있으며 이 부분의 안정성과 전기적인 특성이 어떤 물질보다 우수하다. 산화막은 규소 표면을 산화시켜 쉽게 얻을 수 있으며 또한 여러 증착법에 의해 어떤 종류의 기판 위에도 쉽게 성막할 수 있다. 이 장에서는 노출된 규소의 표면을 산화하여 산화막을 형성하는 공정에 대해 기술하고 화학증착법에 의해 산화막을 증착하는 공정에 대해서는 화학증착공정에서 다루기로 한다.

4.1 산화막의 용도 및 물성

이산화규소는 무기 비정질 유리 소재이다. Si-O 결합은 공유결합, 이온결합 특성을 반반 정도 갖고 있으며 $[SiO_4]^{-4}$를 기본단위로 배열 유리 구조를 형성한다. 이 배열형태를 이차원적으로 도시한 것이 그림 4.1에 나타나 있다.

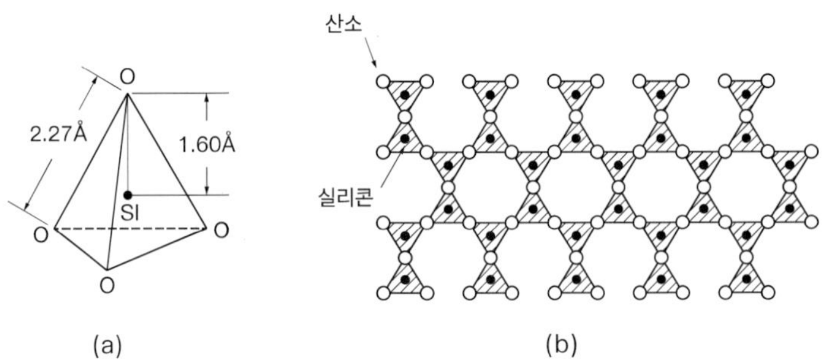

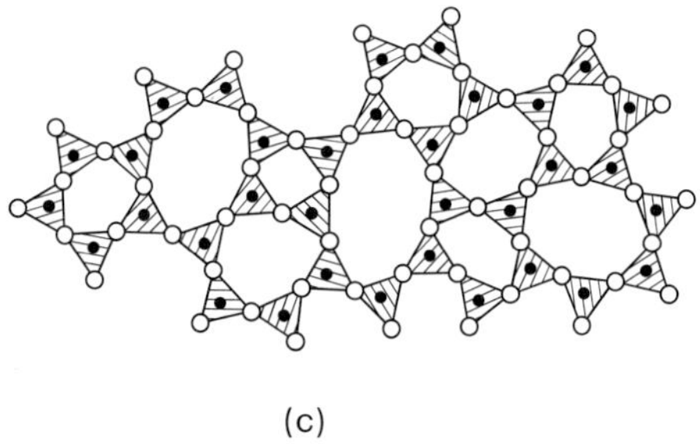

그림 4.1 실리카 유리의 구조.
(a) $[SiO_4]^{-4}$ 기본단위, (b), (c) 2차원으로 도시된 기본단위의 규칙적 배열과 임의의 배열

$[SiO_4]^{-4}$ 기본단위는 그림 4.1(a)에 나타난 바와 같이 실리콘이 중심에 있고 사면체의 꼭짓점에 산소가 있는 테트라헤드럴 단위이다. 여기에서 실리콘과 산소원자의 거리는 1.6Å이고 실리콘과 실리콘간의 거리는 2.65Å, 산소와 산소는 2.27Å이다. 그림 4.1(b)는 이 단위구조가 규칙적으로 배열된 형태를 2차원적으로 나타낸 것이며 실제로 완벽하게 규칙적인 실리카의 3차원적인 배열은 이 기본단위가 FCC(face centered cubic)로 배열되어 있는 형태이다. 이러한 규칙적인 배열은 실제로 얻기가 아주 힘들며 대부분의 실리카 유리는 (c)와 같이 임의로 배열된 비정질 형태가 된다. 규칙성이 높게 배열된 석영(쿼츠)의 경우는 그 밀도가 2.65 g/cm^{3}이고 실리콘을 산화시켜 얻는 절연막인 비정질 유리의 경우는 2.19 g/cm^3 정도이다. 즉 배열이 규칙적일수록 밀도가 높고 절연특성이 강하며 가공온도도 높아진다. 이러한 규소산화물은 밀도에 따라 불산에 부식되는 속도가 다르고 치밀한 박막일수록 부식속도가 느려 막질을 평가하는 척도로 쓰기도 한다. 그림 4.2(a)는 이산화규소에 존재할 수 있는 불순물과 결합상태를 보여주고 있다. 또한 그림 4.2(b)는 반도체 실리콘 위에 산화막을 형성하였을 때 산화막 내부나 실리콘과의 계면에 형성되는 여러 형태의 전하를 보여 주고 있다. 그림 4.1에 나타난 바와 같이 이산화규소의 고체 상태는 $[SiO_4]^{-4}$를 기본단위로 연결되어 배열되는 것으로 볼 수 있는데 각 기본단위는 산소를 다리로 연결되어 있다. 그림 4.2에서 연결에 참여하는 산소는 결합산소(bridging oxygen), 끊어져 있는 산소는 미결합 산소(nonbridging oxygen)라 한다. 결합이 끊어진 상태의 산소가 많을수록 이산화규소의 고체 상태는 느슨하고 밀도가 떨어지며 유리전이 온도가 낮아진다. 또한 기본단위 사이에 핀홀이 생성되어 그 정도에 따라 절연특성이 저하된다. 실리카 유리에 불순물이 많을수록 결합상태에 참여하지 않은 산소가 많아지며 특히 구조변형 원자(network modifier)라고 불리는 +1 (Na^+, K^+,⋯), +2 (Pb^{+2}, Ba^{+2}

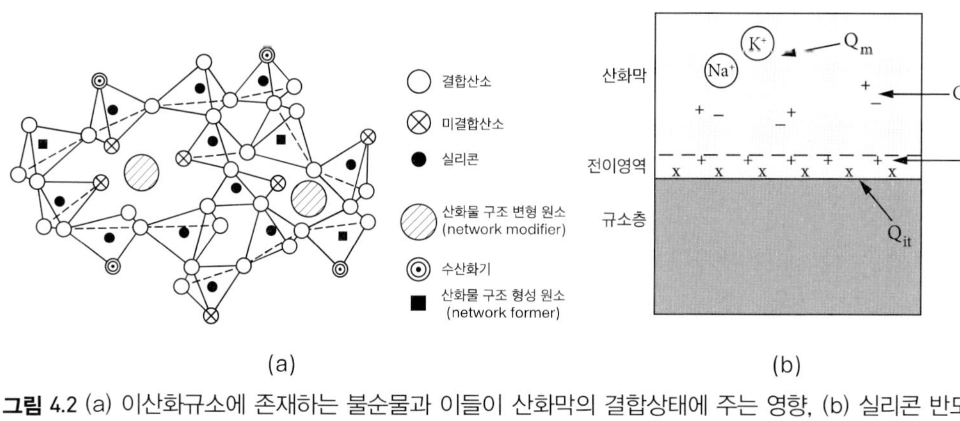

그림 4.2 (a) 이산화규소에 존재하는 불순물과 이들이 산화막의 결합상태에 주는 영향, (b) 실리콘 반도체 위에 산화막을 형성하였을 때 산화막 내부나 실리콘과의 계면에 형성되는 여러 형태의 전하

,…)가 금속 불순물들이 많을수록 유리의 구조는 느슨해지고 밀도는 떨어진다.

소디움의 경우 아래와 같은 화학반응으로 실리카 네트워크가 파괴되고 이동성이 있는 소디움 이온이 생성된다. 즉 하나의 결합산소가 끊어지며 두 개의 미결합산소가 생긴다. 창유리인 소다-라임 글라스는 소디움과 칼슘을 섞어 유리의 가공온도를 낮춘 것이다.

$$Na_2O + Si\text{-}O\text{-}Si \longrightarrow Si\text{-}O + O\text{-}Si + 2Na^+ \tag{4.1}$$

소디움 이온은 결합되지 않은 독립된 이온으로 확산이 빠르고 특히 전계가 걸리면 더 빠르게 이동한다. 그림 4.2(b)에 나타난 바와 같이 Na^+, K^+같은 알칼리 이온은 산화막 내에서 이동성이 있는 전하(Q_m)이기 때문에 산화막의 절연특성을 떨어뜨린다. 이렇게 되면 모바일 이온에 의해 소자특성이 악화되므로 반도체 소자의 수율을 떨어뜨리는 주요 원인이 된다. 또한 실리카에 흡착된 수분에 의해서도 아래 화학반응에 의해 실리카 네트워크가 손상된다.

$$H_2O + Si\text{-}O\text{-}Si \longrightarrow Si\text{-}OH + OH\text{-}Si \tag{4.2}$$

즉 수분에 의해 한 개의 결합산소가 끊어져 두 개의 수산화 미결합산소가 되며 실리카 재료의 특성을 떨어뜨리는 결과가 된다. 실리카 네트워크의 일부 산소는 이렇게 해서 수산화 그룹으로 변화한다. 이러한 Si-OH(실라놀) 그룹은 극성이 있어 절연특성을 저하시키고 광섬유에서 특정 파장의 광에너지를 흡수해 빛의 투과성을 떨어뜨리는 원인이 된다. 까만 네모로 표시된 원자는 그 스스로도 유리를 형성하는 물질로 구조형성원소(network former)라 불린다. 이러한 원소가 불순물로 들어가면 일부 실리콘 자리를 차지하며 네트워크를 형성한다. 이러한 원소로는 IIIA, VA의 보론, 인 등이 있다. 일부 원소는 구조형성과 구조변형 역할을 동시에 한다. 반도체소자에서 절연막으로 쓰이는 산화규소 박막은 때로 보론이나 인을 도우핑해 유리전이온도를 낮추어 주고 비교적 저온에서 열처리하여 중력에 의한 흐름 현상을 이용해 소자의 평탄화를 얻기도 한다. 반면에 반도체소자의 제조 공정에서 쓰이는 반응기나 광섬유 제작에 많이 쓰이는 유리는 가공이 힘들어도 불순물이 적고 열적 안정성이 뛰어난 고순도 쿼츠를 쓰게 된다.

트랜지스터에서 가장 중요한 부분인 반도체와 절연체 산화막, 그리고 그 계면에 존재하는 전하는 소자의 작동에 커다란 영향을 미친다. 앞서 언급한 모바일 전하뿐만 아니라 산화막에는 포획된 전자나 정공(Q_{ot})이 존재하기도 하고 특히 계면 부근에서는 산화막의 산화상태가 완전하지 않은 전이영역(SiO_x, $x<2$)이 2 나노미터 내외의 두께로 존재한다. 이 경우 실리콘의 미결합가지로 인해 + 전하를 띠게 된다. 이외에도 계면에 포획된 전하(Q_{it})가 존재한다.

이들이 소자의 특성에 미치는 영향은 다른 책을 참고하기 바란다. 산화막의 구조나 물성, 그리고 불순물과 전하의 농도 등은 산화막의 제조 공정과 밀접한 연관이 있으며 공정의 최적화에는 이러한 사항들이 잘 반영되어야 한다. 일반적으로 산화공정 이후 질소나 아르곤 같은 불활성 분위기에서 고온 어닐링을 하면 이러한 전하들을 제거할 수 있다. 또한 전체 공정의 후반기에 forming gas (N_2/H_2)나 수소 기체 분위기에서 400°C 어닐링을 하는 것도 결함이나 전하를 제거하는 데 도움이 된다.

그림 4.3에는 반도체 소자에서 산화막의 용도와 이에 맞는 두께가 나타나 있다. 공기에 노출된 규소 표면은 상온에서도 산화가 되는데 0.5~1나노미터 두께가 되면 산화 속도가 떨어져 수 시간 내에 1~2나노미터 두께의 자연 산화막이 형성되며 더 이상 산화가 되지 않는다. 앞서 세정공정에서 화학 반응에 의해 형성되는 산화막의 두께도 이 정도 수준이며 이렇게 형성된 산화막은 화학산화막이라 한다.

자연 산화막이나 화학 산화막은 잘 제어된 공정조건에서 고온에서 형성되는 산화막보다 물성이 떨어지며 소자에서 특별히 이 부분을 활용하지는 않는다. 규소 표면에 항상 존재하므로 경우에 따라 공정상에서 제거한 후 공정을 수행하며 별 문제가 되지 않는 경우는 그대로 공정을 수행한다. 이에 비해 고온에서 산소나 물을 이용한 산화반응에 의해 형성되는 막을 열산화막이라 하며 이와 함께 플라스마 화학반응에 의해 비교적 저온에서 산화막을 형성하는 공정도 있다. 이들은 건식 산화공정이며 경우에 따라서는 액상에서 양극 전기화학반응에 의해 산화막을 형성하는 습식 산화공정도 있다. 집적회로의 제작에서는 양질의 산화막을 키울 수 있는 건식 열산화공정이 쓰인다.

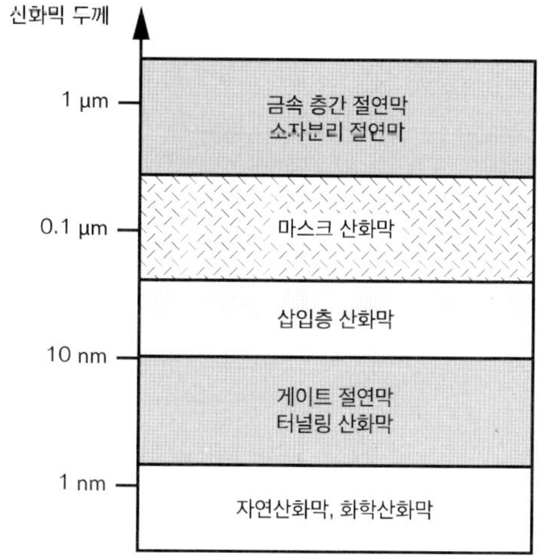

그림 4.3 규소소자에서 산화막의 응용과 각 응용별 산화막의 두께

산화막의 물성을 표 4.1에 요약하였다. 산화막의 물성은 제법에 따라 크게 변하는데 여러 종류의 산화막에 대해 최저, 최대값의 범위로 표시하거나 열산화막의 물성값을 따로 표시하였다. 특히 비중은 막의 치밀도를 나타내는데 석영과 같이 분자의 규칙성이 높은 경우 그 값이 높고 비정질인 열산화막은 그 값이 떨어진다. 열산화막은 그 특성이 우수한 편이고 화학증착법, 특히 저온에서 증착한 산화막은 밀도도 떨어지고 수소 등이 포함되어 있어 전기적인 특성도 떨어진다. 불화수소산에서 식각 속도는 막의 치밀도를 나타내는 척도이며 열산화막이 그 속도가 낮아 우수한 편이고 치밀하지 못한 막은 식각 속도가 높다.

이외에도 산화막은 금속층 간 절연막으로 쓰이며 다층배선에서 금속층과 금속층 사이에 삽입하는 절연막이다. 이 경우 산화막이 필요한 부분이 규소 표면이 아니기 때문에 산화공정이 아니라 증착공정이 활용되며 주로 화학증착법이 쓰인다. 이에 대해서는 화학증착공정에서 언급하기로 한다. 여기에는 상대적으로 두께가 두꺼운 산화막이 쓰인다. 소자와 소자를 서로 분리하는 산화막(isolation oxide)은 규소가 노출된 부분을 선택적으로 산화하여 필요한 부분에 산화막을 삽입하는 것으로 여기에도 비교적 두꺼운 절연막이 쓰이며 이에 따라 산화 속도가 빠른 공정을 활용한다. 마스크 산화막은 형성된 산화막을 확산공정이나 이온주입공정의 마스크로 쓰는 것이다. 규소에 도판트를 주입시킬 때 주입하고자 하는 부분만 노출시키고 나머지 부분은 산화막으로 덮어 공정을 수행한 후 제거하면 목적을 달성할 수 있는데, 이러한 마스크 산화막은 소자의 일부분을 형성하는 것이 아니라 없어지는 부분이다. 산화막을 충분히 두껍게 키워 마스크로 활용한다. 삽입층 산화막(pad oxide)은 계면의 특성을 개선하기 위해 활용하거나 박막의 스트레스를 제어하기 위해 활용한다. 게이트 절연막은 규소반도체

표 4.1 산화막의 물성

	규소산화막의 물성	열산화막
분자량	60.08 g/mol	
융점	1600~1725°C	
비등점	2230°C	
밀도	2.19~2.65 g/cm^3	2.2
열팽창계수	0.5 ppp/°C (규소 2.6 ppp/°C)	
항복전계	3~15 MV/cm	10 MV/cm 이상
비저항	$10^{16}\Omega \cdot$cm 이상	
굴절률	1.46~1.47 (열산화막)	1.47
유전상수	3.9~4.9	3.9
식각 속도(100:1H_2O:HF)	2.5 – 40 nm/min	2.5

위에 성장되어 반도체와 절연체의 계면을 형성하는 부분이며 소자에서 제일 중요한 부분이다. 계면 부근의 반도체를 통해 전하가 이동하며 이 부분에서는 결정결함과 불순물을 최소화해야 한다. 또한 계면의 거칠기를 최소화해야 전하의 이동도를 최대화할 수 있으며 소자의 속도를 높일 수 있다. 이 게이트 절연막은 그 두께가 10나노미터 이하로 발전하고 있으며 여기에는 속도가 느리면서 양질의 산화막을 키울 수 있는 공정을 적용한다. DRAM의 메모리셀은 하나의 트랜지스터와 캐패시터로 이루어지는데 캐패시터 절연막으로도 산화막이 쓰이며 여기에도 양질의 얇은 산화막이 요구된다.

이상에서 보는 바와 같이 규소산화막은 소자의 여러 부분에서 중요하게 활용되고 있다. 금속층 간 절연막은 신호 전달의 속도를 떨어뜨리지 않게 하기 위해 두께가 상대적으로 두꺼운 저유전체 막이 선호되며 게이트 절연막이나 캐패시터 절연막은 전하의 농도를 높이기 위해 유전상수가 크고 두께가 얇은 절연막이 요구된다. 산화막의 유전상수는 제법에 따라 3.9 내외로 나타나며 각각의 용도에 따라 층간 절연막에서는 유전상수가 좀 더 낮은 소재를 필요로 하고 게이트 절연막이나 캐패시터 절연막에서는 유전상수가 좀 더 큰 소재를 필요로 한다. 이에 따라 차세대 소자에 적용될 수 있는 새로운 소재를 찾는 연구가 진행되고 있다. 이러한 물성의 추세는 ITRS(International Technology Road map of Semiconductors) 로드맵에 나타나 있다.

반도체소자에서 등가산화막 두께는 유선 상수가 k인 물질에 대해 아래와 같이 정의된다.

$$t_{eq} = \frac{3.9}{k} t_{oxide} \tag{4.3}$$

일례로 규소산화막의 유전상수 3.9보다 두 배가 큰 물질을 사용하면 실제로 두께를 반으로 줄인 것과 같은 효과가 있다는 의미이다. 즉 유전체의 유전상수와 캐패시턴스는 아래와 같은 관계가 있는데 이 식에서 k값이 두 배가 되면 두께가 두 배가 되어도 같은 값의 캐패시턴스를 갖는 것을 알 수 있다. 여기에서 d는 절연막의 두께, A는 캐패시터의 면적이다.

$$C = \frac{\varepsilon A}{d}, \quad \varepsilon = k\varepsilon_0 \tag{4.4}$$

이렇게 캐패시턴스를 유지하며 두께를 늘릴 수 있으면 캐패시터의 누설전류를 줄이는데 도움이 된다.

차세대 소자에 적용할 수 있는 유전상수가 높은 소재로 관심을 끌고 있는 것들이 표 4.2에 나타나 있다. 현재의 게이트 산화막 두께는 등가산화막으로 1나노 이하로 내려가고 있으며 이는 이산화규소막으로 볼 때 10개 내외의 원자층에 해당한다. 이러한 산화막은 10~15 MV/cm의 전기장을 견뎌야 하며 현재의 집적회로 공정기술에서 수십억 개의 소자가 재현성 있게 만들어진다는 것은 놀랄 만한 일이다. 차세대 소자에서는 게이트 절연막이나 캐패시터 절연막으로 이산화규소 대신 고유전체가 활용될 것이다.

표 4.2 차세대 소자에 적용할 수 있는 유전상수가 높은 소재

고유전체	k
HfO_2	26~30
$Hf_xSi_yO_z$	11
ZrO_2	22~28
$Zr_xSi_yO_z$	11~13
Al_2O_3	8~12
La_2O_3	18~20

또 한편으로 저유전체 막으로는 불소가 주입된 산화막, 탄소가 주입된 산화막, 나노기공이 삽입된 산화막 등이 관심을 끌고 있으며 금속층 간 절연막에 활용될 것으로 기대되고 있다.

4.2 산화공정

규소 표면의 산화공정에서는 산소기체나 수증기를 사용하는데 각각의 경우 화학반응은 아래와 같다.

$$SiO_2 + O_2 \longrightarrow SiO_2 \tag{4.5}$$

$$Si + 2H_2O \longrightarrow SiO_2 + 2H_2 \tag{4.6}$$

두 공정 모두 흐름 반응기에서 기체를 흘려보내며 공정을 수행하게 되는데 산소를 사용하는 경우를 건식산화법, 수증기를 활용하는 경우를 습식산화법이라 한다. 일반적으로 습식산화법이 반응속도가 빠르고 생성되는 산화막의 물성은 건식산화법이 우수하다.

규소기판 표면에서 산화반응이 일어나는 기본 개념도는 그림 4.4에 나타난 바와 같다. 산소의 동위원소 O^{18}을 이용해 산화반응에서 산소의 경로를 추적한 결과 그림 4.4에 나타난 바와 같이 생성되는 산화막을 통해 산화제가 확산 이동하여 산화반응은 규소와의 계면에서 일어나는 것으로 확인되었다. 구리와 같은 금속은 구리 원자가 표면으로 이동하여 기체상과

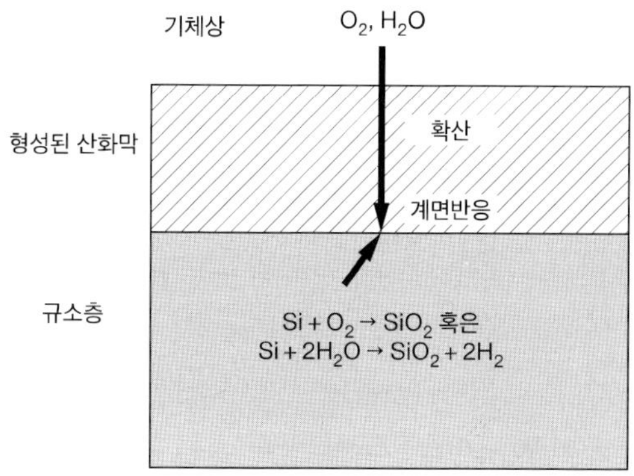

그림 4.4 규소의 산화반응에서 반응물의 확산과 계면에서의 산화반응 개념도

의 계면에서 산화반응이 일어나는 것으로 알려져 있다. 물질에 따라 산화반응 메카니즘이 다르게 나타난다.

규소의 산화반응계는 초기에 규소 표면에서 일어나다가 산화막의 두께가 점점 두꺼워지면서 산화막-규소 경계가 이동하는 이동경계면(moving boundary) 반응계에 해당한다. 이는 석탄의 연소에서 초기에 표면 탄소가 산화되며 이후 점점 두꺼워지는 회분(ash)층을 통해 산소가 이동하여 계면에서 탄소가 산화되는 경우와 같다. 그림 4.5에 보는 바와 같이 규소 $0.44x_o$ 만큼이 산화되면 x_o 두께의 산화막이 형성된다. 즉 1마이크론 두께의 규소가 산화되면 2.27마이크론의 이산화규소막이 형성된다. 규소에는 $5\times10^{22}/cm^3$ 원자가 있는 반면에 이산화규소에는 부피의 팽창에 의해 $2.2\times10^{22}/cm^3$ 분자가 있다.

경계면 이동에 의한 규소의 산화반응은 잘 알려진 Deal과 Grove의 모델에 의해 설명된다. 이 모델은 700~1,300°C, 0.2~10기압 범위에서 건식 혹은 습식산화법 모두 잘 적용되는 것으로 알려져 있다. 공정에 적용되는 기본 모델은 그림 4.6에 나타난 개념도를 바탕으로 하며

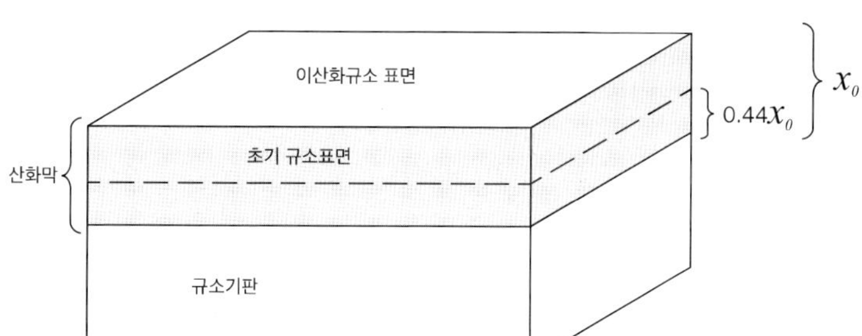

그림 4.5 규소의 산화반응에서 소모되는 규소의 두께와 생성되는 산화물의 두께

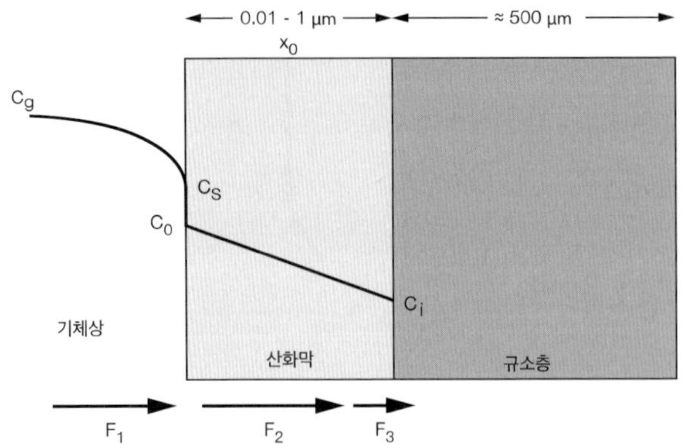

그림 4.6 규소의 산화공정에서 산화 반응물질의 이동 및 계면반응 개념도

각 요소 단계에 해당하는 물질수식을 세워 산화시간에 대한 산화막의 두께를 나타내는 식을 유도할 수 있다.

먼저 F_1은 기체상에서 산화막 표면으로 산화반응기체의 이동 플럭스를 나타낸다. 이 플럭스는 단위 면적당, 단위 시간에 지나가는 분자의 개수로 표시된다. F_2는 형성된 산화막을 통해 확산하는 반응물의 플럭스이며 F_3는 이산화규소-규소 계면에서 산화반응으로 소모되는 반응물의 플럭스이다. 반응이 진행되는 정상상태에서는 $F_1 = F_2 = F_3$가 되며 이들의 관계식으로부터 산화반응의 속도식을 반응물의 농도로 표시할 수 있고 산화막의 두께를 시간에 따라 얻을 수 있다. 먼저 F_1은 아래와 같은 식으로 표현된다.

$$F_1 = h_g(C_g - C_s) = h_g(P_g - P_s)/kT \tag{4.7}$$

여기에서 h_g는 물질전달 계수이며 F_1은 흐르는 유체에서 기상을 통해 계면으로 이동하는 물질전달 양을 나타낸다. C_g는 흐르는 유체 내에 반응기체의 농도이며 C_s는 계면에서 기상의 반응기체 농도이다. 반응물의 농도는 분압으로 나타낼 수도 있으며 이상기체의 경우 $C=P/kT$이다. 이때 산화막 표면에 흡착된 반응기체의 농도는 C_o로 P_s와는 평형관계식인 헨리의 법칙으로 아래와 같이 표시된다.

$$C_o = HP_s \tag{4.8}$$

즉 헨리의 법칙은 계면에서 기상의 농도와 이와 평형상태에 있는 고체 표면에서의 농도와의 관계를 나타낸다. 이러한 관계는 앞서 결정성장에서도 본 바와 같이 액-고상 계면에서 도판트의 농도가 같지 않고 식 (2.17)의 분포계수로 나타나는 것과 같다. 계산상의 편의를 위해

C^*를 도입하는데 이 값은 벌크 기상의 반응물의 농도 C_g(혹은 P_g)와 접하고 있는 고체 표면에서의 반응물의 농도이다. 이때 플럭스 F_1은 기상과 표면에서의 농도 차이 $(C_g - C_s)$로 나타낸 식 (4.7)로부터 아래와 같이 나타내게 된다. 즉 $(C_g - C_s)$를 기상에서의 농도 C_g와 평형상태에 있는 고체 표면의 농도와 C_s와 평형에 있는 고체 표면의 농도 차이로 변환시킨 것이다.

여기에서 h은 새롭게 정의된 물질전달계수이다.

$$C^* = HP_g,\ F_1 = h_g/(HkT)\ (C^* - C_o) = h(C^* - C_o) \tag{4.9}$$

이러한 헨리의 법칙은 기체가 고체 표면에 흡착할 때 분해가 일어나지 않는 경우 성립되며 헨리의 상수 H는 물질의 고유한 상수이다. 산화공정에서 반응기체 분자는 고체 표면에 흡착되면서 분해되지 않으며 생성된 산화막을 통해 분자상태로 이동한다.

다음에 산화막을 통한 반응물의 이동 플럭스 F_2는 Fick의 법칙에 의해 아래와 같이 나타난다.

$$F_2 = D\frac{dc}{dx} \tag{4.10}$$

어떤 특정한 시점에서 산화막의 두께를 x_o라 하면 정상상태에서 $\frac{dF_2}{dx} = 0$ 이기 때문에 아래와 같이 표현할 수 있다. 여기에서 D는 산화막 내에서 반응물의 확산계수이다.

$$F_2 = \frac{D(C_o - C_i)}{x_o} \tag{4.11}$$

계면에서의 산화반응 속도는 산화제의 농도에 대해 1차 반응이고 반응에 의한 플럭스 F_3는 반응속도 상수와 함께 아래와 같이 주어진다.

$$F_3 = k_s C_i \tag{4.12}$$

정상상태에서 F_1=F_2=F_3가 되며 이로부터 아래와 같은 관계식이 얻어진다.

$$C_i = \frac{C^*}{1 + \frac{k_s}{h} + \frac{k_s x_o}{D}}, \qquad C_o = \frac{\left[1 + \frac{k_s x_o}{D}\right] C^*}{1 + \frac{k_s}{h} + \frac{k_s x_o}{D}} \tag{4.13}$$

즉 산화막 표면에서의 반응물 농도 C_o와 산화막-규소 계면에서의 반응물 농도 C_i를 유체의 흐름에서의 반응물 농도와 평형에 있는 고체 표면에서의 농도 C^*로 표시한 식이 유도되었다. 이 식에서 확산계수 D가 아주 작을 때 $C_i \rightarrow 0$, $C_o \rightarrow C^*$가 된다. 이 경우는 산화막을 통한 반응물의 확산이 산화 속도를 결정하는 율속단계가 된다. 실제로 반응시간이 많이 지나 산화막의 두께가 두꺼울 때, 즉 x_o가 클 때도 확산 과정이 느려져 이 영역에 해당된다. 반면에 확산계수가 아주 크거나 반응 초기 단계에서 x_o가 작을 때에는 계면에서의 반응속도에 의해 산화막의 성장 속도가 결정되며 계면에서의 반응속도가 율속단계가 된다. 이 경우는 아래 식이 성립된다.

$$C_i = C_o = \frac{C^*}{1 + \dfrac{k_s}{h}} \tag{4.14}$$

반응물의 플럭스는 산화막이 성장하면서 소모되는 반응물의 양과 같기 때문에 아래와 같이 표시할 수 있다. 여기에서 F_3 대신에 F_1이나 F_2를 사용해도 마찬가지 결과가 얻어진다.

$$N_1 \frac{dx_o}{dt} = F_3 = \frac{k_s C^*}{1 + \dfrac{k_s}{h} + \dfrac{k_s x_o}{D}} \tag{4.15}$$

여기에서 산소를 쓰는 건식산화의 경우는 이산화규소 한 분자당 산소 한 분자가 필요해 $N_1 = 2.2 \times 10^{22}/\text{cm}^3$이고 물을 쓰는 습식산화의 경우는 이산화규소 한 분자 당 2개의 물 분자가 필요해 $N_1 = 4.4 \times 10^{22}/\text{cm}^3$이 된다. 이때 플럭스나 농도는 분자의 개수로, x는 cm, h는 cm/s, D는 cm^2/s로 나타낸다.

이 식을 초기 조건

$$t = 0 \qquad x = x_i \tag{4.16}$$

으로 하여 풀면 아래 식으로 나타난다.

$$x_o^2 + Ax_o = B(t + \tau) \tag{4.17}$$

여기에서 각 상수항은 아래와 같이 표시된다.

$$A = 2D\left(\frac{1}{k_s} + \frac{1}{h}\right) \tag{4.18}$$

$$B = \frac{2DC^*}{N_1} \tag{4.19}$$

$$\tau = \frac{x_i^2 + Ax_i}{B} \tag{4.20}$$

식 (4.16)의 초기 조건은 산화공정을 시작할 때 기존의 산화막이 이미 존재하는 상황을 고려한 것이며 다단계 산화공정을 수행하더라도 각 단계에서 전 단계에서 이미 형성된 산화막을 초기 조건으로 잡아 계산할 수 있다. 이러한 측면에서 식 (4.20)에 나타난 τ값은 기존에 존재하는 산화막을 새로 수행할 산화공정으로 진행할 때 필요한 시간이며 식 (4.17)에서 우측의 시간 항은 τ값을 더한 시간이 된다. 즉 이미 존재하는 산화막을 고려하기 위해 시간 좌표를 이동시킨 것으로 생각할 수 있다. 식 (4.17)를 x_o에 대해 풀면 아래 식을 얻는다.

$$\frac{x_o}{A/2} = \left[1 + \frac{t+\tau}{A^2/4B}\right]^{1/2} - 1 \tag{4.21}$$

이 식은 시간에 따라 두 방향으로 접근할 수 있는데 하나는 산화시간이 짧은 초기 영역이고 또 하나는 산화시간이 길게 지난 후기 영역이다. 각 영역에서 식 (4.21)은 아래와 같은 근사 값으로 표현할 수 있다. 첫째가 초기 영역으로 산화시간 t가 짧은 경우이며 산화막이 얇아 확산에 의한 시간 소모가 적고 계면에서의 반응속도에 의해 산화막 성장 속도가 결정되는 경우이다. 이 경우 식 (4.21)이 아래와 같은 근사식으로 나타난다.

$$x_o = \frac{B}{A}(t+\tau) \qquad \frac{B}{A} = \left[\frac{k_s h}{k_s + h}\right]\left[\frac{C^*}{N_1}\right] \tag{4.22}$$

이때 산화막의 두께는 시간에 비례하게 되어 이 식을 선형식이라 하고 상수 B/A를 선형속도상수(linear rate constant)라 한다. 반면에 공정의 후기에서는 시간이 많이 경과된 경우로($t \gg \tau$) 식 (4.21)은 아래와 같이 나타난다.

$$x_0^2 = B(t - \tau) \tag{4.23}$$

이 경우는 형성된 산화막의 두께가 두꺼워 이를 통한 반응물의 확산이 성장 속도를 결정하며 이 식을 포물식, B를 포물 속도상수(parabolic rate constant)라 한다.

그림 4.7은 시간에 따라 성장되는 산화막의 두께를 나타내고 있다.

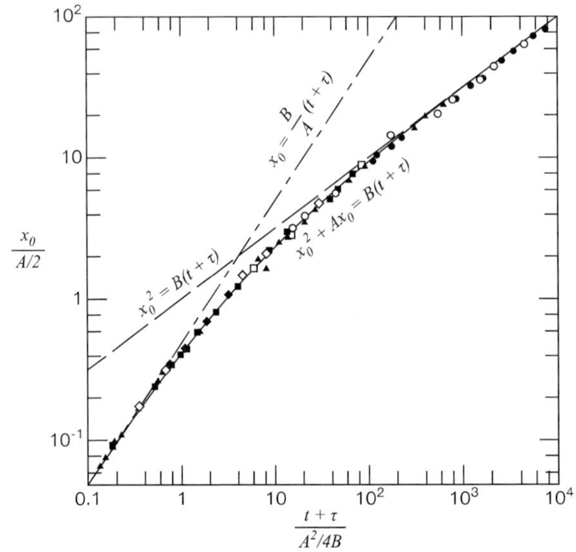

그림 4.7 시간에 따라 성장되는 산화막의 두께를 나타내는 실험자료와 모델식
(J. Appl. Phys. 36, 3770, 1965)

모델 식 (4.21)에 맞게 산화공정 시간과 산화막의 두께를 나타내었으며 산화공정 초기 및 후기의 근사식도 함께 표시하였다. 부호는 여러 온도에서 건식, 혹은 습식산화공정에 의해 실험적으로 측정한 값을 나타내며 대부분의 자료가 식 (4.17)과 잘 맞는 것을 알 수 있다.

이는 이제까지 소개한 딜과 그로브 모델이 실제 산화공정을 잘 나타내고 있다는 것을 보여주는 것이며 분자가 표면에 분해 없이 흡착되고 이에 기반을 둔 헨리의 법칙이 타당하다는 것을 말해준다. 또한 산화막을 통해 확산하는 것이 산소나 물의 분자라는 것도 확인시켜준다고 볼 수 있다. 이제까지 많은 자료에 의해 온도나 압력이 상수 A, B에 미치는 영향도 검증이 되었다. 표 4.3에는 습식공정과 건식공정에서 온도에 대한 반응속도상수가 나타나 있다. 이 자료는 (111) 방향의 보론 도우핑된 웨이퍼에 대한 산화 속도이며 산화공정 전에 화학적으로 표면을 세정한 웨이퍼에 대해 측정한 것이다. 건식산화의 경우는 수분의 함량이 5 ppm 이하인 경우이다. 그림 4.8에는 식 (4.19)에 나타난 포물 속도상수인 B가 온도에 대해 나타나 있다. 습식산화에서는 640토르, 760토르(1기압)의 두 압력에 대해 나타나 있는데 B는 기상에서의 산화제의 농도에 비례하며 이는 압력이 C^*에 미치는 영향과 일치한다. 온도가 상수

B에 미치는 영향은 온도가 확산계수에 미치는 영향을 나타내는데 그림 4.8에 나타난 바와 같이 상수 B의 로그값과 온도의 역수를 도시하면 직선 관계가 나타나 아레니우스 식으로 표현되는 것을 알 수 있다.

습식산화와 건식산화의 경우 그 기울기는 각각 0.71, 1.24 eV로 나타났는데 이는 그림 4.9에서 보는 바와 같이 물과 산소의 실리카 유리에서의 확산에 대한 활성화에너지 0.79 eV, 1.18 eV와 거의 일치한다. 그림 4.9에서 보면 크기가 작은 수소분자나 또는 Na같은 알칼리 금속의 경우 실리카 유리에서 확산계수가 크고 물이나 산소분자의 확산계수는 작은데 물보다는 산소의 확산계수가 큰 것을 알 수 있다. 그럼에도 불구하고 그림 4.8에서 보는 바와 같이 습식산화에서 산화막의 성장 속도가 건식산화보다 큰데 이는 평형농도 C^*의 차이에서 비롯된다. 물의 경우 1기압, 1,000°C에서 실리카 표면에 대한 평형농도가 $5.2\times10^{19}/cm^3$인데 비해 산소는 $3\times10^{16}/cm^3$이다. 즉 물의 확산 속도가 느림에도 불구하고 평형농도가 1000배 이상 높기 때문에 습식산화공정의 반응속도가 빠르게 나타난다. 이 평형농도는 선형반응속도상수 B/A와 포물반응속도상수 B 모두에 영향을 미친다. 산화막을 통한 수소 분자의 확산이 빠르기 때문에 습식산화공정에서 반응생성물 수소는 산화 속도에 영향을 주지 않는다.

표 4.3 습식공정과 건식공정에서 온도에 대한 반응속도상수 (J. Appl. Phys. 36, 3770, 1965)

습식산화 산화온도(°C)	A(μm)	포물속도상수 B(μm²/h)	선형속도상수 B/A(μm/h)	τ(h)
1200	0.05	0.720	14.40	0
1100	0.11	0.510	4.64	0
1000	0.226	0.287	1.27	0
920	0.50	0.203	0.406	0

건식산화 산화온도(°C)	A(μm)	포물속도상수 B(μm²/h)	선형속도상수 B/A(μm/h)	τ(h)
1200	0.040	0.045	1.12	0.027
1100	0.090	0.027	0.30	0.076
1000	0.165	0.0117	0.071	0.37
920	0.235	0.0049	0.0208	1.40
800	0.370	0.0011	0.0030	9.0
700	–	–	0.00026	81.0

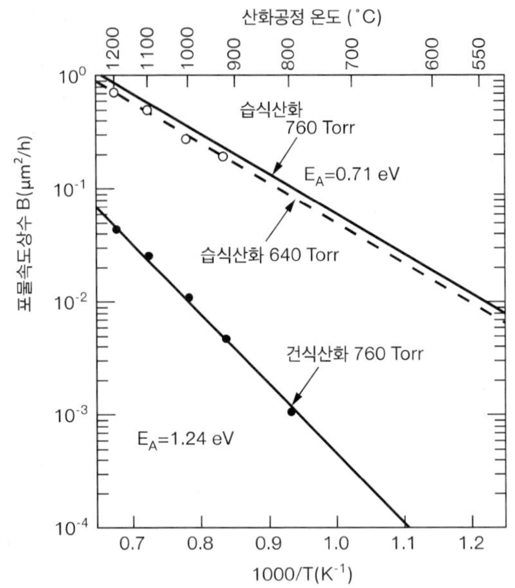

그림 4.8 건식, 습식 산화공정에서 온도에 대한 포물 속도상수 B의 값

(J. Appl. Phys. 36, 3770, 1965)

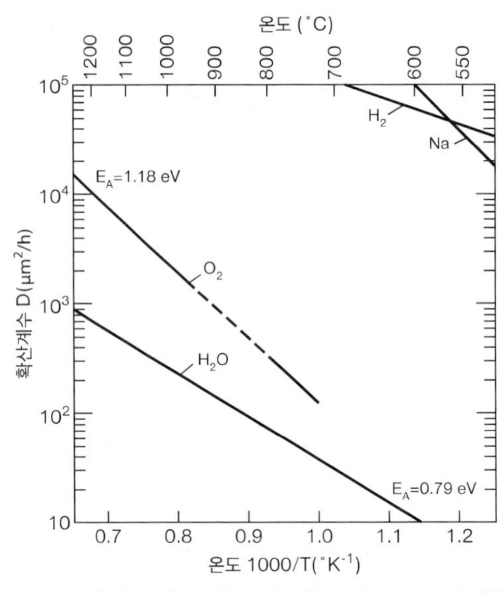

그림 4.9 실리카 유리에서 온도에 대한 물과 산소의 확산계수

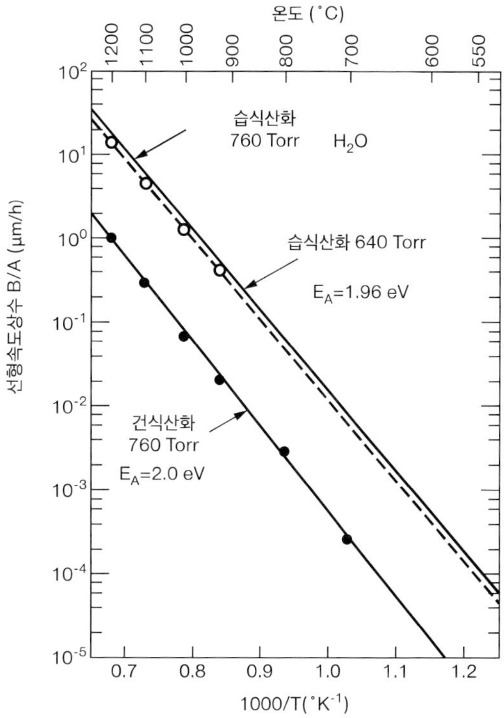

그림 4.10 건식, 습식 산화공정에서 온도에 대한 선형속도상수 B/A 값
(J. Appl. Phys. 36, 3770, 1965)

그림 4.10에는 온도에 대한 선형속도상수 B/A값이 나타나 있다. 그림에서 습식산화의 경우 반응속도상수가 건식산화보다 큰데 이는 앞서 설명한 바와 같이 평형농도의 차이에 기인한다. 두 반응 모두 활성화 에너지가 2 eV 정도로 같은데 이 값은 규소와 규소의 결합이 끊어지는데 필요한 에너지 1.83 eV에 가깝다. 즉 B/A는 계면에서의 반응속도상수에 의존하는데 습식산화나 건식산화 모두 이 반응속도상수는 규소결합이 끊어지는 반응에 해당한다. 따라서 건식이나 습식산화 모두 차이 없이 활성화 에너지는 비슷하다.

기상에서의 물질전달계수 h는 반응속도상수 k_s나 산화막을 통한 확산계수보다 1,000배 이상 크다. 이에 따라 식 (4.18)의 오른쪽에서 $1/h$를 무시할 수 있다. 또한 식 (4.22)에서 오른쪽의 분모에 k_s를 무시할 수 있기 때문에 분자와 분모의 h는 상쇄된다. 즉 기상에서의 물질전달은 그 속도가 빨라 산화공정의 속도에 영향을 미치는 인자가 아니며 속도상수식에서 소거된다.

표 4.3에서 보는 바와 같이 건식산화의 경우 τ값이 0이 아니며 이 값이 식에 도입되어야 딜과 그로브 모델식이 맞게 된다. 이는 건식산화에서 초기 단계에 인위적으로 x_i = 200 Å 정도의 산화막이 존재하는 것으로 가정을 해야 한다는 의미이다. 결국 건식산화의 경우 초기

단계에서 딜과 그로브 모델이 예측하는 것보다 더 빠른 속도로 산화가 진행되는 것으로 이 이유에 대해서는 아직도 여러 메카니즘이 제시되고 토론되고 있다.

한 가지 메카니즘은 산소분자가 산소분자이온과 정공으로 분리 형성된다는 가설이다 ($O_2 <=> O_2^- + \text{hole}$). 계면에서는 공간전하에 의해 전위분포가 형성되는 층이 존재하게 되는데 (디바이 층) 이 층의 두께가 산소에 의한 건식산화공정의 경우 150Å 정도, 물에 의한 습식산화의 경우 5Å 정도 된다는 것이다. 이 층을 통해서 산소이온 종은 모델에서 예측한 것보다 더 빨리 확산하게 되며 물의 경우는 이 층의 두께가 작아 무시할 정도라는 설명이다. 이외에도 규소가 산화되는 계면에서 발생하는 결함이 확산 속도를 빠르게 한다는 가설도 있고 또한 산화막이 얇은 초기에는 막에 미세 기공 등의 채널이 형성되어 산화막뿐만 아니라 이 채널을 통해서도 빠르게 반응물이 확산한다는 가설도 있다. 이와 함께 계면에서 산소분자와 원자가 동시에 반응한다는 가설도 있다. 실제 산화막 형성 영역에서 일어나는 현상은 상당히 복잡한 것으로 생각되며 이에 따라 여러 가지 변형된 모델이 제시되었는데 초기 산화 과정의 얇은 막에서 일어나는 현상을 정확하게 설명하지는 못하고 있다. 여러 가지 모델식 중 하나를 아래에 소개한다.

$$\frac{dx_o}{dt} = \frac{B}{2x_o + A} + C\exp\left(-\frac{x_o}{L}\right)$$

$$C = C_0 \exp\left(-\frac{E_A}{kT}\right) \tag{4.24}$$

여기에서 첫 번째 항은 딜과 그로브의 모델식이며 두 번째 항은 건식산화에서 초기에 산화반응이 빠른 부분을 반영하게 된다. 여기에서 C_o~$3.6 \times 10^8 \mu$m/hr, E_A = 2.35 eV, 그리고 감쇄 길이(decay length) L~7nm이다. 이 수치는 규소결정의 방향에 상관없이 적용되며 두 번째 항은 7나노미터를 기준으로 두께가 증가함에 따라 급격히 지수 함수적으로 감소하게 된다. 이 항을 추가함으로써 초기에 산화 속도가 빠른 부분을 보완하게 된다.

이외에도 산소를 이용한 건식산화공정에서 산화 초기에 딜과 그로브 모델보다 산화 속도가 빠른 현상을 설명하는 모델로 산소의 분압 P를 포함한 아래와 같은 식이 제시되었다.

$$B/A = (B/A)_o\ P^n \qquad B = B_o P \tag{4.25}$$

여기에서 $(B/A)_o$, B_o는 1기압에서 속도 상수이다. 실제로 산소분자가 흡착되고 계면으로 확산하여 반응하는 종이 분자인 경우 $n = 1$이 되고 흡착종이 산소원자이고 계면에서 반응하는 종이 산소원자인 경우 $n = 0.5$가 된다. 앞서 언급했듯이 계면에서 규소와 반응하는 종이 산소분자와 산소원자가 혼합된 상태라면 그 양에 따라 n은 0.5~1의 값이 된다. 산화막이 20 나노미터 이하로 얇은 경우 $P^{0.8}$에 의존하는 경우가 언급되고 있다. 앞서 식 (4.24)에서 감쇄길이가 압력의 효과를 나타내지 않는 반면 (4.25)식은 산화제 농도의 효과를 반영한다. 현재의 게이트 절연막은 건식산화법을 통해 1나노미터 규모로 성장되고 있다. 딜과 그로브의 모델이 적용되지 않는 범위에서 공정이 수행되고 있으며 실제 현상이 제대로 규명되지 않았지만 기술은 이미 적용되고 있다고 볼 수 있다.

역사적으로 볼 때 규소웨이퍼를 이용한 소자의 제조에서 (111)과 (100) 면이 주로 사용되어 왔다. 60년대에는 (111) 방향이 많이 쓰여 왔으나 Si/SiO_2 계면의 특성이 (100) 방향에서 더 우수하다는 것이 알려진 이후 현재는 (100) 방향의 웨이퍼가 주로 쓰인다. 그림 4.11에는 (100) 방향과 (111) 방향 규소웨이퍼에서 산화 시간에 따른 산화막의 두께를 보여 주고 있다. 산화막 형성에 대한 실험 결과는 결정면의 방향에 따라 산화 속도가 다름을 보여 주고 있으며 (111) 방향의 산화 속도가 빠른 것으로 나타난다. 이는 계면에서의 산화반응속도계수가 결정면의 방향에 의존하기 때문이며 선형속도상수 B/A가 결정면에 따라 달라짐을 의미한다. 반면에 포물속도상수 B는 확산에 의존하기 때문에 결정 방향에는 영향을 받지 않는다. 산화반응이 진행되면서 산화막은 비정질로 형성되며 규소의 결정 방향에 대한 영향은 산화막이 형성되면서 사라져 산화막을 통한 확산은 규소의 결정 방향에 영향을 받지 않는다.

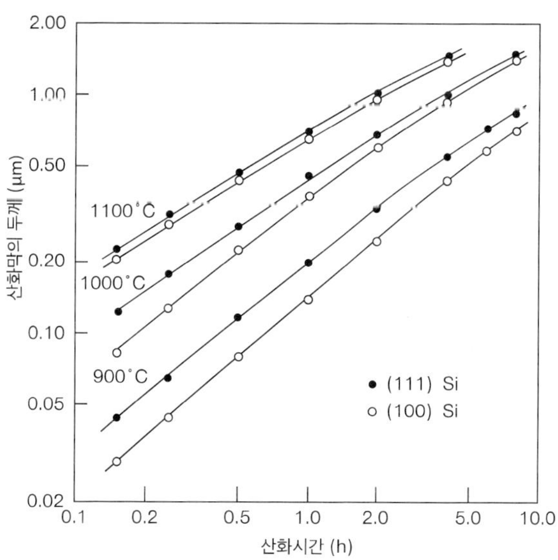

그림 4.11 640토르 압력에서 습식산화에 의한 산화막 형성 두께의 시간에 대한 변화. 결정면의 방향에 따라 산화 속도가 다르게 나타난다. (J. Electrochem. Soc., 125, 576, 1978)

최근에 와서 방향에 따른 산화막의 형성 속도에 대한 이해가 중요한데 이는 에칭에 의해 형성된 트렌치나 여러 형태의 구조에서 산화막을 형성하기 때문이다. (111)면의 산화반응속도가 (100)면보다 평균적으로 약 1.68배 높은 것으로 나타난다. 이는 규소 원자가 산화되면서 산화막에 포함되는 속도의 차이에 의한 것으로 표면에서 규소 원자 농도의 차이와 이에 따른 규소 간 결합 개수의 차이에 기인한다. 표 4.4에는 640토르의 수증기 분압에서 <100>, <111> 방향에 대한 습식산화공정의 속도상수가 나타나 있다. 표에서 보는 바와 같이 확산계수에 의존하는 포물속도상수는 결정 방향에 따라 거의 일정한 데 비해 계면 반응속도에 의존하는 선형반응속도상수는 결정 방향에 따라 다르게 나타나는 것을 알 수 있다. 계면에서의 산화반응은 규소 간 결합이 끊어지면서 진행되기 때문이다. 결정 방향에 대한 효과는 아래 식으로 반영한다. 이 식은 건식 혹은 습식산화공정에 모두 적용된다.

$$(B/A)_{111} = 1.68(B/A)_{100} \tag{4.26}$$

표 4.4 640토르의 수증기 분압에서 〈100〉, 〈111〉 방향에 대한 습식산화공정의 속도상수

산화공정 온도(°C)	결정 방향	A(μm)	포물속도상수 B(μm²/h)	선형속도상수 B/A(μm/h)	B/A비 〈111〉/〈100〉
900	<100>	0.95	0.143	0.150	
	<111>	0.60	0.151	0.252	1.68
950	<100>	0.74	0.231	0.311	
	<111>	0.44	0.231	0.524	1.68
1000	<100>	0.48	0.314	0.664	
	<111>	0.27	0.314	1.163	1.75
1050	<100>	0.295	0.413	1.400	
	<111>	0.18	0.415	2.307	1.65
1000	<100>	0.175	0.521	2.977	
	<111>	0.105	0.517	4.926	1.65
					평균 1.68

(J. Electrochem. Soc., 125, 576, 1978)

표 4.5에는 각 결정 방향에 따른 표면에서의 단위 구조(unit cell)의 표면적, 규소 원자의 개수, 규소결합의 개수, 산화반응에 참여할 수 있는 결합 개수, 단위 면적당 결합 개수 등이 나타나 있다. (110) 방향에서의 산화 속도 자료는 많이 축적되어 있지 않으나 (100) 방향에 대해 1.45배 정도 빠른 것으로 나타난다. 규소의 산화 속도가 반응에 참여할 수 있는 규소결합의 개수와 정확히 일치하지 않는 이유로 결정 방향에 따라 산소 혹은 물 분자가 규소결합

과 만나는 것에 대한 용이도(steric hindrance)가 차이가 나 활성화 에너지가 결정 방향에 영향을 받는 것으로 설명하기도 한다. 감압하에서 산소를 이용한 속도가 아주 낮은 산화공정이나 150기압의 수증기를 이용한 저온 고속 산화공정에서도 방향성에 대한 산화 속도의 의존 경향이 표 4.5에 나타난 반응 참여 규소결합 개수와 일치하지 않는다.

표 4.5 규소의 결정 방향에 따른 원자의 개수와 결합의 개수

결정 방향	단위구조 면적 (cm^2)	규소 원자 개수	규소결합 개수	반응참여 가능 규소 결합 개수	단위면적당 규소결합 개수 $\times 10^{14} cm^{-2}$	반응참여 결합개수 N $\times 10^{14} cm^{-2}$	⟨100⟩ 대비 N의 비
<110>	$\sqrt{2}a^2$	4	8	4	19.18	9.59	1.41
<111>	$\sqrt{3}a^2/2$	2	4	3	15.68	11.76	1.74
<100>	a^2	2	4	2	13.55	6.77	1.00

건식산화막 초기 산화 단계에서 딜과 그로브 모델이 실제 상황과 일치하지 않는 것은 앞서 설명한 바와 같으며 이에 따라 반응 참여 규소결합 개수의 영향이 제대로 나타나지 않을 수 있다. 수증기를 이용한 저온 고속 산화공정에서는 산화막이 형성되면서 발생하는 스트레스로 설명하기도 한다. 산화막이 형성되면서 부피가 팽창하게 되는데 저온 산화의 경우는 온도에 의한 스트레스의 발산과 감소가 쉽지 않고 특히 산화 속도가 빠른 경우는 스트레스가 발산될 시간적 여유가 줄어들게 된다. 이 경우 규소결합 개수의 영향보다 결정 방향에 따른 스트레스가 더 크게 영향을 미칠 수 있다. 덧붙여서 (100) 결정면에서 규소결합 개수가 가장 낮기 때문에 Si/SiO_2 계면에서 규소의 비결합가지(dangling bond)에 의한 계면결함이 가장 낮아 상대적으로 다른 결정면보다 우수한 계면특성을 보이게 된다.

산화공정에서 혼합기체를 활용하는 경우가 종종 있다. 특히 습식산화공정의 경우 순도 높은 수증기를 얻기 위해 고순도 산소와 수소를 공급하여 연소에 의해 공정을 수행하게 되는데 배기기체에 수소가 함유되는 것을 막기 위해 과량의 산소를 공급하게 된다. 이때 수증기 95%, 산소 5% 정도의 조성을 갖는 반응기체로 공정을 수행하게 되며 실제로는 습식산화와 건식산화가 조성에 따라 동시에 수행된다고 볼 수 있다. 건식산화공정에 ppm 정도의 수분이 포함되어 있어도 산화 속도는 증가하게 된다. 건식산화공정에서 HCl을 섞어 주는 경우가 있는데 이는 첨가하는 염화수소 성분이 계면에서의 결함을 줄여주고(염소가 미결합 가지에 반응) 또한 금속 불순물과 결합하여 이들을 비활성화시키는 효과가 있다. 이 경우 일부 염화수

소가 산소와 결합하여 염소와 수증기로 변환되며 ($4HCl + O_2 \rightarrow 2H_2O + 2Cl_2$) 이에 따라 산소와 수증기에 의해 동시에 산화반응이 일어나게 된다. 이러한 경우 아래 식을 사용하여 두 산화반응을 동시에 고려할 수 있다.

$$\frac{dx_o}{dt} = \frac{B_1}{2x_o + A_1} + \frac{B_2}{2x_o + A_2} \tag{4.27}$$

이 식의 해는 아래와 같이 주어진다.

$$(x_o^2 - x_i^2) + C(x_o - x_i) - G\ln\left(\frac{2Ex_o + F}{2Ex_i + F}\right) = Et \tag{4.28}$$

$$C = \frac{A_1B_1 + A_2B_2}{B_1 + B_2},\ \ E = B_1 + B_2,\ \ F = A_1B_2 + A_2B_1,\ \ G = \frac{B_1B_2(A_1 - A_2)^2}{2(B_1 + B_2)^2}$$

이 식은 두 가지 산화 메카니즘이 서로 독립적으로 작용한다고 볼 때 성립하는 식이다. 일례로 첫 번째 항은 습식공정에 해당하는 A, B값, 두 번째 항은 건식공정에 해당하는 A, B 값을 대입하면 두 산화반응에 의한 기여도를 합한 결과가 얻어진다. 앞서 언급한 결정 방향이나 농도의 영향을 고려한 A, B값을 대입하게 된다. 이러한 접근방법은 경우에 따라 잘 맞기도 하고 그렇지 않은 경우도 있다. 각각의 산화공정이 독립적으로 진행된다는 가정이 성립하지 않고 서로의 산화공정에 간섭하여 영향을 주게 되면 위의 식은 실제 상황을 효과적으로 나타낼 수 없게 된다. HCl을 주입한 경우 습식공정에서는 잘 맞으나 건식공정에서는 잘 맞지 않으며 경우에 따라서는 특정한 반응계에 대한 실험식을 모델링에 활용하기도 한다.

대부분의 규소 층은 3가(*p*형) 혹은 5가(*n*형)의 원소가 포함되어 있고 이러한 도판트는 산화 속도에 영향을 주게 된다. 도판트 원소들은 산화가 일어나는 계면에서 산화막 혹은 규소층으로 분리가 된다. 이에 따라 계면에서 농도의 불연속성이 나타나고 산화공정이 진행되는 동안 확산에 의해 도판트가 이동하면서 농도의 분포가 새롭게 형성된다. 그림 4.12에는 규소의 산화공정이 진행되면서 산화막과 규소층에 새롭게 형성되는 도판트의 농도 분포가 나타나 있다. 여기에서 k값은 계면에서 규소 쪽의 도판트 농도와 산화막 쪽의 도판트 농도의 비를 나타내는 분배계수이다. 일반적으로 이 값은 1이 아니어서 계면에서 농도의 불연속성이 나타나며 k가 1보다 작은 경우는 산화가 진행되면서 도판트가 산화막 쪽으로 밀려나며 1보다 작은 경우는 도판트가 규소 쪽으로 밀려나게 된다. 그리고 도판트 원소가 산화막 쪽에서 확산이 빠른 경우는 농도 분포가 급격히 변하는 형태가 되고 확산이 느린 경우는 농도 분포가 완만하게 변하는 형태가 된다.

보론 같은 경우는 산화 과정에서 산화막 쪽으로 이동하게 되며 산화막의 결합상태를 약화시켜 반응물의 확산을 촉진시키는 효과가 나타난다. k값은 결정 방향이나 온도에 따라 달라지나 0.15에서 0.3 정도이다. 인이나 비소, 안티모니 같은 경우는 k값이 1보다 커 규소 쪽으로 밀려나게 되며 그 값은 10 정도이다. 갈리움의 경우는 k값이 20 정도이고 그 이동 속도가 빨라 산화반응에는 큰 영향을 미치지 않는다. 참고로 표 4.6에는 1,100°C에서 몇몇 금속원소들의 산화막 내에서의 확산계수가 나타나 있다. 도판트로 활용되는 3족, 5족 원소들은 산화막 내에서 확산계수가 아주 작은 것을 알 수 있다. 실제로 확산공정에서 규소에 도판트를 확산에 의해 주입시킬 때 산화막이 확산 방지막(diffusion mask)으로 활용될 수 있는 것도 이러한 산화막의 특성을 활용하는 것이다. 이에 대한 사항은 확산공정에서 다시 언급하기로 한다.

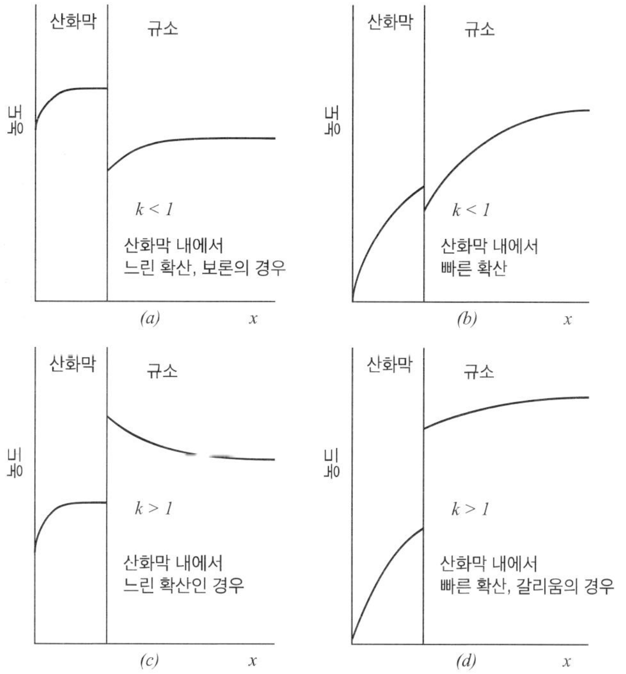

그림 4.12 규소의 산화공정에서 도판트 농도의 재분포 경향. 분배계수 k와 도판트의 확산 속도에 따라 네 가지 형태로 나타난다. (J. Appl. Phys., 35. 2695, 1964)

표 4.6 산화막 내에서 원소들의 확산 계수(1,100°C)

도판트 원소	확산계수(cm^2/s)
B	3.4×10^{-17}~2.0×10^{-14}
Ga	5.3×10^{-11}
P	2.9×10^{-16}~2.0×10^{-13}
As	1.2×10^{-16}
Sb	9.9×10^{-17}~3.5×10^{-15}

그림 4.13에는 보론이 주입된 규소의 경우 보론의 농도와 온도에 따른 산화막의 두께를 산화시간에 대해 나타내었다. 도판트로서 보론의 농도가 높을수록 산화 속도도 빨라지고 이러한 경향은 그림에 나타난 모든 온도 영역에서 관찰되었다. 이 경우 산화 공정이 진행되면서 보론이 산화막 쪽으로 이동하며 이로 인해 산화막의 밀도가 떨어져 반응물의 이동이 빨라지기 때문으로 판단된다.

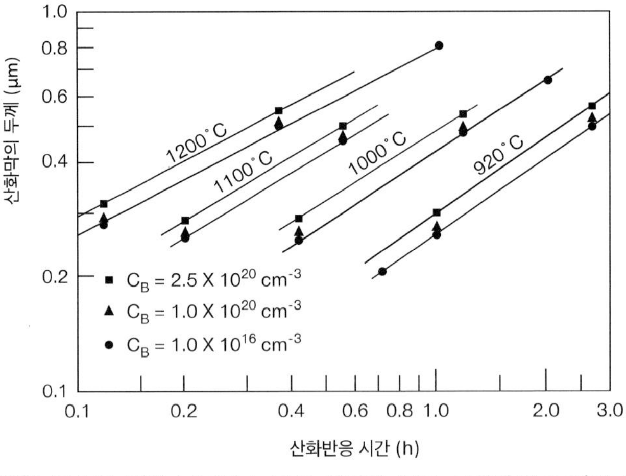

그림 4.13 보론이 주입된 규소의 경우 보론의 농도와 온도에 따른 산화막의 두께를 산화 시간에 대해 나타낸 그림. 95°C로 가열된 수증기를 이용한 습식공정 (J. Electrochem. Soc., 112, 430, 1965)

그림 4.14에는 인이 도우핑된 규소의 산화에서 도판트 농도와 온도에 대한 산화막의 두께가 산화공정의 진행 시간에 따라 나타나 있다. 앞서 보론의 경우와 마찬가지로 인의 경우도 도판트의 농도가 증가하면서 산화 속도가 빨라지나 인의 경우는 산화가 진행되면서 규소 쪽으로 밀려나기 때문에 산화막을 통한 반응물의 확산에 영향을 미치기보다는 계면에서 규소의 산화반응에 영향을 미치게 된다. 이에 따라 확산 속도가 율속 단계인 1,100~1,200°C의 고온에서는 그 영향이 미미하고 계면에서의 반응속도가 율속 단계인 낮은 온도에서는 그 영향이

크게 나타난다. 또한 그림 4.15에는 인의 경우 도판트 농도가 산화반응속도 B, B/A에 미치는 영향이 나타나 있다. 앞서 설명한 바와 같이 포물속도상수 B는 확산계수에 의존하며 선형속도상수 B/A는 계면에서의 산화반응속도 상수에 의존하는데 도판트의 농도가 증가하면서 B는 별로 변화가 없는데 B/A는 일정 농도 이상에서 증가하는 것을 알 수 있다. 이 자료도 인이 규소 쪽으로 밀려나면서 계면에서의 산화반응에 주로 영향을 미침을 보여주고 있다.

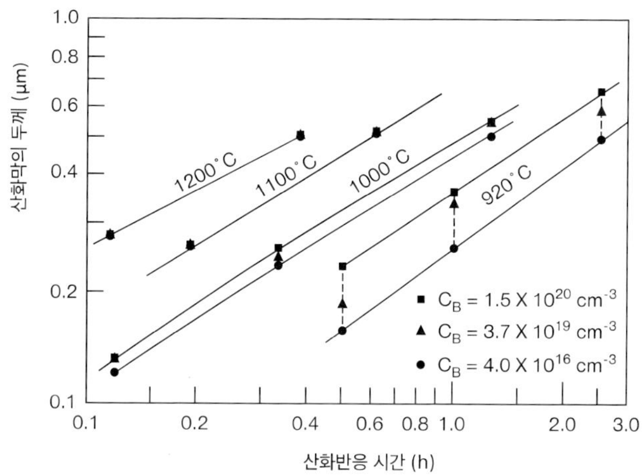

그림 4.14 인이 주입된 규소의 경우 인의 농도와 온도에 따른 산화막의 두께를 산화시간에 대해 나타낸 그림. 95°C로 가열된 수증기를 이용한 습식공정 (J. Electrochem. Soc., 112, 430, 1965)

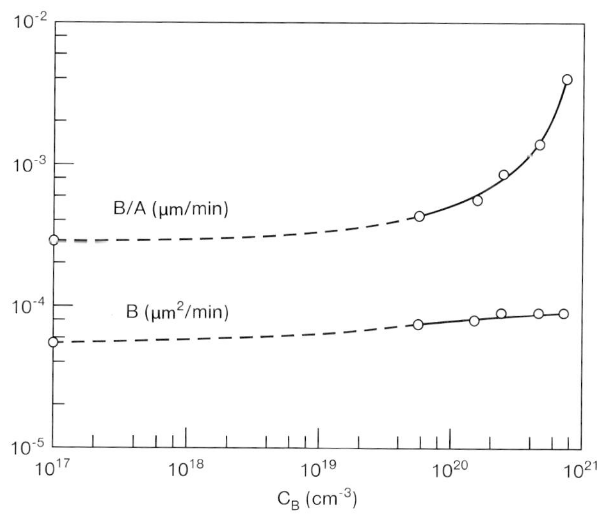

그림 4.15 900°C 건식산화 공정에서 측정된 값으로 규소에 포함된 도판트 인의 농도가 산화반응속도 B, B/A에 미치는 영향 (J. Electrochem. Soc., 125, 665, 1978)

4.3 산화공정 시스템

산화공정은 산소기체를 이용하는 건식산화공정과 수증기를 이용하는 습식산화공정이 있는데 산화막의 용도에 따라 적절한 공정이 활용되고 있다. 건식산화공정은 속도가 느린 반면에 양질의 산화막을 키울 수 있으며 습식산화공정은 속도가 빠르나 막질은 좀 떨어진다. 이에 따라 양질의 얇은 산화막이 필요한 경우 건식산화공정을 활용하며 상대적으로 두꺼운 막을 필요로 하는 경우는 습식산화공정을 선택한다. 산화막의 물성은 굴절률, 밀도, 불순물 등 화학적 조성, 식각 속도, 산화막 내의 전하, 기계적 스트레스, 항복전압, 전압이 걸렸을 때의 누설전류, 산화막 내에 존재하는 핀홀(pinhole), 규소와의 계면에 존재하는 결함, 전하의 양 등이 있다. 이들은 산화공정에 영향을 받으며 이들 물성을 최적화하는 공정의 수행이 중요하다.

그림 4.16에는 산화공정을 수행하는 반응 시스템의 개념도가 나타나 있다. 산화공정의 온도는 700~1,200°C, 압력은 $10^{-4}-20$기압 범위 내에서 수행되며 산화막 두께의 균일도를 유지하기 위해 반응기 내의 온도는 1°C 이내로 정밀하게 제어한다. 오염의 가능성을 최소화하기 위해 고순도 석영관을 쓰며 반응기 전체가 고르게 가열되는 전기로 저항 가열법이 활용된다. 아주 얇은 산화막을 성장시킬 때는 램프를 이용한 복사 가열을 활용하여 처리시간을 단축시키는 RTP(rapid thermal processing) 시스템을 활용하기도 한다. 반응기체 주입구를 통해 산소나 첨가 기체, 불활성 희석 기체를 주입하거나 냉각 및 퍼지 용으로 질소기체를 주입하기도 한다. 고순도 물을 담은 용기를 95°C 정도로 가열하고 운반 기체를 흘려보내 수증기를 공급하기도 하고 수소와 산소를 희석시켜 공급 연소에 의해 고순도 수증기를 공급하기도 한다. 산화공정에서는 여러 장의 웨이퍼를 동시에 처리하며 그림 4.16(b)에 나타난 바와 같은 석영 지지대를 활용하여 반응기에 웨이퍼를 장입하거나 꺼내게 된다. 지지대에는 홈이 파져 있어 웨이퍼를 수직으로 장착하게 된다.

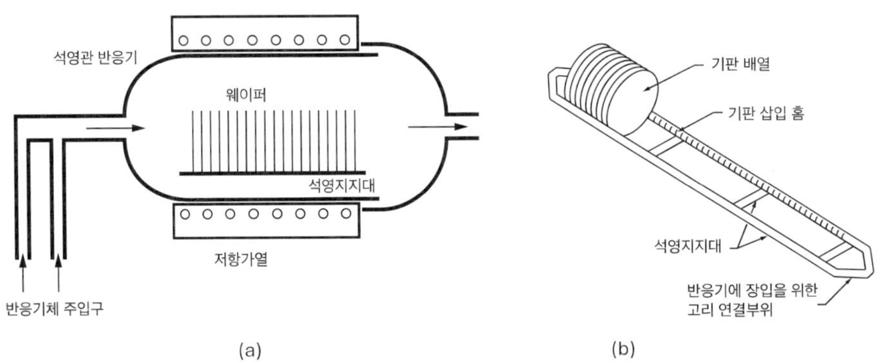

그림 4.16 (a) 산화공정 시스템과 (b) 웨이퍼를 장착하여 반응기에 밀어 넣는 지지대

반응 시스템은 모두 자동화되어 있으며 온도변화가 프로그램되어 있고 각 단계마다 반응 기체를 자동으로 공급한다. 일례로 그림 4.17에는 건식산화공정에서 시간에 따라 온도를 올리고 내리며 각 단계마다 세척 기체, 냉각 기체, 반응 기체 등을 공급하는 것을 나타내었다. 반응시간은 경우에 따라 수십 초에서 몇 시간까지 소요된다. 웨이퍼 장입 후 질소기체를 주입하여 반응기 내의 잔류기체 및 불순물들을 흘려 내보내며 온도를 올린다. 적절한 시간에 산소기체를 주입하며 온도를 빨리 올린다. 산화반응에 필요한 온도로 원하는 산화막 두께를 형성할 수 있는 시간 동안 유지하며 공정을 진행시킨다. 이후 다시 질소기체를 주입하며 반응기를 냉각시키고 웨이퍼를 꺼낸다.

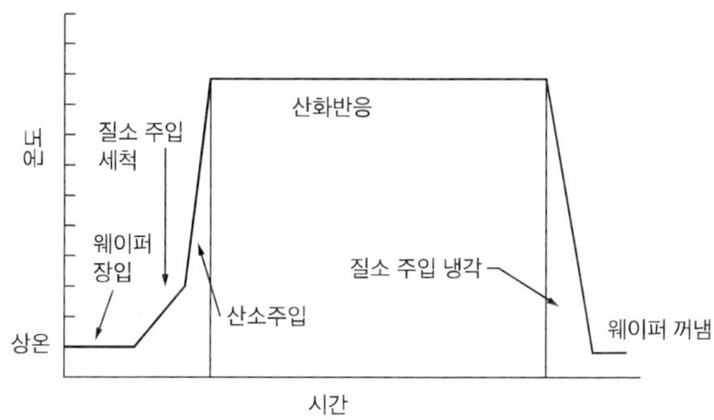

그림 4.17 건식 산화공정에서 시간에 따른 공정 진행의 단계별 개념 두께 비교

산화반응공정은 얇은 막이 필요한 경우와 상대적으로 두꺼운 막이 필요한 경우로 나누어 볼 수 있다. 얇은 산화막이 응용되는 예로는 MOSFET 트랜지스터(metal-oxide-semiconductor field effect-transistor)에서의 게이트 절연막, 기억소자의 캐패시터에 사용되는 ONO(oxide-nitride-oxide) 구조에서의 산화막, 산화방지막(oxidation mask)으로 쓰이는 질화규소막 아래에 삽입하는 산화막(pad oxide) 등이 있다. 이 경우는 산화 속도가 느린 공정을 활용해야 재현성이 우수하고 박막의 두께가 균일한 산화막을 형성하는 데 유리하다. 게이트 절연막 제조공정은 규소 반도체와 산화막 절연체의 계면을 형성하는 공정으로 1~10나노미터 이하의 양질의 박막을 키울 수 있어야 한다. 여기에는 감압상태의 건식산화공정이 쓰이며 경우에 따라서는 HCl을 첨가하기도 한다. 이때 성장되는 산화막은 항복전계가 14 MV/cm 수준의 우수한 산화막이다.

그림 4.18에는 소자의 분리에 쓰이는 산화막(field oxide)을 성장시키는 개념도가 나타나 있다. 이 경우는 두꺼운 산화막을 이용하는 대표적인 예이며 산화 속도가 높은 가압형 습식산화공정이 활용된다. 이러한 산화막은 마이크론 정도의 두터운 막으로 질화규소막을 산화공정

의 마스크로 활용한다. 이때 질화규소와 규소의 계면 특성을 향상시키기 위해 20나노미터 정도의 패드 산화막을 삽입하며 질화규소막을 식각 패터닝한 후 산화막을 성장시킨다. 이때 산화 속도가 빠른 가압 습식산화법을 활용하며 질화막의 산화 속도가 아주 느리기 때문에 매스크 층으로 활용한다. 이외에 확산 마스크나 이온주입 마스크로 쓰이는 산화막도 두께가 상대적으로 두꺼워 습식 산화공정을 쓰며 이러한 마스크는 공정이 끝난 후 제거하기 때문에 물성에 대한 요구도가 까다롭지 않다.

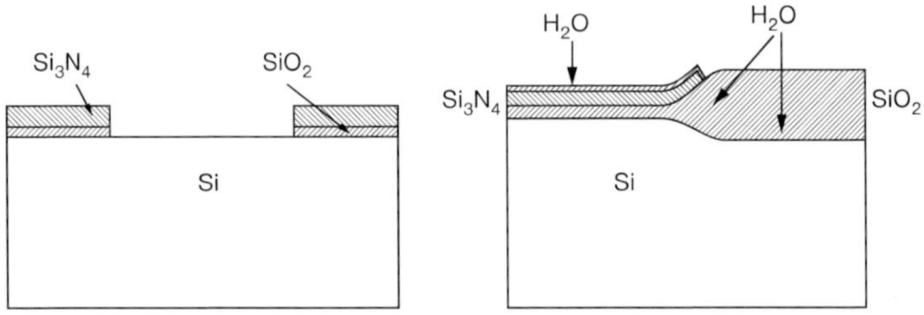

그림 4.18 소자 분리를 위한 두터운 산화막(field oxide)을 성장시키는 개념도

이외에도 플라즈마를 이용해 활성이 높은 산소 라디컬을 발생시켜 산화공정에 응용하는 예도 있다. 이때 500~600°C의 저온에서도 양질의 산화막을 성장시킬 수 있는 것으로 알려져 있다. 아직은 양산에 널리 활용되고 있지 않으나 차세대 소자 제조 공정으로 검토되고 있다.

산화공정을 수행하기 직전의 규소 표면은 산화막이 형성된 후 산화막과 규소 사이의 계면 특성에 영향을 주어 산화공정 수행 전에 규소 표면을 세정하는 것이 중요하다. 앞서 세정 공정에서 언급한 바와 같이 H_2O-H_2O_2-NH_4OH 용액을 이용한 유기 불순물의 제거, H_2O-H_2O_2-HCl 용액을 이용한 금속 불순물의 제거 등이 수행되고 초음파 세척 등을 통해 오염입자들을 제거한다. 또한 규소 표면에 자연 산화막이 존재하면 산화공정을 수행한 후 규소와 산화규소의 계면은 이 자연 산화막이 좌우하기 때문에 이들이 산화막의 특성과 계면 특성에 미치는 영향이 중요하다. 특히 MOSFET에서 이들 자연 산화막이 게이트 절연막의 물성에 미치는 영향이 커다란 관심사이다. 이에 따라 산화공정 직전에 규소 표면을 제어하는 부분에 많은 연구가 진행되어 왔다. 우수한 산화막-규소반도체 계면을 얻으려면 산화막 공정 직전 웨이퍼 표면의 세정이 중요하며 자연 산화막을 잘 제거하고 산화공정이 수행되기 전에 다시 자연 산화막이 형성되는 것을 억제하는 것이 필요하다. 이에는 앞서 세정공정에서 언급한 바와 같이 불산을 이용한 세정으로 자연 산화막을 제거하고 규소 표면을 수소 원자로 덮는 것이 효과가 있는 것으로 알려져 있다.

박막의 성장에서 발생하는 기계적인 스트레스의 제어 또한 중요하다. 규소가 산화되어 산화막이 형성되면서 부피가 팽창하여 산화막에는 압축응력(compressive stress)이, 규소 기판에는 인장응력(tensile stress)이 발생하며 냉각이 되면서 스트레스가 감소하는 것으로 나타난다. 과도하게 스트레스가 쌓이는 경우 웨이퍼가 휘거나 깨질 수 있고 산화막에 금이 갈 수도 있으며 박막이 기판에서 떨어져나오기도 한다. 또한 과도한 스트레스는 계면에 결정결함을 유발한다.

이 장에서 살펴 본 규소의 산화공정은 실리콘 반도체소자의 제조에서 중요한 역할을 하며 실제로 규소가 산화되어 절연 특성이 우수한 산화막이 형성된다는 것이 규소가 반도체소자에서 아주 중요한 위치를 차지하게 된 이유 중 하나이다. 절연막의 두께가 점점 얇아지면서 양질의 산화막을 성장시킬 수 있는 산화공정과 장비에 대한 요구도는 계속적으로 까다로워질 전망이다.

연습문제

산화공정에서 Deal-Grove 모델의 속도 상수 식과 각 식에서의 상수 값이 아래와 같이 주어져 있다. 상수 값은 (111)면에 대한 것이며 (100)면의 경우 C_2 값은 1.68로 나누어야 한다.

$$B = C_1 \exp(-E_1/kT)$$

$$\frac{B}{A} = C_2 \exp(-E_2/kT)$$

산화공정	B	B/A
O_2	$C_1 = 7.72\times10^2 \mu m^2 hr^{-1}$ $E_1 = 1.23eV$	$C_2 = 7.72\times10^2 \mu m^2 hr^{-1}$ $E_2 = 1.23eV$
H_2O	$C_1 = 3.86\times10^2 \mu m^2 hr^{-1}$ $E_1 = 0.78eV$	$C_2 = 1.63\times10^8 \mu m^2 hr^{-1}$ $E_2 = 2.05eV$

01 1,050°C에서 소자의 분리를 위해 1마이크론 두께의 field oxide를 (100) 실리콘 결정면에 성장시키고자 한다. 상압의 습식산화를 통해 공정을 수행하는 경우 필요한 시간은 얼마인가? 압력을 5기압, 20기압으로 올리면 필요한 시간은 각각 얼마인가?

02 100나노미터 두께의 게이트 산화막이 (100) 실리콘 결정면에 필요하다. 1,000°C 건식 산화공정을 이용하여 산화할 때 필요한 시간은? 초기에 표면 산화막은 완전히 제거된 상태에서 산화공정을 시작하였다. 산화공정은 linear 영역에 있는가, parabolic 영역에 있는가? 아니면 두 영역 사이에 있는가?

03 초기에 (111)면의 실리콘 웨이퍼에 0.3 마이크론의 산화막이 덮여 있다. 이 두께를 0.5 마이크론으로 늘리려고 1,200°C에서 습식산화공정을 수행하면 얼마의 시간이 필요한가? 건식산화공정을 수행하였다면 필요한 시간은 얼마인가?

04 실리콘 (100)면을 1,200°C에서 20분 건식산화하고 다시 20분 습식산화를 하였다면 전체 산화막의 두께는 얼마인가?

05 (111)면의 웨이퍼를 900°C에서 100분 건식산화를 한 후 다시 35분 동안 습식산화를 하였다면 생성된 산화막의 두께는 얼마인가?

06 아래 그림에 나타난 바와 같은 패턴이 형성되어 있는 기판을 습식공정으로 900°C에서 산화시켜 웨이퍼 전체면을 일정한 두께의 산화막으로 덮고자 한다. 이에 걸리는 시간과 이때 전체 산화막의 두께는 얼마인가? *n*형 정크션은 B/A값이 *p*형 실리콘보다 4배가 더 크다.

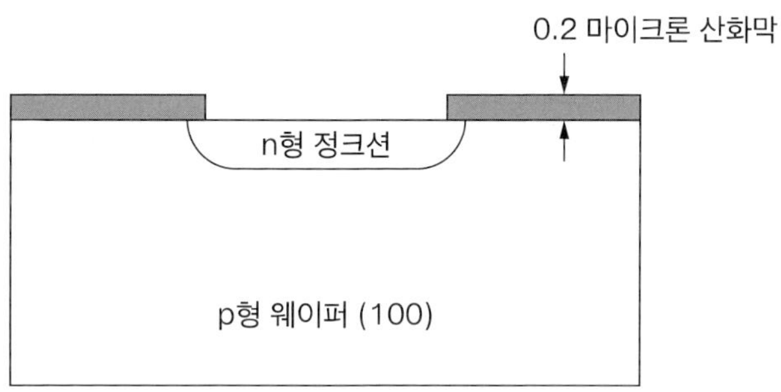

CHAPTER

5

확산공정

재료의 여러 가지 특성은 재료에 포함된 원소와 이들이 형성하는 상에 의해 영향을 받는다. 재료의 물성을 조절하기 위해 특정 원소를 재료에 주입시키는 것은 유용한 방법이며 이에는 특정 원소를 재료 안으로 확산시키는 방법이나 특정 원소를 이온화한 후 가속시켜 그 운동에너지로 재료 내에 주입시키는 이온주입 방법이 있다. 일례로 철 구조물의 표면에 질소 성분이나 탄소 성분을 주입시켜 열처리하면 철의 질화 또는 탄화에 의해 단단한 층이 형성된다. 철로 만든 기어를 질소로 표면처리하면 내마모성이 우수한 구조물을 만들 수 있어 자동차 동력전달장치 등의 부품으로 활용한다. 고체상에서 원소의 확산은 기체나 액상에서의 확산과 그 특성이 다르다. 이 장에서는 고체상에서의 확산공정을 다루고자 한다. 이러한 확산공정은 여러 재료공정에서 활용되지만 특히 반도체공정에서 반도체의 물성을 제어하는 데 중요하게 쓰인다. 여기에서는 반도체공정에서의 확산공정을 주로 다루고자 한다.

반도체의 특성은 그 전기전도도가 도체와 절연체의 중간에 위치한다는 것 이외에 의도적인 불순물(도판트)의 주입에 의해 전기전도도의 특성(전자가 주요 이동전하인 *n*형 혹은 정공이 주요 이동전하인 *p*형)과 도판트의 농도에 따라 전도도 자체를 제어할 수 있다는 것이다. 규소에 보론과 같은 3가 금속원소를 주입하면 정공이 주요 전하 운반체가 되는 *p*형 반도체가 되고 인, 아스닉, 안티모니 같은 5족의 원소를 주입하면 전자가 주요 전하 운반체가 되는 *n*형 반도체가 된다. 규소에 도판트를 주입하고 도판트가 전기적으로 활성화되려면 규소 내에 도판트 원소의 농도가 용해도 이하로 주입이 되고(ppm 수준) 이들이 규소 결정의 격자점을 대신 차지하여 이웃하는 규소와 화학결합을 이루어 고체 용액을 형성해야 한다.

규소 같은 반도체에 도판트를 확산시키는 기술의 특허는 1952년에 공개되었으며 이후 도판트의 농도와 농도 분포의 제어, 농도 분포의 재현성과 균일성을 제어하기 위한 연구와 다량의 웨이퍼를 처리하는 공정 및 장비에 대한 연구가 지속적으로 수행되어 왔다. 확산공정은 *p*형과 *n*형의 접합으로 된 다이오드의 제조, n-p-n 혹은 p-n-p 접합에 의한 트랜지스터 제조에 활용된다. 바이폴라 접합 트랜지스터 소자에서는 베이스, 에미터, 콜렉터 접합부(정크션)를 만드는 데 활용되고 MOSFET소자에서는 소스/드레인 정크션과 배선으로 쓰이는 다결정 규소의 도우핑에 응용되었다. 반도체에 도판트를 주입시키는 방법은 도판트 원자를 포함한 화합물을 흐름반응기에 흘려보내면서 장입된 웨이퍼를 고온으로 가열하여 기상으로부터 표면에 화합물을 흡착시키고 이들이 분해되어 도판트 원자를 고체상으로 확산시키는 방법이 있다. 또한 도판트 원소의 산화물을 규소 표면에 증착한 후 고온으로 가열하여 규소산화물이 형성되면서 생성되는 도판트 원자를 확산시키는 방법도 있다. 세 번째 방법으로는 도판트 원자를 이온화시킨 후 가속하여 규소 표면을 통해 주입시킨 후 가열하여 도판트를 활성화하는 이온주입이 있다. 최근에 소자의 크기가 나노미터 규모로 작아지면서 주입량과 주입되는 층의 두께를 정밀 제어할 수 있는 이온주입 방법과 이후 급속 어닐링에 의해(rapid thermal annealing: RTA) 도판트를 활성화시키는 방법이 선호되고 있으나 아직도 많은 소자들이(태양전지 포함) 확산법을 이용해 만들어지고 있다. 이온주입법에 대해서는 다음 장에서 다루기로 한다. 이 장에서는 도판트의 확산공정을 다루게 되는데 확산공정은 앞서 다룬 산화공정과 그 공정온도와 장치가 거의 유사하다.

5.1 고체용액 및 고체상에서의 확산

액체 상태의 용액처럼 고체 상태의 용액을 정의할 수 있는데 이 경우 양이 많은 쪽을 용매(solvent), 적은 쪽을 용질(solute)로 정의한다. 우리가 이 장에서 다루는 규소에서의 확산공정에서는 규소가 용매이고 도판트 원소가 용질이라 볼 수 있다. 이러한 경우에도 용해도를 정의할 수 있으며 용질이 용매에 고르게 섞여 있을 수 있는 최대의 농도가 용해도라 볼 수 있다. 액상의 용액에서 용해도보다 높은 농도의 용질이 존재하면 침전이 생기듯이 결정격자에 불순물이 용해도 이상 도입되면 용질이 고르게 퍼지지 못하고 뭉쳐 있는 상태의 침전이 형성된다. 규소에 대한 도판트 원소의 용해도는 두 고체상의 상평형도로부터 얻을 수 있는데 이러한 균일한 용액상태에서 도판트 원자가 전기적으로 활성화될 수 있다. 즉 반도체의 도우핑에서 주입할 수 있는 최대의 농도는 도판트 원소의 용해도이다. 실제로는 도우핑에서 도판트 원소의 크기가 규소와 달라 상당한 스트레스를 유발하고 이에 따라 결정결함이 생성될 수 있기 때문에 용해도보다는 낮은 수준에서 도우핑이 이루어진다. 그림 5.1에는 몇몇 원소의 규소에서의 용해도가 나타나 있다.

상온에서 규소결정에는 $5.0 \times 10^{22}/cm^3$개의 규소 원자가 있으며 그림 5.1의 용해도가 단위부피인 cm^3당 원자의 개수로 나타나 있어 atomic 혹은 몰 %로 쉽게 환산할 수 있다. 이러한 용해도 곡선은 규소와 주어진 원소 사이의 상평형도에서 얻을 수 있다. 예를 들어 그림 5.2에는 규소와 비소 이성분계의 상평형도가 나타나 있다.

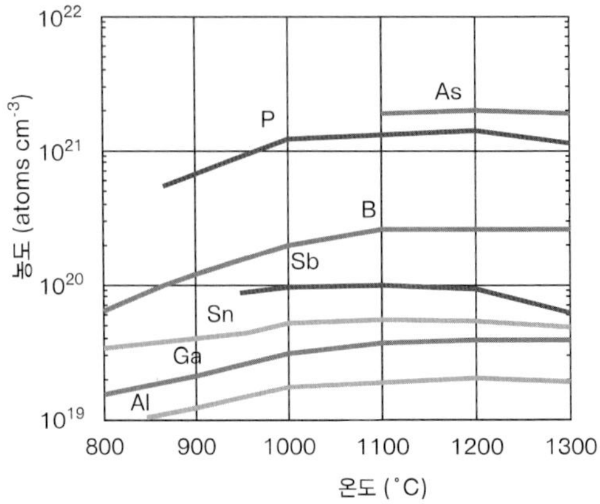

그림 5.1 몇몇 원소의 규소에서의 용해도

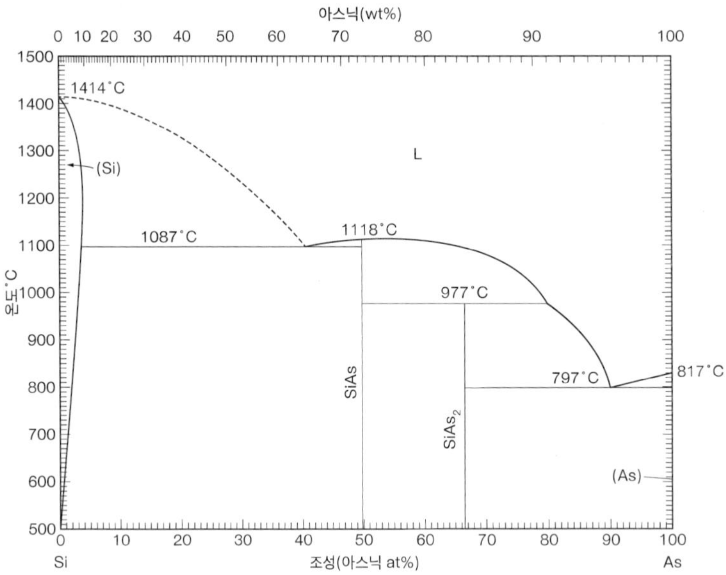

그림 5.2 실리콘-아스닉 상평형도. 실리콘과 아스닉은 SiAs, $SiAs_2$ 등의 화합물을 만들며 SiAs는 1118°C에서 녹고 $SiAs_2$는 특정한 융점을 갖지 않는다.

규소반도체에 도판트를 주입할 때 그 농도는 ppm 정도 수준으로 상평형도에서 보면 왼쪽 규소의 농도가 높은 영역에 해당하며 이외 오른쪽 영역이나 규소와 아스닉 간에 형성되는 SiAs, $SiAs_2$ 등은 관련되지 않는다. 용해도는 이 상평형도에서 가장 왼쪽 비소가 규소에 녹아 있는 고체용액 영역의 오른쪽 경계 곡선에 해당하며 이 경계선에서 볼 때 용해도는 온도의 함수이다. 각 도판트 원소의 규소와의 2성분계 상평형도에서 이러한 용해도를 구할 수 있으며 이를 요약한 것이 그림 5.1이다.

이 그림 5.1에서 보면 비소, 인, 보론, 안티모니 등이 규소에 대한 용해도가 비교적 높아 3족 또는 5족 원소 도판트로 활용되고 알루미늄이나 갈리움 등은 용해도가 낮아 적절치 못하다. 또한 알루미늄이나 갈리움은 규소산화막을 확산 방지막으로 활용하기 어렵고 인디움은 그 에너지 준위가 규소의 밸런스 밴드에서 0.16 eV에 위치해(그림 3.2 참조) 오히려 deep level 불순물에 해당한다. 이러한 측면에서 3가 도판트 원소는 보론이 유일하며 5가 도판트 원소로는 P, As, Sb 등이 모두 활용된다.

이러한 용해도 곡선은 평형상태에서 나타나는 값이며 액체나 기체와는 달리 고체상에서는 원소의 확산이 아주 느리기 때문에 충분한 시간이 주어지지 않는 경우 평형에 도달하지 않은 채 최종 상태로 굳어 버리는 경우가 많다. 실제 고체상에서 확산은 기체나 액상보다 약 백만분의 일 이하로 느린 경우가 대부분이다, 이러한 관점에서 볼 때 불순물 원소의 침전이나 결함의 생성을 방지하기 위해서는 용해도보다 상당히 낮은 값의 농도로 유지될 필요가 있다.

기상과 액상에서 물질의 확산은 온도가 증가하면 분자나 원자의 운동이 활발해져 확산도 빨라지며 이상기체의 경우 확산계수는 온도의 1.5승에 비례하여 증가하나 실제 기체는 극성의 크기에 따라 1.6~2.5승에 비례하게 된다. 액상에서 물질의 확산은 온도에 비례하여 증가하나 실제로 온도 의존성은 상당히 복잡하다. 기상이나 액상에서의 확산은 온도에 의해 활성화되는, 즉 활성화에너지를 갖는 과정이 아니나 고체상에서 원자의 확산은 기상이나 액상에서보다 훨씬 느리며 열적으로 활성화되는 공정이다. 이에 따라 화학반응속도상수, 반도체에서 자유전하의 농도처럼 특정한 값의 활성화에너지를 나타낸다. 확산 결정격자 내에서 원자의 움직임은 격자를 이루고 있는 원자와 결정결함, 그리고 확산하는 원자들끼리의 상호 작용에 의해 영향을 받는다. 고체상의 확산도 기상이나 액상과 마찬가지로 농도의 구배가 존재하면 이를 없애는 방향으로 확산이 일어난다. 즉 농도가 높은 쪽에서 낮은 쪽으로 용질이 이동하게 된다.

그림 5.3은 결정격자를 통해 원자가 확산하는 여러 메카니즘을 보여 주고 있다. 이 그림은 3차원의 결정격자에서 일어나는 확산을 2차원 평면에 단순화하여 보여 주고 있다. 여기서 a는 단위 구조(unit cell)의 격자상수로 단위 구조의 크기를 나타낸다. 고온에서는 격자에서 원자들의 진동이 활발해져 결정격자 내에 공격자점(vacancy)이 형성되고 또한 공극점(interstitial)에 결정을 형성하는 원자가 자리하는 결함(self interstitial)들이 형성되는데 이들은 불순물 원자의 이동에 영향을 미친다.

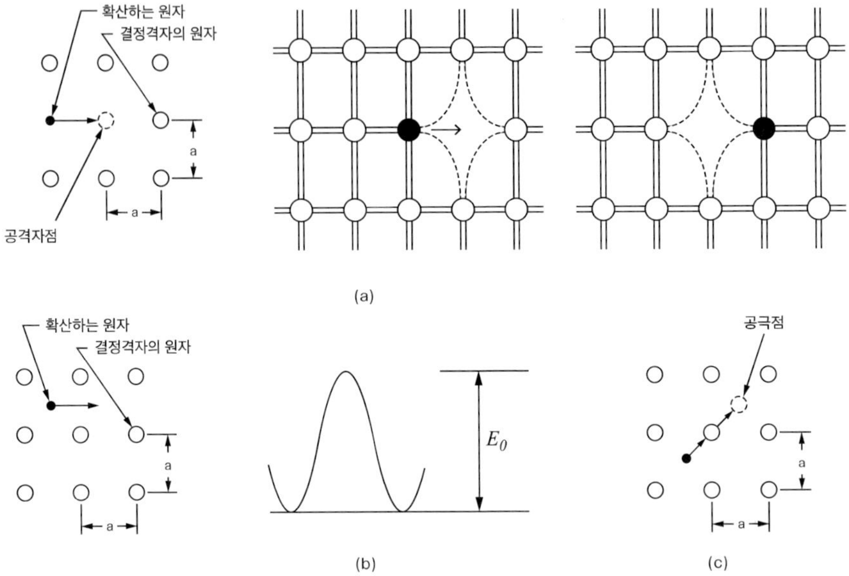

그림 5.3 고체 내에서 원자의 확산 모델, (a) 공격자점(vacancy) 메카니즘, (b) 공극점(interstitial) 메카니즘, (c) interstitialcy 메카니즘

그림 5.3(a)는 공격자점 확산 메카니즘을 보여주는데 이 확산 메카니즘은 고체 내에서의 확산에서 가장 일반적인 형태이다. 그림에서 보는 바와 같이 불순물 원자는 공격자 점을 따라 이동하며 이동할 때마다 자기 스스로 공격자점을 형성한다. 즉 불순물의 이동과 공격자점의 이동은 반대 방향으로 일어난다고 볼 수 있다. 이 경우에는 격자를 이루고 있는 원자의 위치를 불순물 원자가 대체하면서 이동하기 때문에 이러한 원소들을 대체 불순물(substitutional impurity)이라 한다. 반도체 규소의 도우핑에 쓰이는 3족 및 5족의 원소들이 이에 해당하며 이러한 원소들은 모두 이 메카니즘에 의해 확산한다. 이들은 규소결정 내에서 규소의 자리에 위치하며 주위의 규소 원자와 공유결합을 형성하며 도판트로서 전기적으로 활성화된다.

반면에 1가나 2가 금속들은 이온 반경이 작고 그림 5.3(b)에 나타난 바와 같이 공극자점을 따라 확산하게 된다. 일반적으로 공격자점 확산 메카니즘은 활성화에너지도 크고 확산 속도가 느리다. 반면에 공극점 확산은 확산 속도가 상대적으로 빠르다. 이는 공격자점 확산 메카니즘에서는 원자 간의 결합이 깨지며 공격자점이 형성되고 또한 확산하는 불순물 원자는 공격자 점에서 결정원자와 화학결합을 형성하게 되어 더 많은 에너지를 필요로 하기 때문이다. 반면에 공극점을 따라 이동하는 경우는 화학결합이 관여하지 않기 때문에 확산 속도가 빠르게 된다. 이러한 원소들을 고속 확산원소라 한다. 공극점에 원자가 위치할 때는 낮은 에너지 상태에 위치하나 하나의 공극점에서 이웃하는 또 하나의 공극점으로 이동할 때는 이웃 원자와의 거리가 가까워지면서 상호 작용에 의해 상대적으로 높은 에너지 장벽을 넘어야 한다. 이때의 장벽 E_d가 확산을 위한 활성화에너지가 된다.

그림 5.3(c)에는 interstitialcy 메카니즘이 나타나 있다. 이 메카니즘은 (a)와 (b) 메카니즘의 혼합 형태로 볼 수 있으며 확산하는 불순물 원자가 공격자점과 공극점을 교대로 차지하며 이동하는 것으로 볼 수 있다. 여기에서는 확산하는 원자가 격자에 위치한 원자를 공극점으로 밀어내는 형태를 보여 주고 있다. 대부분의 전이금속(코발트, 구리, 금, 철, 니켈, 백금, 은 등)들은 이러한 interstitialcy 메카니즘에 의해 확산하는 것으로 알려져 있다. 실제로 이들이 규소 내에 고체 용액을 형성할 때 일정 부분은 결정격자점에 위치하는 대체 불순물(substitutional impurity)로 존재하고 또 나머지 부분은 공극점에 위치하는 불순물(interstitial impurity)로 존재한다. 이 경우 각 원소마다 대체 불순물 혹은 공극점 불순물로 확산하는 비율이 달라지며 최종적으로 형성되는 결정격자에서 격자점과 공극점을 차지하는 불순물의 비율도 이에 따라 달라진다. 앞서 그림 3.5에는 여러 원소들의 규소결정에서의 확산계수가 나타나 있다. 앞서 설명한 바와 같이 공극점 메카니즘(interstitial diffusion)에 의한 확산이 공격자점(vacancy) 메카니즘(substitutional diffusion)보다 확산계수가 훨씬 큰 것을 알 수 있으며 아레니우스 도표에서 볼 때 그 기울기가 작아 활성화에너지가 작은 것을 알 수 있다. 금의 경우를 보면 두 메카니즘이 모두 나타나는데 각각의 경우 확산계수가 다르다. 이러한 것들이 혼합되어 나타나면 확산계수의 온도 의존성은 복잡한 양상을 타나내게 된다. 그림 5.3에 나타난 확산 메카니즘은 단순화된 이상적인 모델이며 실제로는 이들이 섞여 나타나거나 좀 더 복잡한 메카니즘을 나타내기도 한다.

5.2 확산계수

확산공정에서 단위 시간당 단위 면적을 통과하는 물질의 양인 플럭스는 확산계수와 농도구배의 곱으로 나타나는데 이때 확산계수의 값을 정확하게 아는 것이 필요하다. 앞서 확산 메카니즘에서 언급했듯이 확산계수는 온도에 대하여 아레니우스 식을 따르게 되며 활성화에너지를 갖게 된다. 고체상에서의 확산은 확산하는 종의 농도에 영향을 받게 되며 이에 따라 확산계수는 농도의 함수이기도 하다. 일반적으로 확산하는 성분의 농도가 낮을 경우 확산계수의 농도 의존성은 무시되기도 하나 확산성분의 농도가 무시할 수 없을 정도로 높은 경우 그 농도 의존성은 상당히 복잡하다. 다음에 확산공정의 수학적 해법을 구할 때 확산계수의 농도 의존성은 보통 무시하나 여기에서는 온도와 함께 확산계수에 영향을 주는 요인들을 간략하게 기술하고자 한다.

규소 결정에서 도판트가 확산하는 경우 진성반도체(intrinsic semiconductor)의 자유전자의 농도(n_i)보다 도판트의 농도가 낮게 되면 도판트 농도가 확산계수에 미치는 영향을 무시할 수 있다. 이러한 경우를 진성확산이라 하며 이때의 확산계수를 진성확산계수(intrinsic diffusion)라 한다. 이때 고체상에서의 확산계수는 열에너지에 의해 활성화되는 과정으로 아래와 같이 나타낼 수 있다.

$$D_i = D_o \exp\left[\frac{-E_d}{RT}\right] \tag{5.1}$$

여기에서 D_o나 지수함수 항은 모두 온도의 함수이나 온도의 영향은 지수함수 항이 월등히 크므로 D_o는 보통 온도에 의존하지 않는 상수로 간주한다. 규소결정의 경우 단위 부피당 규소 원자의 개수는 5.0×10^{22}cm^{3}이며 1,000~1,100°C에서 도판트가 없는 진성반도체의 경우 자유전자의 농도 n_i는 10^{18} 정도이다. 규소결정에 도판트 농도를 ppm(10^{-6}) 정도 수준으로 도우핑한다 할 때 도판트의 농도는 진성확산계수를 적용할 수 있는 수준이다.

규소와 같은 반도체에서 도판트 원자가 확산할 때 공격자점(vacancy)이나 공극자점에 위치한 원자(interstitial atom)들과 같은 결정결함이 확산에 크게 영향을 미치고 또한 이러한 결함들이 갖는 전하도 커다란 영향을 미친다. 이러한 결함은 전기적으로 중성이거나 또는 전자에 의해 전하를 띠기도 하는데 음전하를 띠는 경우(acceptor point defect)와 양전하를 띠는 경우(donor point defect)가 있다. 진성반도체의 경우도 이러한 전하를 띠는 결함이 존재하며 이들이 불순물의 확산에 영향을 미치는데 이들을 고려한 확산계수는 아래와 같이 나타낼 수 있다.

$$D_i = D_i^x + D_i^+ + D_i^- + D_i^{2-} + \cdots \tag{5.2}$$

여기에서 D_i^x는 전하를 띄지 않는 공격자점을 통한 확산계수(V^0), D_i^+는 하나의 양전하를 띠는 공격자점을 통한 확산계수 (V^+), D_i^-는 하나의 음전하를 띠는 공격자점을 통한 확산계수 (V^-), D_i^{2-}는 두개의 음전하를 띠는 공격자점(V^{-2})을 통한 확산계수 등을 나타낸다. 특정한 원소에 따라 특정한 메카니즘이 우월하게 나타나는데 예를 들어 아스닉의 경우 (V^0), (V^-)와 관련된 확산계수가 중요하고 보론의 경우는 (V^0), (V^+)와 관련된 확산계수가 중요하며 인의 경우는 (V^0), (V^-), (V^{-2})와 관련된 확산계수가 중요한 것으로 알려져 있다. 이에 대한 자세한 내용은 생략하기로 하고 전체적으로 나타나는 실제 확산계수만을 언급하기로 한다.

활성화 에너지 E_d는 확산하는 메카니즘에 따라 달라지는데 앞서 언급했듯이 3족과 5족 원소의 경우 substitutional diffusion (D_{sub})을 하게 되고 활성화 에너지가 3.5 − 4 eV 정도로 비교적 크다. 표 5.1에는 규소결정에서 substitutional diffusion을 하는 원소들의 확산계수와 관련 식 (5.1)에 주어진 D_o, E_d값이 나타나 있다. 여기에서 3족 혹은 5족의 원소들은 활성화에너지가 비슷하다. 규소결정 내에서 규소의 자체 확산(self diffusion)은 그림 3.5에도 나타난 바와 같이 그 활성화에너지가 크다. 앞서 그림 5.3(a)에 나타난 바와 같이 substitutional diffusion의 경우 원소의 이동을 위해 주위 원소와의 화학결합이 깨어져야 하는데 규소와 규소의 결합에너지가 도판트와 규소와의 결합에너지보다 커 활성화에너지가 더 큰 것을 알 수 있다.

표 5.1 규소결정에서 substitutional diffusion을 하는 원소들의 확산계수(1eV = 23.053kcal/mole)

원소	D_o (cm^2/s)	E_d (eV)
Si	560	4.76
B	0.76	3.46
P	3.85	3.66
As	0.066	3.44
Sb	0.214	3.65

그림 5.4에는 3족 및 5족 원소의 규소결정에서의 확산계수가 온도의 함수로 나타나 있다. 앞서 식 (5.1)에 나타난 바와 같이 확산계수를 온도의 역수에 대해 아레니우스 도시를 하게 되면 거의 직선이 되며 그 기울기는 확산에 필요한 활성화에너지에 해당한다. 이온 반경이 비교적 작은 1가나 2가의 금속원소들은 공극점을 따라 확산하게 되는데(D_{it}) 이때에는 활성화에너지가 비교적 작아 1 eV 내외 정도로 나타난다. 이러한 경향은 그림 3.5에 나타나 있다. 반면에 그림 5.3(c)에 나타난 interstitialcy 메카니즘의 경우는 두 가지 메카니즘이 복합적으로 나타난다고 볼 수 있으나 더 빠른 메카니즘이 우월하게 나타나게 될 것이다. 일반적으로 공극점을 통한 확산계수 D_{it}는 공격자점을 통한 substitutional diffusion 확산계수 D_{sub}에 비해 10^5 ~10^6 정도 크다. 일례로 1,100°C에서 알루미늄의 확산계수가 ~ $2 \times 10^{-12} cm^2/s$, 안티모니의 확산계수가 ~ $2.7 \times 10^{-14} cm^2/s$ 정도인데 반해 리티움의 확산계수는 ~ $10^{-5} cm^2/s$, 금의 확산계수는 ~ $9 \times 10^{-7} cm^2/s$ 정도이다. 표 5.2에는 interstitialcy 메카니즘을 통해 확산하는 몇몇 원소들의 규소결정에서의 확산계수 자료가 나타나 있다.

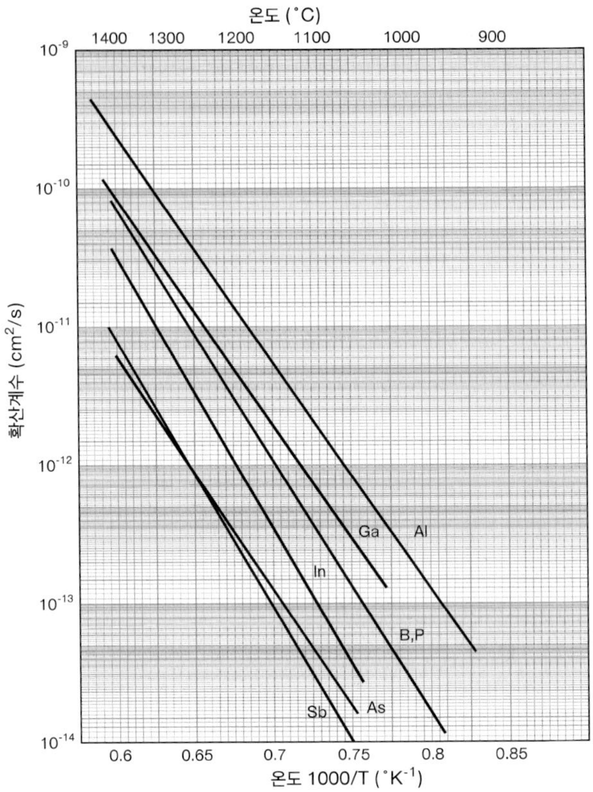

그림 5.4 온도에 따른 3족 및 5족 원소의 규소 결정에서의 확산계수

표 5.2 규소결정에서 interstitialcy 메카니즘을 통해 확산하는 몇몇 원소들의 확산계수 자료

원소	D_o (cm^2/s)	E_d (eV)
Ag	2×10^{-3}	1.6
Au	1.1×10^{-3}	1.12
Co	0.16	1.12
Cu	4×10^{-2}	1.0
Fe	6.2×10^{-3}	0.87
Ni	1.3×10^{-3}	1.4
O	0.21	2.44
Zn	0.1	1.4

실제로 확산계수를 정확하게 측정하는 것은 상당히 어렵다. 결정결함이 있는 경우는 확산 속도가 빨라지게 되고 또한 격자를 이루고 있는 원자나 불순물 원자가 이온화되어 있는 경우,

그리고 확산계수가 불순물의 농도에 영향을 받게 되는 경우 확산 현상은 더욱 복잡해지게 된다. 전하의 농도 분포에 의해 형성되는 전기장은 이온화된 원자의 확산에 영향을 주게 된다. 아래 식은 농도의 영향과 전하에 의해 형성되는 전기장의 상호 작용을 고려한 실제적인 확산계수를 나타내는 식이다. 농도의 영향을 고려할 때 확산하는 원소와 결함의 농도에 영향을 받게 되며 아래와 같이 각각의 농도 의존성을 고려할 수 있다. 여기에서 n이나 p는 도판트 농도 C와 연관이 있다.

$$D = h(D_i^x + D_i^+(p/n_i) + D_i^-(n/n_i) + D_i^{2-}(n/n_i)^2 + \cdots\cdots) \tag{5.3}$$

괄호 안에 포함된 항목들은 농도에 관련된 항목이며 실제 전자나 홀의 농도를 진성반도체에서 전자의 농도로 나누어 준 값이다. 진성반도체의 경우 $h=1$, 그리고 농도비도 1이 되어 식 (5.2)가 된다. h는 고체상에 존재하는 전하에 의해 형성되는 전기장의 영향을 반영한다. 규소결정에 주입되는 도판트는 확산온도에서 이온화되어 주위에 존재하는 전자나 정공에 의해 확산 속도가 빨라지게 되며 최대 2배까지도 빨라질 수 있다.

이외에도 확산계수에 영향을 주는 여러 인자들이 있으며 산화공정을 수행할 때 확산 속도가 빨라지는 것도 그 한 예이다. 그림 5.5에는 이와 관련된 개념도가 나타나 있다.

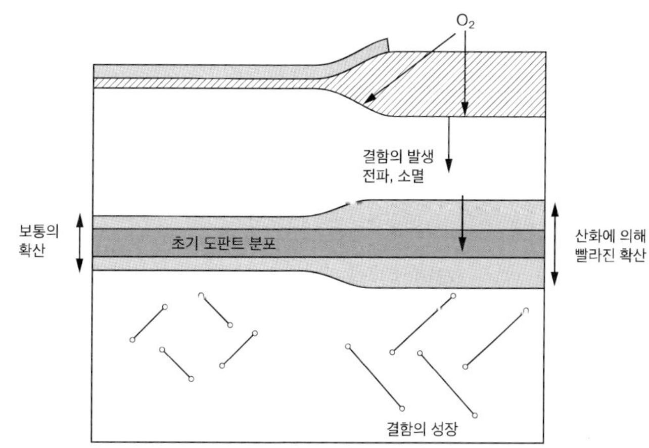

그림 5.5 산화공정에 의해 빨라지는 도판트의 확산(OED: oxidation enhanced diffusion)

앞서 설명했듯이 산화공정은 확산공정과 유사하게 1,000°C 이상의 고온에서 수행되며 이 과정에서 도판트의 확산이 동시에 일어난다. 이 공정에서 산화가 일어나는 지역에는 계면에서 많은 결함이 발생되며 이러한 결함도 공정이 진행되면서 확산에 의해 전파가 되거나 그 크기가 커지게 된다. 그림 5.5에 나타난 바와 같이 확산공정을 추적하기 위해 의도직으로 도판트 주입층을 삽입하고 산화공정을 수행하게 되면 산화가 일어나는 영역에서 확산 속도가 빨라져 도판트가 확산한 두께가 더 두꺼워지는 것을 알 수 있다. 일반적으로 결함이 생기면 확산 속도는 빠르게 된다. 이때 산화공정에서의 확산계수는 아래와 같이 나타낼 수 있다.

$$D_m = D_i + \Delta D$$
$$\Delta D = a(dX/dt)^n \tag{5.4}$$

여기에서 D_m은 산화공정에서 나타나는 확산계수, ΔD는 산화공정에 의해 빨라지는 확산계수의 크기를 나타내며 dX/dt는 산화 속도, a는 비례상수, n은 0.4~0.6 정도이다.

또한 다결정규소에서는 결정입계의 존재로 불순물의 확산이 빨라지게 된다. 이러한 확산공정은 다결정규소를 게이트 금속으로 활용할 때 전도도를 높이기 위한 방법으로 도판트를 주입하기 위해 활용된다. 확산공정에서는 산화규소막을 확산 방지막으로 활용하게 되는데 앞서 산화공정에 나타난 바와 같이 도판트 원소가 산화막에서 확산하는 속도가 규소결정 내에서보다 훨씬 느린 특성을 이용하는 것이다. 이 경우에 주목해야 할 사항은 산화막-규소 계면에 존재하는 결함과 스트레스에 의해 경계면을 통한 측면 확산이 빨라진다는 것이다. 이러한 현상을 반영하려면 2차원 확산 방정식을 풀어야 하며 1차원보다 훨씬 복잡하게 된다.

5.3 확산방정식과 도판트 분포

확산공정은 일반적으로 기상에서 도판트를 고체상으로 주입하는 단계인 pre-dep(predeposition) 공정과 고체상으로 주입된 도판트를 확산시켜 원하는 도판트 분포를 얻는 drive-in 공정으로 나누어진다. 이에 대한 개념도가 그림 5.6에 나타나 있다.

여기에서 pre-deposition 공정은 도판트 기체를 흘려보내며 수행되고 기체상에서 고체상으로 도판트 원소를 주입하는 단계이다. 다음 drive-in 공정은 도판트 원료 기체의 유입이 없는 상태에서 고체상으로 주입된 도판트 원소를 결정 내부로 확산시켜 필요한 두께의 정크션을 형성하는 단계이다. pre-dep은 기체-고체 계면에서 도판트 성분의 농도가 일정하게 유지된 상태에서 진행되는 확산공정이며 drive-in은 고체상으로 유입된 도판트의 총량이 고정된 상태에서 진행되는 확산공정이다.

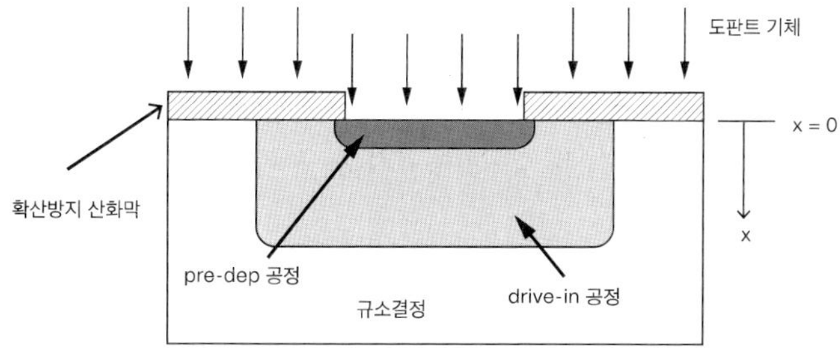

그림 5.6 도판트 원소의 확산공정에서 pre-dep과 drive-in 공정

고체상에서의 확산은 유체의 흐름이 없는 상태에서의 물질의 이동이며 농도구배에 의해 나타난다. 이 경우 확산공정은 Fick의 식에 의해 표시되며 확산하는 원자의 단위 면적당 플럭스는 Fick의 첫 번째 법칙에 의해 아래와 같이 나타난다.

$$J = -D\frac{\partial C(x,t)}{\partial x} \tag{5.5}$$

이 식은 고체상 표면을 원점으로 정의하고 그림 5.6에 나타난 바와 같이 깊이 방향 x만을 고려한 1차원식이다. 여기에서 농도 C는 시간과 위치의 함수이며 플럭스는 농도구배와 확산계수의 곱으로 나타난다. 다음에 Fick의 두 번째 법칙에 의해 아래의 식이 성립하며 여기에서 확산계수는 농도에 의존하지 않는 것으로, 즉 위치에 따라 변하지 않는 것으로 가정하였다.

$$\begin{aligned} \frac{\partial C(x,t)}{\partial t} &= -\frac{\partial J(x,t)}{\partial x} \\ \frac{\partial C(x,t)}{\partial t} &= \frac{\partial}{\partial x}\left[D\frac{\partial C(x,t)}{\partial x}\right] = D\left[\frac{\partial^2 C(x,t)}{\partial x^2}\right] \end{aligned} \tag{5.6}$$

D : cm^2/s 혹은 $micron^2/h$

C : $atoms/cm^3$

확산계수는 [길이^2/시간]의 단위를 갖고 있으며 길이는 센티미터 혹은 마이크론으로, 시간은 초 혹은 시간으로 표시한다. 도판트의 농도는 단위 부피당 원자의 개수로 표시한다. 이 식은 시간에 따라 일차, 공간에 따라 2차인 선형편미분방정식으로 확산방정식으로 알려져 있으며 유체의 흐름이 없는 고체상에서의 열전도나 물질의 확산에 적용되는 식이다. 이 식은 하나의 초기 조건과 두 개의 경계 조건이 주어지면 해석적으로 풀 수 있고 그 해가 존재한다.

반면에 확산계수가 농도에 의존하여 위치에 따라 달라지면 비선형편미분방정식이 얻어져 해석적인 풀이가 불가능하고 시뮬레이션에 의한 수치해석 방법을 쓸 수밖에 없다. 앞서 언급한 predeposition과 drive-in 공정에서 각각 경계 조건과 초기 조건이 다르기 때문에 각각에 대해 해를 구하면 아래와 같다.

먼저 표면에서의 도판트 농도가 일정한 pre-dep 공정에서는 아래와 같은 초기 조건 및 경계 조건이 성립된다. 이러한 확산공정을 constant surface concentration diffusion (constant source diffusion)이라 한다. 반면에 drive-in 공정은 constant total dopant diffusion (limited source diffusion)이라 한다. Constant surface concentration diffusion인 pre-dep 공정에서는 아래의 식과 초기 조건, 경계 조건을 적용한다.

$$\frac{\partial C(x,t)}{\partial t} = D\left[\frac{\partial^2 C(x,t)}{\partial x^2}\right] \tag{5.7}$$

초기 조건 (initial condition : I.C.) : $C(x,\ 0) = 0$

경계 조건 (boundary condition : B.C.) : $C(0,\ t) = C_s$

$$C(\infty,\ t) = 0 \tag{5.8}$$

pre-dep 공정에서는 공정을 시작하는 초기에 결정 내 전체에 도판트가 존재하지 않는다는 것을 초기 조건으로 한다. 또한 $x = 0$인 고체 표면에서는 농도가 C_s로 일정하고 표면에서 충분히 먼 위치(무한대)에는 도판트가 도달하지 못해 0이라는 두 가지 조건을 경계조건으로 한다. 이때 C_s는 고체 표면과 접한 기상에서의 도판트 농도와 평형에 있는 고체 표면의 농도이며 도판트의 고체결정 내에서의 용해도를 넘지 않는 값으로 유지한다. 식 (5.7)과 경계조건 식 (5.8)의 해는 아래와 같이 주어진다.

$$C(x,t) = C_s erfc[x/L] \tag{5.9}$$

$L = 2(Dt)^{1/2}$: 확산 거리(diffusion length)

여기에서 erf(error function)과 erfc(complementary error function)는 아래와 같이 정의된다.

$$erf\left(\frac{x}{2\sqrt{Dt}}\right) = \frac{1}{\sqrt{\pi Dt}} \int_o^x \exp\left(-\frac{x^2}{4Dt}\right) dx$$

$$z = \frac{x}{2\sqrt{Dt}}$$
$$erfc(z) = 1 - erf(z) \qquad (5.10)$$

이 함수의 값은 부록 5에 나타나 있다. 여기에서 L은 확산 거리로 정의되며 실제로 $x = L$, $x = 2L$에서 도판트의 농도는 아래와 같이 주어진다.

$$C = C_s(1-0.842701), \qquad x = L$$
$$C = C_s(1-0.995322), \qquad x = 2L \qquad (5.11)$$

즉 표면에서의 거리가 확산 거리 L이면 표면 농도에 비해 약 84%가 줄어들며 2L이면 99.5%가 줄어든다. 이 확산 거리는 시간의 제급근에 비례하여 증가하게 되어 시간이 길어질수록 도판트는 더욱 깊숙이 확산하게 된다. 변수 z는 거리 및 시간을 결합한 변수이며 erfc(z) 함수의 값은 다음에 언급할 가우시언 분포와 함께 그림 5.7에 나타나 있다.

Pre-dep 공정에서 도판트의 농도를 거리에 따라 도시하면 확산 시간에 따라 그림 5.8과 같이 나타난다. 앞서 언급했듯이 predeposition 공정에서는 $x = 0$에서의 농도가 C_s로 고정되어 있고 시간이 길어질수록 도판트가 더 깊이 확산하며 전체 도판트의 주입량도 증가하게 된다. 여기에서 원래 기판에 있는 도판트의 농도는 C_{sub}로 나타낸다.

필요한 양의 도판트가 주입이 되면 predeposition 공정에 이어 drive-in 공정을 수행하게 된다. 앞서 설명했듯이 이때에는 더 이상의 도판트 유입이 없이 일정한 양의 도판트가 확산을 하게된다. 이에 따라 이 공정을 constant total dopant 확산공정이라고도 한다. 이 경우 초기 조건과 경계조건은 아래와 같다.

초기 조건 $\quad C(x,\ 0) = 0$

경계 조건 $\quad \int_o^\infty C(x,t)dx = Q_o$

$$C(\infty, t) = 0 \qquad (5.12)$$

초기 조건에서는 모든 x에 대해 도판트의 농도가 0이라고 가정을 하였는데 이는 $D_1t_1 \ll D_2t_2$일 때, 즉 predep 공정의 확산 길이가 드라이브인 공정의 확산 길이보다 무시할 정도로 작을 때 성립한다. 이는 프리뎊 공정에서 주입된 도판트는 계면에 델타함수 형태로 밀집되어 있고 다른 x 영역에서는 모두 0이라고 가정한 경우이다. 경계조건으로는 어느 시간에서도 계면으로 주입된 도판트의 총량은 일정하다는 것과 계면에서 무한대로 먼 곳에서는 앞서 프리뎊

공정과 마찬가지로 도판트의 농도는 0이라는 것이다. 여기에서 Q_o는 프리델 공정에서 고체상으로 유입된 도판트의 단위면적에 대한 총량이다.

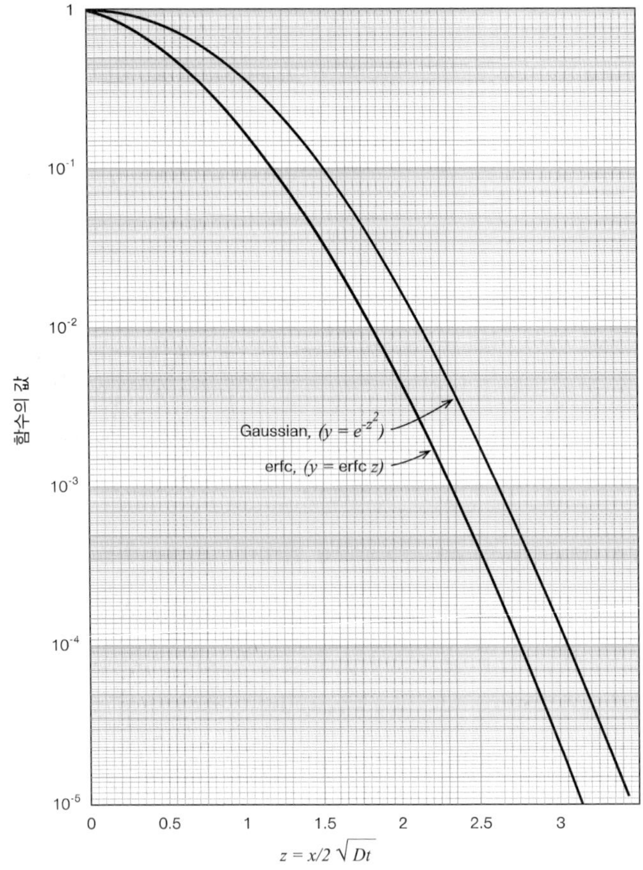

그림 5.7 Complimentary error function(erfc), gaussian 함수의 값

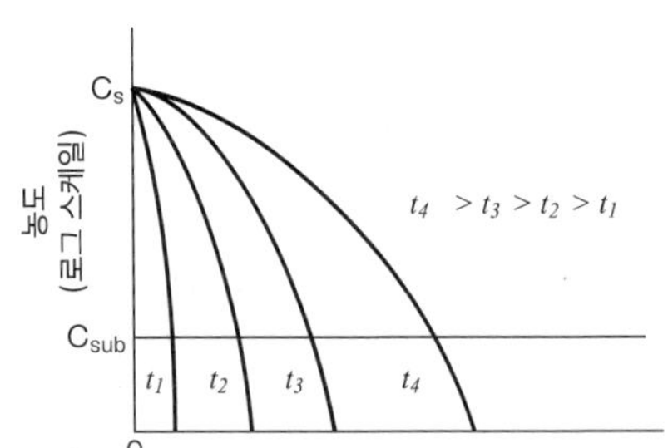

그림 5.8 Predeposition 공정에서 시간과 거리에 따른 도판트의 농도 분포

이 경계 조건 및 초기 조건에서 확산방정식을 풀면 농도 분포는 아래와 같이 가우시안분포(Gaussian distribution)로 나타난다.

$$C(x,t) = \frac{Q_o}{(\pi Dt)^{1/2}} \exp\left(-\frac{x^2}{4Dt}\right) \tag{5.13}$$

이를 정규분포(normal distribution)라고도 한다. 이 식에서 지수함수 앞의 항목, 즉 $x =$ 0일 때의 값은 시간의 변화에 따른 표면 농도를 나타낸다. 실제로 프리뎁 공정에서 주입된 단위 면적당 전체 도판트 양은 식 (5.9)에 프리뎁에서의 확산 시간 t_1을 대입한 식 $C_s\mathrm{erfc}[x/(4Dt_1)^{1/2}]$를 $x = 0$에서 ∞까지 적분하여 아래와 같이 나타난다.

$$Q_o = 2C_s\left(\frac{D_1t_1}{\pi}\right)^{1/2} \tag{5.14}$$

식 (5.13)와 (5.14)로부터 프리뎁 시간 t_1, 드라이브인 시간 t_2 후에 농도 분포는 아래와 같이 주어진다.

$$C(x,t_1,t_2) = \frac{2C_s}{\pi}\left(\frac{D_1t_1}{D_2t_2}\right)^{1/2} \exp\left(-\frac{x^2}{4D_2t_2}\right) \tag{5.15}$$

앞서 언급했듯이 이 식은 $D_1t_1 << D_2t_2$일 때 성립하며 최종 분포는 가우시언 분포를 나타내게 된다. 반면에 $D_1t_1 >> D_2t_2$인 경우는 최종 분포가 erfc로 나타나게 된다. 실제로 이 두 경우에 해당되지 않는 경우는 두 분포의 중간에 위치하게 된다. 그림 5.7에는 erfc, gaussian 함수의 값이 나타나 있으며 부록 5에는 z값에 대한 erfc 함수의 값이 표로 나타나 있다.

그림 5.9에는 드라이브인 공정에서 전체 도판트 양이 일정할 때 시간에 따른 도판트의 농도 분포가 나타나 있다. 그림에서 보는 바와 같이 x =0에서의 표면 농도는 시간에 따라 감소하여 시간의 제곱근에 반비례하여 줄어들며 확산 시간이 길어질수록 도판트는 더욱 깊이 확산하게 된다. 주어진 시간에서 전체 도판트 양은 일정하기 때문에 주어진 시간에서 곡선 아래 면적은 동일하게 된다.

엄밀하게 이야기해서 이 그림은 표면에서 기상으로 도판트가 날라가는 것을 무시한 경우의 값이다. 실제로 일부 도판트가 기상으로 빠져 나가는 경우는 그 분포가 달라지게 된다. 이 경우는 표면에서 도판트의 농도가 최대치가 아니고 표면에서 조금 아래 부분에서 최대치가 되며 표면의 농도는 줄어들게 된다. 실제 확산공정에서는 확산하는 과정과 동시에 표면을 산화시켜 규소산화막을 형성하는 것이 보통이다. 이때 생성되는 산화막은 도판트의 증발을 막아주고 다음 확산공정에서 확산방지막으로 활용된다.

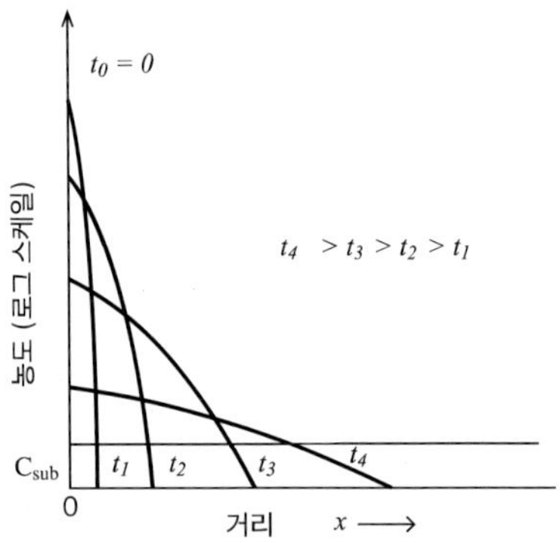

그림 5.9 전체 도판트 양이 일정한 드라이브인 공정에서 주어진 확산 시간에 대한 도판트 농도 분포

확산공정에 의해 바이폴라 트랜지스터 같은 접합형 트랜지스터를 제작하기 위해서는 그림 5.10에 보는 바와 같은 도판트 농도 분포를 형성하게 된다. 바이폴라 트랜지스터는 접합형 트랜지스터로 콜렉터, 베이스, 에미터 접합을 형성하여 제작되는데 그림 5.10에는 n형의 단결정규소 웨이퍼에 p형 도판트를 확산시켜 베이스-콜렉터 접합부를 만들고 여기에 다시 n형 도판트를 확산시켜 에미터-베이스 접합부를 형성한다. 그림 5.10(a)는 두 번의 확산공정에서 각각의 공정에 의해 형성되는 도판트의 농도 분포이고 그림 5.10(b)는 이들의 합에 의해 형성되는 최종 도판트 농도 분포이다.

여기에서 n형(donor)과 p형(acceptor) 도판트가 만나는 경우는 각각이 상쇄되어 농도 차 $|N_d - N_a|$가 최종 농도 분포를 형성하게 되고 반도체의 전도 형태는 농도가 높은 도판트에 의해 결정된다. 각 접합부의 위치는 아래 식에 의해 결정된다.

$$C(x_j) = C_{sub} \tag{5.16}$$

여기에서 x_j는 접합부의 위치이고 C_{sub}는 기판의 도판트 농도이다. 이러한 바이폴라 소자를 만들기 위해서는 두 단계의 확산공정이 필요하다. 첫 번째는 n형의 기판에 p형의 도판트를 확산시켜 콜렉터-베이스 접합부를 형성시키는 공정이고 두 번째는 다시 n형의 도판트를 확산시켜 베이스-에미터 접합부를 만드는 공정이다. 실제로 콜렉터-베이스 접합부를 만드는 공정은 그 자체 확산공정과 또한 에미터-베이스를 만드는 확산공정에서 다시 도판트가 확산하는 두 단계를 거치게 된다. 이렇게 여러 단계의 확산공정을 거치는 경우 이들을 합친 전체 확산 공정의 결과는 아래와 같이 처리할 수 있다. 전체 공정의 확산 거리는 아래와 같이 각 단계의 확산 거리를 합친 것과 같다.

$$(Dt)_{\mathrm{eff}} = \sum D_1 t_1 + D_2 t_2 + D_3 t_3 + \ldots \tag{5.17}$$

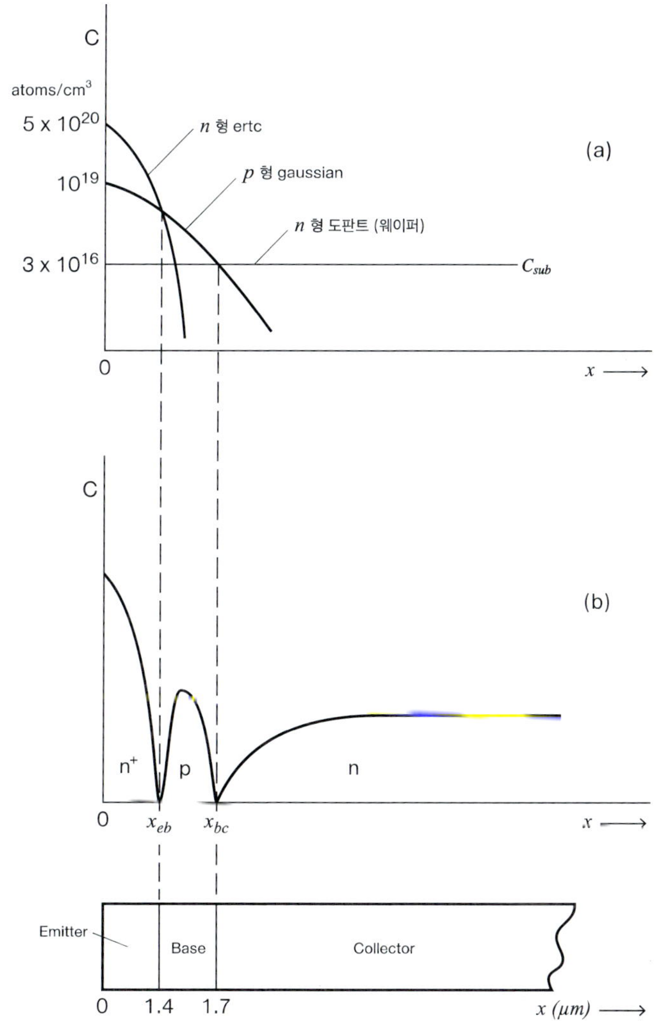

그림 5.10 바이폴라 접합형 트랜지스터 제조를 위해 콜렉터, 베이스, 에미터 접합을 형성하는 확산공정에서 도판트 농도 분포도. (a) 각 확산 공정의 농도 분포, (b) 최종적으로 형성된 베이스-에미터, 베이스-콜렉터 접합부

이러한 사실은 확산공정을 지배하는 방정식이 선형방정식이라 가능한 것이며 확산계수가 농도에 의존하지 않는다는 가정에서 성립한다. 각각의 확산계수는 각 단계의 온도에 따라 달라질 수 있고 그 확산 거리는 확산계수와 확산 시간에 의해 결정된다. 이때 전체 확산 거리를 확산방정식의 해에 대입하면 각 단계가 합쳐진 결과를 얻을 수 있다.

이상의 해석은 확산계수가 농도에 의존하지 않는다는 가정하에 얻어지는 선형방정식에 대한 것이다. 확산계수가 농도에 의존하거나 여러 다른 인자에 의해 변하게 되면 이에 대한 관계식을 도입하여 수치해석에 의해 그 해를 구해야 한다. 또한 이제까지 소개한 확산방정식은 1차원으로 단순화한 것이며 실제 소자구조는 3차원으로, 경우에 따라서는 x방향뿐만 아니라 y방향, z방향까지 고려를 해야 하며 각각의 경계조건을 포함시키는 경우 문제는 더욱 복잡해진다.

5.4 확산공정

앞서 언급한 바와 같이 확산공정은 도판트 원료를 공급하면서 일정량의 도판트를 웨이퍼 표면을 통해 주입시키는 pre-deposition 공정과 도판트의 공급을 중단하고 주입된 도판트를 웨이퍼 내에서 일정 시간 확산시켜 원하는 깊이를 확보하는 drive-in 공정으로 이루어진다. 효율적인 확산공정 시스템에서는 먼저 pre-deposition 공정과 관련하여 도판트 원료의 농도를 조절하여 이와 평형에 있는 표면에서의 도판트 농도를 제어하게 된다. 표면농도는 도판트 원자의 용해도를 넘지 않도록 해야 하나 그 이하에서는 자유롭게 제어할 수 있어야 한다. 웨이퍼에서 소자가 만들어지는 영역은 표면의 얇은 영역에 해당하며 확산에 의해 만들어지는 접합부(junction)는 바로 소자가 만들어지는 부분이기 때문에 확산공정에 의해 단결정구조가 손상되어서는 안 된다. 확산공정은 공정을 수행할 때마다 웨이퍼 간에 농도 분포 및 접합부 깊이가 재현성과 균일성을 유지해야 한다. 또한 확산공정은 양산성을 만족시켜야 하며 한 번의 공정에서 다수의 웨이퍼를 처리할 수 있게 설계되어야 한다.

확산공정은 앞서 언급한 산화공정과 비교하여 조업 온도가 비슷하고 공정을 수행하는 방식이 유사하기 때문에 동일한 형태의 반응 시스템이 활용된다. 확산공정에서 도판트의 원료로는 고체상, 액체상 혹은 기상 원료가 있으며 이들을 웨이퍼 표면에 주입시키는 방법에 따라 여러 공정과 반응 시스템이 있다. 그림 5.11에는 이러한 공정시스템의 개념도가 나타나 있다.

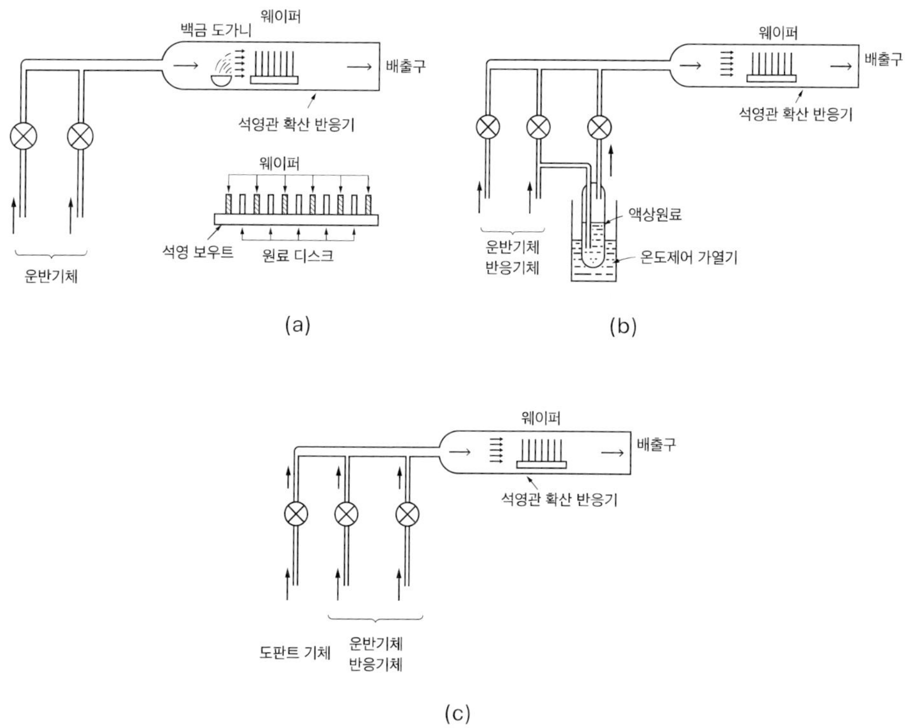

그림 5.11 확산 공정시스템의 개념도. (a)고체상, (b) 액체상, (c) 기체상 원료를 이용한 경우

확산반응기로는 고온에서 안정하고 불순물의 방출을 억제해 웨이퍼의 오염을 막을 수 있는 고순도 석영관 반응기를 사용한다. 확산공정의 온도는 1,000°C 내외로 그 온도 범위가 산화공정과 비슷하며 반응기의 형태가 산화반응기와 같다는 것을 알 수 있다. 그림 5.11(a)는 고체 원료를 사용하는 경우로 백금 도가니에 고체 원료를 담아 반응기 안에 놓아 증발시키고 운반 기체를 흘려보내 원료를 웨이퍼 표면으로 이동시키는 방법이다. 이때 고체 원료의 증기압이 중요한데 증발되는 양을 조절하기 위해 백금 도가니 부분을 별도로 제어해 반응기보다 낮은 온도에서 증발시키기도 하나 반응기와 같은 온도에서 조업하는 시스템이 좀 더 단순하다. 도판트 농도의 균일도를 유지하기 위해 좀 더 효율적인 공정은 그림 5.11(a)의 아래에 나타나 있는 부분을 확산 반응기에 장입하여 공정을 수행하는 것이다. 고체 도판트 원료를 디스크 형태로 가공하여 웨이퍼와 마주보게 교대로 석영보트에 장착하고 확산반응기에서 가열 운반 기체를 흘려보내며 공정을 수행하는 것이다. 이때 디스크는 웨이퍼 크기와 동일하게 만들어진다. p형의 보론 도우핑을 위해서는 질화보론(BN) 디스크가 활용되는데 이 디스크를 산소를 흘려주며 750~1,100°C에서 산화시키면 디스크 표면에 B_2O_3 산화막이 형성된다. 이를 수소 분위기에서 가열하면 휘발성 있는 HBO_2가 형성되어 증발하게 되고 웨이퍼 표면에

흡착되어 보로실리케이트 층이 형성된다. 이 층이 확산공정에서 보론 원료로 활용된다. n형의 인 도우핑을 위해서는 반응성이 없는 세라믹 바인더에 $NH_4H_2PO_4$ 혹은 $(NH_4)_2HPO_4$ 화합물을 섞어 디스크 형태로 가공하여 활용한다. 또한 아스닉의 경우는 $AlAsO_4$ 성분을 포함한 디스크를 만들어 활용한다. 이 경우 As_2O_3가 표면으로 이동하여 웨이퍼 표면에 흡착된다. 이러한 확산 공정에서는 확산 과정 전에 웨이퍼 표면에 도우핑이 안된 열산화막이 형성되지 않도록 주의하여야 한다. 이러한 산화막은 도판트의 확산을 방해하는 층으로 작용하기 때문이다.

그림 5.11(b)는 액상원료를 이용한 확산공정 장치를 보여주고 있다. 액상의 원료는 버블러에 담아 일정한 온도로 유지하고 아르곤과 같은 불활성 기체를 운반기체로 흘려보내 증기압만큼의 반응 원료를 반응기에 공급하게 된다. 이때 증기압은 온도에 대해 지수함수적으로 변하기 때문에 정확한 온도의 제어가 중요하다. 보론의 경우 끓는점이 90°C인 BBr_3가 보편적으로 쓰이고 $(CH_3O)_3B$ (TMB:trimethyl borate)도 액상 원료로 활용된다. 인의 경우는 $POCl_3$, $POBr_3$ 등이 활용되며 버블러의 온도는 필요에 따라 0~40°C 정도로 유지한다. 이 경우 할로젠 원소는 웨이퍼에 포함된 금속원소 불순물과 결합하여 활성을 떨어뜨리는 (passivation) 긍정적인 효과를 얻을 수도 있다. 반면에 이러한 화합물은 부식성이 높고 경우에 따라서는 폭발성이 있으며 인체에 해로우므로 주의가 필요하다. 그림 5.11(c)는 기상원료를 이용한 확산공정 장치를 보여주고 있다. 기상의 원료는 압력차에 의해 직접 반응기에 공급할 수 있어서 가장 쓰기 편한 원료라 볼 수 있다. B_2H_6, PH_3, AsH_3 등은 각각 보론, 인, 아스닉 원료로 가장 보편적으로 활용되는 기상의 도판트 원료이다. 이들은 모두 폭발성이 있고 독성이 높아 인체에 치명적이기 때문에 주의를 기울여야 하며 앞서의 모든 도판트 원료와 같이 배출구에서 적절한 처리를 하여 환경이 오염되지 않도록 해야 한다. 또한 원료를 담은 용기는 가스 케비넷에 안전하게 보관하고 공급 라인은 철저히 단속을 하여 원료가 새 나오지 않도록 해야 한다. 만약의 경우를 대비하여 기체 센서를 장착하고 조금이라도 누출이 되는 경우는 원료 보관 용기가 자동 차단이 되도록 한다. 대부분의 경우는 이러한 도판트 원료를 그대로 사용하지 않고 아르곤과 같은 불활성기체에 0.1% 정도의 농도로 희석하여 사용한다. 배출 기체는 태워버리거나 액상 혹은 고체상의 흡착제를 충진한 칼럼을 통과시켜 유독물을 제거한다.

또 하나의 확산공정으로 화학증착법에 의해 도판트 원소의 산화물을 웨이퍼 표면에 증착하고 이로부터 도판트를 규소층으로 확산시키는 방법이 있다. 이 방법은 화학증착이라는 하나의 공정 단계가 추가되나 앞서와 같이 프리뎊-드라이브인 공정을 거칠 필요 없이 바로 확산공정을 수행하게 된다. 이 방법은 웨이퍼를 다량 처리할 수 있고 또한 웨이퍼 내에서의 균일도를 확보하는 데 유리하다. 또한 이 방법에서는 표면 농도가 용해도에 의해 제한되지 않으며 증착되는 산화층의 도판트 농도에 의해 조절된다. 일례로 보론의 확산에 아래와 같은 화학반응을 이용할 수 있다.

$$2(CH_3O)_3B + 9O_2 \longrightarrow B_2O_3 + 6CO_2 + 9H_2O$$
$$4BBr_3 + 3O_2 \longrightarrow 2B_2O_3 + 6Br_2$$
$$4BCl_3 + 3O_2 \longrightarrow 2B_2O_3 + 6Cl_2$$
$$B_2H_6 + 3O_2 \longrightarrow B_2O_3 + 3H_2O \quad 300°C$$
$$B_2H_6 + 6CO_2 \longrightarrow B_2O_3 + 6CO + 3H_2O \quad (800\text{~}900°C) \tag{5.18}$$

앞서 소개한 액상 혹은 기상의 보론 원료 기체를 산소와 함께 반응기에 공급하여 웨이퍼 표면에 보론 산화막을 증착한다. 이후의 확산공정에서는 아래 반응과 같이 표면 규소층이 산화막으로 바뀌면서 생성되는 도판트 원소가 규소층으로 확산하게 된다.

$$2B_2O_3 + 3Si \longrightarrow 4B + 3SiO_2 \tag{5.19}$$

식 (5.18)에 나타난 여러 도판트 원료 중 하나를 선택해 활용하게 되며 경우에 따라서는 산소와 수소를 공급하여 생성되는 수분을 공정에 활용하기도 한다. 보론의 브로민 화합물은 염화물보다 반응이 빠른 것으로 알려져 있다. 다이보레인 기체를 활용할 때 산소 대신 이산화탄소를 공급하면 산화력을 떨어뜨려 표면규소의 산화를 억제할 수 있다. 반응 (5.19)에 의해 생성되는 규소산화막은 규소층으로부터 도판트가 기상으로 날아가는 것을 방지해 주며 이 산화막은 다음 확산공정의 마스크로 사용될 수 있다.

1,150°C에서 보론의 규소층에서의 확산계수는 $10^{-12}cm^2/s$ 정도이며 보론의 규소 표면에서의 표면 농도는 4×10^{20} atoms/cm^3 정도까지도 높게 유지할 수 있다. 도판트 원소의 규소에 대한 불일치 인자(misfit factor)는 아래 식에 의해 구할 수 있다.

$$r = r_o(1\pm e) \tag{5.20}$$

보론의 원자 반경 r은 0.88Å이고 규소의 원자 반경 r_o는 1.18 Å이므로 보론의 불일치 인자 e는 0.254로 큰 편이다. 이 경우 주입되는 원자의 크기가 규소 원자에 비해 차이가 많이 나므로 결정 내부에 스트레스를 유발하고 이에 따라 결정결함이나 웨이퍼의 변형을 유발한다. 이 경우 도판트의 함량을 용해도보다 낮게 유지해야 할 필요성이 있다. 실제로 보론의 경우는 이를 고려해 5×10^{19} atoms/cm^{3}의 농도가 규소에 주입시킬 수 있는 최대치가 된다.

인(phosphorus)의 경우 확산계수는 보론과 비슷하며 *n*형을 형성하는 다른 5족 원소 As, Sb에 비해 그 값이 약 10배 정도 크다. 이에 따라 정크션의 깊이를 크게 하려면 인이 유리하고 얇게 하려면 아스닉이나 안티모니가 유리하다. 인의 경우 불일치 인자는 0.068로 아주 작아 도우핑에 의한 스트레스의 유발은 적은 편이며 이에 따라 도우핑할 수 있는 농도는 용해도에 육박하는 10^{21} atoms/cm^3 정도이다. 산화막을 표면에 형성하는 화학반응은 도판트의 원료에 따라 아래와 같다.

$$4POCl_3 \text{ (혹은 } POBr_3) + 3O_2 \longrightarrow 2P_2O_5 + 6Cl_2 \text{ (혹은 } 6Br_2)$$
$$2PH_3 + 4O_2 \longrightarrow P_2O_5 + 3H_2O \tag{5.21}$$

이렇게 형성된 산화층은 아래 반응에 의해 도판트 원소를 형성하여 규소층으로 확산하게 된다.

$$2P_2O_5 + 5Si \longrightarrow 4P + 5SiO_2 \tag{5.22}$$

여기에서 인의 산화물은 흡습성이 강하기 때문에 주의를 기울일 필요가 있으며 확산반응기 내에 수분이 없도록 해야 한다.

아스닉의 경우는 그 확산계수가 인과 비교해 0.1배 정도이므로 얇은 두께의 정크션을 만드는 데 유리하다. 불일치 인자는 0으로 규소와 크기가 거의 같으므로 도우핑에 의한 스트레스 유발 효과는 없다. 이에 따라 아스닉의 농도는 2×10^{21}/cm^{3}까지도 유지할 수 있다. 산화물의 형성과 확산반응은 아래와 같다.

$$2AsH_3 + 3O_2 \longrightarrow As_2O_3 + 3H_2O$$
$$2As_2O_3 + 3Si \longrightarrow 3SiO_2 + 4As \tag{5.23}$$

안티모니의 경우는 아래와 같은 반응에 의해 확산공정이 수행된다.

$$2Sb_3Cl_5 + 9/2O_2 \longrightarrow 3Sb_2O_3 + 5Cl_2$$
$$2Sb_2O_3 + 3Si \longrightarrow 3SiO_2 + 4Sb \tag{5.24}$$

안티모니는 불일치 인자가 0.153으로 최대 주입 도판트 농도는 2~5$\times10^{19}$ atoms/cm^3 정도 수준이다.

확산공정은 결국 반도체의 전도 형태와 전도도를 제어하기 위한 것이며 공정이 끝난 후에 규소결정 내의 도판트 농도를 직접 측정하거나 전기전도도를 측정하게 된다. 고체재료 내에 포함된 원소의 농도는 SIMS(secondary ion mass spectrometer), RBS(Rutherford back scattering) 등을 이용해 측정할 수 있으며 위치에 따른 농도 분포도 측정할 수 있다. 이에 대해서는 고체재료 분석에 관한 책을 참고하기 바란다. 정크션의 전기전도도는 four point probe를 이용해 측정하며 앞서 그림 2.22에 나타난 개념도와 관련 식을 참조하기 바란다. 잉곳의 경우와는 달리 확산에 의해 형성되는 정크션은 그 두께가 얇아 식 (2.39)에 나타난 보정식을 활용한다.

연습문제

01 $10^{15}/cm^3$의 농도로 n형으로 도우핑된 실리콘 웨이퍼에 보론을 확산시켜 가우시언 함수의 농도 분포를 얻었다. 60분간 확산공정을 수행하여 2마이크론 두께의 정크션 두께를 얻었고 표면 농도로 $10^{18}/cm^3$를 얻었다면 보론의 확산계수는 얼마인가?

02 확산공정 수행 후 인의 농도 분포가 가우시언 분포를 보인다고 가정한다. 인의 확산계수 $D = 2.3\times10^{-13}cm^2/s$, 표면 농도 $10^{18}/cm^3$, 그리고 정크션 깊이가 1.5 마이크론일 때 확산 시간과 확산에 의해 웨이퍼에 도입된 전체 인의 양을 구하라. 확산 공정을 수행하기 직전 웨이퍼에 p형 도판트의 농도는 $10^{15}/cm^3$이다. 만약에 확산계수가 $1.3\times10^{-13}cm^2/s$였다면 정크션의 깊이는?

03 보론의 확산공정이 아래와 같이 진행되었다. 프리데포지션은 900°C에서 30분간 진행되었으며 표면의 농도는 보론의 용해도만큼 유지되었고 다음 1,000°C에서 60분간 드라이브인 공정이 수행되었다. 실리콘 결정 안으로 도입된 전체 도판트의 양은 얼마인가? 처음 실리콘 웨이퍼의 인의 농도가 $1\times10^{15}/cm^3$일 때 접합부 x_j의 위치는? 보론의 $\mu_{eff} = 468cm^2/V\cdot s$로 할 때 보론이 확산된 층의 sheet resistance R_s를 아래 식을 활용하여 구하라.

$$R_S = \frac{1}{q\int_0^{x_j}\mu C(x)dx} = \frac{1}{q\mu_{eff}\int_0^{x_j}C(x)dx}$$

평균 비저항이 $\rho = R_S x_j$라 할 때 이 값을 구하라.

04 프리데포지션 과정을 통해 Q_o만큼의 도판트가 t만큼의 시간을 통해 실리콘 안으로 유입되었다면 $3Q_o$만큼의 도판트를 유입시키려면 얼마만큼의 시간이 필요한가? 두 공정 모두 같은 온도에서 수행하였고 표면 농도는 C_s로 유지되었다. 프리데포지션 과정에서 도판트가 Q_o만큼 유입되었을 때 표면 농도가 C_s의 1%로 떨어지는 데 필요한 $(Dt)_{\text{drive-in}}$을 표현하는 식을 구하라.

05 실리콘 웨이퍼에 보론과 인이 각각 $2\times10^{15}/\text{cm}^3$, $1\times10^{15}/\text{cm}^3$로 고르게 도우핑되어 있다. 이 웨이퍼가 1,000°C에서 60분간 산화되었다고 할 때 매 20분 마다 각각의 농도 분포를 도시하라.

06 RTA(Rapid Thermal Annealing) 공정에 의해 실리콘 웨이퍼를 어닐링할 때 양쪽 면에서 레이저 빛으로 복사 가열을 하여 순간적으로 표면 온도가 T_s로 유지된다. 500마이크론 두께의 웨이퍼에서 중심의 온도가 $0.5T_s$에 도달하는 시간을 구하라. 실리콘 웨이퍼의 열확산 계수는 $0.88\text{cm}^2/\text{s}$이다.

CHAPTER

6

이온주입공정

앞서 확산공정에서 언급한 바와 같이 반도체의 특성은 그 전기전도도가 도체와 절연체의 중간에 위치한다는 것 이외에 의도적인 불순물의 (도판트) 주입에 의해 전기전도도의 특성 (전자가 주요 이동전하인 n형 혹은 정공이 주요 이동전하인 p형)과 도판트의 농도에 따라 전도도 자체를 제어할 수 있다는 것이다. 규소에 보론과 같이 3가 금속원소를 주입하면 정공이 주요 전하 운반체가 되는 p형 반도체가 되고 인, 아스닉, 안티모니 같이 5족의 원소를 주입하면 전자가 주요 전하 운반체가 되는 n형 반도체가 된다. 규소에 도판트를 주입하고 도판트가 전기적으로 활성화되려면 규소 내에 도판트 원소의 농도가 용해도 이하로 주입되고 (ppm 수준) 이들이 규소결정의 격자점을 대신 차지하여 이웃하는 규소와 화학결합을 형성해야 한다. 이러한 반도체의 특성은 집적회로에서 전자의 흐름을 제어하는 데 중심적인 역할을 한다. 태양전지나 선폭이 큰 소자를 제조할 때는 확산공정이 저렴한 방법으로 활용되고 있으나 최근에 집적회로의 선폭이 나노미터 규모로 축소되고 좀 더 정밀한 제어가 중요해지면서 반도체에 도판트를 주입하는 공정으로 확산공정보다는 이온주입공정이 선호되고 있다.

도판트 원자를 이온화시킨 후 가속하여 규소 표면을 통해 주입하는 이온주입공정은 초고진공장비가 필요하고 장치비가 고가라는 단점이 있으나 주입량과 주입되는 층의 두께를 정밀하게 제어할 수 있다. 이렇게 물리적인 힘으로 결정에 주입하게 되면 단결정 구조가 파괴되고 또한 주입된 원소는 화학적으로 결합을 하지 않고 있기 때문에 전기적으로 활성화되어 있지 않다. 이에 따라 이온주입공정 후 열에너지를 가해 어닐링을 하여 결정구조를 다시 복원시켜야 하며 도판트 원소가 규소결정 격자에 위치하면서 주위 규소 원자와 결합을 형성하게 하여 도판트로 활성화시켜야 한다. 이 장에서는 이온주입공정에서 이온의 에너지와 투과 깊이와의 관계, 주입된 도판트의 농도분포, 이온의 충돌에너지에 의해 파괴되는 결정구조와 이들의 어닐링에 관련되는 내용을 기술한다.

6.1 공정의 기본 원리

그림 6.1에는 이온주입을 수행하는 장치의 개념도가 나타나 있다. 먼저 원료기체를 주입시키고 이를 이온화하기 위한 진공실이 있다. 주입하고자 하는 원소를 포함하는 기체를 진공실에 주입하고 이를 이온화한다. 원료기체는 BF_3, AsH_3, PH_3 등을 들 수 있으며 10^{-8}에서 10^{-10} 기압 정도로 유지되는 진공실로 공급된다. 이 정도 압력에서는 가속된 전자가 충분한 에너지를 갖고 기체분자와 충돌해 이온화 반응이 일어날 수 있다. 생성된 이온은 그 평균

자유행로(mean free path)가 충분히 길어 기체분자와의 충돌에 의한 산란이 최소화되어 빔 형태로 직진하게 된다. 갈리움 아세나이드와 같은 화합물 반도체를 도우핑하기 위해 실리콘을 주입하는 경우 SiH_4를 원료기체로 활용한다. 진공실에서는 필라멘트에서 열전자가 방출되고 이 전자를 전기장과 자기장에서 가속시켜 기체분자와 충돌하게 함으로써 원료기체가 분해되며 일부는 이온화한다. 일례로 보론 도우핑을 위해 BF_3를 쓰는 경우 진공실에서는 기체상태에서 B(11), B^+, BF(30), BF^+, BF_2(49), BF_2^+, F^+(19) 등이 형성된다. 음이온도 형성될 수 있으나 그 양은 극히 제한적이다. 이렇게 형성된 양이온들은 전기장(20 kV 정도)을 걸어 이온실 바깥으로 빔 형태로 내보내는데, 이때 빔전류는 몇몇 밀리 암페어 수준이다. 괄호 안의 숫자는 분해된 종의 몰당 그램으로 나타낸 질량이다. 이렇게 해서 이온화된 종만 분리되어 굽어진 자석(bending magnet)으로 형성된 통로로 보내진다. 이 굽어진 자석에 의해 형성되는 자기장에서 이온종은 그 무게에 따라 다른 궤적을 그리게 되는데 이러한 원리를 이용해 우리가 원하는 무게의 이온종만 분리해 낸다. 그림 6.2에는 이와 관련된 개념도가 나타나 있다.

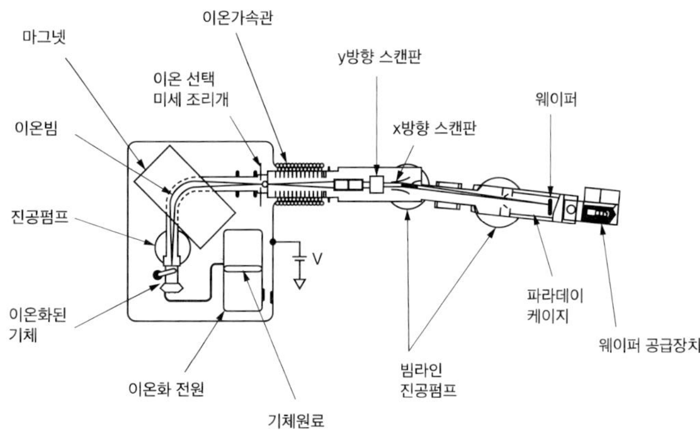

그림 6.1 이온 주입 시스넴의 개념도

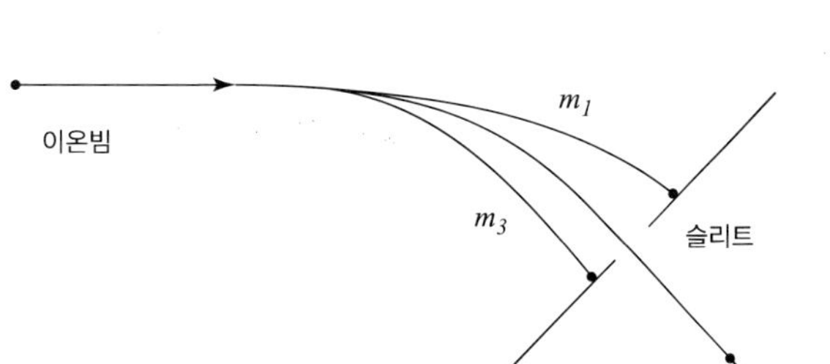

그림 6.2 질량에 따른 이온의 궤적을 이용 특정 질량의 이온을 추출하는 개념도

이러한 질량에 의한 (더 정확하게는 질량과 전하의 비) 분리는 화학분석에 응용되는 질량 분석기(mass spectrometer)와 같은 원리에 해당한다. 질량이 m인 1가 이온이 v의 속도로 자속밀도가 B인 자장을 통과할 때 힘을 받게 되는데 이 힘은 아래와 같이 주어진다.

$$F = q(v \times B),\ \ F = qvB = \frac{mv^2}{r} \tag{6.1}$$

여기에서 힘과 속도, 그리고 자속밀도는 벡터 값인데 속도와 자속밀도가 서로 수직인 경우, 즉 자속밀도가 이 책의 종이 표면과 수직이고 이온이 종이 표면에 평행인 방향으로 움직일 경우 그 힘의 크기는 qvB로 나타난다. q는 이온이 가지고 있는 전하량에 해당되며 1가 양이온은 전자 하나가 갖는 전하인 1.602×10^{-19} 쿨롬의 양전하를 갖게 된다. 양이온이 자기장에서 받는 힘은 양이온이 그리는 궤적에서 발생되는 원심력인 mv^2/r과 균형을 이루며 이온이 전기장에서 받는 에너지는 이온의 운동에너지와 같아 아래와 같은 식이 성립된다.

$$\frac{1}{2}mv^2 = qV \tag{6.2}$$

여기에서 V는 이온을 추출하는 전기장의 전위차인 전압에 해당된다. 위의 두 식으로부터 궤적 r은 아래와 같이 주어진다.

$$rB = \frac{mv}{(nq)} = [2mV/(nq)]^{1/2} \tag{6.3}$$

여기에서 n은 이온 하나가 갖는 전하의 수로 1가인 경우 $n = 1$이고 2가의 경우 $n = 2$가 된다. 위 식에서 보는 바와 같이 주어진 V와 B에서 궤적 r은 질량의 제곱근에 비례하게 된다. 이러한 과정에서 일정한 값의 질량과 전하의 비[m/(nq)]를 갖는 이온종만 추출해 낼 수 있다. 이렇게 해서 추출된 이온은 가속관에 걸리는 전압에 의해 가속이 되며 x, y 스캔판을 통해 웨이퍼 표면에 균일하게 주입이 된다. 가속된 이온은 충분한 에너지가 주어져 실리콘 웨이퍼 표면을 침투하여 결정 안에 주입된다. 이때 이온의 에너지는 1 keV~1 MeV 정도이며 (B, P, As 주입) 투과되는 깊이는 에너지에 따라 100 Å~10 마이크론 정도이다. 주입되는 이온의 플럭스(flux 또는 dose)는 10^{11}~10^{16} ions/cm^2 정도이고 이 범위에서 결정에 주입된 도판트의 농도는 10^{14}~10^{21} atoms/cm^3 정도가 된다. 이때 도우즈 Q_o는 임플란트 과정에서 측정되는 전하의 양 Q로부터 아래 식으로 계산된다. A는 주입되는 면적이며 전하의 양은 전류를 이온주입 시간에 대해 적분한 값이다.

$$Q_o = \frac{Q}{(nqA)} \text{ atoms/cm}^2 \qquad Q = \int I\, dt \tag{6.4}$$

q : 전자의 전하 (1.60218×10^{-19} coulomb)

I : 빔 전류 (암페어 = coulomb/s)

일례로 1 cm^2 당 10^{-9} 암페어의 빔 전류로 1초간 주입을 했다면 n이 1인 경우 도우즈는 0.6×10^{10} atoms/cm^2가 되고 주입된 깊이가 600Å이면 주입된 도판트의 농도는 10^{15} atoms/cm^3가 된다. 또한 100밀리미터 직경의 실리콘 웨이퍼에 1밀리암페아의 빔 전류로 100초 주입을 하면 10^{20}~10^{21} atoms/cm^3의 도판트 농도를 얻을 수 있다.

그림 6.3에는 이온이 주입되는 웨이퍼 주변의 장치가 나타나 있다. 웨이퍼에 주입되는 이온은 양전하를 띠고 있으며 주입이 되면 웨이퍼와 접지 사이에 이를 중화시키기 위한 전류가 흐르게 된다. 전류적분계는 이온주입하는 동안 흐른 전하의 양을 측정하게 된다. 가속된 이온이 결정 내의 원자와 충돌할 때 원자 내의 전자가 바깥으로 튀어나오기도 하는데 이러한 2차 전자의 방출은 전류적분계에 오차를 유발해 이온주입량을 정확히 측정하는데 어려움을 초래한다. 이를 방지하기 위해 파라데이 케이지(Faraday cage)를 설치하고 억제판에 음전압을 걸어 튀어 나오는 전자가 다시 웨이퍼로 돌아가게 해 오차를 줄인다. 한편으로 웨이퍼 표면에 절연층이 있는 경우 주입된 이온의 전하가 쉽게 빠져 나가지 못해 전하가 쌓일 수 있으며 이로 인하여 소자가 손상이 될 수도 있다. 이 경우 에너지가 낮은 전자 빔을 조사하여 중화시키기도 한다.

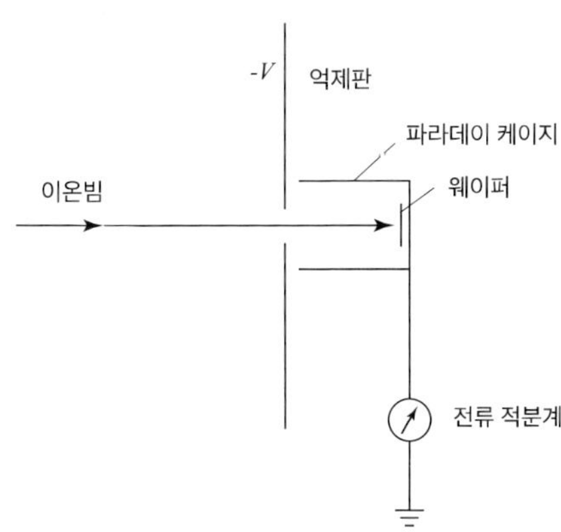

그림 6.3 전류적분계와 파라데이 케이지. 이온주입 시 방출되는 2차 전자를 웨이퍼로 돌려보내 이온주입에 의한 전류를 측정할 때 오차를 감소시킨다.

앞서 언급했듯이 이온주입공정의 장점은 주입되는 도판트의 개수를 정밀하게 제어할 수 있으며 재현성이 높고 주입되는 깊이를 정확하게 제어할 수 있다는 것이다. 이를 위해서는 이온 에너지와 주입 두께의 관계를 잘 파악해야 한다. 또한 성공적인 주입공정을 위해서는 가속된 이온주입에 의한 결정의 손상, 손상된 결정구조의 복원, 도판트의 활성화 등에 대한 이해가 중요하다. 이온주입에 의해 주입된 도판트는 강제적으로 결정 내에 주입되었기 때문에 열에너지를 가해 결정구조를 복원시키고 이때 주입된 도판트가 실리콘 결정 내에서 실리콘과 결합하여 제자리를 찾아가 전기적으로 활성화된다. 또한 이온주입공정은 앞서의 확산공정에 비해 저온에서 수행할 수 있으나 이온의 주입 과정에서 가속된 이온이 결정격자 내 실리콘 원자와 충돌하여 열이 발생할 수 있다. 때로는 이 열을 냉각에 의해 제거하기도 하나 고진공 상태에서는 웨이퍼와 받침대 사이의 열전달이 원활하지 않아 어려움이 있다. 이온주입 장비는 확산 장비보다 고가이며 높은 진공이 필요해 조업 단가가 높다. 다엽(multi-wafer)식 장비도 있으나 단엽(single wafer)식 장비가 주로 활용되어 생산성이 떨어진다. 나노미터 규모의 구조를 제어해야 하는 현재의 전자디바이스 제조공정에서는 정밀 제어가 뛰어난 이온주입공정이 확산공정보다 선호된다.

6.2 레인지이론(range theory)

그림 6.4에는 가속화된 이온이 실리콘 표면에 조사되었을 때 결정 안에 주입되어 형성되는 구조와 그 주입 깊이에 대한 개념도가 나타나 있다. 가속화된 이온은 수직 방향으로 실리콘 웨이퍼 표면에 충돌하게 되며 이때 이온의 에너지가 1keV~1MeV 정도이면 이온이 결정 안으로 파고들어 주입된다. 결정에는 많은 수의 실리콘 원자가 있고 주입된 이온은 이들과 충돌하여 에너지를 잃게 되며 또한 충돌할 때마다 튕겨져 방향을 바꾸게 된다. 실제로 결정격자의 결합에너지는 10~20 eV 정도이며 하나의 원자가 이온과 충돌하여 원래의 격자점에서 벗어나는데 E_d = 14~15 eV의 에너지가 필요하다. 주입되는 이온의 초기 에너지를 E_o라 하면 약 $E_o/2E_d$에 해당하는 개수의 규소 원자가 제자리를 벗어나는 셈이다. 이때 결정격자에서 벗어나는 규소 원자는 플랑켈 결함짝을 형성하게 된다(Frankel pairs: vacancy-interstitial).

즉 제자리를 벗어난 규소는 공격자점(vacancy)을 형성하고 이 규소가 격자의 빈자리에 위치하면서 삽입점(interstitial)을 형성하여 결함이 짝으로 생성되는 것이다. 이들은 모두 0차원의 점결함(point defect)이다. 일반적으로 주입된 이온이 그 에너지를 모두 잃고 특정한 위치

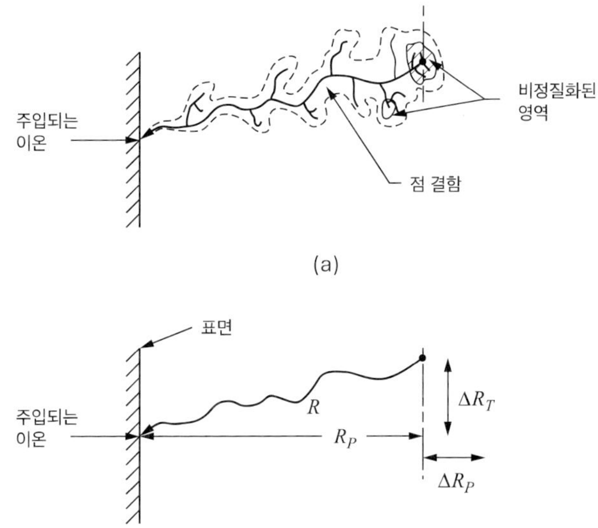

(b)

그림 6.4 가속화된 이온이 실리콘 표면에 조사되었을 때 (a) 결정 안에 주입되어 형성되는 구조와 (b) 그 주입 깊이에 대한 개념도 (S.M. Sze, VLSI Technolgy, McGraw-Hill, p235, 1983)

에 정지할 때까지 10^3~10^4개의 원자가 제자리에서 비껴나는 것으로 생각된다. 그림 6.4(a)에서 보는 바와 같이 이온이 주입되는 궤적을 따라 점선 안의 부분은 점결함이 형성되며 이 부분은 단결정에서 벗어나 비정질 영역을 형성하게 된다. 앞서 설명하였듯이 이 부분은 열처리에 의해 다시 단결정으로 회복시켜야 한다. 또한 주입된 도판트는 규소 결정격자의 위치를 차지하는 substitutional impurity로서 실리콘과 결합해야 도판트로서 전기적으로 활성화된다. 이렇게 되어야 도판트가 전자나 정공을 발생시켜 전하의 운반자로 역할을 하게 된다. 주입된 이온이 에너지를 모두 잃고 정지한 위치는 이온마다 다르게 되는데 주입된 위치에서 표면까지 수직 방향의 거리를 레인지(R_p)라 하며 수평 방향의 위치를 R_T라 한다. 레인지 R_p는 실제로 이온이 이동한 거리 R보다 짧다. 또 한편 이온들은 결정격자에 있는 규소 원자와 충돌하면서 임의로 산란이 되어 이동하는데 수많은 격자점과 충돌하기 때문에 이 레인지는 어떤 확률함수로 분포하게 된다.

주입된 이온의 농도 분포는 그림 6.5에 나타난 바와 같은 개념도로 설명할 수 있다. 여기에서 웨이퍼 표면에 수직인 x방향으로 이온이 주입되고 R_p는 모든 이온의 레인지 값의 평균치이며 ΔR_p는 표준편차이다. 이온이 주입된 위치에서 y방향으로의 거리 R_T의 평균값은 0이며 이의 표준편차는 ΔR_T가 된다. 규소결정의 경우 단위 부피당 개수는 $5\times20^{22}/cm^3$ 정도로 큰 수이며 또한 이온의 주입량은 보통 $10^{12}/cm^2$보다 크므로 엄청나게 큰 수의 충돌이 일어나게

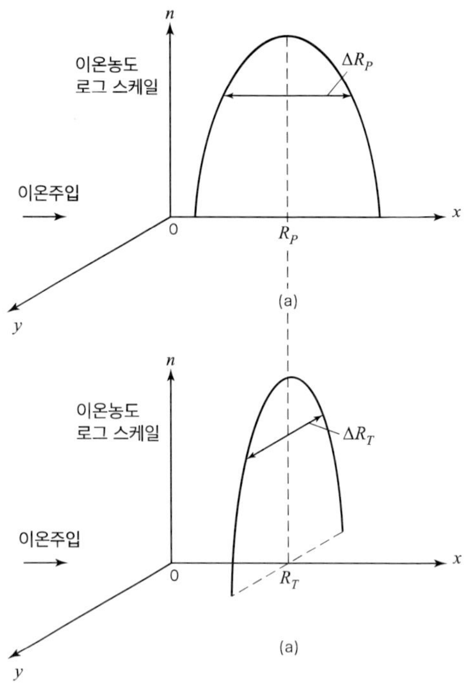

그림 6.5 이온주입공정에서 주입된 이온의 농도 분포
(S.K. Ghandhi, VLSI Fabrication Principles, Wiley–Interscience, p303, 1983)

된다. 이에 따라 통계학적으로 R값은 가우시언 정규분포를 보이며 이의 평균값 R_p는 projected range, 표준편차 ΔR_p는 스트래글(straggle)이라 한다. x와 수직한 y방향으로의 이동거리 R_T의 평균값은 0이며 이의 표준편차 ΔR_T는 두께에 비해 폭이 훨씬 큰 구조의 패턴인 경우 무시될 수 있다.

높은 에너지로 가속이 되어 결정격자 안으로 주입된 이온은 격자에 있는 실리콘 원자와 충돌해 에너지를 잃게 되는데 이에는 탄성충돌과 비탄성충돌 두 가지 메카니즘이 있다. 탄성충돌의 경우는 원자의 질량이 몰려 있는 핵과 핵의 충돌이며 비탄성충돌은 입자에 존재하는 전자에 의해 서로 상호작용을 미치는 경우이다. 주로 탄성충돌 메카니즘으로 웨이퍼 내 실리콘 원자가 이동하며 이에 의해 결정격자 내에 결함이 발생하고 비정질 영역이 형성된다. 반면에 비탄성충돌에서는 전자의 들뜸 현상이 나타날 뿐 원자핵의 이동은 나타나지 않는다. 이온이 에너지를 잃는 과정에서 탄성충돌과 비탄성충돌의 합이 전체 에너지 손실이 된다. 이온이 이동하는 단위 길이당 에너지 손실은 아래와 같이 나타난다.

$$-\frac{dE}{dx} = S = \left(\frac{dE}{dx}\right)_{\text{nuclear}} + \left(\frac{dE}{dx}\right)_{\text{electron}}$$

$$= N[S_n(E) + S_e(E)] \tag{6.5}$$

E_o의 에너지로 주입된 이온은 에너지를 모두 잃어 0이 될 때까지 이동하므로 이동 거리(range)는 아래 식으로부터 계산할 수 있다.

$$R = \int_0^R dx = \frac{1}{N}\int_0^{E_0} \frac{dE}{S_n(E) + S_e(E)} \tag{6.6}$$

여기에서 E_o는 주입 당시의 초기 에너지이고 R은 레인지이며 N은 결정 내의 단위부피 당 실리콘의 개수이다. 원자핵과 원자핵 간의 탄성 충돌은 전하들의 상호작용을 무시할 경우 당구공의 충돌과 같은 원리로 생각할 수 있으며 주입되는 이온과 규소 원자의 질량, 속도, 그리고 충돌 각에 의해 충돌 후 각 입자의 궤적과 에너지가 영향을 받는다. 이들을 모두 고려하는 과정은 생략하기로 하고 그 결과만 소개하면 아래와 같다. 원자핵 간의 탄성충돌에 의해 손실되는 에너지의 평균값은 아래와 같다.

$$\left(\frac{dE}{dx}\right)_{\text{nuclear}} \cong 2.8\times10^{-15}\ N\left(\frac{Z_1Z_2}{Z^{1/3}}\right)\left(\frac{M_1}{M_1+M_2}\right)\ \text{eV/cm}$$

$$S_n^{\text{o}} \cong 2.8\times10^{-15}\ \left(\frac{Z_1Z_2}{Z^{1/3}}\right)\left(\frac{M_1}{M_1+M_2}\right)\ \text{eV}\cdot\text{cm}^2$$

$$Z^{1/3} = (Z_1^{2/3} + Z_2^{2/3})^{1/2} \tag{6.7}$$

여기에서 M_1은 주입되는 이온의 무게, M_2는 규소 원자의 무게이고 Z_1은 이온의 원자번호, Z_2는 규소의 원자번호이다. 원자핵 간 충돌에 의한 에너지 손실은 그림 6.6에 나타난 바와 같다. 이온이 주입될 때 이온에너지는 제일 높으며 결정에 수입되면서 충돌에 의해 에너지를 잃기 시작하므로 x축에서 오른쪽 끝이 막 주입된 이온의 에너지에 해당한다. 이때 에너지 손실은 작고 에너지를 잃으면서 에너지가 줄어들면 이온의 에너지 손실이 커지는 것을 알 수 있다. 이 에너지 손실은 특정 값에서 가장 큰 값을 나타내다가 이온의 에너지가 이보다 작아지면 다시 줄어든다. S_n^{o}으로 표시된 값은 식 6.7에 나타난 평균값이다.

비탄성충돌에 의한 에너지 손실은 전하 간의 상호작용에 의해 나타나며 전자의 여기나 이온화에 의해 소모된다. 이때 소모되는 에너지는 아래와 같이 주어진다.

$$S_e(E) = KE^{1/2},\ K = f(Z_1,\ Z_2,\ M_1,\ M_2)$$

$$K_{Si} = 2\times10^{-16}\ (\text{eV})^{1/2}\text{cm}^2 \tag{6.8}$$

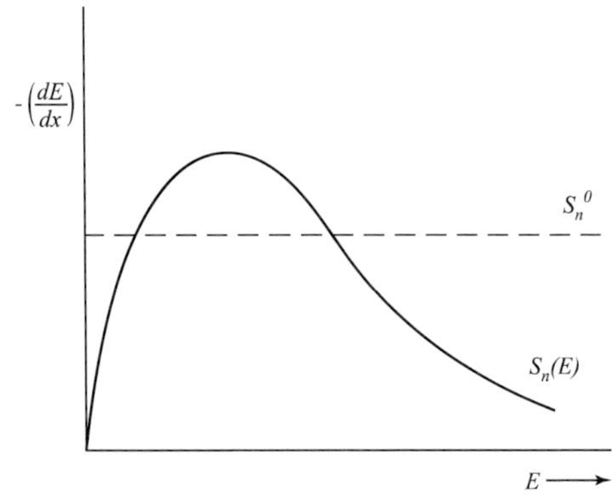

그림 6.6 이온 에너지에 따른 원자핵 간 탄성충돌에 의한 에너지 손실
(S.K. Ghandhi, VLSI Fabrication Principles, Wiley-Interscience, p311, 1983)

즉 전자의 상호작용에 의한 비탄성 에너지 손실은 이온에너지의 제곱근, 즉 속도에 비례하며 여기에서 상수 K는 주입되는 이온과 결정격자에 위치한 원자의 원자번호, 질량에 의존한다. 위의 식에는 규소의 경우가 주어져 있다. 그림 6.7에는 탄성에너지 손실의 평균값과 비탄성 에너지 손실이 나타나 있다. 이 그림에서 보는 바와 같이 탄성에너지 손실과 비탄성에너지 손실이 같아지는 E_C 값이 존재한다. 이온의 에너지가 이보다 크면 주로 비탄성에너지 손실에 의해 이온이 에너지를 잃게 되며 이보다 작으면 주로 탄성에너지 손실에 의해 에너지를 잃게 된다. 이러한 임계에너지 E_c는 질량이 작은 보론의 경우 10 keV, 이보다 큰 인의 경우 130 keV 정도이다. 이온에너지가 임계값보다 큰 경우 비탄성충돌 메카니즘이 중요해 레인지 R은 근사적으로 $\sim K_1E_o^{1/2}$로 나타나며 이보다 작은 경우는 $\sim K_2E_o$로 나타난다. 여기에서 K는 충돌에 참여하는 이온과 결정을 이루는 원자의 조합에 따라 결정된다.

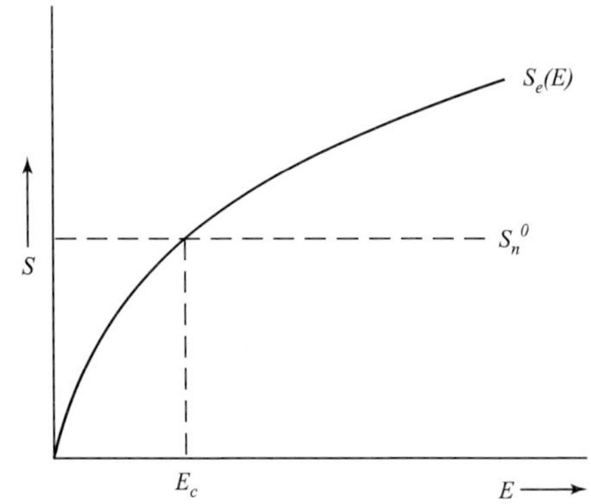

그림 6.7 탄성에너지 손실의 평균값과 비탄성 에너지 손실
(S.K. Ghandhi, VLSI Fabrication Principles, Wiley-Interscience, p314, 1983)

그림 6.8에는 아스닉, 인, 보론의 경우 이온에너지에 따른 에너지 손실이 나타나 있다. 여기에서 보면 무게가 무거운 아스닉의 경우 대부분의 에너지는 탄성충돌에 의해 잃게 되며 반면에 가벼운 보론의 경우는 대부분 비탄성충돌에 의해 에너지를 잃게 된다.

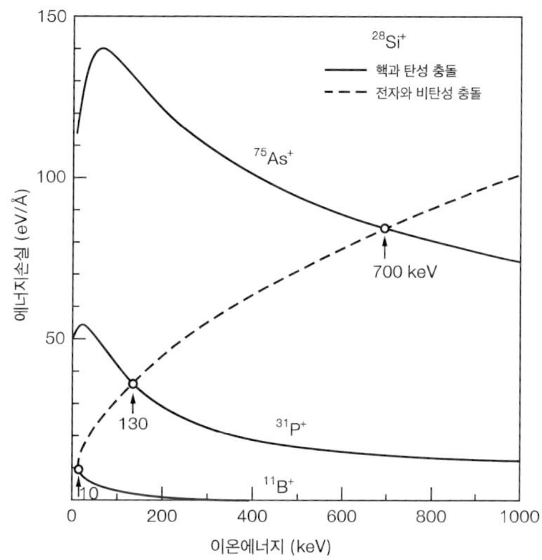

그림 6.8 아스닉, 인, 보론을 실리콘 웨이퍼에 주입하는 경우 이온에너지에 따른 에너지 손실

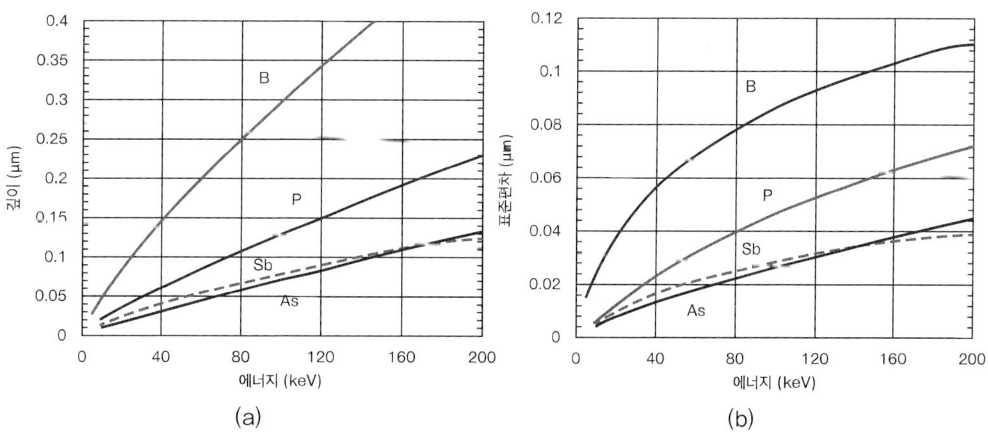

그림 6.9 B, P, As, Sb을 실리콘 웨이퍼에 주입하는 경우 초기 주입되는 이온에너지와 (a) 침투깊이의 평균값인 R_p값, (b) 표준편차 ΔR_p값 (J.D. Plummer et al., Silicon VLSI Technology, Prentice-Hall, p454, 2000)

그림 6.9에는 보론, 인, 아스닉, 안티모니의 경우 주입되는 이온의 초기 에너지와 침투 깊이의 평균값인 R_p값, 그리고 표준편차 ΔR_p(스트래글:straggle)가 나타나 있다. 같은 이온에너지에서는 가벼운 이온의 침투 길이가 크다. 무게가 무거운 이온의 경우 침투 깊이는 거의 에너지 값에 비례하는 경향을 보여주며 가벼운 이온의 경우 정확하게 비례하지 않는다. 인의 경우는 대략 1.1 micron/MeV 정도의 기울기를 가지며 아스닉의 경우는 0.58 micron/MeV 정도로 나타난다. 보론의 경우는 10~100 keV 범위에서 3.1 micron/MeV 정도로 나타나고 100 keV 이상에서는 비탄성 충돌에 의해 비선형적인 경향을 나타낸다.

실리콘 결정에 가속화된 이온이 다수 주입되는 경우 수많은 충돌이 일어나기 때문에 이온 에너지에 따른 침투 깊이는 통계학적으로 가우시안 (정규분포) 분포를 따른다고 볼 수 있다. 이 경우 주입된 농도는 아래와 같이 표시된다.

$$N(x) = \frac{Q_o}{(2\pi)^{1/2}\Delta R_p} \exp\left[-\frac{1}{2}\left(\frac{x - R_p}{\Delta R_p}\right)^2\right] \tag{6.9}$$

여기에서 Q_o는 도우즈 (이온의 개수/cm^2), $N(x)$는 농도(이온의 개수/cm^3)이다. 이 식은 평균값 R_p와 표준편차 ΔR_p로 나타난 가우시안 분포식이다. 여기에서 농도의 최대값(C_p)은 $x = R_p$일 때 얻어지며 $C_p = Q_o/[(2\pi)^{1/2}\Delta R_p]$로 나타난다. 이 식은 1차원 모델로 y방향으로의 분포는 무시하여 없다고 생각한 것이다. 그림 6.10에는 B, P, As, Sb의 이온 주입에서 깊이 방향 x에 따른 이온 농도의 분포를 보여주고 있다.

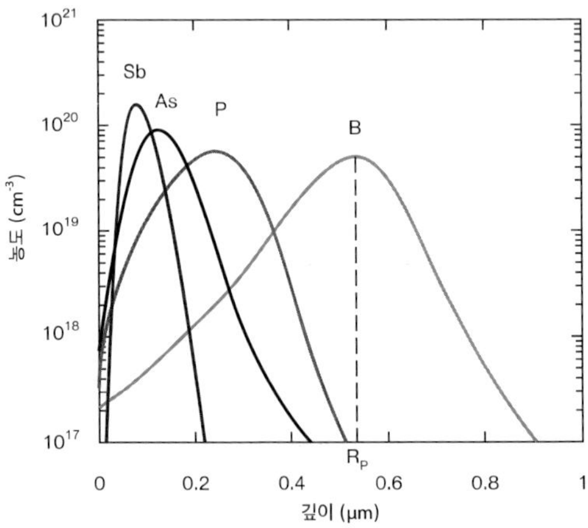

그림 6.10 B, P, As, Sb의 이온 주입에서 깊이 방향에 따른 이온 농도의 분포(각 이온에너지가 200 keV 일 때이며 실리콘 웨이퍼에 주입하는 경우)

그림에서 보면 무거운 이온인 안티모니의 경우 거의 완벽한 가우시안 분포를 보여주며 R_p를 중심으로 거의 대칭인 모양을 보여준다. 가벼운 이온인 보론의 경우는 대칭에서 상당히 벗어나 R_p보다 작은 특히 표면 쪽의 분포가 대칭에서 벗어남을 알 수 있다. 실제로 가우시언 분포에서 아래와 같은 i차 모멘트가 정의되는데 평균값, 표준편차는 각각 1차, 2차 모멘트에 해당한다.

$$m_i = \frac{1}{Q_o}\int_{-\infty}^{+\infty}(x-R_p)^i n(x)dx \tag{6.10}$$

가우시안 분포에서 벗어나는 부분을 나타내기 위해서는 스큐네스에 해당하는 3차 모멘트, 커토시스에 해당하는 4차 모멘트를 도입하여 파라미터를 늘려 맞출 수 있다. 이 경우 3차 모멘트는 대칭에서 벗어나는 것을, 4차 모멘트는 최고값 부분이 평탄한 것을 반영하게 된다. 이에 대한 자세한 내용은 생략하기로 한다.

이온 주입 후에 결정구조를 복원하기 위한 어닐링 과정에서 열을 가하므로 최종 도판트 농도 분포는 이 과정에서의 확산에 의해 변하게 된다. 대부분의 경우 어닐링 시간을 줄여 확산계수와 확산 시간의 곱인 확산 거리 $2(Dt)^{1/2}$를 최소화하여 분포에 미치는 영향을 억제한다. 나노규모의 극히 얇은 접합부를 형성하는 경우 확산의 영향을 고려해야 한다. 어닐링 과정에서의 확산은 앞서 확산공정에서 기술한 drive-in 공정에 해당하며(limited source diffusion) 마찬가지로 가우시언 분포를 나타내게 된다. 이에 따라 식 6.9에서 ΔR_p^2 대신에 $\Delta R_p^2 + 4Dt$를 대입하면 이온주입 후 어닐링에 의해 형성되는 도판트 분포를 구할 수 있다. 이러한 관계는 확산 거리 $2(Dt)^{1/2}$가 표준편차 ΔR_p보다 아주 작을 때 성립한다. 그림 6.11에는 여러 어닐링 방법을 활용할 때 파워밀도와 어닐링 시간이 나타나 있다.

흔히 쓰이는 전기로 가열법은 에너지 밀도는 높으나 파워밀도가 낮고 이에 따라 어닐링 시간도 길어진다. 전기로법은 일반적으로 저항가열을 하기 때문에 원하는 온도에 도달하는 시간이 상당히 길다. 램프 등의 복사열 가열법을 이용한 RTA(rapid thermal annealing)를 활용하는 경우 고속 가열이 가능해 공정 시간을 줄일 수 있어 많이 활용된다. 이외에도 이온빔, 전자빔, 레이저를 활용하는 경우 시간당 가해지는 에너지, 즉 파워밀도를 높일 수 있어 어닐링 시간을 아주 짧게 가져 갈 수 있으며 이를 활용하면 어닐링에 의한 확산을 최소화할 수 있다.

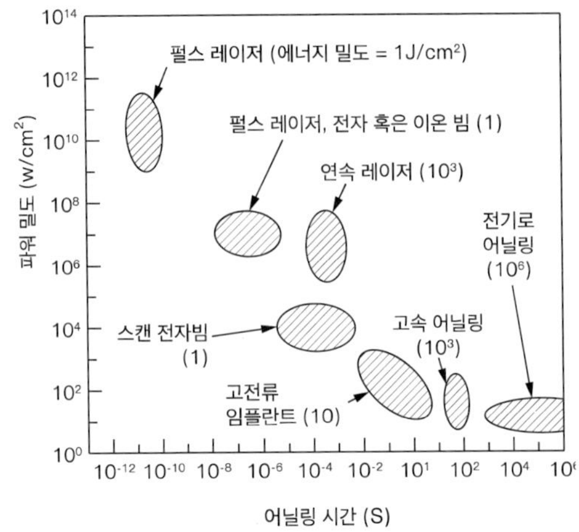

그림 6.11 여러 어닐링 방법을 활용할 때 파워밀도와 어닐링 시간

주입된 이온의 농도 분포식 6.9로부터 필요한 이온주입 마스크의 두께를 구하는 관계식을 유도할 수 있다. 마스크의 두께 d를 뚫고 나간 도판트의 양은 아래와 같이 나타난다.

$$S_d = \int_d^{\infty} \frac{S}{\sqrt{2\pi}\Delta R_p} \exp\left[-\left(\frac{x-R}{\sqrt{2}\Delta R_p}\right)^2\right] dx \tag{6.11}$$

보상오차함수(complementary error function)는 아래와 같이 정의되며

$$\int_x^{\infty} \exp(-y^2) dy = \frac{\sqrt{\pi}}{2} erfc(x) \tag{6.12}$$

여기에서 전체 주입된 이온의 도우즈 중에 마스크를 뚫고 나간 부분 T(transmission coefficient)는 아래와 같이 정의된다.

$$T = \frac{S_d}{S} = \frac{1}{2} erfc\left[\frac{d-R_p}{\sqrt{2}\Delta R_p}\right] \tag{6.13}$$

위의 식에서 보상오차함수의 괄호 안의 값이 아주 작을 때 T는 아래와 같이 근사값으로 나타낼 수 있다.

$$T \sim \frac{\exp(-u^2)}{2\sqrt{\pi u}}, \quad u = \frac{d - R_p}{\sqrt{2}\Delta R_p} \tag{6.14}$$

주입되는 이온의 99.99%를 마스크에서 막아 내려면 $T = 10^{-4}$이 되는데 이때 u값은 2.8이 되며 이를 얻을 수 있는 마스크 두께의 최소값은 $d_{\min} = R_p + 3.96\Delta R_p$가 된다. 즉 주어진 마스크 재료에서 레인지의 평균값에 표준편차의 3.96배를 합한 두께를 사용하면 목적을 달성할 수 있게 된다. 그림 6.12에는 마스크 재료로서 실리콘 산화막이나 질화막을 사용하여 $T = 10^{-4}$을 달성하고자 할 때 필요한 마스크의 두께가 나타나 있다. 그림 안에 삽입된 그림은 마스크의 두께가 d일 때 침투한 이온 부분을 빗금으로 표시한 것이다. 질화막이 산화막보다 단단해 마스크의 두께가 상대적으로 얇은 것을 알 수 있으며 가벼운 이온일수록 더 두꺼운 마스크가 요구된다. 당연히 이온에너지가 큰 경우 두꺼운 마스크가 요구된다. 리소그라피 공정에서 패턴을 위해 사용한 감광성 수지(포토레지스트)를 제거하지 않고 직접 마스크로 활용할 수도 있다. 이러한 포토레지스트는 실리콘산화막과 마찬가지로 상당히 효율적인 마스크가 될 수 있으나 일반적으로 이러한 고분자 물질이 산화물보다 물러 좀 더 두꺼운 막이 필요하다. 이러한 물질을 마스크로 활용할 때에는 이온에너지에 따른 레인지와 표준편차(스트래글) 자료가 필요하다.

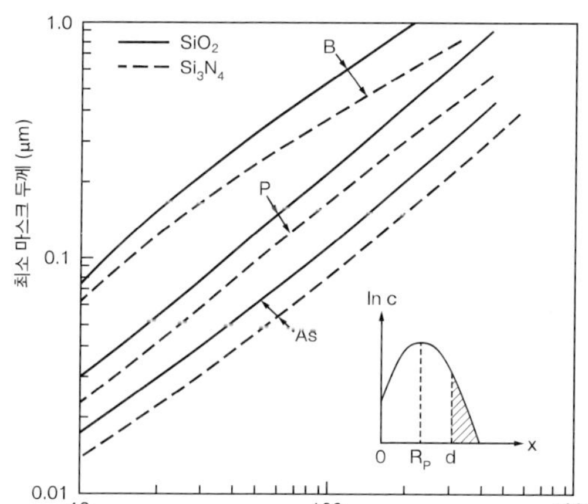

그림 6.12 마스크 재료로서 실리콘 산화막이나 질화막을 사용하여 T= 10^{-4}을 달성하고자 할 때 필요한 마스크의 두께

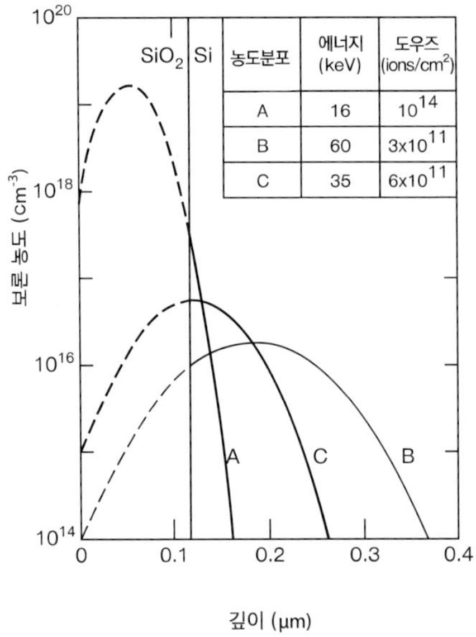

그림 6.13 일정 두께의 산화막을 통해 보론을 이온주입할 경우 이온에너지와 도우즈에 따라 산화막 아래 실리콘 층으로 투과된 이온의 농도 분포

(Proc. IEEE, 62, 1241, 1974)

그림 6.13에는 일정 두께의 산화막을 통해 보론을 이온주입할 경우 이온에너지와 도우즈에 따라 산화막 아래 실리콘 층으로 투과된 이온의 농도 분포를 보여 주고 있다. MOSFET 소자에서 트랜지스터의 턴온 전압을 제어하는 방법으로 산화막과 반도체 실리콘 계면의 도판트 농도를 조절하는데 이때에 이온주입공정이 유용하게 쓰인다. 그림에서 보는 바와 같이 이온에너지와 이온 도우즈를 통해 산화막 아래 실리콘에 주입된 보론의 도판트 프로파일을 제어할 수 있다.

6.3 이온 채널링, 결정의 손상 및 어닐링

그림 6.14는 반도체 실리콘의 다이아몬드 큐빅 구조를 <110> 축 방향으로 관찰할 때 원자(구형)와 그들 사이에 형성된 화학결합(막대기 모양)의 배열을 보여주고 있다. 실제 결정구조에서는 원자가 규칙적으로 배열되어 있어 특정 방향으로 채널이 형성되어 있는 것을 알 수 있다.

즉 결정 구조가 비정질로 원자가 임의로 배열이 되어 있는 경우 임의의 충돌에 의해 주입된 이온이 임의의 방향으로 산란이 일어나게 되고 이온농도의 분포가 가우시언 정규분포에 가까워지게 된다. 그러나 웨이퍼는 단결정으로 실리콘 원자가 규칙적으로 배열되어 있고 주입된 이온은 그 방향에 따라 채널을 통해 임의의 충돌 없이 직진하는 경우가 발생한다. 또한 주입된 이온은 격자에 있는 원자와의 밀침에 의해 채널 쪽으로 몰리기도 한다. 이 경우 침투 깊이는 임의의 충돌이 있는 경우보다 몇 배가 더 커질 수가 있는데 이는 채널링에 의해 충돌이 줄어들고 에너지 손실이 작아지기 때문이다. 가장 원자의 배열이 치밀한 방향이 <763>인데 이 경우 채널링을 최소화할 수 있으나 완전히 없애기는 힘들다. 그림 6.15에는 채널링에 의한 테일의 형태가 나타나 있다. 이때 테일의 모양은 깊이에 대한 $\exp(-x/L)$ 형태의 지수함수로 나타낼 수 있으며 여기에서 특성 길이 L은 ~0.1마이크론 정도이다. 테일의 형성은 웨이퍼를 특정 방향에서 일정 각도로 기울여 이온주입을 함으로써 줄일 수 있다. 이때 아래와 같이 임계 각도를 정의할 수 있는데 여기에서 Z_1과 Z_2는 각각 주입되는 이온과 결정내 원자의 원자번호이다. 그리고 E는 keV로 나타낸 이온의 주입 에너지이고 d는 Å로 나타낸 웨이퍼 결정면의 면과 면 사이의 거리이다.

$$\text{critical angle } \theta_c = 9.73°[Z_1Z_2/Ed]^{1/2} \tag{6.14}$$

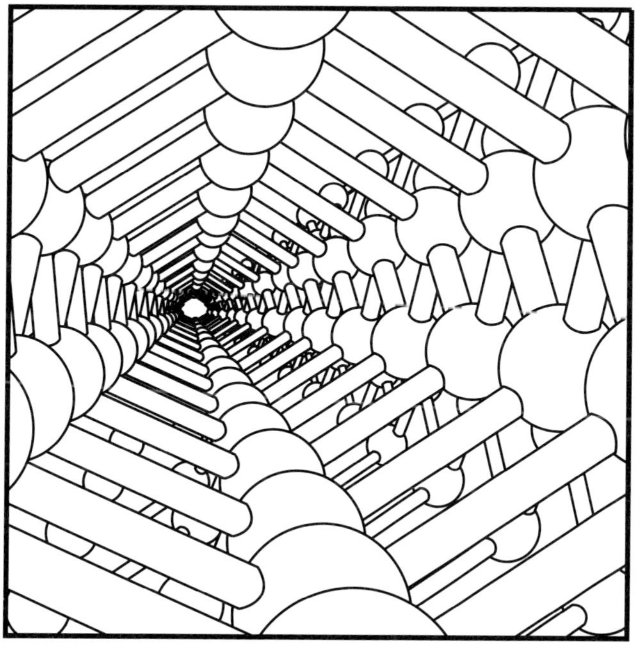

그림 6.14 반도체 실리콘의 다이아몬드 큐빅 구조를 ⟨110⟩ 축 방향으로 관찰할 때 원자(구형)와 그들 사이에 형성된 화학결합(막대기 모양)의 배열

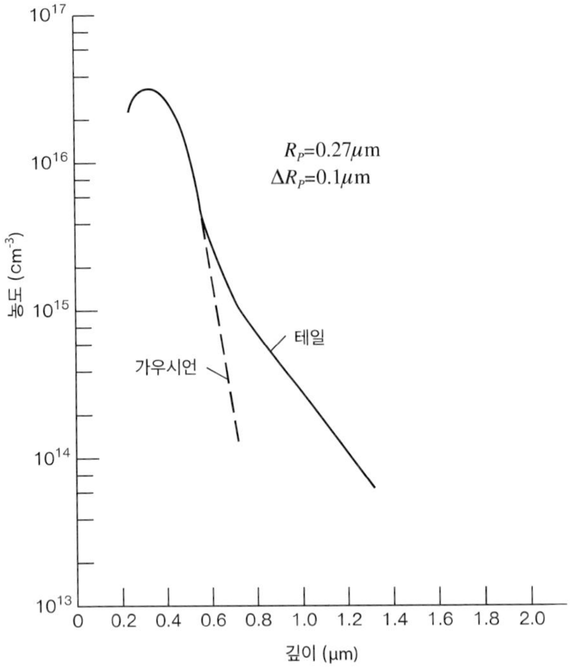

그림 6.15 채널링에 의한 테일의 형성 (Can. J. Phys., 46, 587, 1968)

이온의 주입이 웨이퍼 표면에 수직인 방향에서 임계각도보다 크게 기울여 진행되면 채널링을 최소화할 수 있다. 이 식에서 보면 주입되는 이온에너지가 크고, 결정면 간의 거리가 크며 원자번호가 작은 이온일수록 임계각도가 작아 기울이는 정도가 작아도 채널링이 덜 심하게 된다. 인과 보론을 비교할 때 무거운 인의 경우가 채널링이 더 심하게 된다. 그림 6.16은 인을 300 keV로 주입한 후 850°C에서 어닐링했을 때 농도 분포를 나타낸 것이다. 결정면에 수직인 <111> 방향으로 주입한 경우보다 기울이는 각도를 0.5도에서 6.5도로 증가시켰을 때 채널링이 줄어드는 것을 알 수 있다.

이러한 채널링은 또한 도우즈를 증가시킬수록 감소하게 되는데 이는 높은 도우즈에서 웨이퍼의 결정층이 파괴되어 비정질로 변해 임의적인 충돌을 증가시키기 때문이다.

그림 6.17에는 인을 실리콘 결정에 이온 주입할 때 도우즈에 따른 이온의 농도 분포가 나타나 있다. 도우즈가 높아지면서 비정질 층이 형성되어 채널링이 줄어드는 것을 알 수 있다. 삽입된 그림은 실리콘 결정구조에서 채널링에 의해 진행되는 이온의 궤적을 보여주고 있다.

특정 도우즈 이상에서 채널링이 급격히 줄어드는 현상은 비정질 층이 형성되기 위해서는 일정 도우즈 이상으로 이온이 주입되어 비정질화에 필요한 에너지가 충분이 공급되어야 함을 보여주고 있다.

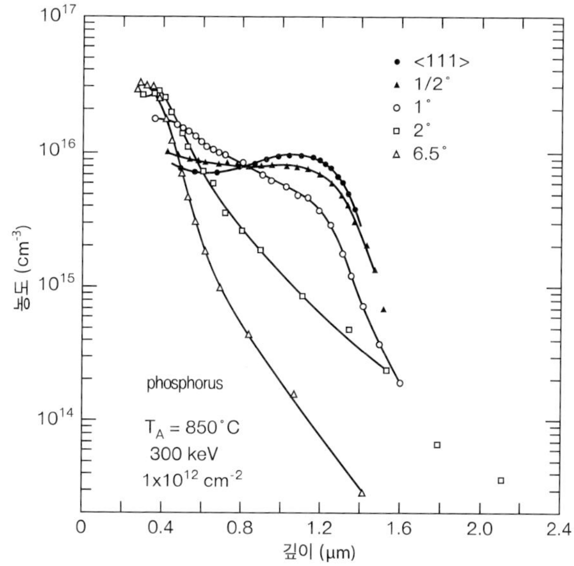

그림 6.16 인을 300 keV로 주입한 후 850°C에서 어닐링했을 때의 농도 분포. 경사각을 증가시킬수록 채널링이 감소한 것을 알 수 있다. (S.M. Sze, VLSI Technolgy, McGraw-Hill, p236, 1983)

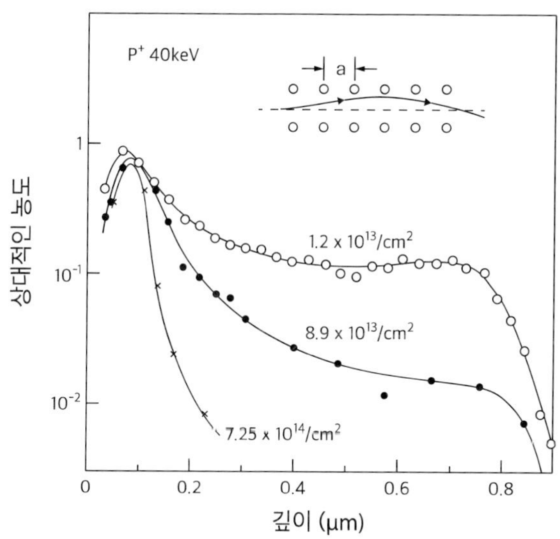

그림 6.17 40keV 에너지의 인을 이온 주입할 때 도우즈에 따른 이온의 농도 분포. 도우즈가 높아지면서 비정질 층이 형성되어 채널링이 줄어드는 것을 알 수 있다. 삽입된 그림은 결정구조에서 채널링에 의해 진행되는 이온의 궤적을 보여주고 있다. (Can. J. Phys., 46, 587, 1968)

또 한편 웨이퍼에 미리 실리콘 이온(Si^+)을 주입하여 비정질층을 형성한 다음 도판트 이온을 주입하여 채널링을 감소시킬 수 있다. 이때 총 주입되는 이온의 에너지가 웨이퍼 결정이 녹는 데 필요한 에너지 정도가 되는 도우즈를 가하면 비정질 층을 형성할 수 있다.

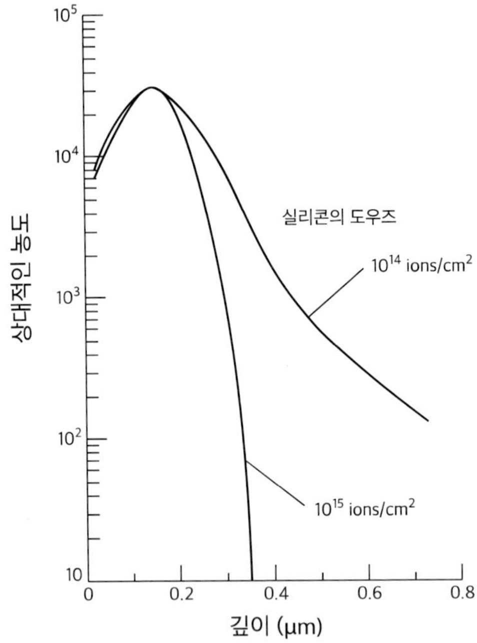

그림 6.18 실리콘 웨이퍼에 실리콘 이온을 주입하여 전처리를 하고 이후 인을 이온 주입하였을 때 인의 농도분포. 인은 100keV의 에너지로 낮은 도우즈로 이온 주입하였음. (S.K. Ghandi, VLSI Fabrication Principles, Wiley-Interscience, p324, 1983)

그림 6.18에는 실리콘 웨이퍼에 실리콘 이온을 주입하여 전처리를 하고 이후 인을 이온주입하였을 때 인의 농도분포를 보여 주고 있다. 이때 전처리를 위한 실리콘 이온의 주입에서 도우즈가 $10^{15}/cm^2$가 되면 충분한 에너지가 실리콘 결정에 전달되어 비정질화가 효율적으로 진행되고 이후 인을 주입하였을 때 가우시언 분포가 얻어지는 것을 알 수 있다. 반면에 이보다 도우즈가 낮으면 에너지가 충분치 않아 비정질화가 충분히 일어나지 않으므로 채널링이 관측된다.

실리콘을 전처리를 위한 이온으로 활용하는 것은 이온 주입 후 어닐링할 때 불순물없이 웨이퍼를 결정화할 수 있기 때문이다. 실리콘 이외에 아르곤이나 네온 등의 이온으로 전처리 할 수 있는데 이들은 실리콘과 화학반응을 하지 않고 어닐링할 때 기체로 방출되어 불순물을 남기지 않는다. 실리콘의 융해열은 $Q_m = 10^{21} keV/cm^3$ 정도인데 이로부터 비정질화하기 위한 도우즈의 양을 아래 식으로부터 계산할 수 있다.

$$S = Q_m \cdot R_p / E_o \tag{6.15}$$

여기에서 S는 필요한 도우즈, R_p는 레인지, E_o는 주입되는 이온의 에너지이다. 실제로는 이온의 에너지가 결정에 균일하게 전달되지 않기 때문에 계산 값보다는 더 높은 값이 요구된다($10^{16}/cm^2$ 이상).

앞서 언급한 바와 같이 반도체 층이 제 기능을 하기 위해서는 주입된 도판트가 전기적으로 활성화되고 또한 이온주입에 의해 손상된 결정구조를 단결정 구조로 복원시켜야 한다. 이온주입에 의해 생성되는 결함은 주입되는 이온의 무게에 따라 그 형태가 달라지는데 그림 6.19에는 보론과 같은 가벼운 이온과 아스닉 같은 무거운 이온이 주입되었을 때 손상을 입은 영역의 개념도가 나타나 있다. 주입된 이온 하나당 결정격자에 있는 원자 10^3~10^4개 정도가 제자리를 벗어나 결정에 손상이 간다. 이러한 손상은 핵끼리의 탄성충돌에 의해 일어나며 비탄성충돌은 거의 손상을 유발하지 않는다. 가벼운 이온의 경우 침투 깊이가 크고 에너지 전달 메카니즘이 전하에 의한 비탄성충돌이 중요하게 되어 그림 6.19 (a)에 나타난 바와 같이 그 손상된 영역이 이온의 궤적 주위에 얇게 분포되어 있는 것을 알 수 있다. 반면에 무거운 이온의 경우 침투 깊이가 작고 핵끼리의 탄성충돌이 중요해 손상된 부위가 이온 궤적에 가깝게 집중되어 있는 것을 알 수 있다. 그 두께는 50Å 정도로 나타난다.

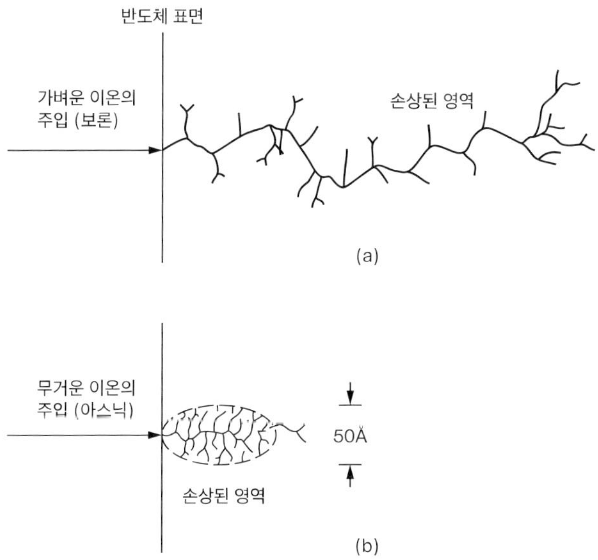

그림 6.19 (a) 보론(11)과 같은 가벼운 이온과 (b) 아스닉(75) 같은 무거운 이온이 주입되었을 때 손상을 입은 영역의 개념도 (S.K. Ghandhi, VLSI Fabrication Principles, Wiley-Interscience, p323, 1983)

가벼운 이온의 경우 전달되는 에너지가 작고 산란 각도가 크다. 이 경우 비탄성충돌이 우세해 손상이 상대적으로 적고 이온이 정지하는 부근의 손상이 크다. 반면에 무거운 이온의 경우 에너지 전달량이 크고 산란되는 각이 작다. 이 경우 이동되는 원자의 숫자가 많고 손상이 집중되어 타원형 모양을 나타낸다. 초기에는 비탄성충돌이 중요하고 주입이 되면서 에너지가 줄어들며 탄성충돌이 중요하게 된다. 이에 따라 침투된 깊이의 약 75%되는 지점이 손상이 제일 크다. 결정의 손상은 전자현미경으로 직접 관찰할 수 있고 간접적으로 전기적 물성을 측정하거나 표면의 반사도 등으로 판단해 볼 수 있다. 이렇게 손상된 영역은 비정질이 되며 보론 같이 가벼운 이온은 무거운 이온보다 100배 이상의 도우즈가 있어야 비정질 영역이 형성된다.

그림 6.20에는 보론을 이온주입한 후 어닐링했을 때 도판트의 농도 분포와 자유전하의 농도 분포를 나타내었다. 주입된 이온의 농도는 SIMS(secondary ion mass spectrometer) 등을 활용해 측정하며 자유전자의 농도는 Hall effect measurement를 활용한다. 그림에서 보는 바와 같이 어닐링 온도가 800°C일 때는 그 온도가 충분히 높지 않아 모든 보론 이온이 활성화되지 않으며 이에 따라 자유전하 농도가 보론 농도보다 낮게 된다. 어닐링 온도가 900°C일 때는 대부분의 도판트가 활성화되어 도판트의 농도와 자유전하의 농도가 거의 같게 된다.

어닐링에 의해 도판트가 활성화되고 결정구조가 복원되면서 전하의 이동도와 life time이 회복된다. 일반적으로 도우즈가 높고 이온에너지가 높아 손상이 큰 경우 어닐링에 더큰 에너지가 필요해 좀 더 긴 시간과 고온을 요구하게 된다. 그러나 이러한 경향에서 벗어나는 예가 있다. 그림 6.21에는 인의 이온주입 후 어닐링 온도에 따라 활성화된 이온의 분율이 나타나 있다. 일반적으로 도우즈가 낮을 때 낮은 온도에서도 주입된 이온의 전기적 활성화가 잘 일어나며 도우즈가 $3\times10^{12}/cm^2$일 때와 1×10^{14}일 때를 비교하면 이러한 추세를 잘 반영한다. 온도가 500°C 이하에서는 회복되는 이온의 분율이 아주 낮으며 900~950°C에서 30분 이상 어닐링이 이루어져야 대부분의 이온을 활성화시킬 수 있다. 그런데 도우즈가 $1\times10^{15}/cm^2$에서 오히려 어닐링 온도가 낮아지는 현상이 나타나는데 이 경우에는 높은 도우즈로 인해 손상 영역의 비정질 구역이 집중적으로 몰려 있기 때문이다. 이 경우 앞서 그림 6.19에서 보는 바와 같이 타원형의 비정질-결정질 경계면에서 SPE(solid phase epitaxy) 현상이 나타나 낮은 활성화에너지로 결정화가 일어나게 된다.

이러한 현상은 경계면에 접한 결정상을 바탕으로 비정질 영역이 비교적 낮은 2.3 eV 정도의 활성화에너지로 쉽게 결정화되기 때문이다. 이에 반해 결함의 확산에 의해 결정화가 되는 경우는 5 eV 정도의 높은 활성화에너지를 필요로 한다. 이러한 경향은 그림 6.22에서도 확인할 수 있다. 이 그림에는 보론과 인을 이온주입할 때 도우즈 양에 따라 도판트를 90% 활성화할 수 있는 온도를 도시하였다.

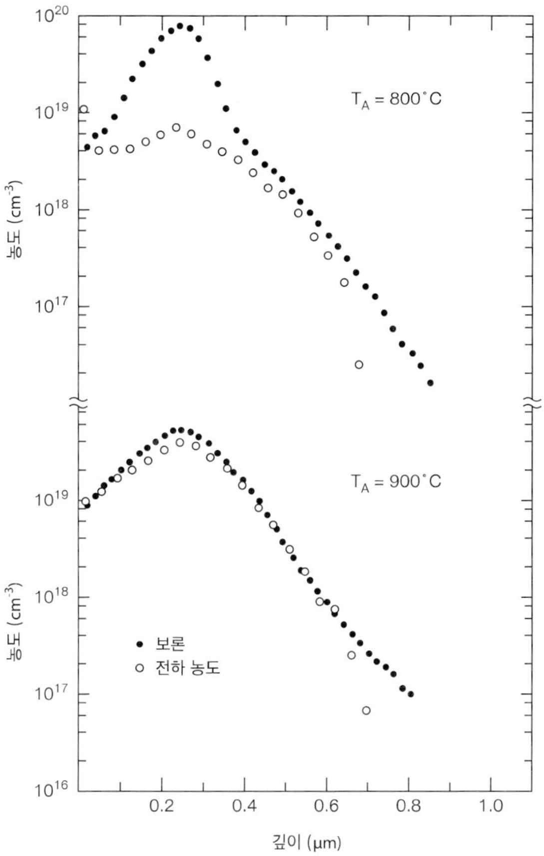

그림 6.20 보론을 이온 주입한 후 어닐링했을 때 도판트의 농도 분포와 자유전하의 농도 분포. 보론 이온의 주입에너지는 70 keV, 도우즈는 10^{15}/cm^2, 어닐링 시간은 35분이다. (Phillips Res. Repts. Suppl., No.8, 1975)

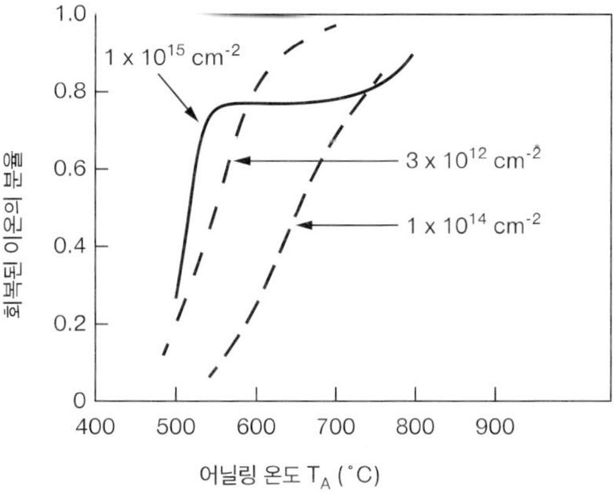

그림 6.21 인의 이온주입 후 어닐링 온도에 따라 활성화된 이온의 분율 (Appl. Phys. Lett., 14, 313, 1969)

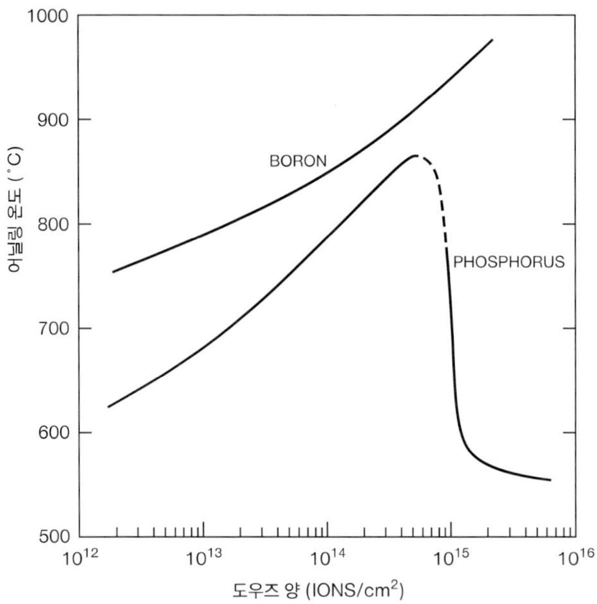

그림 6.22 보론과 인을 이온주입할 때 도우즈 양에 따라 도판트를 90% 활성화할 수 있는 어닐링 온도. 어닐링 시간은 30분임

보론이나 인의 경우 도우즈 양이 늘어나면 더 높은 온도에서 어닐링을 해야 하는 것을 알 수 있다. 그런데 인의 경우 도우즈가 어느 수준을 넘어가면 갑자기 어닐링 온도가 급격히 낮아지는데 이는 비정질 영역이 집중적으로 형성되어 앞서 설명한 SPE를 가능하게 하기 때문이다. 이러한 현상은 부분적으로 비정질화된 경우보다 비정질화가 집중화된 경우 어닐링이 더 수월하게 일어남을 보여 주고 있다.

보론 어닐링의 경우는 역어닐링(reverse annealing) 현상이 나타난다. 그림 6.23에 나타난 바와 같이 도우즈가 $8\times10^{12}/cm^2$으로 낮은 경우에는 점결함이 치유되면서 이온이 활성화되어 온도가 증가함에 따라 활성화된 분율도 비례해 높아지게 된다. 그러나 도우즈가 2.5×10^{14}~2×10^{15} 수준으로 높아진 경우 600°C 근처에서 활성화된 분율이 떨어지게 되는데 이는 0차원의 점 결함이 서로 뭉쳐 1차원의 선 결함(dislocations)을 형성하여 결함의 회복 효율이 떨어지기 때문이다. 이렇게 형성된 선 결함은 어닐링을 어렵게 해 더 높은 온도를 요구하게 된다. 이러한 현상을 역어닐링이라 하며 앞서 SPE와는 반대되는 경향이라 볼 수 있다.

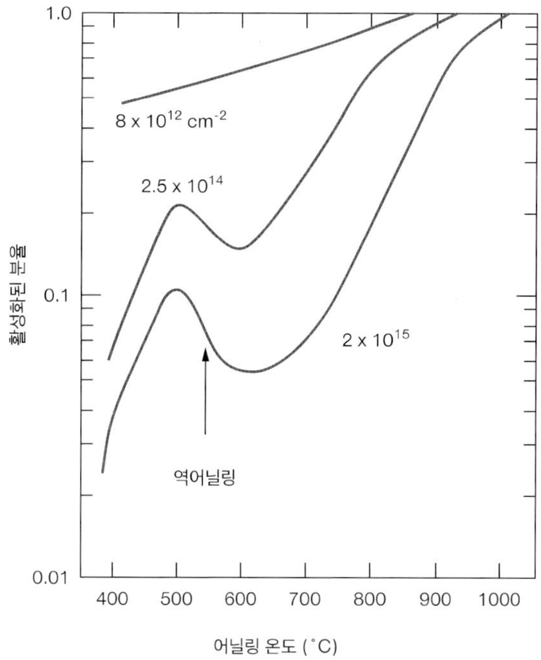

그림 6.23 보론의 이온 주입에서 도우즈와 어닐링 온도에 따라 전기적으로 활성화된 이온의 분율(아닐링 시간 30분)

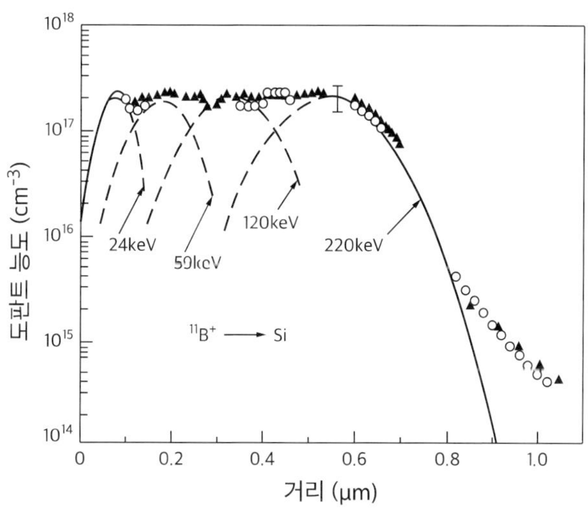

그림 6.24 보론 이온을 실리콘 결정에 주입할 때 이온 에너지를 조절 여러 번 주입함으로써 그 합으로 나타난 도판트의 농도분포 (Proc. IEEE 62, 1241, 1974)

이 장에서 다룬 이온주입공정은 확산공정보다 상당히 고가의 장비를 요구하나 반도체소자의 제조에 있어서 도판트 농도와 정크션의 두께를 아주 정밀하게 제어할 수 있어 나노구조를 만드는 데 필수적인 공정이다. 반도체소자의 제조뿐 아니라 구조물의 표면 조성을 정밀하게 제어하는데 유용하다. 예를 들어 금속 구조물에 질소나 탄소, 기타 성분을 주입하고 열처리를 하면 아주 단단한 세라믹 코팅을 하는 효과를 얻을 수 있다. 또한 이온에너지를 조절하며 여러 번 주입을 하면 정크션 내의 도판트 농도를 일정하게 만들 수 있다. 이에 대한 개념도가 그림 6.24에 나타나 있다.

그림에서 보는 바와 같이 보론 이온을 각각 24, 59, 120, 220keV로 높은 에너지의 이온으로 시작하여 순차적으로 주입을 하면 각각의 경우 침투 깊이가 다르고 이들을 전부 합한 전체 도판트의 농도 분포는 깊이에 대해 거의 일정하게 형성된다.

이온주입된 층은 결함이 형성되어 식각이 빨리 되고 또한 산화공정도 빨라지기 때문에 이를 이용하여 다양한 나노구조를 만들 수도 있다.

연습문제

01 이온주입 시스템에서 질량 28인 실리콘 이온을 정확히 선별하려 한다. 추출기의 전압이 20keV이고 애널라이저 마그넷의 반경이 30센티미터일 때 자기장의 세기를 구하라. 주입된 이온종의 농도를 분석할 때 일부 질소 성분이 보였는데 그 이유를 설명하라.

02 한 이온주입 시스템이 빔 전류 2 mA로 조업을 하고 있다. 300 mm 웨이퍼에 B^+이온을 $10^{18}/cm^2$의 도우즈로 주입한다고 할 때 걸리는 시간은 얼마인가?

03 보론 이온이 30keV의 에너지와 $10^{14}/cm^2$의 도우즈로 실리콘 웨이퍼에 주입되었다. 최대 이온 농도가 나타나는 지점의 깊이와 이 지점에서의 농도를 구하라. 깊이가 0.2 마이크론인 지점에서의 이온 농도는?

04 As가 75 keV의 에너지와 $10^{14}/cm^2$의 도우즈로 실리콘 웨이퍼에 주입되었다. 웨이퍼는 적당한 각도로 기울어져 채널링은 무시할 수 있다. 이온주입 후 급속 가열 처리에 의해 모든 도판트가 활성화되었다 할 때 전자의 농도 분포를 도시하고 최대 전자의 농도를 구하라. 웨이퍼가 p형으로 도판트의 농도가 $10^{15}/cm^3$라면 정크션의 위치는?

05 실리콘 웨이퍼 위에 50 nm 두께의 실리콘 산화막이 있고 여기에 인을 이온주입하였다. 최대 이온의 농도가 $10^{17}/cm^3$이고 실리콘과 실리콘 산화막 계면에서의 농도가 $10^{15}/cm^3$라면 얼마만한 에너지와 도우즈로 주입하면 되겠는가? 채널링은 무시하고 실리콘 산화막의 이온 침투 특성은 실리콘과 같다고 가정한다.

06 실리콘 웨이퍼 위에 형성된 15 nm 두께의 게이트 산화막을 통해 이온주입하여 트랜지스터의 문턱전압을 조절한다. 보론의 이온에너지가 30 keV라 할 때 산화막 층에 주입된 이온의 분율은 얼마나 되겠는가? 산화막의 두께는 레인지에 비해 작은 값이다.

07 인이 50 keV의 에너지와 $10^{14}/cm^2$의 도우즈로 실리콘 웨이퍼에 주입된다. 주입 후 3시간 동안 각각 900°C와 1,200°C에서 어닐링하였다면 각각의 경우 정크션의 위치는 얼마인가? 웨이퍼는 p형으로 도판트의 농도는 $10^{15}/cm^3$이다.

08 마스크와 기판의 계면에서 주입된 도판트 농도의 최고치보다 10,000분의 1 수준으로 농도를 낮추려면 마스크의 두께는 얼마가 되어야 하는가? 주입된 이온 농도 프로파일을 레인지와 표준편차로 나타나는 식을 구하라.

08 100 keV의 아스닉, 40 keV의 인, 30 keV의 보론으로 실리콘 웨이퍼에 이온주입할 때 비정질층을 형성하기 위해 필요한 도우즈의 양을 각각 구하라.

CHAPTER

7

묘화(lithography) 공정

모든 전자소자나 기타 다양한 기능을 갖는 소자의 제작에서 가장 중요한 필수적인 공정이 패터닝을 하는 공정이다. 1960, 70년대에 반도체 소자를 만들기 위한 패터닝 기술이 시작되면서부터 광을 이용한 묘화공정이 압도적으로 사용되어 왔다. 광을 이용한 리소그라피 공정은 마스크에 있는 패턴을 기판 표면에 전송하는 방법으로 나노미터 규모의 패턴을 양산성을 가지고 만들 수 있는 유일한 방법이다. 특히 집적회로를 만드는 공정에서는 광리소그라피(photolithography, photo-light, litho-stone, graphy-writing) 기술의 발전으로 회로의 패턴을 계속적으로 축소하여 회로의 밀도를 높여 왔고 앞으로 차세대 소자의 양산을 위해서도 당분간은 가장 중요한 기술로 자리매김할 것이다. 광리소그래피 공정은 광학적으로 아주 정밀한 기기를 필요로 하며 특히 집적회로의 제조에 있어서 생산 비용의 1/3 정도를 차지할 정도로 비싼 공정이다. 현재의 광리소그라피 공정은 선폭을 20나노미터 이하로 만들 수 있는 수준까지 발전해 있으며 특히 메모리소자, 마이크로프로세서, 그리고 휴대폰의 어플리케이션 프로세서 등은 가장 앞서가는 리소그라피 공정으로 제조되고 있다. 이외에 디스플레이나 멤스, 기타 소자 등은 이보다 선폭이 커 가장 최신 세대가 아닌 기술을 적용할 수 있다. 그림 7.1에는 패턴을 형성하는 기술의 종류가 나타나 있다. 그림에 보는 바와 같이 패터닝 기술은 크게 전사법(replication)과 형성법(generation)으로 나누어 볼 수 있다. 광리소그라피에 쓰이는 포토마스크(photomask 또는 reticle)를 만들 때를 제외하면 대량생산을 위한 패터닝공정에는 예외 없이 전사법이 활용되나 패터닝공정의 기본 개념을 정리하기 위해 그림에는 두 방법 모두 나타내었다.

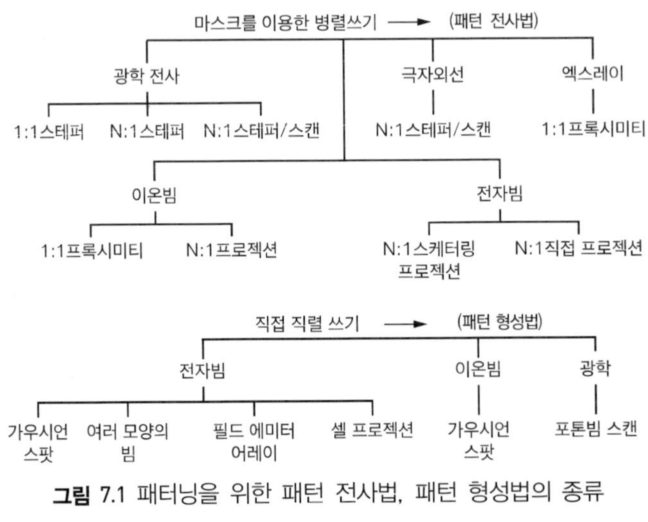

그림 7.1 패터닝을 위한 패턴 전사법, 패턴 형성법의 종류

패턴 형성법은 만들고자 하는 패턴 관련 자료를 직접 써 내려가는 방법으로 기판 위에 패턴을 만드는 방법이다. 이러한 방법은 패턴 전달 속도가 느리기 때문에 정밀한 패턴을 소량 생산하는 포토마스크의 상업적 제조와 패턴에 생기는 결함을 치유하는 것에 쓰이는 것을 제외하면 실제 양산에 응용되는 예는 드물다. 패턴을 쓰기 위해 전하를 띤 전자빔이나 이온빔, 혹은 광자를 이용한다. 전사를 위한 포토마스크의 제작에는 전자빔을 활용하여 원하는 패턴을 직접 기판 위에 하나하나 써 나가게 되는데 그 속도는 반도체소자를 만드는 경우 웨이퍼 한 장당 1시간 정도의 시간이 소요되는 정도이다. 경제성이 있는 양산성을 갖추기 위해서는 시간당 200장 이상의 웨이퍼를 처리해야 하는데 마스크를 이용한 전사법인 광리소그래피법 이외에는 이 정도의 속도로 처리할 방법이 없다. 패턴전사법은 원하는 패턴을 갖고 있는 마스크를 이용해 광자나 이온빔, 전자빔 등을 이용, 전체 패턴을 한꺼번에 기판 위에 전달하는 방법이다. 특히 193~436나노미터 파장을 갖는 자외선을 이용한 광전사법이 가장 보편적으로 쓰인다. 여기에서는 광전사법에 대해 기술하고자 한다.

7.1 광리소그라피

광리소그라피 기술은 현재 소자의 양산을 위한 패터닝 기술에 쓰이는 유일한 기술이다. 그림 7.2는 컴퓨터를 이용한 회로설계와 이를 통한 마스크의 제작, 그리고 웨이퍼에 전사하는 광리소그라피 공정의 기본 개념도가 나타나 있다. 집적회로의 제작에 있어서 다층구조가 만들어지는데 각 층의 회로는 컴퓨터를 이용하여 설계된다(computer aided design : CAD).

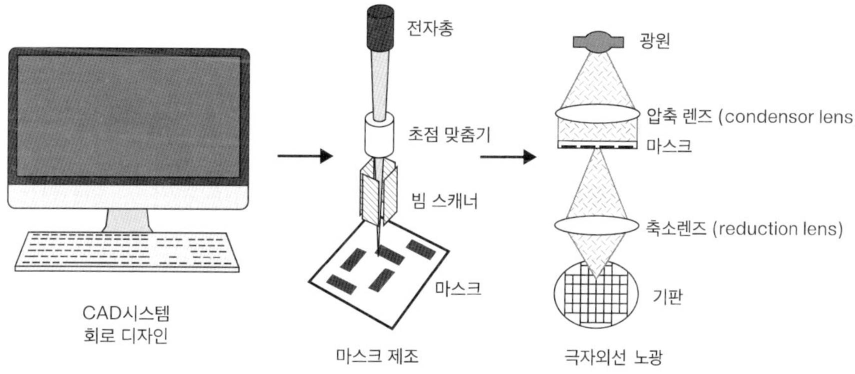

그림 7.2 컴퓨터를 이용한 회로설계와 이를 통한 마스크의 제작, 그리고 이 마스크를 이용 웨이퍼에 패턴을 전사하는 광리소그라피 공정의 기본 개념도

현재의 디자인 시스템은 수백만 개의 회로 컴포넌트가 데이터베이스화되어 있어 소프트웨어가 이들을 효율적으로 배열하고 이들 컴포넌트 사이를 배선으로 연결하여 가장 최적화된 배열로 원하는 기능을 수행하게 설계한다. 층마다 설계되어 배열된 회로는 층간에 연결되고 제작된 칩은 외부 회로와 연결되어 최종 패키징에 의해 제품화된다. 각 층마다 한 단계의 리소그라피 공정을 거치게 되며 복잡한 시스템일수록 리소그라피 공정의 횟수(mask level)가 많아지게 된다. 앞서 서론의 표 1.4에 나타난 바와 같이 현재 DRAM의 생산과정에서 활용되는 mask level은 26정도이다.

설계된 회로는 여러 단계의 검증을 거치며 최종 회로가 제작 단계로 넘어갈 준비가 되면 각 층의 패턴에 해당되는 정보는 마스크를 만드는 기계로 전달되어 전자빔이나 레이저빔으로 직접 직렬 쓰기에 의해 마스크에 패턴을 형성하게 된다. 이때 빔의 크기는 0.1 ~ 0.5마이크론 정도이며 빔스캐너에 의해 이미지를 직접 쓴다. 마스크로는 석영글라스판이 쓰이며 그 위에 스퍼터링과 같은 물리증착법에 의해 약 80나노미터 정도 두께의 크롬 박막을 증착시키고 그 위에 10~15나노미터 두께의 반사 방지막을 증착한 후 포토레지스트를 도포한다. 포토레지스트는 전자빔이나 레이저빔에 감응하는 유기고분자물질로 전자빔이나 레이저빔에 노광된 부분은 화학반응에 의해 용매에 녹아 나오는 특성으로 변하게 된다. 이때 반사방지막(antireflection coating: ARC)은 포토레지스트에 입사된 빔이 크롬 표면에서 반사되는 것을 억제하여 반사 및 산란에 의한 오차를 줄여주게 된다. 이후 빔에 노광된 고분자 부분은 용매에 녹아 크롬막 표면이 노출되고 패턴이 그대로 전사되며 남아 있는 고분자막이 에치 마스크로 활용된다. 노출된 크롬막은 습식에칭에 의해 제거되며 추후 건식에칭법을 쓰면 좀 더 정밀한 패턴을 만들 수 있게 된다. 크롬막에 패턴이 형성된 후 남아 있는 고분자 물질은 산소플라즈마에 의해 제거된다. 이렇게 해서 만들어진 석영유리 마스크에서 크롬금속이 남아 있는 부분은 빛을 차단하며 크롬이 제거된 유리부분은 빛이 투과하게 된다. 마스크에 만들어진 패턴의 크기는 웨이퍼 위에 그리고자 하는 패턴에 비해 4내지 5배 크다. 패턴크기가 큰 마스크는 제조하기 쉽고 패턴상의 결함을 찾아 수리하기가 편하다. 반면에 광학적인 방법으로 패턴을 축소시켜 웨이퍼 표면에 전사해야 하며 이에 필요한 정밀한 광학 시스템이 요구된다. 마스크상의 결함은 모든 웨이퍼에 직접 전달되므로 수율을 떨어뜨리는 원인이 되며 이들을 진단 수리하는 것이 중요하다. 마스크상의 패턴은 회로디자인과 비교하여 검사하며 필요 없는 크롬 박막을 제거하거나 혹은 추가로 증착하여 수리하는데 여기에도 전자빔이나 레이저빔이 활용된다. 이러한 마스크는 한 번 만들어지면 상당 기간 웨이퍼에 패턴을 전사하는 데 활용되기 때문에 양산성보다는 정확한 패턴이 요구되어 직렬 직접 쓰기 방법을 활용하는 것이다. 유리부분은 광리소그라피에서 쓰이는 자외선 광원을 높은 투과율로 투과시켜야 하는데 자외선 광원의 파장이 짧아지면서 점점 어려워지고 있다. 유리는 순도가 높은 이산화규소로 되어 있고 이산화규소는 밴드갭이 9 eV 정도로 웬만한 빛은 다 투과시키나 유리에 존재하는 미량의 불순물로 인해 단파장에서의 투과율이 저하된다. 마스크의 표면에 달라붙은 먼지는 광리소그라피에서 웨이퍼 표면에 그대로 전사되기 때문에 이 영향을 최소화하는 것이 중요하다. 이러한 불순물 입자의 영향을 최소화하기 위해 크롬 패턴이 형성된 유리기판 표면에는 수 마이크론 두께의 광 투과성 니트로셀룰로즈 멤브레인을 도포한다. 이 위에 달라붙은 입자들은 초점깊이(depth of focus)에서 벗어나 웨이퍼 위에 선명한 상을 전사시키지 않으므로 패턴 형성에 크게 영향을 미치지 않는다.

노광 시스템은 그림 7.3에 나타난 바와 같이 크게 나누워 컨택트 프린팅(contact printing), 프록시 프린팅(proxy printing), 프로젝션 프린팅(projection printing)으로 나누어 볼 수 있다. 컨택트 프린팅법은 가장 오래되고 간단한 방법으로 크롬 박막이 있는 마스크쪽이 웨이퍼 표면 위에 직접 접촉을 하고 있는 경우이다. 이 방법은 그림 7.4에 보는 바와 같이 마스크를 통과한 빛의 세기가 그대로 웨이퍼 표면의 감광성 고분자에 전달된다. 그러나 마스크가 웨이퍼에 직접 접촉함으로써 오염되어 결함이 발생하는 것을 피할 수 없다. 프록시법은 마스크와 웨이퍼 사이에 5내지 25마이크론 정도의 간격을 유지하며 노광하는 방법으로 콘택트법과 달리 마스크가 오염되는 것을 피할 수 있다.

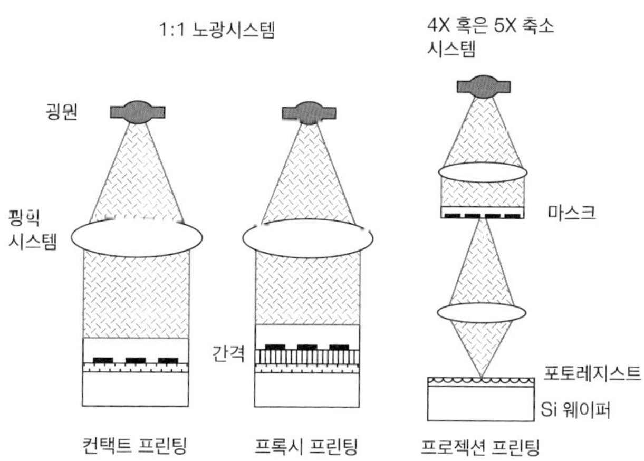

그림 7.3 컨택트 프린팅(contact printing), 프록시 프린팅(proxy printing), 프로젝션 프린팅(projection printing)에 의한 노광 시스템의 개념도 (J.D. Plummer et al., Silicon VLSI Technology, Prentice-Hall, p108, 2000)

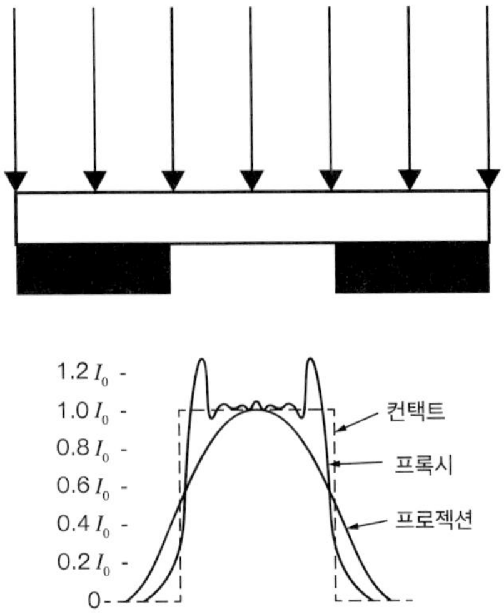

그림 7.4 컨택트 프린팅, 프록시 프린팅, 프로젝션 프린팅의 경우 마스크를 통해 웨이퍼 표면에 전사되는 빛의 강도 분포

그러나 그림 7.4에서 보는 바와 같이 빛의 회절(diffraction)에 의해 웨이퍼 표면에 도달하는 빛의 강도가 균일하지 않으며 또한 마스크에 그려진 패턴을 축소하여 웨이퍼 표면에 전사하는 것이 불가능하여 마이크론 이하의 패턴을 만드는 것이 어렵다. 단지 파장이 짧아질수록 패턴의 크기를 작게 만들 수 있어 1~2나노미터 파장의 x선을 사용하는 경우 프록시 방법으로 선폭의 축소가 가능하다. 컨택트나 프록시 시스템은 마스크와 웨이퍼 사이에 렌즈가 필요 없어 프로젝션 시스템보다 간단하나 오염 없이 미세 패턴을 만들 수 있고 양산에 가장 적합한 프로젝션 시스템이 압도적으로 쓰인다.

프로젝션 프린팅법은 광원과 마스크, 마스크와 기판 사이에 적절한 간격을 유지하고 마스크에 쓰인 패턴을 1/4 내지 1/5로 축소 전사할 수 있어 미세 패턴을 만들기에 유리하고 마스크의 오염 없이 양산할 수 있는 방법이다. 그러나 그림 7.4에 보는 바와 같이 빛의 회절에 의한 퍼짐 효과를 최소화하고 또한 초점을 정확하게 맞추기 위해 광원과 마스크, 그리고 마스크와 기판 사이에 복잡한 광학 시스템을 필요로 한다. 현재에는 그림 7.3에 나타난 바와 같은 프로젝션 프린팅 방법이 반도체소자의 양산에 쓰이며 기판의 일정 부분을 스캔하며 노광하고 기판을 연속적으로 이동시켜 노광함으로써 전체 기판 표면을 처리하는 스테퍼공정이 보편적으로 쓰인다. 광원으로부터 나오는 강한 빛은 렌즈를 통해 평행하게 일직선으로 비추어 마스크를 통과하게 하고, 금속박막이 덮이지 않은 유리 부분을 투과한 빛은 다시 렌즈를 통해 초점이 맞추어져 웨이퍼 표면의 감광성 수지에 도달하게 된다. 이때 이미지의 크기는 1/4 내지 1/5로 축소 전사된다. 빛이 비추는 크기는 사방 몇 센티미터밖에 되지 않아 한 번의 노광에 의해서 만들어지는 칩의 수는 몇 개 정도이며 기판을 이동(스테퍼)하며 연속적으로 일정 면적을 노광시키게 된다(step & repeat). 경우에 따라서는 가

느다란 막대 모양의 광원을 이용하고 마스크와 웨이퍼를 동시에 이동하여 노광하기도 하는데 이 경우 마스크가 웨이퍼보다 4 내지 5배 정도 (축소하는 비율에 따라) 빠르게 움직이게 된다. 이 방법을 활용하면 한 번에 노광하는 면적을 마스크의 크기만큼 크게 할 수 있다.

리소그라피 공정은 편의상 세 부분으로 나누어 볼 수 있는데 첫째는 광자를 발생시키는 광원이다. 이 경우 파장을 짧게 할수록 패턴의 크기를 작게 가공할 수 있어 파장이 짧은 광원을 어떻게 만들어 내느냐가 중요하다. 두 번째는 노광 시스템으로 광원의 빛을 마스크를 통해 웨이퍼 표면의 감광성 수지 위에 노광을 하는 부분이다. 이 과정은 마스크에 있는 패턴을 그대로 전사하는 것인데 이때 감광성 수지(포토 레지스트) 내에서 광자를 흡수해 광화학반응이 일어나게 된다. 노광된 부분이 광화학반응에 의해 용매에 녹아 나오는 경우가 포지티브 레지스트이고 이 부분이 남아 있고 나머지 부분이 녹아 나오는 경우가 네거티브 레지스트이다. 노광 후 용매에 의해 현상되어(develop) 형성되는 고분자 패턴은 에칭공정에서 마스크 역할을 하게 된다. 세 번째는 감광성 수지와 관련된 부분으로 노광(exposure), 용매에 의한 현상, 이와 관련된 전, 후처리 과정이다. 노광 시스템의 역할은 가장 정확한 이미지를 감광성 수지 위에 전달하는 것이며 여기에는 해상도(resolution), 노광 면적, 초점심도(depth of focus, 焦點深度), 균일도, 광의 세기, 노광 면적 내의 광편차 최소화 등 여러 사항이 연관된다. 감광성 수지의 역할은 마스크의 2차원적인 이미지를 광전사를 통해 표면 위에 3차원적으로 그려 내는 것이며 생성되는 이미지의 기하학적인 정밀도, 광화학 반응 속도, 그리고 에칭공정에서 마스크로서의 역할 등이 중요하다.

7.2 광원과 노광 시스템

리소그라피 시스템을 이용해 만들어 낼 수 있는 패턴의 정밀도를 해상도(resolution), 또는 임계크기(critical dimension)라 하며 이 값은 아래와 같이 주어진다.

$$\text{Resolution} = \frac{k_1\lambda}{\text{NA}} \tag{7.1}$$

즉 해상도는 광원의 파장 λ에 비례하며 파장이 짧아질수록 좀 더 작은 패턴을 만들어 낼 수 있게 된다. 여기에서 NA는 numerical aperture이고 k_1값은 광학 시스템의 특성에 따라 0.6~0.8의 값을 갖는다. 집적회로의 제조에 있어서 수많은 패턴을 동시에 만들어 내게 되며 이때 각 패턴의 크기는 평균값에서 ±10% 이내의 편차로 만들어져야 하며 표준편차로 보면

3σ 이내로 제어되어야 한다. 한 층의 패턴 위에 또 한 층의 패턴을 만드는 경우 그 배열의 정밀도를 정렬 정밀도라 하며(alignment accuracy, 또는 overlay, 또는 registration이라 함) 패턴 크기의 1/3 이내로 제어되어야 한다. 이러한 것들은 모두 노광시스템과 감광성 수지, 기타 공정의 수월성에 의해 좌우된다.

역사적으로 리소그라피공정의 광원으로 수은 증기를 제논 같은 불활성 기체와 함께 진공 유리전구 내에 주입시킨 아크 램프가 쓰여 왔으며 전구 내에 있는 두 전극 사이(수 밀리미터 간격으로 떨어져 있음)에 수천 볼트의 전압을 인가하여 방전시켜 플라즈마 상태를 유지하게 된다. 전기장에서 가속된 자유전자는 기체 상태의 수은 원자와 충돌하여 들뜬 상태를 만들며 들뜬 상태의 수은 원자가 다시 기저 상태로 돌아오면서 그림 7.5에 나타난 바와 같은 파장의 빛을 방출하게 된다. 이때 자외선 영역에서 발생하는 빛을 광원으로 쓰게 되며 주로 436nm (g-line), 405nm(h-line), 365nm(i-line)의 세 가지 파장이 많이 쓰여 왔다. g-line은 90년대 초에 많이 쓰였으며 소자의 선폭이 작아지면서 i-line이 주로 쓰이게 되었고 0.35마이크론의 선폭을 가공할 때까지 가장 많이 쓰는 광원이었다. 이후 선폭이 점점 더 작아지면서 excimer(excited dimer의 약자) 레이저가 상용화되기 시작하였고 248nm 파장의 KrF, 193nm 파장의 ArF 엑시머 레이저(deep UV: DUV)로 발전하였다. 불활성 기체인 아르곤이나 크립톤은 다른 기체와 반응을 하지 않지만 불활성 기체와, 일례로 NF_3 기체를 섞어 플라즈마 상태로 여기하면 여기된 불화물 다이머가 형성되며 이들이 다시 분해하면서 특정한 빛의 자외선을 방출하게 된다. 248nm 파장의 KrF 레이저는 0.25~0.18마이크론의 선폭을 가공하는 데 활용되었으며 100nm이하 20nm까지 가공하는 현재의 공정에서는 193nm 파장의 ArF 엑시머 레이저가 주로 사용된다. 이러한 추세는 그림 7.6에 나타나 있다.

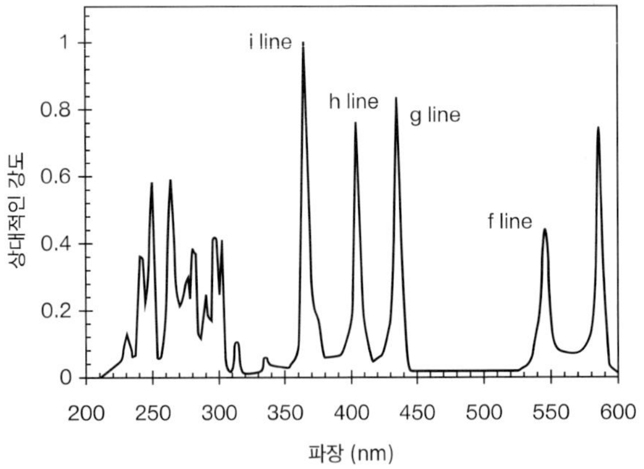

그림 7.5 수은 아크램프에서 발생되는 빛의 파장과 이들의 상대강도

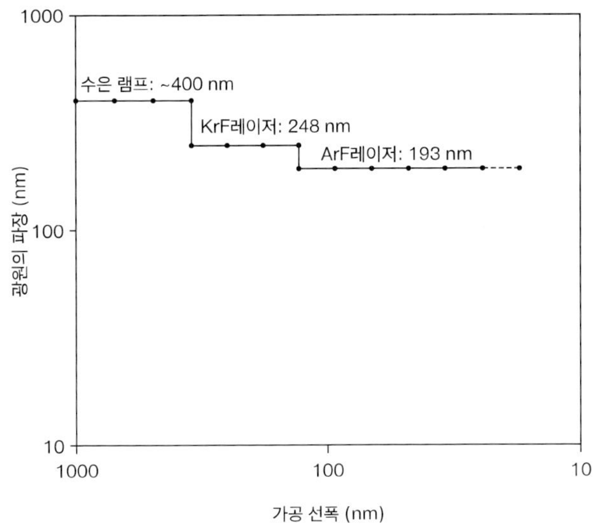

그림 7.6 광리소그라피에 쓰이는 광원의 파장과 가공 가능한 선폭의 발전 추세

실제로 보면 하나의 광원이 여러 세대에 걸쳐 활용되어 온 것을 알 수 있다. 현재는 193nm 파장의 ArF 엑시머 레이저가 계속 발전하면서 20nm대의 패턴을 형성하는 데 당분간 활용될 것으로 예상된다. 차세대 광원으로 관심을 끌었던 불소기체(F_2 레이저, 157nm)를 이용한 레이저는 ArF를 이용하고 공기보다 굴절률이 높은 매체에 잠긴 리소그라피 시스템이 응용되면서 경제성을 확보하지 못하고 있다. 추후 좀 더 짧은 파장의 EUV(extreme UV, 13.5nm 파장), 그리고 X-ray 광원(1-3nm 파장)을 이용한 노광 시스템이 개발되어 활용될 것으로 예상되나 기술적으로 상당한 어려움이 있다. 광리소그라피 시스템 내에 있는 공기는 185nm 근처에서 빛을 흡수하기 시작하며 마스크에 쓰이는 석영유리의 이산화규소(밴드갭이 ~9 eV)도 광원의 에너지가 높아지면서(파장이 짧아지면서) 빛을 흡수하기 시작한다. 이제까지의 광원은 마스크를 이용한 투과된 빛을 활용하는 기술에 적용되었으나 좀 더 파장이 짧은 차세대 광원은 이러한 방법을 활용할 수 없고 거울을 이용한 반사광을 사용해야 할 것으로 언급되고 있다. 이상과 같이 광리소그라피 공정에서는 가공할 수 있는 선폭과 관련하여 광원의 파장이 중요한 것을 알 수 있다.

노광 시스템을 이해하기 위해서는 광과 관련된 기본 물리현상을 이해해야 하며 이와 관련해서는 다른 책들을 참고하기 바란다. 일반적으로 광은 전자기파로 광의 파장보다 시스템의 크기가 큰 경우 광자를 입자로 보고 직선적으로 움직이는 것으로 단순화할 수 있다. 이러한 개념은 그림 7.2에서 압축렌즈를 거쳐 마스크에 도달하기 전까지는 적용 가능하나 마스크에 도달하여 투과하는 시점부터는 적용할 수가 없는데 이는 광의 파장과 마스크에 그려진 패턴의 크기가 거의 비슷하기 때문이다. 마스크를 통과해 축소렌즈를 거치며 웨이퍼 표면에 도달하는 경로에서는 빛의 파동으로서의 특성을 고려해야 한다. 이 경우 우리가 고려해야 할 중요한 효과는 회절(diffraction) 현상이다. 그림 7.7(a)에 나타난 바와 같이 비교적 큰 개구(開口, 아파춰, aperture)를 통해 빛이 지나갈 경우 직선으로 전파되며 거의 같은 크기의 이미지가 형성된다고 볼 수 있으나, 구경의 크기가 작은 경우 그림 7.7(b)에 나타난 바와 같이 광의 파동적 특성이 두드러지게 나타나 빛이 직선적으로 전파되지 않고 회절에 의해 퍼져나가므로 이미지가 맺혀지는 면에서 더 큰 크기의 이미지가 나타난다. 실제로 구경이 작을수록 이 회절에 의한 퍼짐 현상은 더 크게 나타난다.

현재의 광리소그라피 공정에서 마스크에 형성된 패턴의 크기가 광의 파장과 유사한 크기 범위이기 때문에 그림 7.7(b)의 회절 현상이 중요한 문제이다. 즉 빛이 투과하는 구경을 마스크에 그려진 빛이 투과하는 부분이라고 볼 때 마스크에 그려진 패턴이 그대로 웨이퍼 표면에 전사되는 것이 아니라 빛의 퍼짐에 의해 왜곡된 정보가 표면에 전달되는 것이다. 그림 7.7(c)는 작은 구형의 구경을 통해 통과한 빛이 회절에 의해 퍼져나가 형성된 이미지를 보여주고 있다. 이를 처음 수학적으로 분석한 Airy경의 이름을 따서 에어리 디스크라 불리는 이 이미지는 빛의 강도가 높은 중앙 원형으로부터 시작해 계속적으로 직경이 큰 링을 만들어 가며

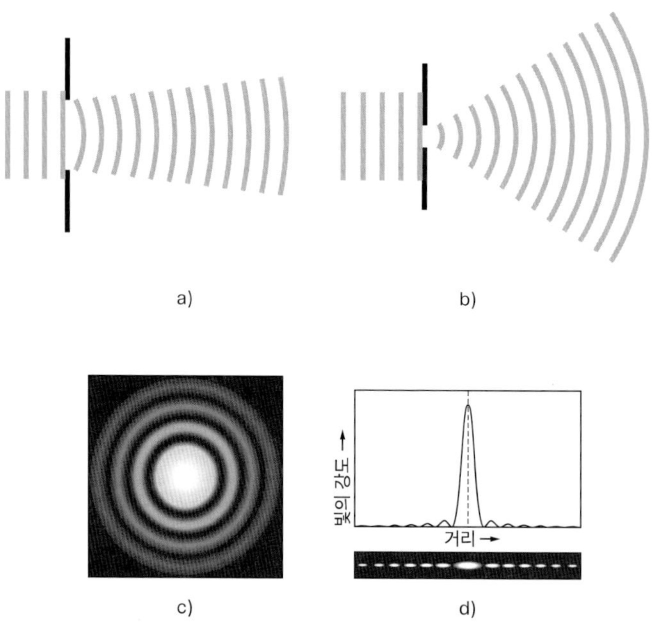

그림 7.7 단일 구경을 통해 빛이 통과하는 경우 (a) 큰 구경과 b)작은 구경의 차이. (c) 원형의 구경을 통해 통과한 빛이 회절에 의해 형성하는 이미지, (d) 에어리 디스크 중앙의 위치에서 거리에 따른 광 강도의 분포

빛의 강도가 최고, 최저치를 반복하면서 약해진다. 그림 7.7(d)에는 에어리 디스크 중앙의 위치에서 거리에 따른 광 강도의 분포를 보여주고 있다. 빛을 점으로 집광할 수 없고 회절 현상에 의해 에어리 디스크에 나타난 바와 같은 강도의 분포를 나타내게 되며 어떠한 광학 시스템을 쓰더라도 마스크에 쓰인 패턴을 정확하게 웨이퍼 표면에 전사하는 것이 제한을 받게 된다. 이러한 이미지 강도의 분포는 벳셀함수로 나타낼 수 있는데 중앙에 형성된 첫 번째 밝은 부분의 직경은 아래와 같이 표현된다.

$$D = 1.22\lambda \mathrm{N},\ N = \frac{f}{d} \tag{7.2}$$

여기에서 λ는 광원의 파장이며 N은 f-number(f수)로 렌즈의 초점 거리 f를 렌즈의 직경 d로 나눈 값이다. 그림 7.8은 광원으로부터 나오는 빛이 개구를 통해 이미지 면에 도달했을 때 빛의 분포를 보여주고 있으며 렌즈를 쓰지 않았을 때와 조준렌즈와 집광렌즈를 사용하였을 때를 비교해서 보여주고 있다. 일반적으로 회절은 Fresnel(near field) diffraction과 Fraunhofer(far field) diffraction 두 가지 경우로 나누어 볼 수 있다. 앞서 그림 7.3에서 언급했던 콘택트나 프록시 프린팅 방법에서는 마스크와 웨이퍼 사이의 거리가 짧아 렌즈 없이 Fresnel diffraction에 의해 그림 7.8 (a)와 같이 빛이 직접 이미지 면에 도달하게 된다. 반대로 현재의 광리소그라피 공정에서는 그림 7.8 (b)에 보는 바와 같이 마스크의 패턴이 상대적으로 먼 거리에 있는 이미지 면에 렌즈를 이용한 Fraunhofer diffraction을 통해 전사된다.

조준렌즈(그림 7.2의 압축렌즈)는 퍼져 나가는 빛을 모아 직선으로 평행하게 나가도록 해주며 개구에 빛이 통과하는 부분은 마스크에서 빛이 투과하는 부분으로 그 크기가 작기 때문에 빛이 회절되어 퍼져 나가는 것을 알 수 있다. 집광렌즈는 회절된 빛을 모아 이미지 면(웨

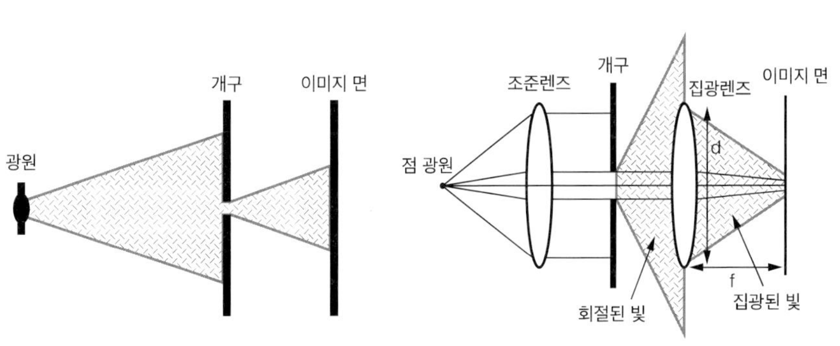

그림 7.8 광원으로부터 나오는 빛이 개구를 통해 이미지 면에 도달했을 때 빛의 분포. (a) 렌즈를 쓰지 않았을 때와 (b) 조준렌즈와 집광렌즈를 사용하였을 때

이퍼 표면)에 보내 주게 된다. 식 7.2에서 알 수 있듯이 렌즈의 직경이 무한히 크거나 초점거리 또는 빛의 파장이 0에 가까운 경우 점으로 광을 모을 수 있으나 이는 현실적으로 불가능하다.

광리소그라피 시스템에서 가공 가능한 선폭(resolution)은 식 7.1에 주어져 있는데 그림 7.9에 나타난 그림으로부터 구체적으로 표시해 볼 수 있다.

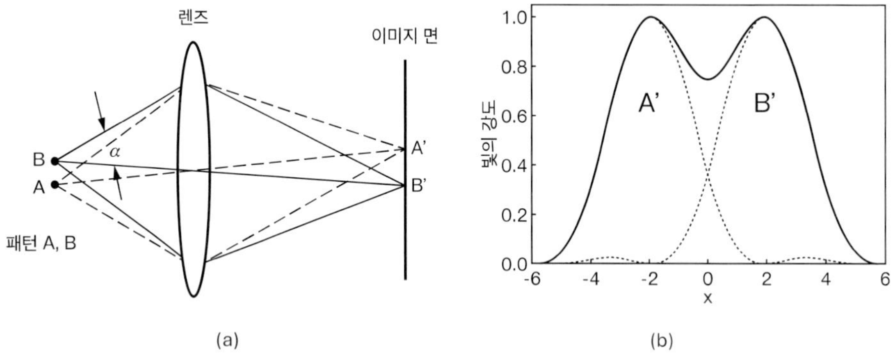

그림 7.9 (a) 마스크에 있는 서로 인접한 패턴 A, B를 투과한 빛이 조준렌즈에 의해 웨이퍼 표면, 즉 이미지 면에 A′, B′ 영상을 형성하는 개념도. (b) 이미지 면에 투사된 빛의 강도 분포

그림 7.9(a)에 나타난 바와 같이 마스크에서 서로 인접한 패턴 A, B를 투과한 빛이 조준렌즈에 의해 웨이퍼 표면, 즉 이미지 면에 A′, B′ 영상을 형성할 때 이미지 면에 투사된 빛의 강도는 그림 7.9(b)와 같이 나타낼 수 있다.

여기에서 $x = 0$은 두 이미지 사이의 중심점이며 A, B 두 패턴을 통과한 빛은 회절에 의해 각각의 에어리 디스크 이미지를 형성하여 전체적으로 중첩된 분포를 나타내게 된다. 이 그림으로부터 A, B 두 패턴을 정확하게 분리해 내려면 각 에어리 디스크에 나타난 두 피크의 첫 번째 최소 값이 서로 중첩되지 않을 정도로 떨어져 있어야 한다. 이렇게 정의를 한다면 가공 가능한 선폭(resolution, R)은 아래와 같이 나타낼 수 있다.

$$R = \frac{1.22\lambda f}{d} = \frac{1.22\lambda f}{n(2f\sin\alpha)}$$

$$= \frac{0.61\lambda}{n\sin\alpha} = \frac{0.61\lambda}{\mathrm{NA}} = k_1\frac{\lambda}{\mathrm{NA}},\ \mathrm{NA} = n\sin\alpha \qquad (7.3)$$

여기에서 각 α는 회절된 빛이 렌즈에 도달할 수 있는 최대 각의 반에 해당되며 렌즈에 의해 처리될 수 있는 범위를 나타낸다고 볼 수 있다. 이 값은 렌즈가 회절된 빛을 모을 수 있는 능력을 나타내며 렌즈의 크기가 클수록 α값도 커진다. 또한 NA는 numerical aperture

로 nsinα로 나타난다. n은 리소그라피 시스템 안에 차 있는 매체의 굴절률이며 보통은 공기로 그 값이 1이 된다. 매체를 물로 채우면 굴절률이 1.33으로 커져 NA가 늘어나므로 가공할 수 있는 최소 선폭 R을 줄일 수 있다. 이러한 이유로 immersion lithography, 즉 굴절률이 큰 매체에 담가 공정을 수행하는 기술이 관심을 끌고 있다. 이 식에서 0.61이라는 수치는 엄밀히 점 형태의 패턴에 해당되는데 실제로 리소그라피 공정에서는 이에서 벗어나는 다양한 패턴을 처리해야 한다. 이 경우 일반적인 k_1이라는 값으로 나타내는데 이 값은 보통 앞서 언급했듯이 0.6에서 0.8 정도이다. 이 k_1값은 또한 감광성 고분자의 감도, 즉 레지스트 소재의 광화학반응 특성에도 의존하게 된다. 이상에서 볼 때 짧은 파장의 광원이 미세패턴을 만드는 데 유리하며 NA가 큰 렌즈가 회절된 빛을 모아 가공 선폭을 작게 하는 데 도움이 됨을 알 수 있다.

광리소그라피 시스템에서 고려해야 할 또 하나의 중요한 사항이 depth of focus(초점심도)이며 그 개념도가 그림 7.10에 나타나 있다. 점으로 된 이미지는 렌즈의 초점거리 f에 위치한 면에 정확하게 점으로 상이 맺힌다. 초점심도는 렌즈의 초점거리에 이미지 면이 위치하고 있을 때 이에서 벗어나면서도 이미지의 선명도를 유지할 수 있는 거리의 허용치를 말한다. Δz는 초점에서 벗어나 생성되는 이미지의 크기가 가공 가능한 선폭 R과 같아지는 점이며 초점에서 벗어난 거리가 Δz보다 작아야 형성되는 이미지가 R 값보다 작게 된다. 즉 그림 7.10에 나타난 Δz보다 더 크게 벗어난 거리에 있는 곳에는 선명한 이미지를 형성할 수 없다.

그림에서 Δz는 아래와 같이 구할 수 있다. R에 대한 식은 (7.3)에 주어져 있다.

$$\Delta z = \frac{\pm R}{2\tan\theta} \approx \frac{\pm R}{2\sin\theta} = \frac{\pm\lambda}{2(NA)^2} \quad (\theta\text{가 작을 때})$$

$$= \frac{\pm k_2\lambda}{(NA)^2} \tag{7.4}$$

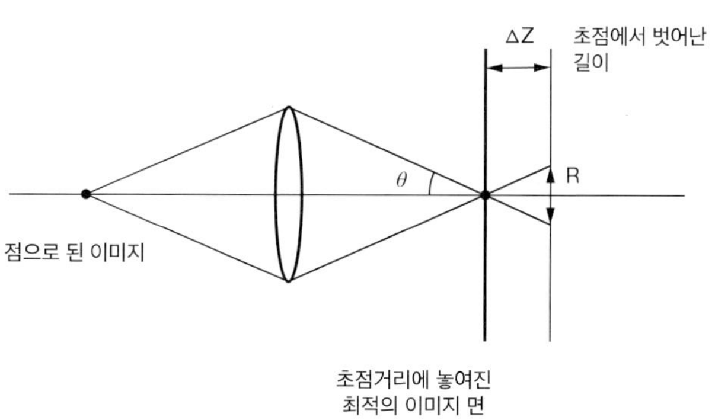

그림 7.10 광리소그라피 시스템에서 고려해야 할 depth of focus (초점심도, Δz)의 개념도

여기에서 k_2는 광학 시스템의 특성에 따라 0.5~1.0 정도이다. 실제로 웨이퍼 표면에는 패턴이 형성되어 있어 굴곡이 있게 되며 위치에 따라 렌즈에서의 거리가 일정치 않다. 또한 감광성 고분자의 두께도 Δz에 영향을 받는다. Δz가 클수록 공정상에서 이미지 면의 위치를 정밀하게 조절하는 데 여유가 있으나 식에서 보는 바와 같이 R값이 작아질수록 Δz도 작아져 공정상의 어려움이 커지는 것을 알 수 있다. 가공할 수 있는 선폭 R을 줄이기 위해 광원의 파장을 줄이고 또한 NA값을 줄일수록 허용 범위인 Δz값도 줄어들게 된다.

광학 시스템에서 또 하나 고려해야 할 사항이 그림 7.11에 나타난 MTF(modulation transfer function)이며 MTF는 아래 식으로 주어진다.

$$MTF = \frac{(I_{max} - I_{min})}{(I_{max} + I_{min})} \tag{7.5}$$

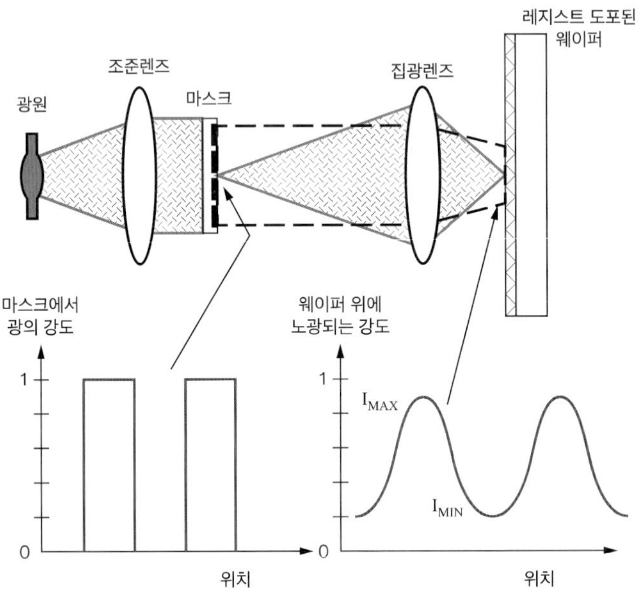

그림 7.11 노광 시스템에서 빛이 마스크를 통과한 직후의 강도 분포와 웨이퍼 표면에 도달했을 때의 분포. 마스크를 통과한 직후의 MTF는 1에 가까우나 웨이퍼 표면에서는 회절 현상 때문에 0.6 정도로 나타난다. (J.D. Plummer et al., Silicon VLSI Technology, Prentice-Hall, p216, 2000)

마스크에 형성된 패턴을 막 지난 광의 강도 분포와 집광렌즈를 통해 축소 전사되는 웨이퍼 표면에서의 강도 분포가 차이가 나 MTF 값이 작아진다. 이러한 경향은 패턴 사이의 간격이 작아질수록 커진다. 즉 MTF 값은 웨이퍼 표면에 나타나는 이미지의 명암비(contrast)를 나타낸다. 또한 리소그라피 시스템에서 광원의 공간적 간섭성(spatial coherence, 干涉性)이 중요하며 아래와 같이 정의된다.

$$\sigma(\text{spatial coherence}) = \frac{\text{광원의 직경}}{\text{압축렌즈의 직경}} = \frac{s}{d} \tag{7.6}$$

혹은 경우에 따라

$$\sigma = \frac{\text{압축 광학 시스템의 NA}}{\text{투사 광학 시스템의 NA}} \tag{7.7}$$

로 정의되기도 한다. 즉 마스크 전과 후에 있는 광학 시스템의 numerical aperture의 비로 나타낸 것이다.

완벽한 점 광원의 경우 직경이 0이기 때문에 σ는 0이 되며 또한 압축렌즈의 직경이 무한대로 되어도 σ는 0이 된다. 실제 시스템에서 이 두 경우는 거의 불가능하며 σ는 0이 아닌 특정한 값을 갖게 된다. 그림 7.12에서 보는 바와 같이 실질적인 광원은 직경이 0이 아닌 값을 갖게 된다. 간섭성 σ값이 0인 경우는 그림 7.12(a)에 보는 바와 같이 광원에서 나오는 빛이 앞으로 나아가면서 위상이 일치해 마스크 표면을 같은 각으로 통과하는데 비해 크기가 s인 실제 광원의 경우는 위치에 따라 나오는 빛의 위상이 일치하지 않으므로 렌즈를 통과한 빛은 웨이퍼 표면에 서로 다른 각도로 도달하게 된다.

그림 7.11에서 보는 바와 같이 마스크에서는 빛이 투과하는 부분과 막히는 부분에서의 강도가 확실하게 최대치와 0인 최소치로 구분되어 MTF값이 1이 되나 웨이퍼 표면에서는 그 값이 1보다 작아진다. 실제로 MTF 값이 0.5 이상이면 감광성 고분자가 광화학 반응을 하여

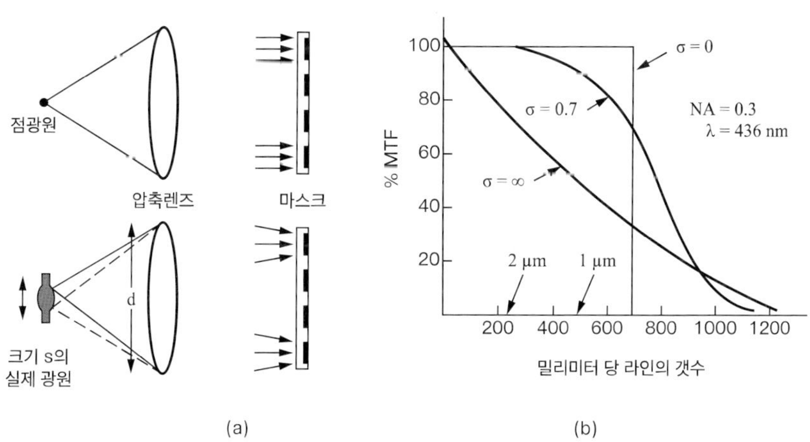

그림 7.12 (a) 광원의 크기와 압축렌즈의 크기로부터 얻어지는 간섭성과 (b) 밀리미터당 라인의 개수와 간섭성 σ로부터 얻어지는 MTF 값

노광 후 현상을 할 때 남아 있는 부분과 제거된 부분이 분명히 나타나 원하는 패턴 크기를 형성하는 데 큰 문제가 없다. 실제 생산공정에서는 식 (7.7)로 정의된 σ값이 0.5~0.7 정도에서 조업하게 된다. 최근 감광성 고분자의 광 민감성이 향상되면서 좀 더 작은 MTF값에서도 패턴을 형성할 수 있다. 이러한 MTF 값은 그림 7.12(b)에 나타난 바와 같이 간섭성 σ값이 커지거나 가공하고자 하는 패턴의 선폭이 작아질수록 줄어들어 공정상의 어려움이 커지게 된다.

7.3 감광성 고분자(포토레지스트)

광리소그라피에서 노광 시스템과 함께 중요한 것이 감광성 고분자(PR: photoresist)이다. 감광성 고분자는 빛을 흡수할 때 화학반응에 의해 변환되어 광에 의한 이미지 정보를 기록할 수 있도록 설계되어 있다. 감광성 고분자는 포지티브 레지스트, 네거티브 레지스트 두 가지로 구분해 볼 수 있는데 포지티브 레지스트는 노광이 된 부분이 광화학반응에 의해 용매에 더 잘 녹아 나오게 변환되는 경우이고 네거티브 레지스트는 그 반대이다. 포지티브 레지스트가 미세패턴을 만드는 데 더 유리하여 보편적으로 쓰인다. 표 7.1에는 감광성 수지로 쓰이는 대표적인 세 가지 경우를 요약하였다. 레지스트 물질은 용매에 녹여 용액상태로 기판 위에 스핀코팅하게 되며 적절한 전처리 온도에서 가열하여 용매를 날려 보내 안정한 박막 형태로 기판 표면에 형성한다.

표 7.1 대표적인 감광성 수지로 쓰이는 세 가지 경우

레지스트	polymethylmethacrylate	novolac	cyclized rubber
감광제		diazonaphthoquinone	bisazide
용매	chlorobenzene	2-ethoxyethylacetate	xylene
전처리 온도	175°C	75~95°C	70~90°C
현상용액	methyl isobutyl ketone	0.25N KOH	xylene
용도	positive e-beam, ion-beam, X-ray resist	UV positive g-line, i-line UV	UV negative

스핀코팅할 때 웨이퍼는 수천 rpm(revolution per min)으로 회전되며 막은 0.5~1.0 마이크론 정도의 두께로 형성된다. 먼저 PMMA(polymethylmethacrylate)는 전자빔, 이온빔, 또

는 엑스선에 쓰이는 감광성 고분자로 특별히 빛에 감응하는 감광제 없이 쓰인다. PMMA 고분자는 클로로벤젠 용매에 녹으며 감광제 없이 스핀코팅하여 마이크론 규모 두께의 박막 형태로 기판 표면에 형성된다. 이후 전자빔, 이온빔, 엑스선에 노출될 경우 노출된 부분은 직접 반응하여 분자량이 작은 조각으로 분해된다. 이때 일어나는 화학반응은 그림 7.13과 같다.

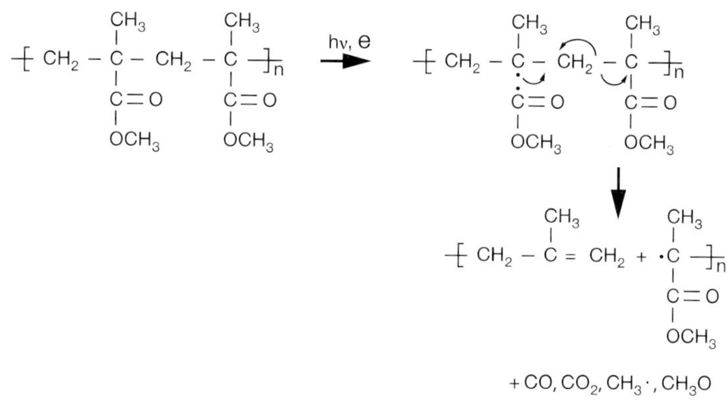

그림 7.13 PMMA 고분자가 전자빔, 이온빔이나 엑스선에 노출되었을 때 일어나는 분해반응

PMMA 고분자가 전자빔이나 이온빔, 또는 엑스선에 노출되었을 때 고분자 사슬이 끊어지며 일부는 분자량이 작은 조각으로 분해된다. 이후 메틸이소부틸케톤 용액에 담그면 노출된 부분만 녹아 나온다. 즉 PMMA는 전자빔, 이온빔, 엑스선에 감응하는 포지티브 레지스트로 활용될 수 있는 것이다. 다음 자외선에 감응하는 네거티브 레지스트로 여러 가지 형태의 고분자가 활용되나 여기에서는 그림 7.14에 나타난 바와 같이 두 가지 형태를 소개한다.

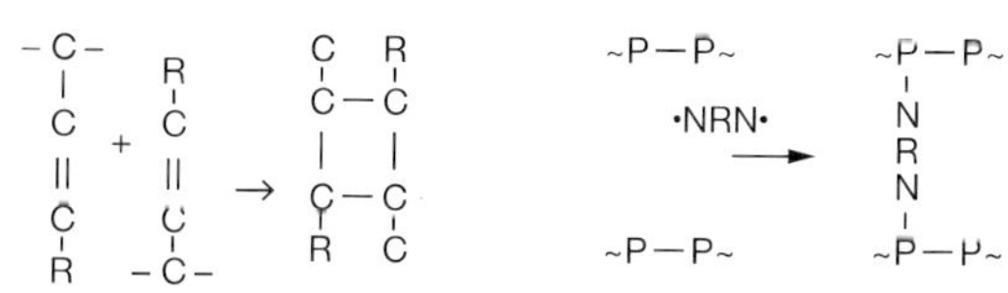

그림 7.14 광화학반응에 의해 일어나는 가교 반응을 이용한 네거티브 레지스트의 예. (a) polyvinyl cinamate의 광화학반응에 의한 cyclic 화합물의 형성, (b) 광에 민감하게 반응하는 bisazide로부터 생성되는 라디컬을 이용해 고분자 사슬이 가교되는 반응

그림 7.14(a)는 polyvinyl cinamate 화합물이 광화학반응에 의해 cyclic 화합물을 형성하는 것을 보여주고 있으며 이렇게 형성된 반응물은 용매에 녹지 않게 된다. 그림 7.14(b)의 경우는 광에 민감하게 반응하는 bisazide로부터 생성되는 라디컬을 이용해 고분자 사슬이 가

교되는 반응을 보여주고 있다. 이렇게 가교된 고분자도 용매에 녹지 않게 된다. 이러한 감광성 고분자 시스템의 경우 스핀코팅을 위한 용액을 만들 때 사용하는 용매와 노광 후 현상(develop)을 위한 용매가 동일한데 이는 노광된 부분이 용매에 녹지 않고 용매로 녹이는 부분은 노광 전이나 후 모두 같기 때문이다.

끝으로 노볼락 레진과 DNQ(diazonaphthoquinone)를 [혹은 DQ(diazoquinone)이라고 약칭] 감광제로 혼합하여 만든 포지티브 레지스트 시스템이 있다. 그림 7.15는 메타 혹은 파라 크레졸과 포름알데하이드의 축중합에 의해 만들어지는 노볼락 수지를 보여주고 있다. 이 시스템은 앞서 언급한 g-라인, i-라인을 이용한 자외선 노광공정에서 양산에 가장 많이 쓰인 레지스트 시스템이다. 여기에서 노볼락 레진은 기초 수지로서 아래와 같이 크레졸과 포름알데하이드의 축중합에 (산촉매 하에) 의해 만들어지는 고분자 물질이다.

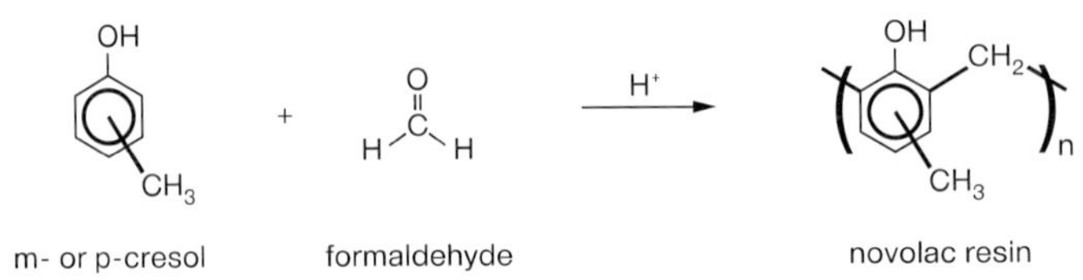

그림 7.15 메타 혹은 파라 크레졸과 포름알데하이드의 축중합에 의해 만들어지는 노볼락 수지

이 노볼락 수지는 광에 민감하지 않고 박막의 경우 KOH 알칼리 용액에 초당 15나노미터 정도의 속도로 녹게 된다. DNQ는 알칼리에 녹지 않으나 광에 활성도가 높은 물질(PAC: photo active compound)이며 노볼락 수지와 DNQ는 4:1정도로 섞어 아세테이트 유기용매에 녹여 스핀코팅을 하게 된다. 이렇게 만들어진 박막은 알칼리에 초당 1~2나노미터 정도로 거의 녹지 않는 상태가 된다. 여기에 노광이 되면 DNQ가 광화학반응에 의해 변화되어 초당 100~200나노미터 정도로 녹아 나오는 상태로 변하게 된다. 광화학반응에 의해 DNQ가 변화하는 화학반응은 그림 7.16과 같다.

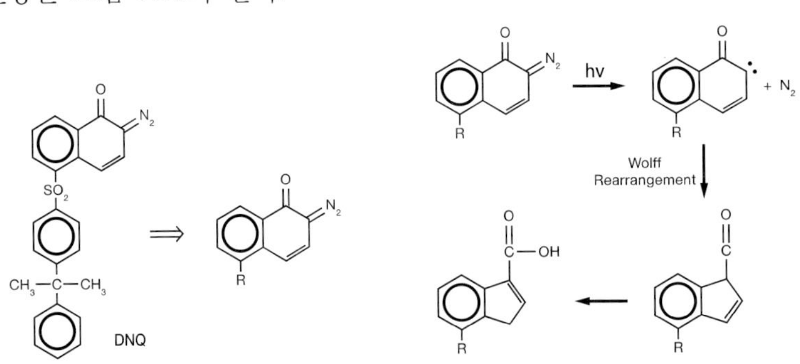

그림 7.16 광에 의해 DNQ가 변화하는 화학반응

그림에 나타난 DNQ에서 광에 민감한 부분은 SO_2 위의 부분으로 여기에서 광에 의한 화학반응이 일어나게 된다. SO_2를 포함한 아래의 부분은 광화학반응을 일으키지 않기 때문에 R로 표시하였다. 광에 민감한 부분은 빛을 받게 되면 일차적으로 N_2가 떨어져 나오며 이 부분의 탄소는 아주 반응성이 높아 산소와 결합 (이 반응은 Wolff rearrangement라 함) 카보닐기(C=O)를 형성한다. 이 카보닐기는 수분에 의해 알칼리에 잘 녹아 나오는 산성의 카르복실기(−COOH)를 형성하며 결국은 알칼리에 잘 녹는 화합물이 된다. 이에 따라 광에 노출된 노볼락 수지 전체가 잘 녹게 되나 노출되지 않은 부분은 녹지 않는다. KOH와 같은 알칼리 용액에 현상을 하면 마스크에 있는 패턴이 기판 표면에 있는 감광성 고분자 시스템에 그대로 전사된다.

g-라인, i-라인을 이용한 자외선 노광공정에서 쓰이던 노볼락-DNQ 시스템은 엑시머 레이저(248나노미터 KrF, 193나노미터 ArF)를 이용한 노광공정에서 두 가지의 문제를 갖고 있다. 첫째는 엑시머 레이저를 활용하는 짧은 파장의 경우 빛이 레지스트 표면에서 상당부분 흡수되어 레지스트 안에까지 잘 전달되지 않는 문제점이 있다. 또한 엑시머 레이저의 광의 세기가 수은 램프보다는 약하기 때문에 레지스트의 광 민감도가 높게 요구된다는 것이다. 광 민감도는 패턴을 제대로 전사하기 위해 필요한 광의 세기인데 g-라인, i-라인의 경우 $100mJ/cm^2$ 정도가 요구되고 ArF같은 DUV의 경우는 화학 증폭(chemical amplification) 개념을 이용하여 $20{\sim}40mJ/cm^2$ 정도를 활용하고 있다. 248나노미터 KrF 엑시머 레이저의 경우 상당히 강한 빛을 내는 광원이 개발되어 있어 노볼락-DNQ 시스템을 활용할 수 있으나, 현재의 DUV 시스템에서는 화학 증폭 개념의 레지스트를 이용 $20{\sim}40mJ/cm^2$ 정도에서도 전사할 수 있는 레지스트 시스템이 활용되고 있다. 화학적 증폭 개념을 이용한 레지스트의 원리와 화합물의 한 예가 그림 7.17에 나타나 있다. 여러 화학회사에서 다양한 PAG 시스템을 제품화하고 있다.

이 레지스트 시스템에는 PAG(photo acid generator) 분자가 포함되어 있어 노광이 되면 이 분자가 분해되어 산성 분자를 형성한다. 이 산성 분자는 고분자 사슬에 포함된 불용성 화학기와 반응하여 가용성으로 변환시키고 동시에 하나의 산성 분자를 발생시킨다. 이러한 일종의 연속반응은 노광 후 열처리 과정에서 일어나는데 광 조사없이도 진행이 된다. 실제로 노볼락-DNQ 시스템에서는 입사하는 광자의 30% 정도만 광화학반응을 일으켜 양자 효율이 30% 정도이다. PAG 분자를 이용한 레지스트에서는 하나의 광자가 화학반응을 일으켜 산성 분자를 발생시키면 이 분자가 빛이 없이도 연쇄반응을 일으키면서 가용성 고분자가 생성되기 때문에 양자효율은 훨씬 높게 된다. 노광 후 열처리는 약 120°C 부근에서 수분 정도 진행되며 이때 공급되는 열에너지로 연쇄반응이 일어나게 된다. 이러한 광증폭 개념은 아주 민감한 레지스트를 가능하게 한다. 이렇게 생성된 산성분자는 확산에 의해 수십 혹은 수백 개의 화학 반응기와 반응하여 비가용성 고분자 사슬을 끊어 알칼리성 용액에 녹는 가용성으로 변환시킨다. 단지 레지스트 내에서 일어나는 화학반응과 확산이 온도에 민감하기 때문에 공정의 정밀한 제어가 필요하다. 산의 생성은 레지스트의 광민감도를 향상시키나 이들의 확산거리가 길어지면 패턴형성의 정밀도에 부정적인 영향을 줄 수 있다.

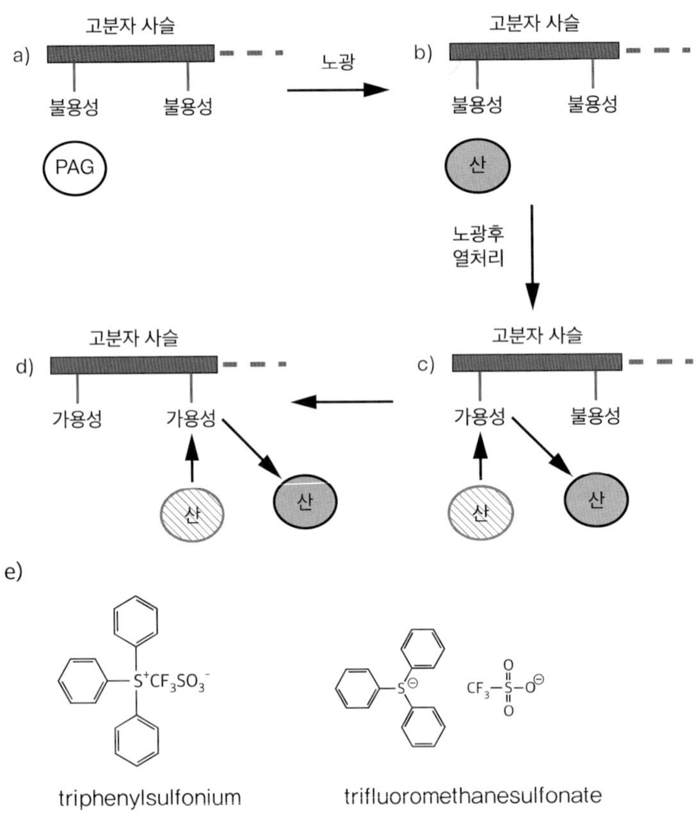

PAG + hν (193nm) → acid cation + sulfonate anion

sulfonate anion + hν (193nm) → e− + sulfonate

e− + PAG → e− + acid cation + sulfonate anion

그림 7.17 Photo acid generator(PAG)를 이용하여 화학적 증폭 개념을 도입한 레지스트의 원리와 PGA 화합물의 한 예

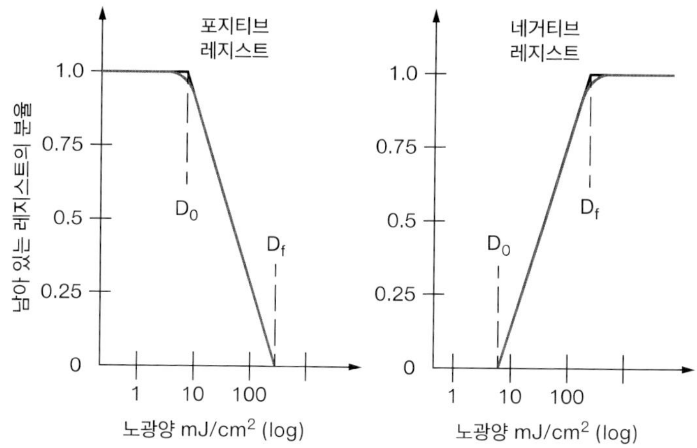

그림 7.18 포토레지스트의 명암비. y축은 노광과 현상 후에 남아 있는 레지스트의 분율이고 x축은 단위 면적당 밀리주울로 나타낸 노광량이다.

포토레지스트의 중요한 물성은 명암비, 즉 컨트라스트이다. 이에 대한 개념도가 그림 7.18에 나타나 있다. 이 그림에서 y축은 노광과 현상 후에 남아 있는 레지스트의 분율이고 x축은 단위 면적당 밀리주울로 나타낸 노광양이다.

포지티브 레지스트의 경우 노광하고 현상했을 때 광의 세기가 커질수록 그 분율이 낮아지고 네거티브 레지스트는 그 반대이다. 레지스트에서 빛이 영향을 주기 시작하는 점을 D_o라 하고 모든 레지스트가 영향을 받게 된 점에서 빛의 세기를 D_f라 하면 컨트라스트는 아래와 같이 정의된다.

$$\gamma = \frac{1}{\log_{10}\left(\dfrac{D_f}{D_o}\right)} \tag{7.8}$$

여기에서 D_f는 포지티브 레지스트의 경우 모든 레지스트가 제거된 경우이고 네거티브 레지트의 경우는 모든 레지스트가 남아 있는 경우가 된다. 두 경우 직선의 기울기가 클수록 D_f/D_o값이 1에 가까워 컨트라스트가 크게 된다. 보통의 g-라인, i-라인의 경우 컨트라스트는 2~3 정도이며 D_f값은 100mJ/cm^2 정도이다. DUV 레지스트는 PAG를 활용하여 민감도가 높아 컨트라스트는 5~10 정도이며 D_f값은 20mJ/cm^2 정도이다. 일반적으로 컨트라스트가 높은 포토레지스트는 빛에 노출된 부분과 그렇지 않은 부분을 정확하게 구별하기 때문에 미세 패턴을 만드는 데 유리하다. 앞서 그림 7.11 그리고 식 (7.5)에 정의된 MTF는 마스크를 통한 빛의 강도 분포가 웨이퍼 표면의 포토레지스트 위에 어떠한 수준으로 정확하게 전달되는지를 보여 주는데 빛의 회절에 의해 실제로 웨이퍼 표면에 전달되는 이미지는 상당 부분 왜곡이 된다. 이 MTF값은 노광 시스템에 의해 표면에 맺혀지는 이미지의 밝은 부분과 어두운 부분의 정도를 나타낸다. 이렇게 웨이퍼 표면에 전달되는 이미지는 포토레지스트의 컨트라스트에 따라 영향을 받아 최종 패턴의 형상으로 나타나게 된다. 이러한 면에서 보면 최종 패턴은 앞서 정의한 MTF와 레지스트의 컨트라스트를 반영한 critical MTF(CMTF)에 의해 결정되며 CMTF 값은 아래와 같이 나타난다.

$$CMTF = \frac{D_f - D_o}{D_f + D_o} = \frac{10^{1/\gamma} - 1}{10^{1/\gamma} + 1}, \quad \gamma = \frac{1}{\log_{10} \dfrac{D_f}{D_o}} \tag{7.9}$$

g-라인, i-라인의 경우 레지스트의 CMTF 값은 0.4 정도이며 DUV용으로 컨트라스트가 높은 레지스트는 이 값이 0.1~0.2 정도이다. 실제로 포토레지스트가 광 이미지를 제대로 구현하려면 CMTF 값이 MTF 값보다 작아야 한다. 그림 7.19에는 레지스트에 도달한 광의 분포와 레지스트의 컨트라스트에 따르는 최종 패턴의 형상을 보여 주고 있다. 왼쪽은 레지스트의 표면에 도달하는 빛의 세기 분포가 뚜렷한 경우이고 오른쪽은 그렇지 못한 경우이다. 두 경우 회색으로 나타난 부분은 명확하게 이미지가 형성되지 않는 부분이다.

레지스트에 도달하는 광의 세기 분포가 명확할수록 그리고 레지스트의 컨트라스트가 클수록 회색 영역은 줄어들게 된다. 이러한 면에서 볼 때 광의 세기 분포가 명확하지 않아도 포토레지스트의 컨트라스트가 높으면 그 영향을 상쇄하며 정확한 패턴을 형성하는 데 유리할 수 있다.

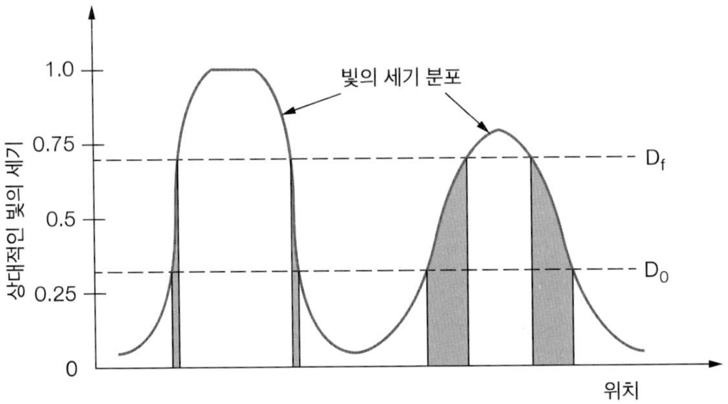

그림 7.19 레지스트에 도달한 광의 분포와 레지스트의 컨트라스트에 따르는 최종 패턴의 형상

7.4 리소그라피공정

그림 7.20에는 기판 표면에 감광성 수지를 코팅하고 노광을 한 후 현상하여 감광성 수지의 패턴을 만드는 공정을 요약하였다. 이렇게 형성된 패턴은 에칭공정에서 마스크로 활용된다. 감광성 수지를 코팅하기 위해서는 수지를 용매에 녹이고 적절히 농도를 조절해 점도를 맞춘다. 감광성 수지 용액에는 박막을 형성하는 광활성이 없는 수지, 광감광제(PAC: photo sensitizer), 기판에 접착력을 증진시키는 성분, 열에 저항을 높이는 강화제, 플라즈마에 저항을 높이는 강화제, 에칭에 견디는 특성을 향상시키는 성분 등을 첨가하며 이에 대한 상세한 내용은 각 제조회사의 노하우로 되어 있다. 기판과 감광성 수지의 접착력을 높이기 위해 기판 표면을 친수성(hydrophilic, 親水性)에서 소수성(hydrophobic, 疏水性)으로 바꾸어 줄 필요가 있는데 여기에는 그림 7.21에 나타난 바와 같이 HMDS(hexamethyldisilazane) 화합물을 활용한다.

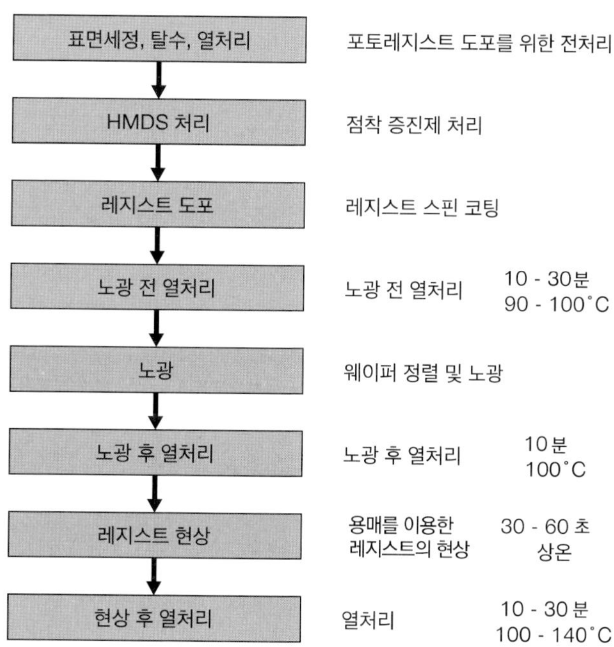

그림 7.20 기판 표면에 감광성 수지를 코팅하고 노광을 한 후 현상하여 감광성 수지의 패턴을 만드는 공정도

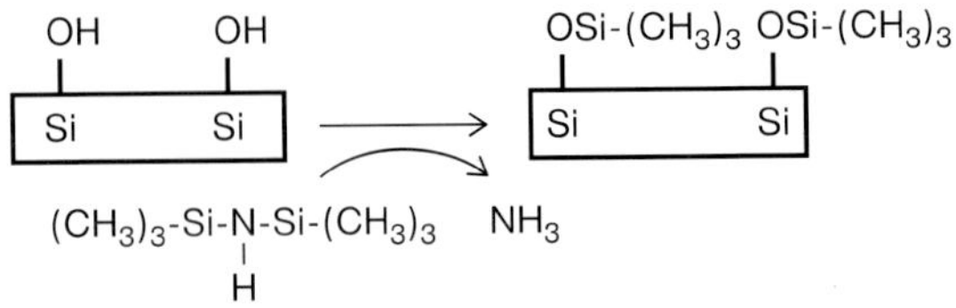

그림 7.21 HMDS 화합물을 이용하여 친수성 표면을 소수성 표면으로 개질하는 반응

우선 웨이퍼 표면을 세정하고 수백도에서 가열하여 탈수, 건조를 한다. 이후 HMDS 화합물을 기체로 표면에 분사해 주거나 용액으로 표면을 처리하면 -OH기가 있는 친수성 표면이 CH_3기의 소수성 표면으로 바뀌며 표면의 특성을 개질할 수 있다. 증기 상태로 공급 처리하게 되면 웨이퍼 표면에 단분자층을 형성하는 데 유리하다. 이 소수성 표면에 감광성 수지를 도포하면 수지의 표면 접착력이 향상된다. 레지스트는 용액 상태에서 스핀코팅을 하게 되는데 이에 대한 개념도가 그림 7.22에 나타나 있다. 스핀코팅공정은 3,000~6,000rpm에서 30초 정도 수행하여 0.5~1마이크론 두께의 레지스트 층을 도포한다. 이온주입 마스크로 활용할 때는 이보다 좀 더 두껍게 막을 도포한다.

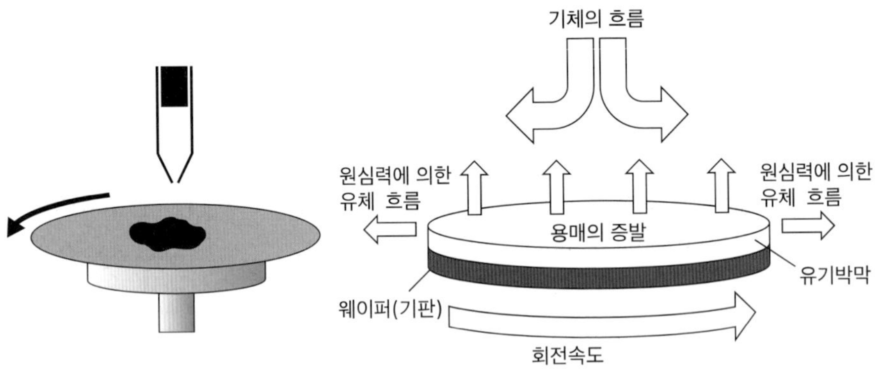

그림 7.22 스핀코팅공정의 개념도. 일정량의 용액을 기판 표면에 떨어뜨린 후 기판을 회전시키면 원심력에 의해 용액이 도포되며 용매가 날아가고 유기재료 박막이 형성된다.

이러한 스핀코팅은 재현성 있게 대면적 기판에 액체 혹은 고체 유기박막을 형성할 수 있는 공정으로 용액 상태의 원료로부터 유기, 무기, 또는 유무기 혼성재료 등 다양한 소재를 박막 형태로 만들 수 있다. 이 공정은 스핀-온-글라스(SOG: spin on glass)와 같이 산화규소 무기재료 박막을 습식법으로 만드는 공정에도 활용된다. 가장 중요한 응용분야는 반도체 소자의 제조에 있어서 포토레지스트를 도포하는 것이다. 먼저 일정량의 용액(1~10ml)을 정지된 기판이나 혹은 회전하는 상태의 기판 중심에 떨어뜨리면 회전하는 기판의 원심력에 의해 용액이 중심부에서 바깥쪽으로 흘러나가며 도포된다. 용액의 양은 용액의 점도나 도포하고자 하는 기판의 크기에 따라 결정된다. 이 과정에서 용매가 날아가고 유기재료 박막이 형성된다. 이 과정에서 회전에 의한 원심력과 중심에서 바깥으로 흐르는 유체의 점도에 의한 전단력(shear force, 剪斷力)이 작용하는 데 용매의 증발이 계속 일어나면서 유체의 점도 등 여러 특성이 바뀌기 때문에 실제 상황은 상당히 복잡하다. 그림 7.23은 스핀코팅공정에서 몇몇 공정변수의 영향을 정성적으로 보여주고 있다.

용액의 점도가 높을수록 그리고 기판의 크기가 클수록 균일한 도포를 위해 좀 더 많은 양의 용액이 필요하게 된다. 먼저 기판의 회전 속도는 rpm(revolution per minute)으로 나타내는데 스핀코팅공정에서 가장 중요한 변수 중에 하나이다. 그림 7.23에서 시간에 대한 회전 속도의 변화는 균일한 막을 효율적으로 형성하기 위한 것으로 최적의 조합으로 프로그램해 모터를 작동시켜 자동 조절하게 된다. 특히 가속도도 중요한 영향을 미치기 때문에 몇 분의 1초 내로 빠르게 가속한다. 초기에는 먼저 용액을 균일하게 분포시키기 위해 500rpm정도의 낮은 속도로 회전시켜 용액을 공급하고 곧 1,500에서 6,000rpm 정도로 속도를 높여 원하는 두께의 막이 균일하게 생성되게 한다. 이때 회전 시간은 짧게는 수 초에서 길게는 수 분정도 유지하는데 여기에서도 용액의 특성이나 기판의 크기에 따라 조정하게 된다. 그림에서 보는

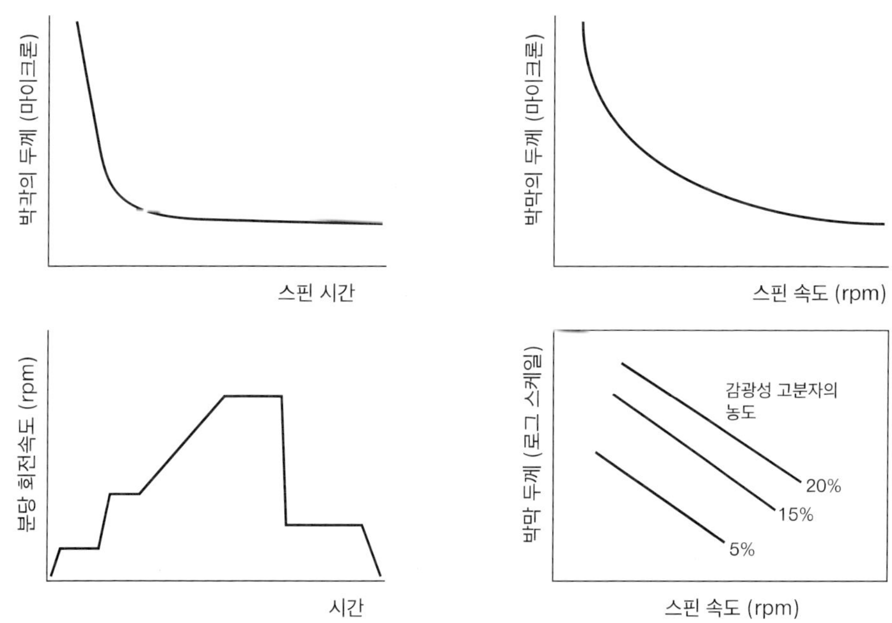

그림 7.23 스핀코팅공정에서 몇몇 공정변수의 영향을 정성적으로 나타낸 그림

바와 같이 스핀 속도가 클수록 퍼짐이 강해져 박막의 두께가 감소하고 어느 속도 이상에서는 균일한 두께를 나타낸다. 그리고 스핀 시간이 길면 두께가 감소하나 곧 일정한 값에 도달한다. 그림 7.23에서 오른쪽 아래 그림은 용액 내에 감광성 고분자의 농도에 대한 의존성을 보여 주고 있는데 박막 두께를 로그스케일로 도시하였을 때 거의 직선 관계를 나타내며 농도가 높을수록 점도가 높아져 박막 두께가 두꺼워지는 것을 알 수 있다. 공정변수에 대한 박막의 두께는 아래와 같은 일반적인 식으로 나타낼 수 있다.

$$T = \frac{KC^{\beta}\mu^{\gamma}}{S^{\alpha}} \tag{7.10}$$

여기에서 T는 박막의 두께, K는 비례상수, C는 용액의 농도, μ는 용액의 점도, S는 rpm으로 나타낸 스핀 속도이다. 여기에서 β, γ, α는 상수로 용매의 증발 속도, 점도, 밀도, 농도, 표면장력, 스핀 속도 및 가속도, 기타 여러 공정변수 등에 영향을 받게 된다. 용액에 가해지는 전단력에 영향을 받지 않고 점도가 일정한 뉴토니언 유체의 경우 α는 0.5이나 비뉴토니언 용액의 경우 이 값은 커진다. γ은 보통 2에 가까우며 막의 두께는 조건에 따라 0.1~10 마이크론으로 일반적으로는 실험을 통해 실험식을 구하게 된다. 막이 형성되면 스핀 속도를 줄여 건조를 위한 시간을 주기도 하며 스핀코팅공정을 밀폐된 공간에서 수행하며 건조를 위해 기체를 흘려보내기도 한다. 스핀코팅이 끝난 후 막을 치밀하게 하기 위해 열처리를 하여 남아 있는 용매를 날려 보낸다. 보통 90°C~100°C 온도의 가열판이나 적외선 혹은 마이크로 웨이브로 가열하여 단시간에 건조한다. 이 과정에서 용매의 함유량이 25% 정도에서 5% 정도로 줄어들고 HMDS와의 반응에 의해 접착력이 향상된다. 또한 스핀코팅공정에서 박막에 쌓였던 스트레스가 열에 의해 풀어지며 제거된다. 제대로 최적화가 되지 않은 공정에서는 막 두께의 균일도가 떨어지고 막에 기포나 핀홀 등의 결함이 생기며 여러 형태의 자국이 나타나기도 한다. 또한 웨이퍼의 바깥 경계 부분에 두꺼운 레지스트 막이 형성되는데 다음 단계로 넘어가기 전에 이 부분을 제거하는 것이 보통이다.

노광공정은 그림 7.24에 나타난 스텝과 스캔 공정이 주로 쓰이며 스테퍼에 의해 웨이퍼가 이동하면 일정한 노광 영역을 램프가 스캔하며 노광이 되고 스캔이 끝나면 다시 스테퍼가 움직여 다음 영역이 노광된다. 빛의 강도는 앞서 언급한 D_f 값보다 큰 값으로 노광하게 된다. 노광이 끝나면 광화학반응이 안정하게 마무리되고 박막을 안정화시키기 위해 열처리를 하게 된다. 광증폭 레지스트를 쓰는 경우는 그림 7.17에 나타난 바와 같은 광증폭 화학반응이 이때 진행된다.

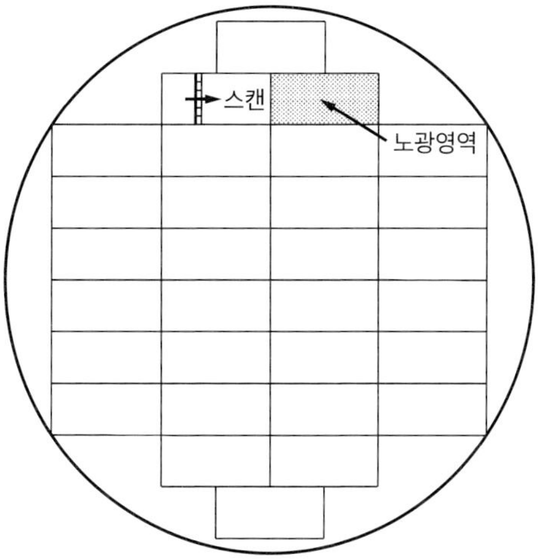

그림 7.24 스텝과 스캔 공정에 의한 웨이퍼의 노광

다음에는 현상액으로 처리하여 레지스트를 현상하게 되며 포지티브 레지스트의 경우는 빛을 받은 부분이 녹아 나오고 네거티브 레지스트의 경우는 빛을 받지 않은 부분이 녹아 나와 마스크에 있는 이미지가 전사된다. DNQ 레지스트나 DUV 레지스트는 TMAH(tetramethyl ammonium hydroxide), NaOH 또는 KOH 등 알칼리성 수용액을 현상액으로 사용하고 용액에 웨이퍼를 담그거나 용액을 웨이퍼에 뿌려주는 방법을 활용하며 이후 탈이온수로 헹궈 준다. 이때 현상반응속도는 온도, 현상액의 농도 등에 민감하게 의존하며 노광 후 열처리 공정에도 영향을 받게 된다. 이후 다시 열처리를 하여 현상액을 날려 보내고 이미지가 형성된 레지스트를 안정화시키며 그림 7.20에 나타난 공정이 마무리된다. 이 과정은 앞서보다 높은 100~140°C에서 10~30분간 진행되며 이 과정에서 레지스트가 단단해지고 에칭에 대한 저항이 커지게 된다. 이렇게 이미지의 전사가 끝난 웨이퍼는 에칭공정으로 넘어가게 된다. 현재의 리소그라피공정에서는 이러한 여러 공정이 하나의 시스템으로 처리될 수 있도록 조합이 되고 노광 시스템과 함께 연결되어 웨이퍼의 운송이 용이하게 설계되어 있다. 그림 7.20의 공정은 DNQ를 이용한 g-line, i-line UV 레지스트의 경우이며 DUV 레지스트의 경우도 유사한 공정을 적용하게 된다.

이제까지 광리소그라피 공정에 관련된 사항들을 기술하면서 레지스트의 두께가 일정하고 노광하는 과정에서 레지스트 내부의 위치에 상관없이 광화학 반응이 균일하게 일어나는 것으로 생각였다. 실제로 레지스트가 도포되는 기판 표면은 그림 7.25(a)에서 보는 바와 같이 균일하지 않으며 형성된 패턴에 따라 굴곡이 있다. 이에 따라 기판 표면에서 반사되는 빛은 산란되어 정확한 이미지를 형성하는 데 장애가 된다. 일반적으로 고분자 용액을 스핀코팅하는 경우 액상이 흐르면서 표면은 평탄화되나 이에 따라 레지스트의 두께는 균일하지 않게 된다. 광의 세기도 표면에서부터 흡수되기 시작하여 아래로 내려갈수록 떨어지게 된다. 또한 기판의 표면에 도달하는 빛이 반사하면서 들어오는 빛과 간섭을 일으켜 위상차에 따라 빛의 강도가 세지기도 하고 약해지기도 한다. 이 경우 그림 7.25(b)에서 보는 바와 같이 빛이 정상파(定常波, standing wave)를 형성하여 위치에 따라 그 강도가 달라지며 노광 후 현상을 하게 되면 이 강도 분포에 따라 레지스트의 수직 측면에 파도 모양의 이미지가 형성된다. 이러한 현상들은 패턴을 정확하게 전사하는 데 장애가 되며 이를 방지하기 위해 반사 방지막을 포함한 2층, 혹은 3층 구조의 레지스트 층을 활용하기도 한다.

광의 흡수에 의해 광감응 성분이 분해되면 흡광계수가 낮아져 빛을 덜 흡수하게 되므로 광세기의 불균일을 해소하는 데 도움이 되기도 하며 또한 노광 과정에서 농도 분포에 의한 레지스트 층에서의 확산 현상도 같은 효과를 나타낸다. DNQ를 이용한 g-line, i-line UV 레지스트의 경우에 이러한 효과가 두드러지게 나타난다. DUV 레지스트처럼 노광 이후의 열처리 과정에서 화학반응이 일어나는 경우는 이러한 효과를 기대하기 힘들다. 노광 후 열처리나 현상 후 열처리 과정에서 이러한 불균일에 의한 효과는 상당히 해소된다.

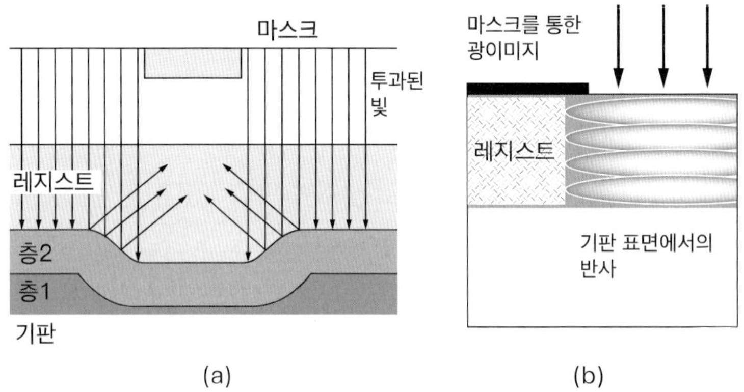

그림 7.25 (a) 기판 표면이 평탄하지 않아 나타나는 반사광의 산란 (b) 레지스트에 입사하는 광과 기판 표면에서 반사하는 빛이 간섭을 일으켜 생성되는 정상파에 의해 나타나는 광세기의 불균일 분포

이미지의 전사를 향상시키기 위해 마스크 엔지니어링, 즉 마스크의 디자인 측면에서 여러 아이디어들이 적용되기도 한다. 그 중의 하나로 phase shift mask에 대해 간략하게 소개한다. 그림 7.26에 phase shift mask의 개념도가 나타나 있다.

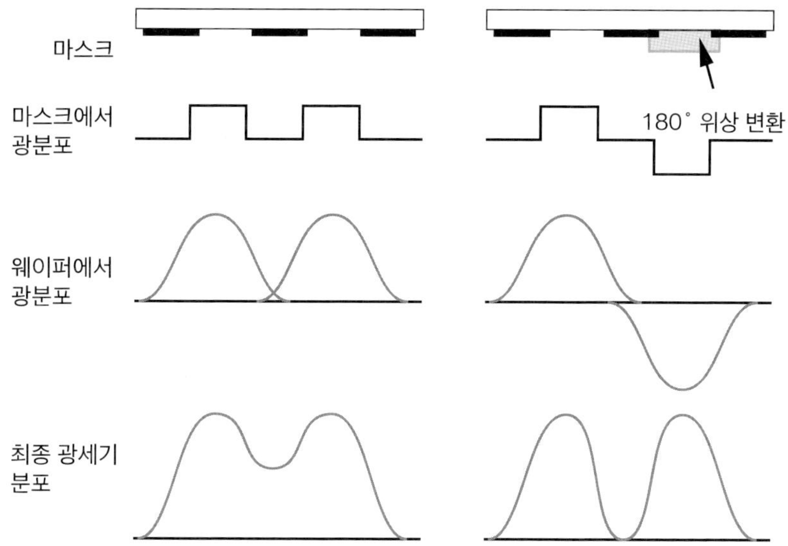

그림 7.26 광전사의 정확도를 높이기 위해 활용되는 phase shift mask의 개념도

그림의 왼쪽은 기존의 마스크를 보여 주고 있으며 인접하는 두 패턴을 통과한 빛이 웨이퍼 표면에 전사되었을 때의 형태를 보여 주고 있다. 실제 레지스트에 전달되는 빛의 강도는 이 파형의 크기의 제곱으로 나타난다. 그 결과가 맨 아래 강도 분포이며 이 마스크의 경우 두 인접한 패턴 간의 분리가 효율적이지 못함을 보여주고 있다. 반면에 오른쪽의 그림에서 보는 바와 같이 두 패턴 중 한쪽에 유리의 두께와 굴절률을 조절하면 빛의 위상차를 조절하여 웨이퍼 위에 전달하는 파형을 바꿀 수 있으며 결과적으로 웨이퍼 표면에 도달하는 강도를 오른쪽 맨 아래 그림처럼 조절할 수 있다. 이 경우 인접한 패턴 간의 분리가 더욱 명확하게 달성될 수 있음을 알 수 있다

차세대 광리소그라피 시스템으로 EUV, X-선을 이용한 시스템이 현재 연구, 개발되고 있다. 이 중 EUV시스템은 엑시머 레이저를 이용한 DUV에 이어 양산단계에 적용할 수 있을 것으로 기대되고 있다. 이러한 차세대 시스템에 대해서는 다른 책을 참조하기 바란다.

연습문제

01 마스크 소재인 쿼츠 유리는 열팽창 계수가 5.5×10^{-7}/°C이다. 300밀리미터 웨이퍼 공정에서 마스크의 배열 정확도는 0.5 마이크론 이하로 유지해야 한다. 마스크 판의 온도는 어느 범위 이내에서 제어되어야 하는가?

02 NA가 0.6인 노광 시스템에서 광원의 파장에 따른 이론적인 resolution과 depth of focus 값을 구하고 도시하라. k_1값은 0.6이고 k_2는 0.5이다. 광원의 파장 범위는 100에서 700나노미터 범위, 즉 DUV에서 가시광선 범위이다. g-line, i-line, KrF, ArF 파장에 해당하는 부분을 표시하고 ArF의 경우 0.1 마이크론 크기의 패턴 형성에 적합한지 논의하라. ArF를 이용해 더 작은 패턴을 만들 수 있는 방법을 조사해 보아라. 현재 ArF 엑시머 레이저 광원 이후에 적절한 대안이 없는 상황이다. 파장 157나노미터에 해당하는 F_2 엑시머 레이저를 사용한다 했을 때 NA=0.8, k_1= 0.75에서 이론적인 resolution은 얼마인가?

03 X-ray 노광 시스템에서 1 keV 에너지의 광원을 사용한다. 웨이퍼와 마스크 사이의 거리가 20마이크론이라 할 때 회절에 의해 제한되는 패턴의 크기는 얼마인가? 프록시 프린팅의 경우 $\text{resolution} = \sqrt{\lambda g}$ 이고, g는 웨이퍼와 마스크 사이의 거리, λ는 광원의 파장이다.

04 분자량 100,000인 포토레지스트의 밀도가 1.1 g/cm^{3}이다. 두께가 1 마이크론인 레지스트를 완전히 노광하는 데 405나노미터 파장의 빛 30 mJ/cm^{2}의 에너지가 필요하였다. 분자 하나당 필요한 포톤의 개수는 얼마인가?

05 기판 위에 1마이크론 두께의 레지스트가 형성되어 있는데 노광 전에는 초당 0.2나노미터의 속도로 용매에 의해 제거되었고 75 mJ/cm^{2}의 에너지로 노광된 후에는 초당 10 나노미터, 150 mJ/cm^{2}의 에너지로 노광된 후에는 초당 20나노미터의 속도를 보였다. 5마이크론 선폭의 라인 패턴을 갖고 있는 마스크를 통해 아래와 같은 조건으로 노광

및 현상하였을 때 아래 사항을 구하라. 75 mJ/cm^{2}의 에너지로 노광한 후 현상을 각각 90초, 150초 하였을 때, 그리고 150 mJ/cm^{2}의 에너지로 노광한 후 현상을 각각 90초, 150초 하였을 때, 1) 노광되지 않은 부분에 남아 있는 레지스트의 두께, 2) 현상이 완전하게 되지 않았을 때 노광된 부분에 남아 있는 레지스트의 두께, 3) 현상이 완전히 되었다면 기판 표면에 형성된 패턴의 선폭, 4) 레지스트 표면에 형성된 패턴의 선폭.

06 감광성 고분자 용액을 스핀 코팅하여 원하는 두께의 고분자 막을 기판 위에 형성하였다. 4,000rpm의 회전 속도에서 0.7마이크론의 두께를 얻었는데 0.8, 1.0마이크론 두께의 막을 얻기 위해서는 회전 속도를 얼마로 해야 하는가? 용액이 뉴토니언 유체라고 생각한다. 회전 속도가 너무 낮아 균일한 두께의 막을 만들기가 어렵다 할 때 막 두께를 조절하기 위한 다른 방법은 무엇인가? 같은 회전 속도에서 용액의 점도를 어느 정도 증가시켜야 원하는 두께를 얻을 수 있는가?

07 300밀리미터 실리콘 웨이퍼의 중앙에 초기에 공급된 레지스트가 7.5센티미터 반경에 0.3센티미터 높이로 형성되어 있다. 이후 기판을 3,500rpm으로 회전시켰을 때 웨이퍼 전체에 1마이크론 두께의 레지스트 막이 형성되었다. 얼마만큼의 레지스트가 웨이퍼 바깥으로 버려졌는가? 웨이퍼 끝부분에서 원심력과 중력의 방향은 어떻게 되며 레지스트는 어느 방향으로 떨어져 나가겠는가?

CHAPTER

8

플라즈마 공정

모든 하드웨어는 재료로 만들어지고 재료공정의 상당부분은 화학공정이다. 가장 보편적인 화학반응은 열에너지에 의한 열화학반응인데 경우에 따라서는 광에너지에 의한 광화학반응, 그리고 전자와의 충돌에 의한 플라즈마 화학반응도 재료공정에서 활용된다. 특히 플라즈마 화학반응, 플라즈마공정은 재료공정에서 나노구조를 만드는 데 아주 유용한 도구로 활용된다. 전자의 충돌에 의한 화학반응은 열에너지를 활용하지 않기 때문에 저온에서 공정의 수행이 가능하고 또한 전자와의 충돌에 의해 반응성이 높은 라디칼의 생성과 함께 양전하를 띠는 이온도 형성되기 때문에 이들을 공정에 활용할 수 있다. 플라즈마 반응기 내에 형성되는 전기장을 조절하면 이들 이온을 가속시켜 기판 표면에 충돌시킬 수 있으며 화학반응과 함께 이러한 이온충돌(ion bombardment) 효과를 활용하면 나노구조 형성에 유리한 점이 많다. 그림 8.1에는 플라즈마 내에 형성되는 이온의 에너지와 기판 표면과의 상호 작용, 그리고 이를 활용한 공정에 대해 요약하였다.

여기에서 에너지는 eV(1eV = 23.045kcal/mole)로 나타나 있다. 플라즈마 화학반응을 이용한 박막의 증착에는 주로 전하를 띠지 않는 중성 화학종(분자, 라디칼 등)이 관여하며

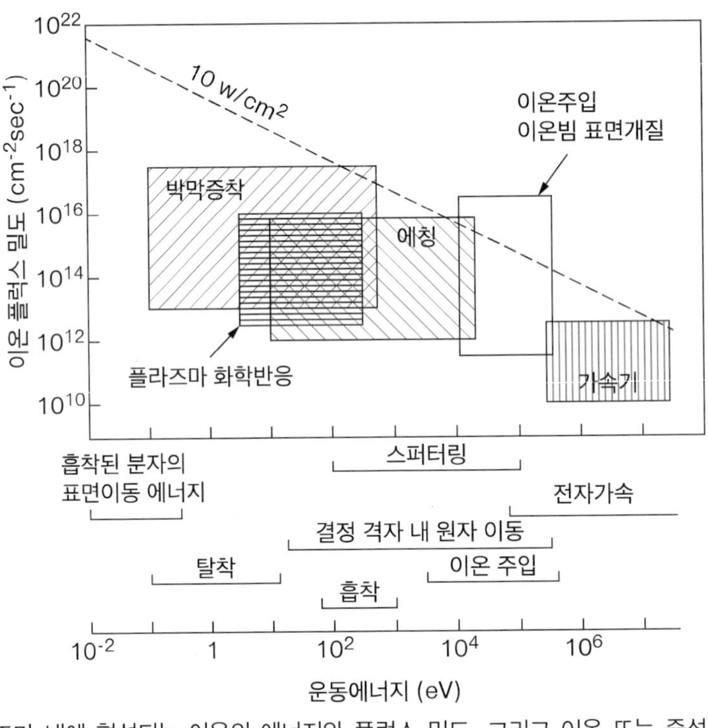

그림 8.1 플라즈마 내에 형성되는 이온의 에너지와 플럭스 밀도, 그리고 이온 또는 중성 화학종과 기판 표면과의 상호 작용과 이를 활용한 공정

흡착된 분자의 표면 이동, 화학종의 흡착, 탈착 등이 관여한다. 에칭에서는 가속된 이온이 활용되기도 한다. 박막의 증착과 에칭에서는 플라즈마 화학반응이 중요하게 활용되는데 이때의 중성 화학종, 그리고 이온종들은 비교적 낮은 에너지를 가지고 있다. 이들보다 에너지가 높은 영역에서는 이온의 충돌 에너지에 의해 결정격자에 위치한 원자가 이동되고 또한 일부 원자들이 고체재료 바깥으로 튀어나오게 되는데 이를 스퍼터링이라 한다. 이러한 스퍼터링은 물리적 에칭, 또는 타겟 원자의 스퍼터링에 의한 물리증착에 활용한다. 이보다 에너지가 높은 경우 이온은 결정격자 내에 주입되며 이러한 이온주입공정은 반도체의 도우핑에 활용한다. 이보다 더 높은 에너지로 가속된 입자의 활용은 방사광 가속기를 들 수 있다. 에너지가 커지는 경우 시스템의 압력이 그만큼 낮아져 이온의 플럭스 밀도는 줄어들게 된다. 그림 내 점선은 이온의 에너지와 플럭스를 모두 고려한 기판의 단위 면적당 전달되는 파워를 표시한 것이다. 에너지가 커지면서 밀도는 줄어들어 전체 전달되는 에너지는 줄어든다. 이들 플라즈마 에너지에 따라 활용되는 각각의 재료공정은 앞서 다루었거나 앞으로 다루기로 하고 이 장에서는 플라즈마와 관련된 기본 사항을 기술하기로 한다.

8.1 플라즈마의 특성

물질은 온도에 따라 그림 8.2에 나타난 바와 같이 고체, 액체, 기체의 3가지 상으로 존재한다. 온도는 바로 물질의 에너지 상태를 나타내며 이에 따라 절대온도와 에너지로 나타나 있다 (E= kT).

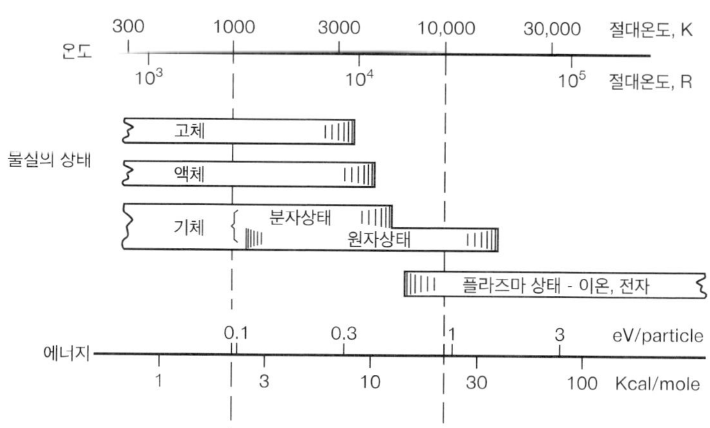

그림 8.2 온도에 따른 물질의 상태

일반적으로 온도가 낮은 에너지 상태에서는 고체로 존재하던 물질이 온도가 높아지면서 액체로 또 기체로 변환되며, 더욱 더 에너지가 높아지면 분자상태의 물질이 분해되어 원자 상태로 변환된다. 여기에서 더욱 더 온도가 높아지면 분자나 원자상태에 존재하는 외각전자가 떨어져 나가 이온종과 자유전자가 생성된다. 이러한 높은 에너지 상태를 플라즈마 상태라 하며 고체, 액체, 기체에 이어 물질의 제4의 상태라고도 생각할 수 있다. 실제로 1 eV의 에너지를 갖는 상태는 온도로 환산하면 절대 온도 약 10,000K도에 해당한다. 플라즈마 재료공정은 이런 높은 에너지를 재료의 처리에 활용하는 것이다. 재료공정에 활용하는 플라즈마는 일반적으로 이온농도가 높지 않은 약하게 이온화된 상태이다. 우리가 사는 지각에는 플라즈마 상태가 그리 흔하지 않으나 우주는 90% 이상이 플라즈마 상태로 존재한다고 알려져 있다. 그림 8.3에는 여러 종류의 플라즈마가 나타나 있다. 플라즈마의 특성을 결정짓는 두가지 인자는 플라즈마 내의 전자의 밀도, 그리고 전자의 온도(혹은 에너지)이다.

전자의 밀도가 아주 높고 또한 에너지가 아주 높은 플라즈마는 핵융합 플라즈마이며 태양이 그 예이다. 태양에서는 수소 원자의 핵융합에 의해 헬리움이 형성되면서 소멸되는 질량이 에너지로 변환되며 그 엄청난 에너지에 의해 대부분의 종이 이온화된 상태에 있다. 태양에서 발산되는 이온종에 의해 코로나(태양풍)가 방출되며 이들 플라즈마는 우주로 발산되어 일부가 지구 극지방에 도달하면 오로라를 발생시키기도 한다. 이외에도 연소 불꽃도 일부 이온화

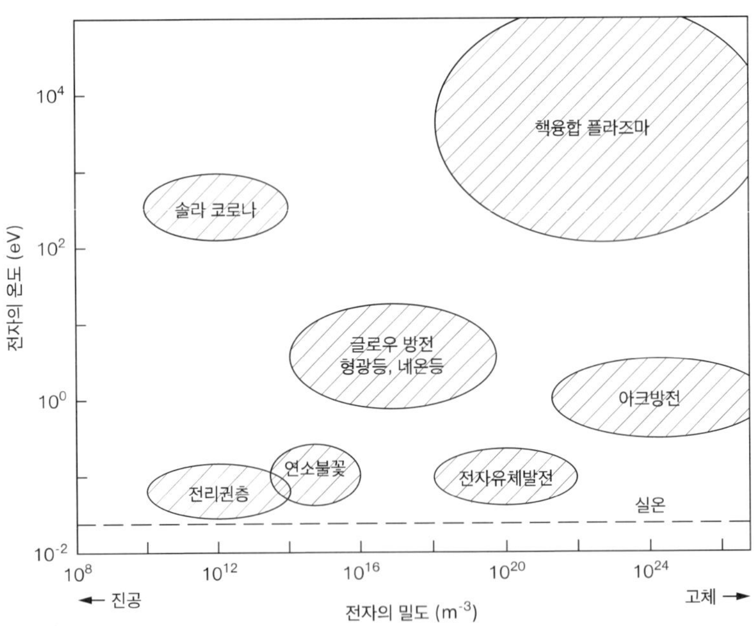

그림 8.3 여러 종류의 플라즈마

된 상태이고 지구 바깥 전리권 층에도 플라즈마 상태가 존재한다. MHD(Magneto-hydro-dynamic) 발전도 플라즈마 상태의 유체의 흐름과 자기장을 이용해 발전을 하는 것이다. 재료 공정에서 활용하는 플라즈마는 글로우 방전 플라즈마와 아크방전 플라즈마이다. 글로우 방전 플라즈마는 진공상태에서 그리고 아크방전은 상압 주변에서 형성된다. 이 두 플라즈마의 개념은 그림 8.4를 바탕으로 설명할 수 있다. 그림 8.4는 플라즈마 내에서 전하를 띤 전자의 온도와 중성종의 온도를 압력에 따라 나타낸 것이다. 플라즈마가 형성될 때 전하를 띤 종들은 전기장 혹은 자기장에서 가속이 되나 전하를 띠지 않은 중성종들은 에너지를 받지 않는다. 압력이 낮은 상태에서는 에너지를 받은 전자들이 중성종들과 빈번히 충돌하지 않아 전자는 높은 에너지 상태(T_e)에 있고 중성종은 낮은 에너지 상태(T_g)에 있다. 반면에 압력이 올라가면 이 둘 사이의 충돌이 빈번해 에너지를 주고 받으며 평형상태에 도달하게 되고 두 종의 온도가 같아진다. 1 torr (1기압 = 760 torr) 근처 이하에서 생성되는 플라즈마는 글로우 방전 플라즈마라 하며 또한 비평형 플라즈마, 차가운 플라즈마, 화학 플라즈마라 하기도 한다. 비평형의 의미는 전자와 중성종의 에너지 차이가 커 비평형 상태에 있다는 의미이다. 또한 중성종은 에너지가 낮아 차거운 플라즈마라 하며 전자의 에너지가 높아 충돌에 의해 중성종이 분해되는 화학반응이 일어나므로 화학 플라즈마라고도 한다. 이 상태에서 플라즈마는 기체의 종류에 따라 고유한 빛을 내는 것을 글로우 방전이라 한다. 아르곤의 경우 푸른색, 산소의 경우 붉은 색을 띤다. 이는 전자의 충돌에 의해 여기된 분자 내의 전자가 다시 기저 상태로 전이되면서 그 에너지 차이가 광자의 에너지로 방출되는 현상이다.

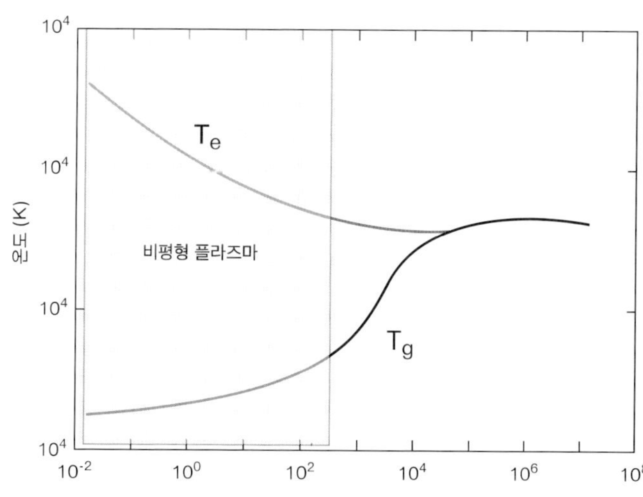

그림 8.4 플라즈마 내에서 압력에 따른 전자의 온도와 중성종의 온도.

형광등도 이 원리를 이용한 것이며 형광체가 도포된 진공 유리관에 수은 증기를 넣고 전극 사이에 전기에너지를 가한다. 이 전기장에 의해 관내의 자유전자가 여기되고 이들이 수은 원자와 충돌하여 수은 원자 내의 전자를 여기시키게 된다. 이들이 다시 기저상태로 돌아오면서 자외선을 방출하고 형광체가 이를 흡수 가시광선을 방출한다. 또한 도시에 광고판으로 활용되는 네온등도 진공 유리관에 기체를 채워 방전시키는 것으로 기체의 조성에 따라 여러 색깔을 내게 된다. 이러한 이유로 이러한 플라즈마를 글로우 방전 플라즈마라 하며 재료공정에서는 이 플라즈마에서 발생되는 반응성 라디칼을 활용하고 때로는 발생하는 이온종이 가속되어 표면을 때리는 효과를 동시에 이용하기도 한다. 글로우 방전 플라즈마에서 전자의 온도는 높아 10^4K 이상이 될 수 있고 무게가 전자보다 무거운 이온이나 중성 분자들은 이보다 훨씬 낮은 온도를 갖게 된다 ($T_e \sim 10^4K \gg T_{ion}, T_{gas}$).

반면에 압력이 올라가 잦은 충돌에 의해 전자와 중성종이 평형 상태에 있는 플라즈마를 평형 플라즈마, 물리 플라즈마, 열 플라즈마, 아크 플라즈마라 한다. 이때 전자의 온도, 이온의 온도, 중성 분자의 온도가 거의 같고 보통 10,000K 이하이다($T_e = T_{ion} = T_{gas} \leq 10^4K$). 금속을 용접할 때 발생하는 아크 플라즈마가 그 예이다. 이 경우는 플라즈마에서 발생하는 높은 온도를 이용해 물질을 용융시키는 것으로 단순한 열을 활용하는 물리적인 플라즈마이다. 이러한 플라즈마는 단순하게 고온의 열원으로 사용하는 것이므로 소자의 제조에 활용하는 경우는 거의 없다. 여기에서는 주로 글로우 방전 플라즈마에 대해 언급하기로 한다. 두 플라즈마를 비교하면 아크 플라즈마는 전자의 온도가 상대적으로 낮고 대신 이들의 농도는 높다. 즉 상대적으로 낮은 전압에서 높은 전류로 작동하게 된다. 반대로 글로우 방전 플라즈마는 전자의 온도가 높고 그 밀도는 낮아 높은 전압과 낮은 전류에서 작동한다.

그림 8.5에는 직류전기(DC)로 플라즈마를 발생시키는 진공반응기, 플라즈마 내의 전압분포 등을 보여주는 개념도가 나타나 있다. 글로우 방전은 10^{-3}기압 내외의 진공반응기에 전극을 배치하고 전압을 걸어 발생시킨다. 그림에서 접지가 된 부분이 양극(anode)이고 반대편에 음전압이 걸린 전극이 음극(cathode)이다. 직류전기에 의한 플라즈마 반응기에서는 두 전극에 걸리는 전압은 고정되어 있다. 두 전극에 걸리는 전압차에 의해 전자는 가속되어 음극에서 양극으로 움직이고 이온은 반대로 양극에서 음극 방향으로 이동한다.

그림에는 일례로 불활성 기체인 아르곤을 채운 경우를 나타냈다. 가속된 자유전자는 기체 분자와 충돌하여 분자를 여기시키며 일부 분자는 전자를 방출하고 양이온이 된다. 양이온은 전자와 반대 방향으로 가속되어 음극 표면을 때리고 질량이 상대적으로 무거워 상당한 운동에너지를 고체 표면에 전달하며 이 과정에서 음극재를 이루는 소재의 원자에서 전자가 밖으

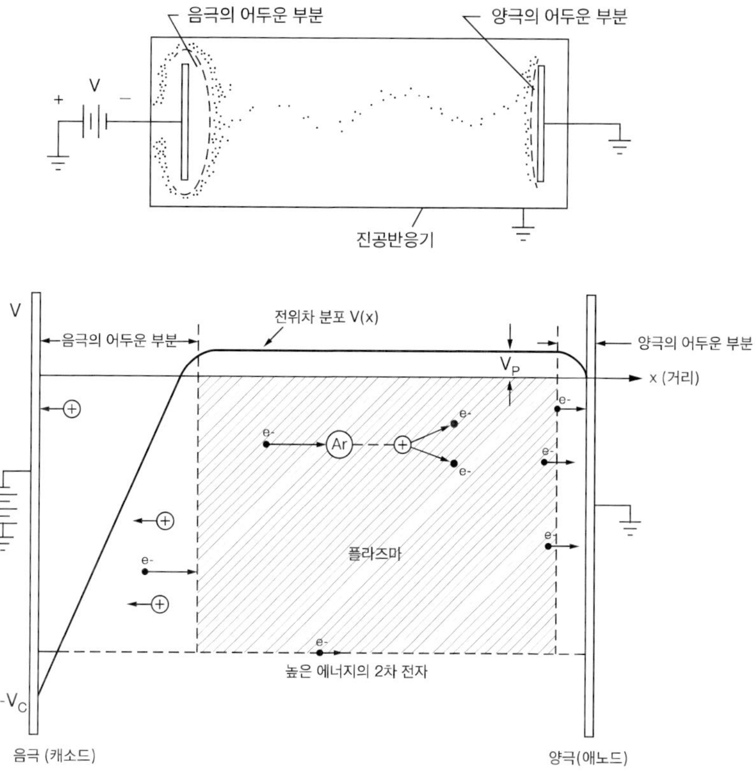

그림 8.5 직류전기(DC)로 플라즈마를 발생시키는 진공반응기와 플라즈마 내의 전압분포 등을 보여주는 개념도

로 튀어나오게 된다. 이러한 2차전자(secondary electrons)는 다시 양극 쪽으로 가속이 되며 플라즈마 내의 기체 분자와 충돌한다. 두 전극의 전압은 고정되어 있고 두 전극 사이의 전압차의 분포는 이 사이에서 비선형적으로 변한다. 전극 사이의 위치 x에 대한 전위차 분포 V(x)를 보면 음극 부분에서 전위차가 급격하게 변하고 플라즈마 내에서는 전위차가 거의 변하지 아 플라즈마 내에서 전자의 농도 분포는 거의 일정한 것을 알 수 있다. 또한 전자는 고체 표면에 충돌하여 전극 표면에 일부 쌓이고 전극 바깥으로 흘러 나가게 된다. 이에 따라 양극보다 플라즈마 포텐셜이 조금 높은 것을 알 수 있다. 플라즈마 포텐셜(V_p)은 반응기 내에서 어느 고체 표면보다 가장 높게 유지된다. 그리고 외부 흘러나가는 전자는 플라즈마 내에서 이온화에 의해 생성되는 전자와 음극에서 방출되는 2차전자에 의해 보충되며 이러한 상태가 안정하게 유지되어야 플라즈마가 꺼지지 않고 안정하게 유지된다. 플라즈마 내의 기체분자에서는 분자 내의 전자가 여기되고 또한 기저 상태로 돌아오면서 특유의 빛을 방출하기 때문에 글로우 방전 플라즈마라는 이름이 붙게 된 것이다. 그 밝기는 플라즈마 파워, 용기 내 압력 등 여러 변수에 따라 변한다. 특히 양쪽 전극 주변에는 글로우가 발생하지 않는 어두운 영역

이 존재하는데 그 두께는 음극에서 더 두껍다. 두 전극 근처에서 전위차가 급격히 변하는 영역은 쉬스(sheath)라 부른다. 이 직류 플라즈마 시스템에서 음극 영역 쉬스 전압은 수백에서 수천 볼트, 플라즈마 내를 흐르는 전류는 밀리암페아 정도이다. 플라즈마 내에서 이온종의 생성은 전자의 생성을 수반하기 때문에 전체적으로 음전하와 양전하의 양이 같아 중성 상태를 유지한다. 이러한 플라즈마 반응기에서 기판을 음극 전극 위에 놓게 되면 플라즈마 화학반응에 의한 활성종을 활용하는 것에 더하여 이온이 기판 표면을 때리는 효과를 부수적으로 얻을 수 있어 나노구조의 형성에 유용한 도구로 사용할 수 있다. 이에 대한 실제 응용 예는 에칭공정에서 자세히 기술하기로 한다.

이러한 직류전원에 의한 플라즈마 시스템은 비교적 단순하여 이온을 한 방향으로 가속하는데 효율적이다. 음극과 양극이 고정되고 전위차에 의한 전압의 바이어스가 음극에 형성되어 변하지 않기 때문이다. 그런데 전극에 놓여진 기판이 절연체거나 전기전도도가 낮은 경우 충돌하는 전자들이 표면에 축적되어 빠져 나가지 못하고 결국에는 전류의 흐름이 차단되기 때문에 플라즈마가 안정하게 유지되지 못하고 꺼져 버리게 된다. 이러한 경우에는 교류전원을 사용해야 하는데 킬로헤르츠(kHz) 내지는 메가헤르츠(MHz, RF: radio frequency 영역), 또는 기가헤르츠(GHz: microwave frequency 영역)의 주파수를 갖는 전원을 이용한다. 특히 고주파 전원으로 13.56 MHz의 전원이 주로 쓰이는데 여기에는 특별한 이유가 있는 것이 아니라 이 주파수 영역대가 FM 라디오, 텔레비전, 무선 통신에 쓰이는 영역대로 미연방통신위원회에서 혼선을 피하기 위해 이 주파수를 할당했기 때문이다. 같은 이유로 마이크로웨이브 오븐이나 마이크로웨이브 플라즈마 전원으로는 2.45 GHz가 할당되어 있다. 이러한 교류를 사용하는 경우 음극과 양극은 구별이 없이 초당 주파수만큼 바뀌기 때문에 전하의 축적이 방지되고 절연기판을 사용하는 경우에도 플라즈마가 안정하게 유지될 수 있다. 반면에 플라즈마 내에 전하를 띤 종들이 전기장에 따라 진동하게 되고 각 종들의 질량에 따라 그 거동이 달라 플라즈마와 관련된 여러 현상들이 더욱 복잡하게 된다. 그림 8.6에는 교류전원을 이용한 플라즈마 시스템의 개념도와 전압 분포가 예시되어 있다. 그림 8.6(a)에 나타난 바와 같이 진공 상태의 반응기에 두 개의 전극이 있는 배열은 직류전원을 사용하는 경우와 같다. 여기에 연결된 RF전원은 그림 8.6(b)에 나타난 바와 같이 전압이 초당 주파수만큼 0에서 최고 전압까지 사인함수로 변하게 된다. 블록킹 캐패시터가 없는 경우는 반응기에 있는 두 전극 사이에 차이가 없어 전극 b에 나타나는 전압 V_b는 전극 a에 전압 V_a 즉 RF전원의 공급 전압과 같게 된다. 반면에 그림에 나타난 바와 같이 블록킹 캐패시터가 연결되면 전극 b에는 V_{DC}만큼의 직류 성분의 전압강하(DC offset)가 일어나 그림 8.6(c)에 나타난 바와 같은 전압 분포를 보이게 된다.

이는 플라즈마 내의 전자는 그 질량이 아주 가벼워 메가헤르츠 규모의 전압 변화에도 잘 따라 움직이나 무게가 무거운 이온종들은 주파수 변화를 따라가지 못하기 때문이다. 이에 따라 전원이 직접 연결된 전극은 양극이 되고 블록킹 캐패시터가 연결된 전극은 음극이 된다. 그리고 이 음전압의 바이어스는 직류보다는 작지만 음극 전극에 형성되며 이것이 양이온을 가속시켜 기판 표면을 때리는 효과를 얻게 된다. 또한 두 전극의 면적을 달리 함으로써 양쪽 전극에 형성되는 바이어스의 크기를 조절할 수 있다. 그림 8.7에는 이와 관련된 개념도가 나타나 있다. 즉 바이어스 크기의 비는 $V_1/V_2 = (A_2/A_1)^4$에 따라 면적비의 4승에 반비례하며 전극 1의 면적을 줄이면 이 전극에 형성되는 바이어스 V_1을 크게 하여 이온의 가속을 더 크게 할 수 있다. 이 경우에도 플라즈마 포텐셜 V_p는 DC와 마찬가지로 반응기 내에서 가장 높은 값을 나타낸다.

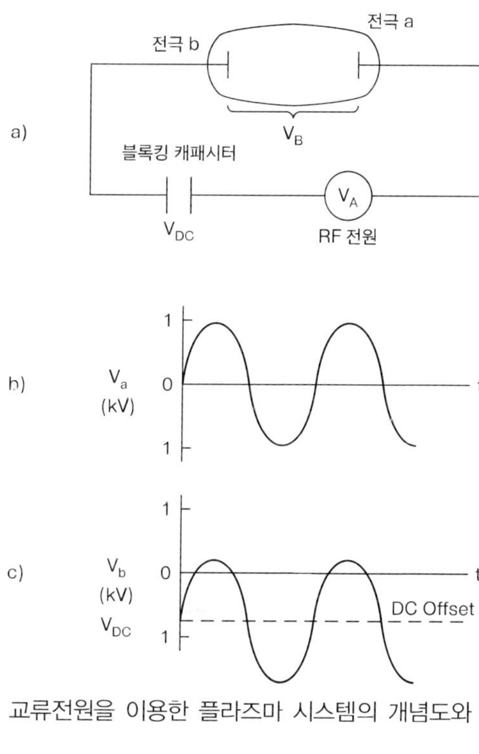

그림 8.6 교류전원을 이용한 플라즈마 시스템의 개념도와 전압분포.

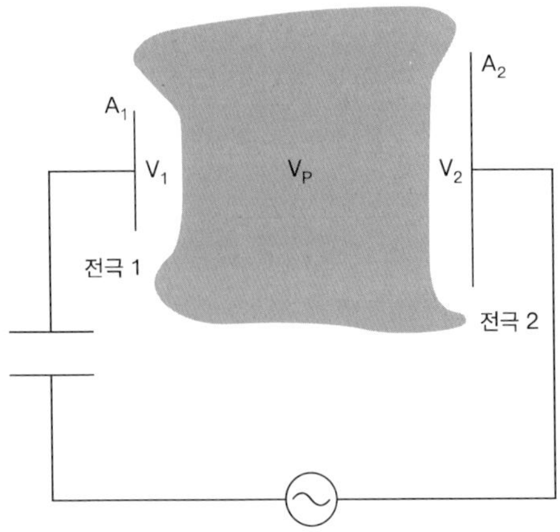

$$\left(\frac{V_1}{V_2}\right) = \left(\frac{A_2}{A_1}\right)^4$$

그림 8.7 교류전압을 이용한 플라즈마 시스템에서 전극의 면적에 따른 전압 바이어스의 크기

8.2 플라즈마 화학반응

플라즈마는 약하게 이온화된 기체로 가속된 전자와 분자와의 충돌에 의해 다양한 중성종이 형성되며 이와 함께 전하를 띤 이온과 여러 성분들이 생성되어 함께 존재하는 상태이다. 플라즈마 내에서 이온과 전자는 가해지는 에너지(주로 전기에너지)에 의해 지속적으로 생성된다. 이에 따라 장치 바깥으로 흘러나가며 손실되는 전자가 보충되어 정상 상태가 되어야 안정한 플라즈마가 유지된다. 들뜬 라디칼, 전자, 이온종들은 가속된 전자와의 충돌에 의해 생성되며 플라즈마 화학반응은 전자와의 충돌에 의해 발생되는 화학반응이다. 저압 상태에서 생성되는 비평형, 화학플라즈마가 집적회로공정, 기타 나노구조를 만드는 재료공정에 널리 쓰이고 있다. 이 과정에서 생성되는 여기된 종에 의해 가시광이 발생하는데 이러한 글로우 디스차지를 집적회로를 만들기 위한 미세공정에 처음 시도한 것은 1960년대이며 이후 70년대에는 아주 중요한 도구로 널리 쓰이게 되었다. 특히 리소그래피(묘화) 공정에서 활용되는 감광성 고분자 박막을 사용 후에 제거하기 위해 애싱(ashing) 공정이 필수적인데 이에는 산소 플라즈마가 활용된다. 즉 주성분이 탄소와 수소인 고분자 물질을 활성이 높은 산소 라디칼로 산화 제거하는 것이다. 또한 여러 에칭공정에서도 플라즈마가 중요하게 쓰인다. 플라즈마 공정은 기상공정이고 또한 저온공정이어서 오염을 최소화하며 공정을 수행할 수 있고 열에너지를 플라즈마 에너지로 대체하여 저온에서도 빠른 화학반응속도를 얻을 수 있다. 이에 따라

높은 온도를 필요로 하는 열화학공정이나 산이나 알칼리를 쓰는 습식공정을 빠르게 대체하였다. 저온공정에서는 장치를 단순화할 수 있고 또한 고온에서 일어나는 원치 않는 불순물의 확산이나 결정결함의 형성을 억제할 수 있게 된다. 이러한 이유로 현재의 집적회로공정은 플라즈마공정 없이는 불가능하였다고 이야기된다. 일반적인 글로우 디스차지 플라즈마에서 존재하는 상태는 아래 표 8.1과 같이 요약해 볼 수 있다.

표 8.1 글로우 디스차지 플라즈마의 특성

전자와 이온의 밀도	$10^8 - 10^{12}/cm^3$ ($N_e + N_- = N_+$)
이온화된 분율	$10^{-6} \sim 10^{-4}$
평균 전자 에너지	0.1 eV ~ 10 eV ($1.6\times10^{-18} - 1.6\times10^{-20}$ joule)
이온, 중성종의 에너지	0.03 – 0.05 eV
반응기 내의 압력	0.001 – 10 torr (0.133 – 1333 Pa 혹은 0.13×10^{-6} - 0.13×10^{-2} 기압)
플라즈마 전원의 주파수	50 kHz – 50 MHz
전극간의 거리	1 – 10cm
소모되는 에너지	0.01 – 1 w/cm^3

플라즈마 내에서는 음전하를 띤 전자와 음이온의 농도의 합이 양전하를 띤 양이온과 같아 전체적으로는 전하가 중성 상태가 된다. 단지 이온종이나 중성종에 비해 전자의 속도가 훨씬 빨라 표면과도 자주 충돌하여 소멸되므로 반응기 내부에 형성되는 플라즈마는 다른 어떤 표면보다도 전위차가 높게 된다. 또한 전체 분자 중에 이온화된 분율은 1~100ppm 정도로 약하게 이온화된 상태이다. 반응성이 높은 분해된 중성종 라디컬은 그 농도가 30% 이하이나 이온종보다는 그 농도가 높다. 플라즈마 내에서는 전하를 띤 종만 전기장에서 에너지를 얻어 가속이 되며 중성종은 에너지를 얻지 못한다. 이온은 그 무게가 전자에 비해 아주 무거워 높은 주파수의 전원에서는 효율적으로 에너지를 받지 못한다. 플라즈마가 생성되는 압력이 상대적으로 낮을 때는 좀 더 높은 전압이 필요하며 또한 전하를 띤 종들과 중성종의 충돌이 상대적으로 적어 전자나 이온의 에너지가 높게 된다. 이에 따라 플라즈마에서는 좀 더 밝은 빛이 방출되나 활성종의 농도는 상대적으로 낮다. 압력이 높은 경우는 전자나 이온의 농도는 떨어지고 플라즈마 밝기는 떨어지나 반응종의 농도는 높게 된다. 그림 8.4에서 보는 바와 같이 압력이 높아져 충돌 횟수가 많아지고 전하를 띤 종들의 에너지가 낮아지게 되면 글로우 디스차지 플라즈마는 더 이상 유지되지 못하고 꺼진다.

플라즈마 내에서 전자와의 충돌에 의해 일어나는 반응은 아래 표 8.2와 같이 요약해 볼 수 있다. 여기에서는 일례로 2원자 분자(예로 O_2, N_2, F_2, Cl_2, ...)를 대상으로 하였다.

표 8.2 전자 충돌에 의한 반응

여기(rotational, vibrational, electronic excitation)	$e + A_2 \longrightarrow A_2^* + e$
이온화	$e + A_2 \longrightarrow A_2^+ + 2e$
분해	$e + A_2 \longrightarrow 2A + e$
분해 및 이온화	$e + A_2 \longrightarrow A + A^+ + 2e$
분해 및 전하 부착	$e + A_2 \longrightarrow A^+ + A^- + e$

표 8.2에 나타난 반응은 2원자 분자로부터 일어나는 1차적 반응(primary reaction)을 나타낸 것이다. 실제로는 이들의 역 반응, 반응물이 다시 전자와 충돌하여 일어나는 2차적 반응(secondary reaction), 그리고 이들 반응물끼리의 충돌에 의해 일어나는 2차적 반응 등 플라즈마 내에서 일어나는 반응은 상당히 복잡하다. 실제로 산소분자와 전자와의 충돌에 의해 일어나는 반응은 100여가지가 넘는다. 실리콘 박막의 증착에 활용되는 SiH_4, 에칭에서 많이 활용되는 CF_4 기체의 경우 일반적으로 표시된 2원자 분자보다 전자와의 충돌에 의한 플라즈마 반응이 훨씬 더 복잡하며 이에 대한 구체적인 내용은 이 책의 범위를 벗어나는 것이다. 일반적으로 플라즈마 화학반응의 속도는 아래와 같이 주어진다.

$$R = kn_eN \tag{8.1}$$

여기에서 k는 플라즈마 반응속도 상수, n_e는 전자의 농도, N은 반응물의 농도이다. 표 8.2에 나타난 5개의 반응을 생각해 보면 전자와 반응물 A_2의 농도는 공통인데 각 반응의 반응속도 상수 k는 다르다. 플라즈마 반응속도 상수 k는 아래 식 (8.2)와 같이 나타나는데 괄호 안에 있는 값은 전자의 속도 ($\varepsilon = 1/2mv^2$이므로), σ는 반응물의 전자와의 충돌 단면적, f는 전자의 에너지 분포함수이다. 각각은 전자의 에너지에 대한 함수로 나타나며 이들의 곱을 전자의 에너지 E_{thres}에서 무한대까지 적분한 값이 반응속도상수이다.

$$k = \int_{E_{thres}}^{\infty} \left[\frac{2\varepsilon}{m}\right]^{1/2} \sigma(\varepsilon) f(\varepsilon) d\varepsilon \tag{8.2}$$

일례로 표 8.2에 나타난 각 반응의 속도상수를 구하려면 각 반응에 해당하는 반응물 A_2의 충돌 단면적을 알아야 한다. 먼저 그림 8.8에는 기체 상태의 입자의 에너지 분포 함수 $f(\varepsilon)$가 나타나 있다.

중성 기체분자의 경우 분자 상호간의 작용이 약해 맥스웰 분포를 나타내나 전자의 경우는 전하를 띠고 있고 서로 밀치는 힘이 작용하게 되어 드러이브스테인 분포가 더 잘 맞는 것으로 알려져 있다. 플라즈마 내에서 가속된 전자와 기체분자와의 충돌단면적은 실제 일어나는 반응에 따라 각각 정의된다. 일예로 그림 8.9에는 CF_2, CF_3, CF_4로부터 전자의 충돌에 의해 CF_2^+가 생기는 반응에 대한 반응물 각각의 충돌 단면적이 나타나 있다.

그림에서 보는 바와 같이 충돌 단면적은 특정 에너지 이하 (E_{thres})에서는 무시할 정도로

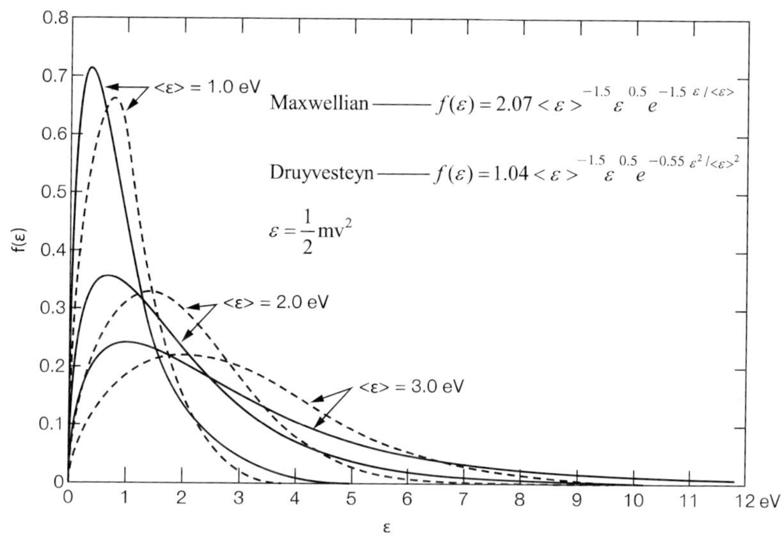

그림 8.8 기체상태의 입자의 에너지 분포 함수 f(ε). 평균에너지 ⟨ε⟩의 값에 따라 나타남

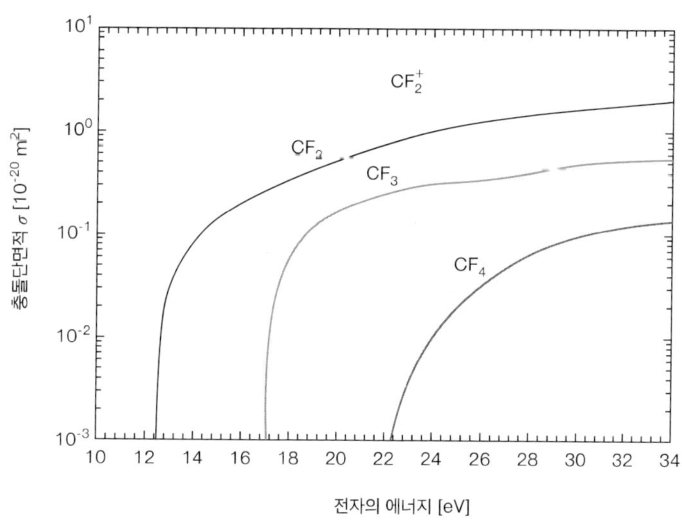

그림 8.9 CF_2, CF_3, CF_4로부터 전자의 충돌에 의해 CF_2^+가 생기는 반응에 대한 반응물 각각의 충돌 단면적

작다가 그 이상에서는 급격히 증가하고 어느 에너지 이상에서는 거의 변화하지 않거나 감소하는 경향을 보인다. 충돌 단면적이 클수록 그 생성물이 형성되는 반응의 속도가 빨라져 그 생성물의 농도가 상대적으로 높게 된다. 즉 CF_2에서 CF_2^+가 생기는 반응이 CF_3, CF_4로부터 분해 및 이온화가 일어나는 반응보다 더 큰 비중을 차지하게 된다. 또 다른 예로 그림 8.10에는 사일린(SiH_4)의 플라즈마 화학반응에서 전체 분해 반응, 전체 이온화 반응에 대한 충돌 단면적, SiH, H, Si, SiH^+ 등을 생성하는 반응의 충돌 단면적이 전자의 에너지에 대해 나타나 있다. 또한 70 eV의 에너지를 갖는 전자와 사일린 기체 분자가 충돌할 때 생성되는 종의 양이 백분율로 나타나 있다. 생성물에서 라디칼의 양은 58% 정도, 그리고 이온화된 종은 42% 정도로 나타나며 라디칼이나 이온종 모두 SiH_3, SiH_2, SiH, Si 순으로 그 양이 감소한다. 또한 들뜬 상태인 SiH^*는 그 양이 상당히 작은 것을 알 수 있다. 사일린은 플라즈마 화학반응을 이용한 화학증착공정에서 수소화된 비정질 실리콘(a-Si:H) 박막을 만드는 주요한 원료기체이며 이러한 수소화된 비정질 실리콘 박막은 액정디스플레이나 유기발광다이오드 디스플레이의 박막트랜지스터, 박막형 태양전지에 중요하게 활용된다.

기상에서 생성되는 플라즈마는 표면과 상호 작용을 하게 되며 플라즈마를 이용한 재료공정에서 표면과의 상호 작용이 중요한 부분 중 하나이다. 앞서 언급한 탄화불소화합물은 기상에서 전자와 충돌하여 주로 활성화된 불소 라디칼을 형성한다. 이 화학종이 고체 표면에 흡착되어 고체 상태를 이루고 있는 원자와 반응하여 휘발성이 있는 물질을 형성함으로써 에칭공정에 활용된다. 반면에 사일린 분자는 활성화된 SiH_x 라디칼을 주로 형성해 표면에 흡착되면 분해반응에 의해 실리콘 박막을 증착하게 된다. 즉 플라즈마 기상에서 형성된 활성화된 화학종들은 반응기체의 종류에 따라 표면과의 상호 작용에 의해 증착 또는 에칭 과정을 진행시킨다.

이들에 대한 구체적인 내용은 증착 및 에칭공정에서 다루게 된다. 플라즈마 내에서 생성되는 이온은 기판 표면 주위에 형성되는 전기장(쉬스 포텐셜)에 의해 가속되어 표면을 때려주며 이것이 이온과 표면과의 상호 작용으로 플라즈마를 이용한 나노구조의 형성에 중요한 영향을 미친다. 일반적인 열화학반응에서는 얻을 수 없는 플라즈마 시스템에서만 얻을 수 있는 효과이다. 이러한 이온종은 표면화학반응을 촉진시키고 이온에너지가 높은 경우 표면원자가 이온의 운동에너지를 받아 튀어나오는 스퍼터링 효과도 나타난다. 플라즈마 내의 전자도 표면을 때리는데 이에 따라 표면화학반응이 영향을 받거나 고체 표면에서 2차전자가 튀어나오기도 한다. 일반적으로 전자와 고체 표면과의 상호작용은 전자의 질량이 아주 작기 때문에 이온의 경우보다 그리 중요하지 않다.

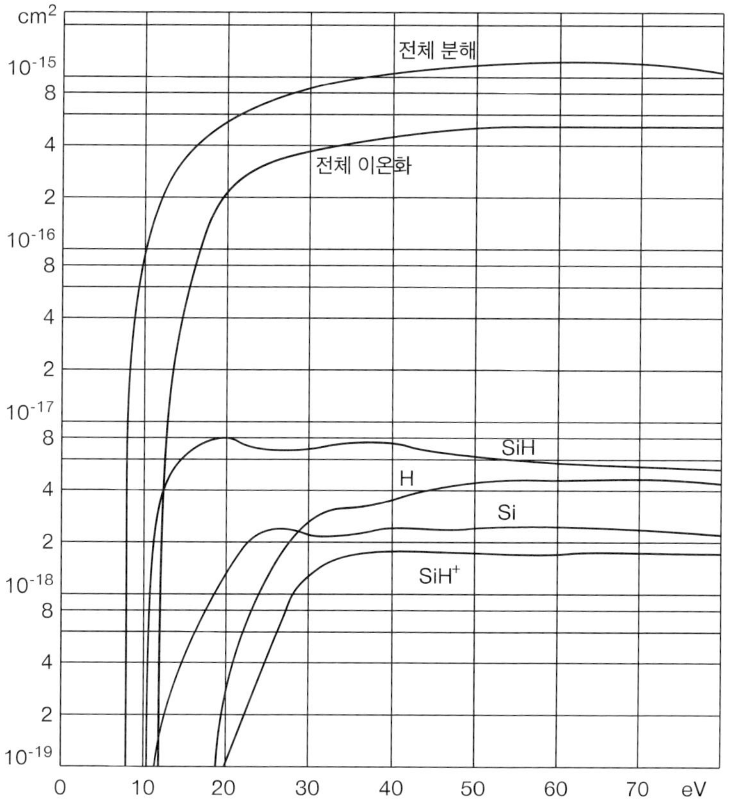

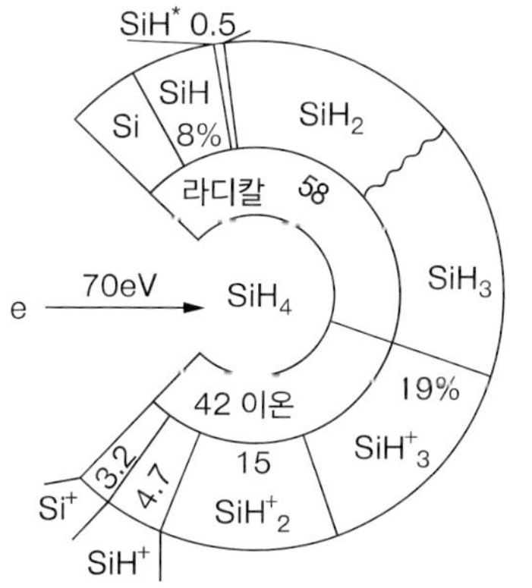

그림 8.10 사일린(SiH_4)의 플라즈마 화학반응에서 전자의 에너지에 따른 전체 분해 반응, 전체 이온화 반응에 대한 충돌 단면적, SiH, H, Si, SiH^+ 등을 생성하는 반응의 충돌 단면적. 70 eV의 에너지를 갖는 전자와 사일린 기체 분자가 충돌할 때 생성되는 종의 양에 대한 백분율

다음 표 8.3에는 플라즈마 시스템의 응용 예와 이들 내 플라즈마의 특성에 대해 요약하였다. 보통의 증착 및 에칭에 응용되는 플라즈마보다 반응성 이온에칭에서는 이온의 운동에너

지를 활용하여 화학반응을 촉진시키기 때문에 반응기 압력이 좀 더 낮고 이온화된 분율과 이온밀도는 더 높게 된다. 반응기의 압력을 낮추면 이온이나 전자와 같이 전하를 띤 종들은 더 높은 에너지를 갖게 되는데 이는 충돌 횟수가 상대적으로 낮아 에너지 손실이 작기 때문이다. 또한 전자의 에너지도 높아 충돌에 의한 이온화 분율도 따라서 높아진다. 그러나 압력이 낮아지면 화학종의 농도는 떨어져 이온 밀도는 비슷한 수준을 유지한다.

표 8.3 플라즈마의 응용 예

플라즈마 응용	압력 (torr)	이온 밀도 (cm^{-3})	이온화된 분율
증착/에칭	<10	$<10^{10}$	10^{-6}
반응성 이온에칭	$10^{-2}-10^{-1}$	10^{10}	$10^{-6}-10^{-4}$
마그네트론 스퍼터링	10^{-3}	10^{11}	$10^{-4}-10^{-2}$
Electron cyclotron resonance	$<10^{-4}-10^{-2}$	10^{12}	$<10^{-1}$

플라즈마 내에 형성되는 이온이나 전자의 에너지를 높이기 위해서 전기장뿐만 아니라 자기장을 동시에 활용하기도 하는데 그 예가 마그네트론 스퍼터링과 ECR(electron cyclotron resonance)를 이용한 시스템이다. 마그네트론 스퍼터링에서는 압력을 더욱 낮추고 마그넷을 추가해 이온을 더욱 더 가속시켜 이온에너지에 의한 충돌 효과를 높인다. 주로 고체 표면의 원자를 뜯어내기 위한 스퍼터링공정에 활용한다. 이에 대해서는 물리증착공정에서 언급하기로 한다. ECR반응기는 마이크로웨이브 플라즈마에 자기장을 더해 전자의 공명현상에 의해 플라즈마의 에너지 밀도를 높이는 것이다. 이 경우 이온 밀도를 높게 유지할 수 있다.

8.3 플라즈마 반응 시스템

플라즈마 반응 시스템은 전기에너지를 가하는 방법에 따라 캐패시터 형(capacitively coupled), 그리고 인덕터 형(inductively coupled) 플라즈마로 나누어 볼 수 있다. 그림 8.11에는 여러 형태의 플라즈마 반응기가 나타나 있다. 그림 (a)와 (d)는 코일에 흐르는 고주파 전류에 의해 에너지를 가해 기체상에 플라즈마를 형성하는 반응 시스템으로 인덕터 형 플라즈마 반응기이다. (b)와 (d)는 평판형 전극이 마주보는 형태로 전극에 걸리는 전압에 의해 에너지가 기체플라즈마에 전달된다. 그리고 그림 (e)는 앞서 설명한 ECR 시스템으로 마이크로웨이브 에너지와 자기장이 가해지며 자기장에 가해지는 전류의 주파수를 맞추어 공명현상에 의해 고밀도 플라즈마를 형성한다.

이러한 플라즈마 반응기는 진공펌프에 연결되어 반응기 내의 압력을 적당히 유지하며 또한 반응기 내에 생성되는 기체들을 바깥으로 뽑아낸다. 그림 8.11의 (d)는 원거리(remote) 플라즈마 시스템이라 하는데 플라즈마가 형성되는 영역이 위쪽에 있고 기판이 있는 반응 영역은 플라즈마 바깥에 위치하고 있다. 이 경우 플라즈마에 형성되는 중성 활성종은 아래로 흘러 기판에 영향을 주나 이온종들은 플라즈마 바깥에서 가속화되지 않아 그 영향이 미치지 않는다. 여기에서 플라즈마가 형성되는 영역과 기판과의 거리는 적절히 유지되어 활성종들이 활성을 잃지 않고 기판 표면에 도달하게 해야 한다. 그림 8.11의 (a)와 (c)는 기판이 플라즈마와 접촉하고 있는 직접(direct) 플라즈마 시스템이다. 특히 이온이 가속화되어 기판 표면을 때려주는 효과를 얻으려면 그림 8.11의 (c)와 같은 시스템을 활용해야 한다. 앞서 언급했듯이 기판이 올려져 있는 전극의 면적을 마주보는 전극의 면적보다 작게 하면 바이어스를 크게 하여 기판 표면을 이온이 때리는 효과를 크게 할 수 있다. 그림 8.11의 (b)의 경우는 전극이 반응기 벽 바깥에 위치하고 있는데 이 경우는 반응기가 유리 같은 절연체여야 하며 이 경우 바이어스의 효과는 크지 않으나 전극에 의한 오염을 줄일 수 있다. 반응성 이온에칭에서는 그림 8.11의 (c)와 같은 평판형 캐시터 형태의 반응기를 활용하며 이에 대해서는 에칭공정에서 다시 언급하기로 한다. 그림 8.12에는 원거리 플라즈마 반응 시스템의 한 예가 나타나 있다. 반응기 윗부분에 석영관이 있고 이 관 바깥에 코일이 감겨 있다. 여기에 고주파 전류가 흐르게 되고 이 반응 시스템에서는 N_2O 기체를 흘려보내 활성화된 산소 라디칼을 형성한다.

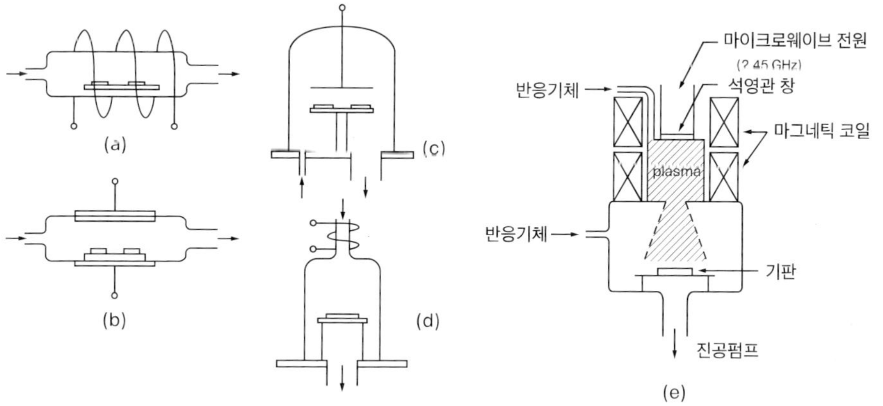

그림 8.11 플라즈마 반응 시스템의 종류. (a) 인덕터 형 플라즈마 반응기, (b) 평판형 전극이 마주보는 반응기로 전극이 반응기 바깥에 있는 형태, (c) 평판형 전극이 마주보는 반응기로 전극이 반응기 내에에 있는 형태, (d) 인덕터 형 원거리 플라즈마 반응기, (e) 마이크로 웨이브 전원과 마그네틱 코일을 이용 공명에 의해 강한 플라즈마를 발생시키는 ECR 플라즈마 반응기

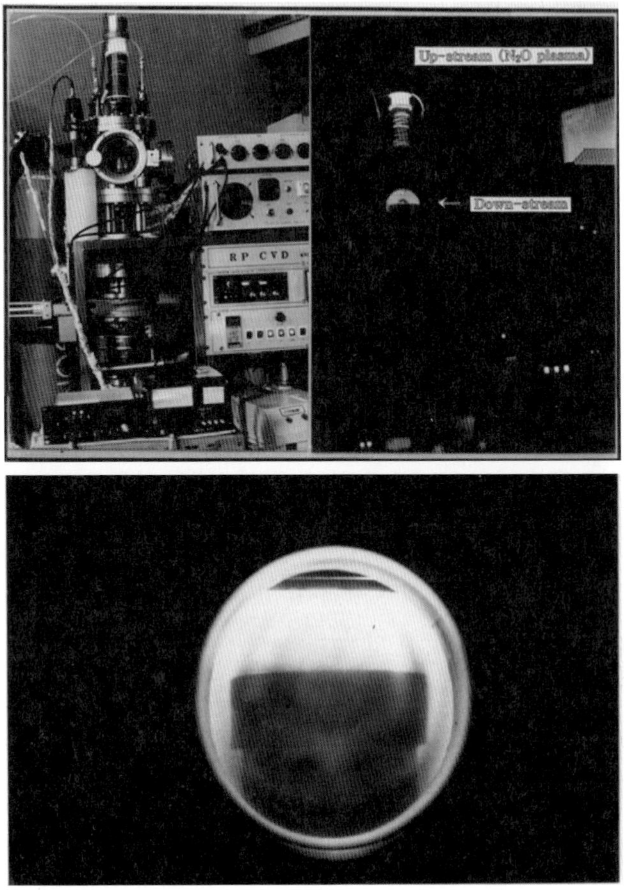

그림 8.12 원거리 플라즈마 반응 시스템의 한 예. 반응기 윗부분에 석영관이 있고 이 관 바깥에 코일이 감겨져 있다. 여기에 고주파 전류가 흘러 활성화된 산소 라디칼을 형성한다. 아래 사진은 플라즈마 영역 아래 기판이 놓여 있는 부분. 글로우 방전에 의해 산소 고유의 붉은 빛이 나오는 것을 알 수 있다. (포항공대 시스템온칩 공정기술연구소 제공)

플라즈마 아래 쪽으로 사일린기체를 주입하여 저온에서 $SiH_4 + O \rightarrow SiO_2$ 반응을 이용해 산화막을 증착시킨다. 이러한 반응 시스템을 이용하면 원하는 기체만 플라즈마에서 활성화시키고 또한 기판을 플라즈마 영역 아래 놓아 이온종에 의해 기판 표면이 영향을 받는 것을 최소화할 수 있다.

이외에도 여러 형태의 플라즈마 반응 시스템이 있으며 이들에 대해서는 각각을 응용하는 공정에서 다루기로 한다.

연습문제

01 기체의 mean free path $\lambda = 1/(n\sigma) = c/p$로 주어진다. 여기에서 σ는 충돌 단면적, n은 기체 분자의 단위 부피당 개수이다. c는 기체에 따라 주어지는 상수인데 헬륨의 경우 18×10^{-3}cm·mbar 산소의 경우 6.5×10^{-3}cm·mbar이다. 두 기체의 경우 10^{-5}~10torr 범위에서 압력(p)에 대한 mean free path를 도시하라. 상온에서 충돌 횟수 $\nu = v_{avg}/\lambda$도 같이 도시하라. $v_{avg} = (kT/m)^{1/2}$이고 m은 분자의 질량이다.

02 아르곤 플라즈마에서 전자의 온도가 20,000°K일 때(전자의 평균에너지 = 3/2kT) 전자의 평균에너지를 구하고 그림 8.8에 나타난 바와 같은 에너지 분포함수를 도시하라. Druyvesteyn 분포를 고려한다. 이 평균에너지보다 2배의 에너지를 갖는 전자의 분율을 구하라.

03 플라즈마 내에서 평판 전극 표면 위에 전압이 급격하게 변하는 쉬스 영역이 있고 이 영역에 형성되는 쉬스 포텐셜은 아래와 같이 주어진다.

$$V_S = \frac{kT_e}{2e}\ln\left(\frac{m_e}{2.3m_i}\right)$$

여기에서 m_e, m_i는 각각 전자와 이온의 질량, e는 전자 하나가 갖는 전하이다. 또한 쉬스의 두께는 아래와 같이 디바이 길이 λ_D로부터 구한다.

$$d_S \approx \eta^{2/3}\times\lambda_D,\quad \lambda_D = \left(\frac{\varepsilon_0 kT_e}{n_e e^2}\right)^{1/2},\quad \eta = \frac{e}{kT_e}(V_P + V_S)$$

1torr의 압력에서 유지되는 아르곤 플라즈마에서 전자의 평균에너지가 1eV라 할 때 그리고 전자의 농도 $n_e = 10^{10}/cm^3$일 때 쉬스 전압 V_s를 구하라. 기체 분자 수와 전자의 농도를 비교하면? 플라즈마 포텐셜 V_p=20V라 할 때 쉬스의 두께를 구하라. 만약 압력이 10^{-4}torr라 하면 쉬스의 두께는? 이때 플라즈마 포텐셜과 전자의 평균에너지는 같다고 가정하고 전자의 농도는 압력에 비례한다고 생각한다. 참고로 음극 부분 쉬스에서의 전위 분포, 이온 및 전자의 농도 분포는 다음 그림과 같다.

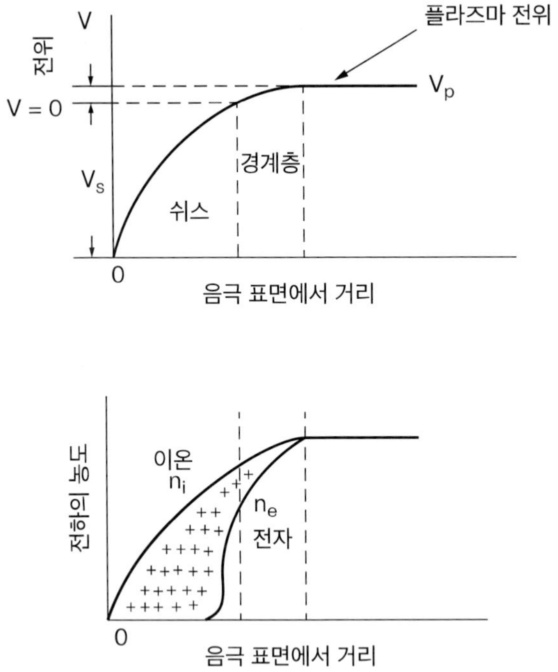

그림 8.13 음극 부분 쉬스에서의 전위분포, 이온 및 전자의 농도 분포

04 쉬스를 통한 이온의 흐름에 의한 전류는 아래와 같은 식으로 주어진다(Child-Langmuir law). 문제 3의 두 압력에 대해 아래 식으로부터 이온전류를 구하라. 아래 식에서 쉬스 포텐셜은 kV, d_s는 밀리미터로 나타내고 J_i는 mA/cm^{2}이다. 이온은 모두 1가 아르곤이라 할 때 아르곤 기체의 플럭스를 구하라.

$$J_i = 27.3\left(\frac{40}{m_i}\right)^{1/2}\frac{V_s^{3/2}}{d_s^2}$$

05 플라즈마 반응기의 크기가 5센티미터이고 전자의 평균에너지가 1eV일 때 플라즈마를 유지하기 위한 최소 전자밀도는 얼마인가? 플라즈마가 유지되기 위해서는 아래 조건이 만족되어야 한다. 전자의 평균에너지가 10eV일 때는 어떤가? L은 반응기의 크기이다.

$$\lambda_D \ll L,\ N_D \gg 1,\ N_D = \frac{4\pi}{3}n_e\lambda_D^3$$

CHAPTER

9

화학증착공정
(CVD: chemical vapor deposition)

9.1 CVD공정의 특징 및 역사

CVD는 Chemical Vapor Deposition의 약칭으로 기체분자 원료(precursor)로부터 화학반응을 거쳐 박막이나 입자 등의 고체 재료를 합성하는 공정이다. 이 공정에서는 반응기에 원료 기체를 공급하여 이들이 압력차에 의해 반응기를 흘러 지나가며 기상 혹은 기판 표면에서 화학반응에 의해 고체상이 형성되는 흐름 반응기(flow reactor)를 이용한다. 기상에서 고체상이 형성되는 경우는 입자로 성장되며 기판 표면에서 형성되는 경우는 박막으로 성장되는 것이 보통이다. 이러한 면에서 볼 때 입자를 합성하고자 하는 공정에서는 장비 표면에서 박막의 형성을 억제해야 하며 역으로 박막을 형성하고자 하는 공정에서는 기상에서의 입자 형성을 억제해야 한다.

CVD와 같은 목적의 재료공정으로 다음 장에서 기술할 물리증착법이 있다. 일례로 증발법(evaporation)이라 해서 고체를 열적으로 증발시켜 증착하고자 하는 표면 위에 응축시켜 박막을 형성하거나 또는 기상에서 미립자를 합성하는 방법이 있다. 이 경우 전체가 물리적 공정이므로 이러한 공정들은 PVD(Physical Vapor Deposition)라고 하여 CVD공정과 구분하고 있다. CVD는 반도체소자를 만드는 공정에서 중요하게 이용되고 있으며 각종 코팅이나 재료합성에도 쓰이고 있는 실용기술이다. 그러나 이의 잠재적 가능성 면에서 보면 아직도 발전 중에 있으며 아직 제대로 해석되지 못한 부분도 많다. 여러 가지 물질에 대해 새로운 CVD공정과 장비가 제안되고 있고 실제로 시도되고 있다.

표 9.1에는 다음 장에 설명할 물리증착법과 화학증착법을 비교한 특징이 요약되어 있다. 물리증착법인 증발법이나 스퍼터링법은 박막을 형성하는 원자가 물리적인 방법에 의해 형성되어 이동하면서 기판 표면에 응축되어 박막이 형성되는 공정이다. 박막을 형성하는 원자종이 기상에서 서로 충돌하는 경우 쉽게 뭉쳐 고체화하므로 반응기 내의 압력을 아주 낮게 유지하여 원자종의 평균자유행로 거리를 길게 유지함으로써 충돌을 방지할 필요가 있다. 반면에 화학증착법에서는 분자를 원료로 쓰기 때문에 화학반응이 없는 경우 직접 충돌에 의해 고체상이 형성되지 않는다. 또한 물리증착법에서는 박막을 형성하는 원자종이 기판 표면에 충돌하는 경우 즉시 응축되어 고체상을 형성한다. 충돌하는 종의 개수 중 박막을 형성하는 분율을 부착계수(sticking coefficient)로 정의할 때 물리증착은 그 값이 거의 1에 가까워 보이는 곳에 들러붙게 된다(line-of-sight deposition). 반면에 화학증착공정에서는 분자가 표면과 충돌할 때 상당량이 다시 기상으로 튕겨 나와 부착계수가 작고 또한 표면에 흡착된 분자라 하더라도 즉시 고체상을 형성하는 것이 아니라 분해 반응에 의해 고체상을 형성하기 때문

에 흡착종의 표면에서의 이동 거리가 길다. 이러한 이유로 굴곡이 있는 표면에서의 층덮임(step coverage)이 우수하다. 또한 화학증착법에서는 굳이 낮은 압력을 유지하지 않아도 공정을 수행할 수 있으며 기판 표면에 따라 화학반응의 특성이 달라지므로 선택성이 나타나기도 한다.

Chemical Vapor Deposition (화학기상석출, 화학증착)의 약칭인 CVD란 용어는 1962년 Blocher와 Oxley 등에 의하여 제안되어 오늘날에는 세계적인 공통어가 되었다. CVD공정은 표 9.2에 나타난 바와 같이 여러 형태의 약어로 불린다. 이 CVD기술의 최초의 시도는 1890년경 de Lodyguime이 당시 램프에 쓰이고 있던 카본 필라멘트의 쉽게 깨지는 성질을 개선하기 위해 육염화텅스텐의 수소환원에 의해 필라멘트상에 텅스텐을 코팅한 것이었다. 그러나 이 기술은 분말야금 기술의 발전에 의해 텅스텐 선재가 제조되면서 빛을 보지 못하였다.

표 9.1 증착공정의 특성 비교

	물리적인 방법		화학적인 방법	
	증발법	**스퍼터링법**	**열 CVD**	**플라즈마 CVD**
증착메카니즘	열에너지	운동량전달	열화학반응	플라즈마 화학반응
증착미디움	원자	원자와 이온	여기분자, 라디컬	여기분자, 라디컬, 이온
원료	금속원소	금속원소타겟 화합물 타겟	수소화물, 염화물, 유기금속 화합물	열 CVD와 동일
동작압력(torr)	10^{-5}~10^{-6}	10^{-3}~10^{-2}	10^{-2}~760	10^{-2}~1
입력파워(W)		100~300 (DC 혹은 RF)		1~50 (DC 혹은 RF)
증착미디움의 에너지(eV)	0.1~0.5 eV	1~100	0.01~0.05	0.01~1.0
증착의 선택성	없음	없음	가능	작음
층덮힘	불량	불량	양호	양호
기판 온도	낮음	낮음, 필요에 의해 가열	1,000°C 이상의 경우도 있음	200°C 이상
플라즈마 손상	전자선을 사용하는 경우 있음	있음	열 CVD 경우 없음	있음
생산량	30웨이퍼/시간	60웨이퍼/시간	100웨이퍼/시간	
단가	비쌈	중간정도	저렴함	
특징	고체원료를 사용하고 각종 금속 및 금속 산화물, 질화물 등의 증착에 이용		고순도 막을 대량 생산하는데 유리 반응기체의 교환으로 여러층을 적층하는 것이 가능. 원료에 제약이 있음	

그 후 1925년에 Van Arkel, de Boer가 금속 요오드화물의 열분해에 의해 Ti, Zr, Hf 및 Th를 석출시키는 방법을 개발하여 고순도 금속의 정련법으로 주목받게 되었다. 1935년경 CVD기술은 기판 위에 내열, 내식, 내마모성 코팅법으로 주목받기에 이르렀다. 1938년경 Battell Memorial Institute의 Powell 등은 Fansteel Metallurgical사의 위탁을 받아 금속, 탄화물, 질화물, 붕화물, 규화물, 산화물 등의 많은 재료를 CVD법으로 합성하는 연구를 집중적으로 수행하여 오늘날의 CVD공정의 발전에 기초를 쌓았다.

표 9.2 CVD에 관계되는 약칭

ALCE	Atomic Layer Controlled Epitaxy
ALCVD	Atomic Layer Chemical Vapor Deposition
ALD	Atomic Layer Deposition
ALE	Atomic Layer Epitaxy
APCVD	Atmospheric Pressure Chemical Vapor Deposition
AVD	Axial Vapor Deposition, Atomic Vapor Deposition
CBE	Chemical Beam Epitaxy
CNTD	Controlled Nucleation Thermochemical Deposition
CVD	Chemical Vapor Deposition
CVI	Chemical Vapor Infiltration
CVT	Chemical Vapor Transport
ECVD	Electron Chemical Vapor Deposition, Electrochemical Vapor Deposition
ECR	Electron Cyclotron Resonance
ELO	Epitaxial Lateral Overgrowth
EVD	Electron Vapor Deposition
FME	Flow rate Modulation Epitaxy
GSMBE	Gas Source Molecular Beam Epitaxy
HVD	Halide Vapor Deposition
HVT	Halogen Vapor Transport
LCVD	Laser Chemical Vapor Deposition
LPCVD	Low Pressure Chemical Vapor Deposition
LPD	Liquid Phase Deposition
LPE	Liquid Phase Epitaxy
	Low Pressure Epitaxy
LTCVD	Low Temperature Chemical Vapor Deposition
MBE	Molecular Beam Epitaxy
MEE	Migration Enhanced Epitaxy
MLE	Molecular Layer Epitaxy
MOMBE	Metal Organic Molecular Beam Epitaxy
MOCVD	Metal Organic Chemical Vapor Deposition
MOVPE	Metal Organic Vapor Phase Epitaxy
MTCVD	Moderate Temperature Chemical Vapor Deposition
OMCVD	Organo-Metallic Chemical Vapor Deposition

OMVPE	Organo-Metallic Vapor Phase Epitaxy
PCVD	Pulsed Chemical Vapor Deposition
PECVD	Plasma-enhanced Chemical Vapor Deposition
PPCVD	Particle Precipitation Aided Chemical Vapor Deposition
PPPCVD	Pulse Plasma Photo Chemical Vapor Deposition
PVD	Physical Vapor Deposition
	Plasma Vapor Deposition
SEG	Selective Epitaxial Growth
SOI	Silicon On Insulator
SPE	Solid Phase Epitaxy
TBC	Thermal Barrier Coatings
UCVD	Ultrasonic Chemical Vapor Deposition
VAD	Vapor Phase Axial Deposition
VPD	Vapor Phase Deposition
VPE	Vapor Phase Epitaxy

CVD의 공업적 응용의 첫 번째 예는 1953년 Ruppert 등에 의해 철 합금 위에 TiC 및 TiN 코팅을 하는 기술의 발명이었다. 1959년 Metall Gesellshaft(독일)사에 의하여 공구강에 내마모성 코팅으로 응용된 것이 최초라고 알려져 있다. 기상도금이라는 용어가 쓰이게 된 것은 이 무렵부터이다. 이 무렵부터 CVD의 응용에 두 가지의 큰 흐름이 존재하였는데 하나는 그때까지의 CVD의 역사적인 흐름을 탄 초경, 초내열, 초내식성 등의 고도의 엔지니어링 특성을 갖는 박막의 코팅이었으며 다른 하나는 에피택시(단결정 막) 성장 등을 이용한 반도체소자의 제조였다.

1960년대에 들어서 미국과 소련의 우주개발 경쟁이 시작되면서 거액의 예산이 새로운 재료의 연구에 투자되었다. 그중에서 CVD는 고급재료 개발의 기반기술로 사용되었으며 CVD공정 그 자체도 빠른 속도로 발전하였다. 1969년 독일의 Krupp-Widia사 및 프랑스의 Sandvik사에 의하여 TiC를 CVD법으로 코팅한 초경 절삭공구가 발매되어 CVD법에 의한 보호막 코팅 시대가 개막되었고 그 후 각종 CVD 코팅 공구가 개발되어 대량으로 생산되기에 이르렀다. CVD공정에 의한 고급재료 코팅 기술이 공업적으로 가장 성공한 것은 이 분야이다.

CVD를 이용한 코팅공정의 실용화에 있어서 기술적 문제점의 대부분은 1,000°C 이상의 고온처리를 필요로 한다는 점으로 저온 CVD공정의 개발은 당시로부터 대단히 중요한 문제였다. CVD공정의 저온화 방법에는 두 가지 방향이 있다. 하나는 저온에서 분해되는 원료의 개발이었다. 1958년 Reuhrwein은 금속알킬화합물을 이용하여 저온에서 박막을 합성할 수 있는 OMCVD법을 개발하였다. 1960년대 말경부터 이 OMCVD를 이용하여 여러 종류의 화합물 반도체의 성장이 시도되었다. 1977년 이중 헤테로(double hetero)구조의 반도체 레이저가 제작되면서 OMCVD는 고정밀도의 박막제조 기술로서 일약 각광을 받게 되었다. 저온화의 또 하나의 방향은 활성화 CVD공정의 개발이다. RF글로우 방전하에서 CVD를 하는 시도는 1965년경부터 시작되었다. 1970년대 중반부터 종래의 상압법(APCVD)에 비해 막 두께의 균일성과 층덮임의 향상을 위하여 감압법(LPCVD)이 주목받고 실용화되기 시작하였다. 또한 여러 종류의 플라즈마 CVD 장치가 개발되어 급속히 플라즈마 CVD막의 실용화가 진행되었다. 1982년경부터 마이크로파, ECR(electron cyclotron resonance) 등을 이용한 활성화 플라즈마 CVD가 검토되기 시작하여 최근에는 레이저광을 이용한 광CVD가 관심을 끌고 있다. 오늘날에는 CVD가 LSI(large scale integration 집적회로)공정에 있어서 에피택시 성장 기술, 유전체, 절연체, 도체 박막의 성장기술로 거대한 반도체산업을 떠받치는 기반기술로 발전하였다. 이상과 같이 반도체산업에서 CVD의 응용은 비교적 그 역사가 짧음에도 불구하고 급속한 성장을 하였다. 그것은 Si나 Ge 등의 단결정 기판에 에피택시(단결정막) 성장을 할 때 CVD공정이 성공적으로 활용되고 또한 전자회로의 집적화에 요구되는 사항을 CVD공정이 충족시킬 수 있었기 때문이다. 다이아몬드의 기상합성법은 1956년 Derjaguin(소련)이 화학수송법을 사용하여 합성한 것이 시작이다. 1981년 메탄과 수소의 혼합기체로부터 감압 CVD법에 의한 다이아몬드의 합성이 처음으로 성공하였다. 이후 여러 종류의 활성화 CVD법을 사용한 합성 예가 다수 보고되었으며 오늘날 공업적으로도 응용되기 시작하였다. 또한 탄소나노튜브(CNT), 그래핀 등 여러 종류의 탄소나노구조가 관심을 끌면서 이들을 만드는 기반기술로 CVD가 성공적으로 응용되고 있다.

광통신용 광섬유의 연구는 1960년대 후반부터 시작되었다. 1970년 미국의 코닝사는 사염화규소를 원료로 한 CVD법으로 광섬유 모재를 만들고 이것을 섬유로 뽑음으로써 광손실이 적은 석영섬유(20 dB/km)를 합성하는 데 성공하였다. 이것을 계기로 세계적으로 아주 손실이 적은 광섬유의 개발 경쟁이 이루어져 1979년에는 석영계 섬유의 손실이 0.2 dB/km까지 달성되면서 현재의 광통신 시대를 열게 되었다. 광섬유는 현재 통신분야뿐 아니라 의료기기, 광학기기 등의 시스템에 응용되고 있는데 그 기반기술은 CVD공정이다.

CVI(Chemical Vapor Infiltration: 화학기상 침투법)는 CVD 원료 기체를 섬유질 또는 다공질의 프리폼(preform)에 흘려보내 그들의 간격을 채워 치밀화하는 방법이다. 1970년 Pierson 등이 탄소 펠트(felt)에 열분해 탄소를 충진한 것이 최초로 알려져 있다. 1980년경부터 CVI에 의해 각종 금속계나 세라믹계의 복합재료가 합성되기에 이르렀다. 새로운 CVD공정으로 1974년에 핀란드의 Suntola 등에 의해 원자층증착(ALD) 공정이 개발되었는데 당시에는 주로 단결정 막을 제조하는 데 이용되어 ALE(atomic layer epitaxy)라 명명하였다. 현재에는 ALCVD라고도 불린다. 이 공정에서는 먼저 하나의 반응기체를 반응기에 주입하여 일정 시간 (몇 초 수준) 기판 표면에 흡착시키고 다음에 퍼지기체를 공급하여 기판 표면에 화학흡착한 층만 남기며 그 위에 물리흡착된 화학종은 탈착시킨다. 이렇게 하여 표면에는 화학흡착한 단일 층 이하의 화학반응물만 남게 된다. 다음에 이와 반응하는 반응기체를 도입하여 표면에 흡착된 종과 반응시켜 고체 재료 박막을 단일 층 이하로 증착시키고 퍼지기체를 도입하여 반응생성물을 탈착시킨다. 이러한 공정을 통해 저온에서도 물성이 우수하고 단차덮힘이 우수한 박막을 증착할 수 있다. 또한 한 사이클에서 정확한 두께의 박막이 형성되기 때문에 사이클을 반복하면서 사이클 수에 따라 박막 두께를 정밀하게 제어할 수 있다. 당시에 이 공정은 너무 증착 속도가 느려 크게 주목받지 못하였으나 근래에 아주 얇은 나노미터 규모의 박막을 필요로 하는 소자가 관심을 끌면서 다시 주목받기 시작하여 여러 종류의 장비가 개발 상용화되고 있다. 1976년 Bryant에 의해 펄스 CVD(PCVD)법이 개발되었다. 앞서 ALD공정에서는 반응물을 서로 분리 주기적으로 주입하는 방법을 쓰고 있으나 PCVD법에서는 반응기체를 혼합, 원료의 도입 및 배출을 펄스형태로 주기적으로 수행함으로써 막 두께의 균일성이 우수하게 얻어진다.

재료공정으로서의 CVD의 특징은 첫째 그 적용 대상의 다양성에 있다. 우선 세라믹, 금속, 반도체, 유기고분자 등 합성할 수 있는 물질이 다양하다. 또한 박막, 섬유, 분체, 벌크, 복합체 등 다양한 형상의 재료가 얻어진다. 또 다른 면으로는 집적회로의 제조에서 마이크론, 서브마이크론, 나노미터 규모의 미세 가공으로부터 미터 규모의 배관 재료에 코팅하는 등 스케일이 다양하다. 반도체 레이저용 다층박막 등과 같은 소량생산에서 세라믹 재료로서의 분체와 같은 대량생산에 이르기까지 서로 다른 생산규모에의 대응도 가능하다. 예를 들어 대표적인 PVD법인 증발법(evaporation)은 진공에서 수행해야 하고 금속이나 특수한 유기물 등에 한정된다. 복합체의 합성에 있어서도 탄소섬유 매트릭스의 빈 공간을 SiC로 충진하여 콤포지트화하는 등 다른 방법으로는 쉽게 실현할 수 없는 것도 CVD법으로 가능하다. 미세가공에 있어서도 서브마이크론 규모의 요철(凹凸) 면상에 균일한 막을 형성하는 경우 CVD법은 없어서는 안 될 기술이다. 더욱이 막 형성 속도의 고속화를 통한 벌크 재료의 효율적인 합성에 있어서도 CVD법의 활용이 활발히 시도되고 있다. 이와 같이 CVD법의 대상은 아주 다양하다.

두 번째 특징은 고순도 기체의 사용이 가능하므로 고순도 재료의 합성에 적합하다는 점이다. 고체의 직접 정제는 일반적으로 곤란하므로 고순도 물질을 합성하기 위해서는 정제 단계에서 반드시 기체 또는 액체 상태를 거쳐야 한다. 일례로 단결정 잉곳을 만들기 위한 고순도 실리콘 원료를 얻기 위해서는 실리콘 정제 과정에서 SiH_xCl_{4-x}기체를 이용한다. 현재의 고효율화된 대규모 공정 기술은 고순도 기체를 경제적 가격으로 생산할 수 있게 하고 또한 수요가 충분하면 기체 가격은 낮아지므로 고순도 재료를 합성하는 데 CVD공정이 유리하다.

셋째로 공정의 정밀한 제어가 가능하다. 초격자 구조의 증착공정에서는 단원자층 수준으로 계면의 제어가 이루어지는 경우가 흔히 있는데 여기에 CVD공정이 적합하다. 또한 같은 원료로부터 조성이나 결정구조가 다른 재료를 얻을 수도 있다. 일례로 SiH_4와 NH_3로부터 질화규소를 합성하는 공정의 경우 조성이나 결정구조에 따라 그 종류가 다양하다. 크게 나누어 비정질이나 결정질의 합성이 있다. CVD공정에서 기판의 온도를 1,200°C 이상으로 하면 결정질의 Si_3N_4가, 그리고 700°C 정도에서는 거의 결정의 조성에 가까운 비정질이 합성된다. 또한 저온에서 플라즈마 CVD를 하면 수소를 함유한 비정질의 SiN_xH_y가 되며 x, y값에 따라 여러 종류의 질화규소막을 합성할 수 있다. 이렇게 다양한 질화규소막이 각각에 맞게 쓰이고 있다. 고온 질화규소막은 단단한 세라믹 박막으로 고온 구조재에 활용되고 저온의 플라즈마 질화규소막은 집적회로의 보호막으로 쓰인다. 이와 같이 다양한 재료를 고순도로 제어성이 좋게 합성할 수 있는 것이 CVD공정의 특징이다. 또한 동일한 원료로부터 결정질에서 비정질까지, 박막에서 분체까지 다양한 재료의 합성이 가능하다는 것은 CVD공정에 있어서 고도의 제어가 중요하다는 것을 의미한다. 즉 박막을 만드는 경우는 입자의 생성을 최대한 억제해야 하며 입자를 합성하는 경우에는 반응기 벽 등에 박막이 형성되는 것을 억제해야 한다. 이 책에서는 주로 박막을 증착하기 위한 화학증착공정에 대해 기술한다.

화학증착 시스템은 원료 공급부, 반응기, 그리고 진공 장비를 포함한 배기 부분으로 나누어 볼 수 있다. 다양한 형태의 반응기에 따라 여러 형태의 증착 시스템이 존재하는데 박막증착을 위한 화학증착 시스템의 한 예를 그림 9.1에 나타내었다. 이 그림은 육불화텅스텐 (WF_6)과 사일린(SiH_4), 또는 H_2를 이용해 텅스텐(W)이나 텅스텐 실리사이드(WSi_x)를 증착하는 시스템을 보여주고 있다. 이 반응 시스템에서 일어나는 화학반응은 아래와 같다.

$$WF_6 + 3H_2 \longrightarrow W(s) + HF \tag{9.1}$$

$$WF_6 + SiH_4 \longrightarrow W(s) + HF + SiF_4 \tag{9.2}$$

$$WF_6 + SiH_4 \longrightarrow WSi_x(s) + HF + SiF_4 \tag{9.3}$$

실제로 일어나는 화학반응은 여러 단계를 거쳐 상당히 복잡할 수 있으나 위의 식은 전체 화학반응을 나타낸다. 식 (9.2)는 주입하는 사일린의 양이 육불화텅스텐보다 몰비로 1~2일 때이며 식 (9.3)은 그 비가 약 100정도일 때이다.

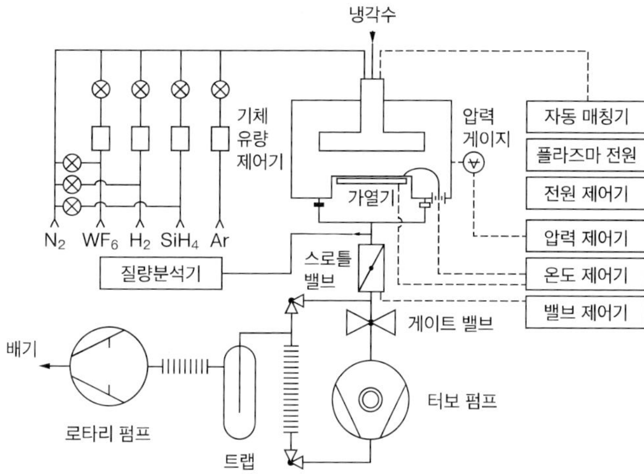

그림 9.1 화학증착 시스템의 한 예

이 경우 박막증착을 위한 화학원료분자(화학전구체라 함)가 모두 상온에서 기체로 기체유량제어기(MFC: mass flow controller)를 통해 일정량 제어되어 배관을 통해 반응기에 주입된다. 이때 제어기는 특정 기체에 대해 그 유량이 보정되어 있으며 제어기에 특정 유량을 입력하면 반응기의 압력에 관계없이 일정량이 자동으로 공급된다. 보통 질소기체나 아르곤기체 등 반응에 참여하지 않는 기체를 운반기체로 이용해 반응기체의 농도를 조절하고 또한 전체 기체의 유량을 조절하여 적절한 유속으로 유체의 흐름이 유지되도록 한다. 때로 수소 같은 운반기체는 반응에 참여하기도 한다. 기체유량제어기는 sccm(standard cubic centimeters per minute) 즉 표준상태에서 분당 세제곱센티미터의 부피로 나타내 단위 시간당 몰로 환산할 수 있다. 반응기체를 모두 혼합하여 반응기에 주입하기도 하고 사전에 반응을 억제하기 위해 따로 주입하기도 한다. 화학전구체가 가연성이나 독성이 있는 경우 기체 용기는 모두 가스 캐비넷 내에 넣어야 하고 센서 등을 달아 기체의 유출을 감지, 경고할 수 있게 하고 자동 차단장치 등을 설치해야 한다. 특히 배관은 용섭을 통해 누출을 철저히 방지해야 한다. 화학전구체가 액체인 경우는 버블러를 통해 증기압에 따라 일정량을 운반기체에 포함시켜 공급한다. 전구체가 응축될 가능성이 있는 경우는 배관을 일정 온도로 가열하여 응축을 방지한다. 여기에 소개된 반응기는 단일 웨이퍼를 처리하는 샤워헤드 형태로 윗부분의 기체 공급부에 다수의 구멍이 뚫려 있어 균일한 흐름으로 기판 표면에 도달하여 옆으로 방향을 바꾸어 흘러나가게 되어 있다. 아래쪽 서셉터(susceptor)에 기판이 놓여 있어 가열기에 의해 가열된다. 이때 서셉터는 기판을 안정하게 잡아주고 효율적인 열전달에 의해 기판이 균일하게 가열되게 한다. 가열기는 온도제어 장치에 연결되어 있어 원하는 온도에서 일정하게 유지되게 한다. 반응기 몸체에는 압력측정기가 붙어 있고 여기서 나오는 신호가 압력제어기에 보내져 반응기 아래 스로틀 밸브의 여닫힘을 제어함으로써 반응기 압력을 일정하게 유지한다. 기판을 가열하는 부분에서 올라오는 열이 샤워헤드에 미쳐 전구체가 분해될 가능성이 있으면 냉각수를 통해 이 부분을 냉각하기도 한다. 플라즈마 화학반응을 이용한 증착 시스템에서는 앞서 플라즈마공정에서도 언급했듯이 서셉터와 샤워헤드를 전극으로 활용 플라즈마 전원장치를 연결하여 전기에너지를 공급한다. 이 경우에는 두 전극이 반응기 몸체와 전기적으로 분리되도록 절연을 해야 한다. 진공상태에서 증착을 하는 경우 확산펌프와 로터리펌프, 터보펌프와 로터리 펌프 등을 조합한 진공 배기 시스템을 활용하며 반응기 압력이 낮지 않은 경우는 로터리 펌프만을 이용하기도 한다. 질량분석기는 quadrupole mass spectrometer를 사용하며 필요한 경우 반응기로 나가는 기체의 성분을 분석한다. 기타 필요한 경우 FT-IR 등의 광학 반응 진단 장치를 연결하기도 한다. 배기기체는 적절한 형태(연소장치, 흡착장치 등)의 처리를 통해 유독물질을 제거한 후 방출하게 된다. 이러한 반응 시스템에서 반응기체는 기판 표면에 흡착하여 표면 반응에 의해 고체 재료박막으로 증착된다.

9.2 CVD공정의 분류

여러 형태의 화학증착 반응기가 실제 박막의 증착에 활용되고 있으며 몇몇 증착반응기의 기본 개념도는 그림 9.2에 나타난 바와 같다. 원하는 박막을 증착하기 위해 다양한 화학증착 공정과 반응 시스템이 있으며 그 특징에 따라 이들을 분류해 볼 수 있다. CVD공정은 화학반응에 필요한 에너지를 공급하는 방법에 따라 아래와 같이 구분해 볼 수 있다.

- 열화학증착법(thermal CVD)
- 플라즈마 화학증착법(plasma enhanced CVD: PECVD)
- 광화학증착법(photo CVD)

그림 9.2에서 (a)에서 (e)는 열에너지를 이용해 증착을 하는 반응 시스템이며 (f)는 플라즈마를 이용한 반응 시스템이다. (f)에서는 상부의 샤워헤드 겸 전극과 아래 서셉터 부분의 전극 사이에 전원을 가해 전기장이 형성되어 플라즈마가 발생한다. 아래 서셉터 부분은 가열되어 기판 표면에서의 화학반응과 박막의 형성에 필요한 에너지를 추가로 공급한다. 전극은 반응기 몸체와 전기적으로 분리되어 전극 사이에만 전기장이 형성된다.

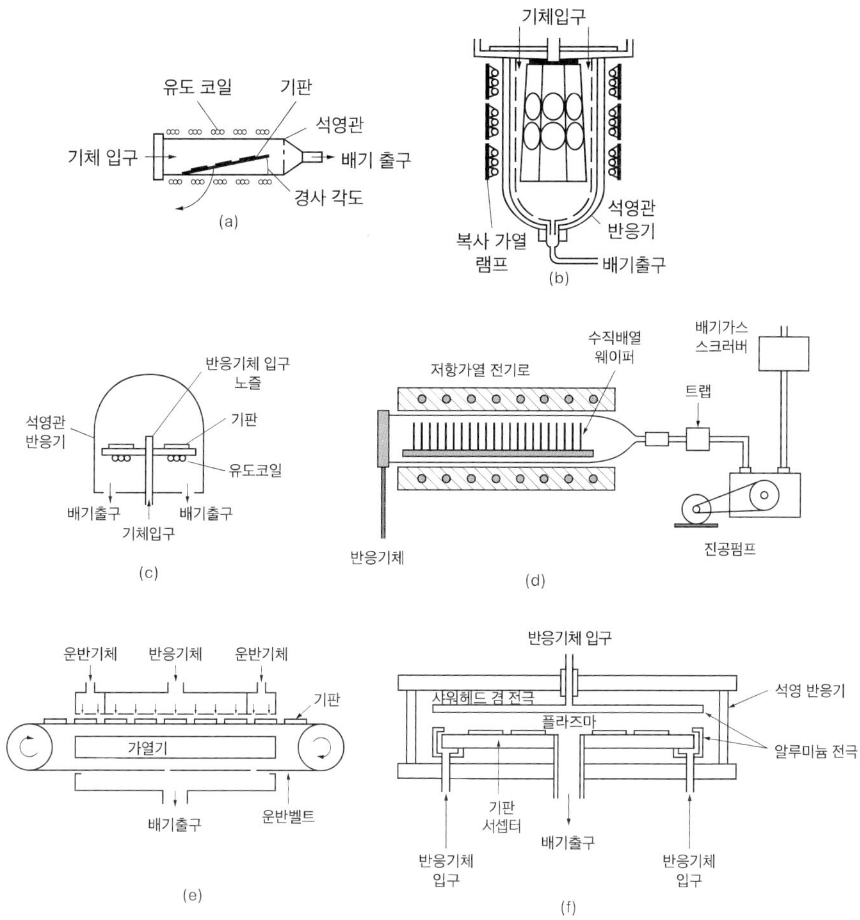

그림 9.2 여러 형태의 화학증착반응기. (a) 수평형 반응기, (b) 배럴형 반응기, (c) 수직형 반응기, (d) 전기로 가열형 반응기, (e) 연속 조업형 반응기, (f) 플라즈마 반응기

열화학반응으로 고체 재료를 합성하는 것이 가장 보편화된 의미의 CVD법이다. 공정의 저온화를 이루기 위해 플라즈마 화학반응을 이용하는 것이 PECVD이다. 앞서 플라즈마 공정에서도 서술했듯이 감압 상태에서 전극을 통해 전기에너지를 가하면 자유전자가 가속되고 이들이 기체분자와 충돌하면서 반응성이 높은 라디칼들이 형성된다. 이러한 라디컬들은 기판 표면에 흡착되어 화학반응에 의해 박막을 형성한다. 이러한 플라즈마반응은 온도를 올리지 않고도 반응성 높은 라디칼을 형성하기 때문에 저온공정에 유리하다. 플라즈마를 활용하는 경우에도 기판은 필요한 온도로 가열이 되기 때문에 열화학반응도 일어난다. 이러한 의미에서 순수한 플라즈마만 활용되는 것이 아니기 때문에 플라즈마에 의해 촉진되는 CVD공정이라 불린다. 이를 이용한 대표적인 공정으로 수소화된 비정질 규소박막 화학증착공정과 이산

화규소막 화학증착공정, 질화막 화학증착공정이 있다. 각 반응기에서 일어나는 전체 화학반응은 아래와 같다.

$$SiH_4 + e \longrightarrow a\text{-}SiH_x \quad (9.4)$$

$$SiH_4 + O_2 + e \longrightarrow SiO_x \quad (9.5)$$

$$SiH_4 + NH_3 + e \longrightarrow SiN_xH_y \quad (9.6)$$

식 (9.4) 반응을 이용한 수소화된 비정질 규소박막은 TFT-LCD 디스플레이에서 박막트랜지스터의 반도체 활성층으로 중요하게 쓰인다. 또한 비정질 규소박막 태양전지에도 활용된다. 식 (9.5) 반응은 반도체소자에서 금속층 간 산화규소 절연막 증착에 활용되며 식 (9.6) 반응은 집적회로의 제조에 있어서 최종 단계에 보호막으로 쓰이는 질화규소막 증착에 활용된다.

광CVD는 광자의 에너지를 화학반응에 이용하는 것으로 열이나 플라즈마보다는 보편적으로 쓰이지 않는다. 단지 표면에 흡착된 분자를 레이저 광에너지로 분해시켜 고체 재료 패턴을 직접 쓰는(direct writing) 공정에 유용하게 활용된다. 이러한 공정은 소자에 발생된 결함을 직접 수리하는 데 활용된다.

CVD공정은 또한 반응기 내의 온도 분포에 따라 아래와 같이 두 가지 종류로 분류할 수 있다.

- 온벽(hot wall) CVD
- 냉벽(cold wall) CVD

기상온도와 기판온도는 박막 형성 속도나 미립자의 생성 속도에 가장 두드러진 영향을 주는 변수이다. 또한 생성물의 조성이나 미세구조에도 커다란 영향을 미친다. 반응기 벽이 가열되는 온벽반응기는 그림 9.2 (d)와 같이 반응기 전체를 가열로에 넣어 가열하게 되며 이에 따라 반응기 전체가 같은 온도로 유지된다. 이러한 반응기는 대량의 웨이퍼를 균일하게 가열하며 동시에 처리하는 데 유리하다. 반면에 기상에서 입자가 발생할 확률이 높고 또한 반응기 벽에도 증착되어 때로는 떨어져 나오면서 오염되기 쉽다. 기판만 선택적으로 가열되는 냉벽반응기는 이러한 부작용을 최소화할 수 있으나 장치 내에 온도가 균일하지 않고 분포가 있어 다량의 웨이퍼를 처리하기 힘들다. 또한 장치 내의 온도 분포가 입자의 발생, 이동, 부착 등에 영향을 주기도 한다. 그림 9.2 (a), (b), (c), (f)는 기판만 선택적으로 가열하는 반응기 형태이다.

CVD공정의 압력은 또 하나의 중요한 변수이며 반응기 내의 압력에 따라 아래와 같이 분류해 볼 수 있다.

- 상압(atmospheric pressure) CVD (APCVD) : 760 토르 압력
- sub atmospheric pressure CVD (SACVD) : 100 토르 내외
- 저압(low pressure) CVD (LPCVD) : 1 토르 내외
- 초저압(very low pressure) CVD (VLPCVD) : 1 토르 이하, 수 밀리토르
- 극초진공(ultra high vacuum) CVD (UHVCVD) : 10^{-9} 토르 정도
  MBE(molecular beam epitaxy), CBE(chemical beam epitaxy), MOMBE(metal organic molecular beam epitaxy)라고도 한다.

위의 분류는 편의상 한 것으로 압력의 값에 어떤 특정한 의미가 있는 것은 아니다. 일반적인 화학반응과 같이 반응 성분의 분압은 온도와 더불어 반응 속도를 결정하게 된다. CVD에서는 특히 반응 성분 분압의 증가, 전체 압력의 증가는 일반적으로 기상에서의 입자 발생에 유리하며 경우에 따라서는 박막의 증착 속도를 저하시키는 경우가 있다. 감압은 분자 확산계수, 열 확산계수를 증가시켜 장치 내의 균일성을 증대시키는 경향이 있다. 또한 에피택시(단결정) 성장을 위해서는 반응 성분의 분압을 낮게 하고 다결정막을 성장시키기 위해서는 분압을 증가시키는 등 막의 결정성을 좌우하는 변수의 하나이기도 하다. 상압 화학증착공정은 대기압에서 수행하며 특별한 진공펌프 없이 입구 쪽의 높은 압력에 의해 반응물이 공급된다. 반응 시스템이 단순하고 조업 비용도 저렴한 편이나 반응압력이 상대적으로 높아 입자가 생성될 가능성이 높고 확산계수가 상대적으로 느려 위치에 따른 막 두께의 균일도가 떨어질 수 있다. 반응물은 필요에 따라 운반기체를 섞어 희석시킬 수 있다. 대기압보다 약간 낮은 압력(0.1 기압 내외)으로 조업하는 SACVD가 있다. 저압CVD에서는 1토르 내외의 압력으로 조업하며 이 경우에는 진공펌프를 활용한 시스템이 필요하다. 압력이 낮아지면 불순물의 농도도 떨어지고 확산이 빨라져 고순도 박막을 균일하게 만드는 데 유리하나 진공 시스템을 가동함으로써 유지보수 비용이 더 비싸진다. UHV-CVD는 극초진공에서 조업하는 화하증착공정으로 이 정도 압력에서는 증발하는 분자의 평균자유경로가 아주 길어 서로 충돌하지 않고 직진하게 된다. 이에 따라 분자선(molecular beam)공정이라 하기도 한다. 이러한 공정은 불순물을 최대한 억제하고 원하는 원자를 느린 속도로 적층하여 단결정 박막을 만들기에 유리하다. 증착 속도가 너무 느려 상용화된 공정은 아니지만 순수한 재료과학 연구를 하기에 때로는 적절한 도구이다. 이외에도 장치에 장입되는 기판의 숫자에 따라 단엽식(single wafer), 다엽식(multi wafer), 반응기의 형태에 따라 수직형, 수평형, 배럴형, 회전형, 그리고 조업 형태에 따라 회분식(batch), 연속식, 반회분식 등이 있다. 특히 그림 9.2 (e)는 연속식 조업

을 하는 화학증착반응기로 기판이 움직이는 벨트에 놓여 이동하면서 증착이 되어 연속 조업이 가능하다. 그림 9.2의 다른 반응기들은 여러 장의 기판을 처리하는 다엽식 반응기로 회분식 조업을 한다. 화학증착을 가장 중요하게 활용하는 반도체소자의 제조공정에 있어서는 대부분이 회분식 조업이며 연속식 조업은 거의 활용되지 않는다. 즉 웨이퍼를 장착 가열하고 반응기체를 도입하여 증착한 후 냉각하여 기판을 꺼내고 이러한 과정을 반복하는 것이 일반적인 화학증착반응기의 조업 형태이다. 특히 그림 9.2 (d)에 나타난 반응기는 온벽반응기로 다량의 기판을 동시에 처리한다. 그림 9.1에 나타난 바와 같이 한 장의 웨이퍼를 처리하는 단엽식 반응기를 활용하는 경우 공정의 정밀 제어가 가능하고 기판 위에 증착하는 박막의 두께 등의 균일도를 유지하는 데 유리한 장점을 갖고 있다. 이러한 것들은 반응 시스템을 설계할 때 고려해야 할 사항이며 원하는 박막의 물성과 단위 시간당 생산량을 최적화해야 하는 것도 다른 공정에서와 마찬가지이다.

또한 화학증착반응기는 기판의 가열방법에 따라

- 유도가열
- 저항가열
- 복사가열
- 전기로 가열

등으로 나누어 볼 수 있다. 유도가열은 코일을 흐르는 고주파를 이용하여 도체만을 선택적으로 가열하는 것이며 기판을 놓는 서셉터를 흑연으로 만들어 여기에 흐르는 와류에 의해 발열이 되어 기판을 가열한다. 이때 흑연 서셉터는 탄소의 오염을 막기 위해 탄화규소 박막으로 코팅되어 있다. 그림 9.2(a), (c)는 유도가열형 반응기이다. 저항가열은 발열체에 흐르는 전류에 의해 발열되어 기판을 가열하는 것이며 그림 9.2(e)나 (f)처럼 가열기에 저항발열체를 쓸 수 있다. 복사가열은 램프를 이용 복사열을 통해 가열하는 것으로 그림 9.2(b)의 배럴형 반응기가 여기에 해당한다. 전기로 가열은 그림 9.2(d)에 나타나 있으며 반응기 전체를 전기로에 넣어 가열하는 방식이다. 이에 따른 구체적인 반응기 형태는 응용부분에서 기술하기로 한다.

9.3 화학증착 전구체

기판 표면에 박막을 형성하는 화학증착공정에서 반응기로 주입되는 원료 기체는 박막을 형성하는 원소를 포함하는 분자(전구체)이다. 이들은 기체 상태에서 기판 표면에 흡착됨으로써 원소를 운반하는 역할을 한다. 원료 기체에 요구되는 첫째 조건은 기체 상태로 반응 장치에 공급하기에 충분한 증기압을 가져야 한다는 것이다. 둘째는 화학적으로 안정하여 반응장치로 주입하는 과정이나 반응기내의 기상에서 분해되지 말아야 하며 관벽에서 반응하여 소멸되는 경우가 없어야 한다. 증착을 하려는 기판 표면에 도달하기 전에 분해되면 입자가 형성되어 배관이 막힐 수 있다. 반응기 내부의 기상에서 반응하여 입자가 형성되면 반응기 바깥으로 빠져나가 낭비되거나 기판 표면에 달라붙어 질이 나쁜 고체상을 형성한다. 전구체는 안정해야 하지만 동시에 기판 표면에 흡착되면 완벽하게 분해되어 우리가 원하는 고체상을 형성하고 반응에 의해 생성되는 부산물은 탈착되어 박막에 불순물을 남기지 않는 것이 바람직하다. 이러한 면에서 적절한 전구체가 있느냐 하는 것이 화학증착공정의 성공을 좌우하는 가장 중요한 요소이다. 적당한 전구체가 있어야 CVD공정을 제대로 수행할 수 있다. MOCVD(또는 OMCVD), HVD 등 원료명을 앞에 붙인 CVD법의 이름도 이와 같은 중요성을 반영한 것이다.

화학전구체는 다음 표 9.3과 같이 분류해 볼 수 있다. 이들은 화학전구체의 대표적인 예이며 전부를 나타낸 것은 아니다. 금속할로겐 화합물은 가격이 저렴하고 웬만한 금속원소는 할로겐과 화합물을 형성하기 때문에 비교적 손쉽게 구할 수 있다. 반면에 구리와 같은 몇몇 금속할로겐 화합물은 증기압이 아주 낮아 전구체로 활용하기 어려우며 또한 증착 반응온도가 높고 부식성이 심한 반응부산물이 형성된다는 단점이 있다. 때로는 역반응이 활발해 증착속도가 현저히 낮아지기도 한다. 표 9.4에는 몇몇 금속할라이드 화합물의 물성이 나타나 있다. 이들 중 기화 온도가 150 내지 200°C 이상이 되면 전구체로 사용하기가 상당히 어렵다. 몇몇 전구체는 수소와 같은 환원기체를 활용하여 금속박막을 증착하는 데 활용할 수 있다. 앞서 식 9.1에 소개된 바와 같이 육불화텅스텐 화합물을 수소 기체로 환원 텅스텐 박막을 증착하는 경우가 여기에 해당한다.

표 9.5에는 몇몇 수소화합물(하이드라이드)이 나타나 있다. 수소화합물은 대부분 상온에서 기체여서 비교적 활용하기 편한 전구체이나 대부분 가연성, 폭발성이 있고 몇몇 수소화합물은 독성이 높아 주의를 기울여야 한다. 아신, 다이보레인, 포스핀 등은 아세나이드, 포스파이드, 보라이드 화합물을 증착할 때, 그리고 규소 결정에 3가나 5가의 원소를 도우핑할 때 활용

표 9.3 CVD 공정에 사용되는 각종 반응원료(전구체:precursor)들

금속원료	
할로겐 화합물	$AlCl_3$, BCl_3, CF_4, CCl_4, $SiCl_4$, SiH_2Cl_2, $TaCl_5$, $TiCl_4$, MoF_6, VCl_5, WCl_6, WF_6, $ZrCl_4$, …
수소 화합물	AsH_3, B_2H_6, GeH_4, PH_3, SiH_4, Si_2H_6, H_2Se, H_2Te, …
카보닐 화합물	$Cr(CO)_6$, $Mo(CO)_6$, $Ni(CO)_4$, $Fe(CO)_5$, $V(CO)_6$, $W(CO)_6$, …
알킬 화합물	$(CH_3)_3Al$, $(C_2H_5)_3Al$, $(CH_3)_3As$, $(CH_3)_3Ga$, $(CH_3)_3In$, …
알콕사이드 화합물	$Si(OC_2H_5)_4$, $Al(OC_2H_5)_3$, $Si(OCH_3)_4$, $Ti(iso\text{-}OC_3H_7)_4$,…
아미도 화합물	$Ti[N(CH_3)_2]_4$, $Hf[N(CH_3)_2]_4$, $Zr[N(CH_3)_2]_4$, …
아세토네이트	$Ba(C_5H_7O_2)_2$, $Cu(C_5H_7O_2)_2$, $Sr(C_5H_7O_2)_2$, $Y(C_5H_7O_2)_3$, …
산화제	O_2, O_3, N_2O, H_2O, CO, CO_2, …
환원제	H_2, SiH_4, …
질화제	N_2, NH_3, N_2H_4, $N_2H_3CH_3$, …
탄화제	CH_4, C_2H_2, C_6H_6, 다른 탄화수소 화합물
붕화제	B_2H_6, BCl_3
규화제	SiH_4, SiH_2Cl_2, $SiCl_4$

표 9.4 몇몇 금속할라이드 화합물의 물성. (s)로 표시된 것은 녹기 전에 고체 상태에서 기체 상태로 승화하는 경우를 나타냄

할라이드화합물	녹는점 ℃	끓는점 ℃
$AlBr_3$	97.5	263
$AlCl_3$	190	182.7(s)
BCl_3	−107.3	12.5
BF_3	−126.7	−99.9
CCl_4	−23	76.8
CF_4	−184	−128
$CrCl_2$	824	1300(s)
$CuCl$	430	1490
$CuCl_2$	620	993에서 CuCl로 분해
$HfCl_4$	319	319(s)
HfI_4		400(s)
$MoCl_5$	194	268
MoF_6	17.5	35
$NbCl_5$	204.7	254
ReF_6	18.8	47.6
$SiCl_4$	−70	57.6
$TaBr_5$	265	348.8
$TaCl_5$	216	242
$TiCl_4$	−25	136
VCl_4	−28	148.5
WCl_5	248	275.6
WF_6	2.5	17.5
$ZrBr_4$	450	357(s)
$ZrCl_4$	437	331(s)

하며 이들은 특히 가연성, 폭발성, 독성이 높아 질소나 아르곤에 희석하여 기체실린더에 충전 공급하기도 한다. 식 9.4에 나타난 바와 같이 실리콘 박막을 증착하는 데 많이 사용되는 사일린은 공기 중에 노출되면 폭발하는 위험성을 갖고 있다. 실제로 이 기체로 인한 폭발 사고로 인명 피해가 발생한 예가 여러 번 보고되었다. 이와 같이 원료 물질의 독성과 안전문제, 환경문제 등은 화학증착공정이 가지고 있는 단점 중의 하나이며 원료 기체통을 보관하는 가스 캐비넷이나 배관, 그리고 배기기체의 배출 등에 각별히 신경을 써야 한다.

표 9.5 몇몇 수소화합물(하이드라이드)의 물성

원소	화학물 이름	분자식	끓는 점 ℃
As	Arisne	AsH_3	−55
B	Diborane	B_2H_6	−92
Ge	Germane	GeH_4	−88
N	Ammonia	NH_3	−33
P	Phosphine	PH_3	−87
S	Hydrogen sulfide	H_2S	−60
Sb	Stibine	SbH_3	−17
Se	Hydrogen selenide	H_2Se	3
Si	Silane	SiH_4	−111
Te	Hydrogen telluride	H_2Te	−2

표 9.6과 9.7에는 몇몇 금속 카보닐 화합물과 금속 카보닐 할라이드 화합물이 나타나 있다. 몇몇 화합물은 상온에서 액체이며 상당수 화합물들은 고체결정으로 존재한다. 몇몇 화합물들은 휘발성이 높으며 몇몇 화합물들은 고체 상태에서 승화하거나 또는 가열하면 불안정하여 분해되기도 한다. 몇몇 화합물은 독성이 높으므로 주의를 요한다.

휘발성이 있는 화합물로 여러 종류의 유기금속화합물들이 있는데 몇몇이 표 9.8에 소개되어 있다. 이들은 상당한 휘발성이 있어 화학증착공정에 활용될 수 있다. 이러한 화합물들은 때로 폭발성과 독성이 있거나 수분과 산소에 취약한 특성을 갖고 있어 조심해야 한다. C_nH_{n+1}과 같은 알킬기가 결합한 예가 있고 경우에 따라서는 싸이클로펜타디에닐기가 붙은 화합물도 있다. 그림 9.3에는 싸이클로펜타디에닐기나 이와 함께 다른 기능기를 포함한 화합물의 예를 보여주고 있다. 첫 번째 지르코늄 화합물은 두 개의 싸이클로펜타디에닐기와 두 개의 염소가 붙은 화합물이며 두 번째는 타이타늄에 세 개의 메틸아미도기와 하나의 메틸싸이클로펜타디에닐기가 붙은 화합물이다. 그리고 세 번째는 마그네슘에 두 개의 싸이클로펜타디에닐기가 붙은 화합물이다. 실제로 전구체를 설계 합성할 때 이렇게 형태가 다른 여러 기능기를 붙여 만들기도 하는데 이는 우수한 전구체의 물성과 화학증착공정에 맞는 최적의 전구체를 합성하

기 위한 목적이다. 경우에 따라서는 금속에 붙은 유기그룹에 따라 전구체의 증기압이 높아지기도 하고 안정성이 높아지기도 하며 또한 증착된 박막의 순도나 층덮힘이 우수해지기도 한

표 9.6 몇몇 금속 카보닐 화합물의 특성

화합물	녹는 점	끓는 점℃	형상	결정구조	특성
$V(CO)_6$	65	분해	검은색 결정	Octahedral	휘발성 불안정
$Cr(CO)_6$	164	분해 180	흰색 결정	Octahedral	휘발성
$Fe(CO)_5$	−20	103	노란색 액체		독성
$Ni(CO)_4$	−25	43	무색액체		맹독성
$Mo(CO)_6$	150	분해 180	흰색 결정	Octahedral	휘발성
$Ru(CO)_5$	−22	−	무색액체		높은 휘발성
$W(CO)_6$	169	분해	흰색 결정	Octahedral	휘발성
$Os(CO)_5$	−15	−	무색 결정		높은 휘발성
$Mn_2(CO)_{12}$	152	−	결정		
$Fe_2(CO)_9$	80 분해	−	노란색 결정	Hexagonal	휘발성
$Co_2(CO)_8$	51	52 분해	주황색 결정		CO배출
$Re_2(CO)_{10}$	170	250 분해	무색 결정	Cubic	휘발성
$Ir_2(CO)_8$	160	−	노란색 결정		승화

표 9.7 몇몇 금속 카보닐 할라이드 화합물

화합물	녹는 점	끓는 점℃	형상	특성
$Mn(CO)_5Cl$	−	−	노란색	유기용매에서 120°C에 CO 방출
$Re(CO)_4Cl_2$	−	250 분해	흰색 결정	
$Ru(CO)_2I_2$	−	−	주황색 분말	CVD 전구체로 활용
$OS(CO)_3Cl_2$	270	280 분해	무색 다각 주상 결정	CVD 전구체로 활용
$RhCl_2RhO(CO)_3$	125 승화	−	붉은색 침상 결정	CVD 전구체로 활용
$Ir(CO)_2Cl_2$	140 분해	−	무색 침상 결정	CVD 전구체로 활용
$Pt(CO)Cl_2$	195	300 분해	노란색 침상 결정	CVD 전구체로 활용
$Pt(CO)_2Cl_2$	142	210	옅은 노란색 침상 결정	

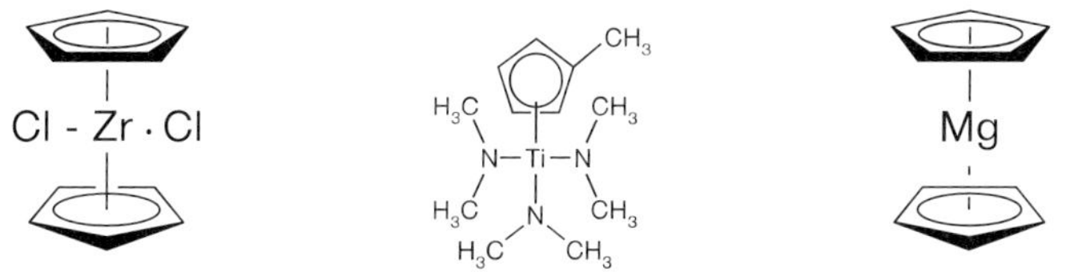

Bis(cyclopentadienyl) zirconium(IV) dichloride

methylcyclopentadienyl tris(dimethylamino)titanium (MCPDTMT)

Bis(cyclopentadienyl) magnesium(II)

그림 9.3 싸이클로펜타디에닐기나 이와 함께 다른 기능기를 포함한 화합물의 예

표 9.8 몇몇 유기금속화합물과 그들의 물성

화합물	분자식	형태	융점 ℃	비점 ℃	증기압 mmHg
Trimethyl aluminum	$(CH_3)_3Al$	Alkyl	15	126	8.4/20°C
Triethyl aluminum	$(C_2H_5)_3Al$	Alkyl	−58	194	
Triisobutyl aluminum	$(C_4H_9)_3Al$	Alkyl	4	130	
Diisobutyl aluminum hydride	$(C_4H_9)_2AlH$	Alkyl	−70	118	
Trimethyl arsenic	$(CH_3)_3As$	Alkyl			238/20°C
Diethyl arsine	$(C_2H_5)_2AsH$	Alkyl			0.8/18°C
Diethyl beryllium	$(C_2H_5)_2Be$	Alkyl	12	194	
Diphenyl beryllium	$(C_6H_5)_2Be$	Aryl			
Dimethyl cadmium	$(CH_3)_2Cd$	Alkyl	4	105	28/20°C
Trimethyl gallium	$(CH_3)_3Ga$	Alkyl	−15	5	64/0°C
Triethyl gallium	$(C_2H_5)_3Ga$	Alkyl	−82	143	18/48°C
Dimethyl mercury	$(CH_3)_2Hg$	Alkyl		96	
Cyclopentadienyl mercury	$(C_5H_5)_2Hg$	Cyclic			
Trimethyl indium	$(CH_3)_3In$	Alkyl	88	134	1.7/20°C
Triethyl indium	$(C_2H_5)_3In$	Alkyl	−32	184	3/53°C
Diethyl magnesium	$(C_2H_5)_2Mg$	Alkyl			
Cyclopentadienyl magnesium	$(C_5H_5)_2Mg$	Cyclic	176		
Ter-butyl phosphine	$(C_4H_9)PH_2$	Alkyl			285/23°C
Triethyl phosphorus	$(C_2H_5)_3P$	Alkyl			10.8/20°C
Tetramethyl lead	$(CH_3)_4Pb$	Alkyl			
Tetraethyl lead	$(C_2H_5)_4Pb$	Alkyl			
Diethyl sulfur	$(C_2H_5)_2S$	Alkyl			
Trimethyl antimony	$(CH_3)_3Sb$	Alkyl			
Trimethyl tin	$(CH_3)_3Sn$	Alkyl			
Cyclopentadienyl tin	$(C_5H_5)_2Sn$	Cyclic			
Diethyl telluride	$(C_2H_5)_2Te$	Alkyl			7/20°C
Dimethyl zinc	$(CH_3)_2Zn$	Alkyl	−42	46	124/0°C
Diethyl zinc	$(C_2H_5)_2Zn$	Alkyl	−28	118	6.4/20°C

다. 유기금속화합물은 탄소를 포함하고 있어 박막에 탄화물이나 혹은 결합하지 않은 형태의 탄소가 불순물로 포함되기도 한다. 결합하지 않은 형태의 탄소는 물성을 떨어뜨리며 전구체의 화학구조에 따라 포함되는 불순물의 양이 달라지기도 한다.

다양한 알콕사이드 화합물이 화학증착공정에서 활용되고 있는데 이 경우에는 금속과 산소의 결합이 강해 주로 산화물의 화학증착에 쓰이며 순수한 금속을 증착하기는 어렵다. 이 공정에서 산화막을 효율적으로 증착하기 위해 산소나 오존, 기타 여러 형태의 산화제를 추가로 공급한다. 표 9.3의 아랫부분에는 산화막을 증착하기 위한 산화제, 질화물을 증착하기 위한 질소 원료 기체, 탄화물, 규화물, 붕화물 등을 만들기 위한 원료 기체 등이 소개되어 있으며 금속원소를 포함한 원료 기체와 같이 공급하게 된다. 순수한 금속을 증착하기 위한 환원제로는 수소 기체가 가장 보편적이나 식 (9.2)에 나타난 바와 같이 적정 양의 SiH_4도 환원제로 이용된다.

아미도 화합물의 예로 탄탈럼 화합물과 타이타늄 화합물이 그림 9.4에 나타나 있다. 탄탈럼의 아미도 화합물로 디에틸 아미도 화합물이 다섯 개가 붙은 PDEAT 화합물이 있고 또한 Ta=N의 이중결합이 포함된 TBTDET 화합물이 있다. 이러한 화합물은 탄탈럼의 질화물박막

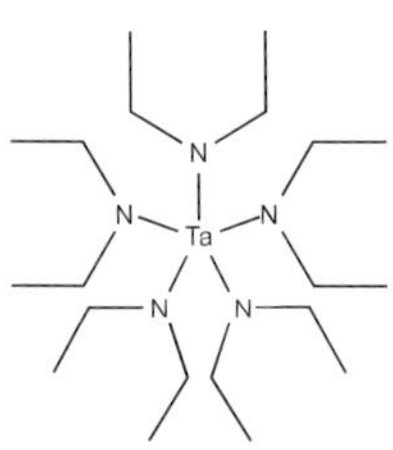

pentakis diethylamido tantalum (PDEAT)

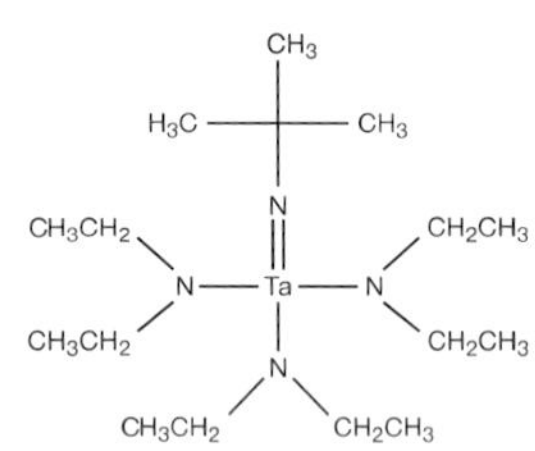

tert-butylimido tris-diethylamido tantalum (TBTDET)

	TDMAT[tetrakis (dimethylamido) titanium]	TEMAT[tetrakis (ethylmethylamido) titanium]	TDEAT[tetrakis (diethylamido) titanium]
	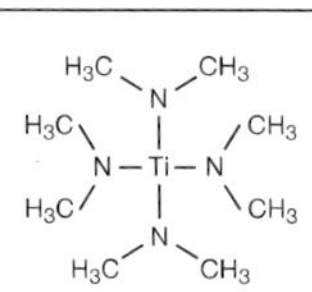	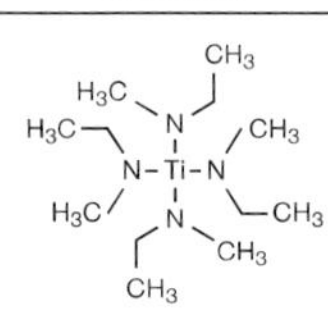	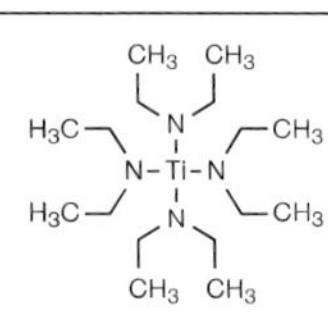
25˚C	액상	액상	액상
증기압	2 torr / 80˚C	1 torr / 78˚C	0.07 torr / 80˚C
분해온도	300˚C	350˚C	330˚C
분자량	224.19	280.36	336.40

그림 9.4 탄탈럼과 타이타늄의 아미도 화합물, 그리고 타이타늄 아미도 화합물의 특성

을 증착하는 데 활용될 수 있고 추가로 암모니아 기체를 공급하며 화학증착을 할 수 있다. 또한 티타늄의 아미도 화합물로 메틸 두 개가 붙은 아미도 화합물, 메틸 하나와 에틸 하나가 붙은 화합물, 그리고 에틸 두 개가 붙은 화합물 등이 있다. 이 세 가지 화합물은 증기압과 분해온도 등이 다르게 나타나는데 이는 화학증착공정과 막의 특성에 영향을 미치게 된다.

분해 온도가 높은 화합물은 좀 더 높은 온도에서 공정을 수행하며 메틸기와 에틸기의 분해 특성에 따라 막에 포함되는 탄소불순물의 양이 달라진다. 이러한 타이타늄의 아미도 전구체는 타이타늄 대신 하프늄이나 지르코늄 원소를 대입하면 그대로 하프니움, 지르코니움 아미도 화합물 전구체가 된다. 탄탈륨 질화물의 경우 상평형도를 보면 TaN 화합물, Ta_3N_5 화합물 등이 존재하는데 타이타늄 질화물의 경우는 TiN 화합물만 존재한다. 두 경우 모두 1:1 화합물은 전도성이 높은 질화물인데 3:5 탄탈럼 화합물은 절연성 세라믹 화합물이다. 타이타늄 질화물을 증착하는 경우 질화제를 과량으로 넣어도 문제가 없는데 탄탈럼의 경우는 과량의 질화제를 넣어 화학증착하는 경우 절연성 3:5 상이 생겨 물성이 저하된다. 전도성 질화물은 안전한 물질로 전극재료나 확산방지막으로 활용된다.

이상과 같은 예는 전구체의 특성과 공정 조건이 박막의 화학적 조성과 형성되는 고체의 상에 영향을 미치는 것을 알 수 있으며 최적의 전구체와 최적의 공정 조건을 찾아내야 우수한 물성의 박막을 얻을 수 있다는 것을 보여 주고 있다.

또 하나의 유기금속화합물로 고려할 수 있는 것이 β-다이키톤 화합물이며 그 일반적인 형태와 종류들이 그림 9.5에 나타나 있다. 대부분의 금속화합물은 그림의 오른쪽 괄호 안에 나타난 β-다이키톤 리간드와 착화물을 형성한다. 금속이 +1가 화합물이면 하나의 리간드와, +n가 화합물이면 n개의 리간드와 착화물을 형성한다. 그림에서 R_1, R_2에 따라 다양한 화합물이 존재하며 이들의 이름과 약칭은 그림의 아랫쪽에 나타난 바와 같다. 여기에서 금속과 다이키톤 리간드의 산소와의 결합은 약해서 분해가 되는 경우 순수한 금속의 증착도 가능하며 산화물을 증착하는 경우 산화제를 같이 공급한다. 표 9.9에는 상업적으로 구매 가능한 아세틸 아세토네이트(acac) 화합물과 그들의 물성을 나타내었다. 이들 화합물은 대부분이 고체이고 승화에 의해 기체화할 수밖에 없는데 어떤 화합물은 그 이전에 분해가 된다는 단점을 갖고 있다. 이러한 상황에서는 전구체를 적절한 용매에 녹여 일정량 증발기에 주입하여 활용하기도 한다. 주기율표상의 어떤 금속원소는 적절한 전구체가 없어 베타 다이키톤 화합물이 아니면 대안이 없는 경우가 있다.

그림 9.6에는 hfac 구리 화합물 전구체가 나타나 있다. 1가 구리 화합물인 Cu(hfac)은 휘발성이 높아 화학증착전구체로 활용될 수 있으나 이 화합물은 불안정하여 2가 구리화합물인

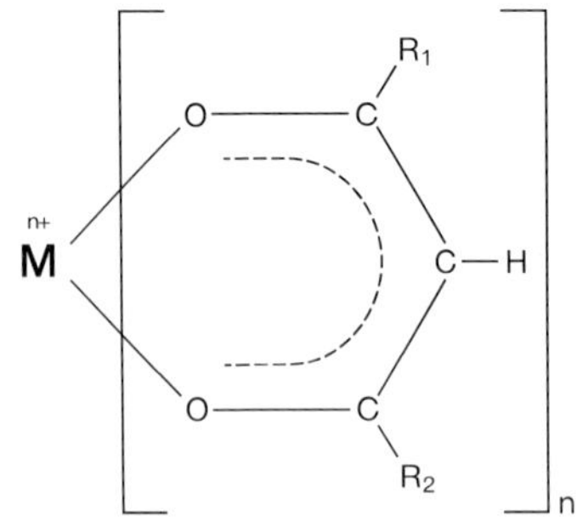

R_1	R_2	이 름	약 칭
CH_3	CH_3	Pentane-2,4-dionate (acetylacetonate)	acac
CH_3	CF_3	1,1,1-trifluoropentane-2,4-dionate (trifluoroacetylacetonate)	tfac
CF_3	CF_3	1,1,1,5,5,5-hexafluoropentane-2,4-dionate (hexafluoroacetylacetonate)	hfac
CH_3	$C(CH_3)_3$	1,1-dimethylhexane-3,5-dionate	dhd
$C(CH_3)_3$	$C(CH_3)_3$	2,2,6,6-tetramethylheptane-3,5-dionate	thd
CH_3	$CH_2CH(CH_3)_2$	6-methylheptane-2,4-dionate	mhd
$C(CH_3)_3$	$CH_2CH(CH_3)_2$	2,2,7-trimethyloctane-3,5-dionate	tmod
C_6H_5	C_6H_5	1,3-diphenylpropane-1,3-dionate (dibenyzoylmethanate)	dbm

그림 9.5 β-다이이키톤 화합물의 일반적인 형태와 종류들

$Ch(hfac)_2$로 전환이 되며 이 2가 화합물은 휘발성이 떨어져 전구체로 쓰기에 어려움이 많다. 이에 따라 1가 구리화합물에 파이 전자를 갖고 있는 리간드 화합물을 붙여 착화물을 만들어 안정화시킨 전구체가 관심을 끌고 있다. 리간드의 분자량과 그들의 끓는점도 나타나 있는데 이 값이 낮은 화합물일수록 착화물의 증기압이 높다. 특히 (hfac)Cu(VTMS) 화합물은 가장 연구가 많이 된 구리전구체이다. 기존의 알루미늄 배선을 구리로 대체한 집적회로 카퍼칩이 관심을 끌고 있는데 이때 구리박막의 제조는 화학증착보다는 전기도금과 화학기계적 연마(chemical mechanical polishing: CMP)공정이 쓰이고 있다.

이제까지 소개한 많은 종류의 화합물들은 적절한 환원제를 이용 금속 박막을 증착하는 데 활용된다. 또한 표 9.3에 소개한 산화제, 질화제, 붕화제, 탄화제, 규화제 화합물들과 화학증착을 하여 다양한 종류의 산화물, 질화물, 붕화물, 탄화물, 규화물 박막을 증착하는 데 활용된다. 많은 종류의 박막과 다양한 종류의 전구체에 대해 지면 관계상 모두 언급할 수는 없으므로 다른 문헌들을 참고하기 바란다.

표 9.9 상업적으로 구매 가능한 아세틸 아세토네이트 (acac) 화합물과 그들의 물성

금속원소	분자식	형태	융점 °C
Barium	$Ba(C_5H_7O_2)_2$	Crystal	> 320
Beryllium	$Be(C_5H_7O_2)_2$	White Crystal	108
Calcium	$Ca(C_5H_7O_2)_2$	White crystal	175 분해
Cerium	$Ce(C_5H_7O_2)_3$	Yellow crystal	131
Chromium	$Cr(C_5H_7O_2)_3$	Violet crystal	214
Cobalt	$Co(C_5H_7O_2)_3$	Green powder	240
Copper	$Cu(C_5H_7O_2)_2$	Blue crystal	230 승화
Dysprosium	$Dy(C_5H_7O_2)_3$	powder	
Erbium	$Er(C_5H_7O_2)_3$	powder	
Gadolinium	$Gd(C_5H_7O_2)_3$	powder	143
Indium	$In(C_5H_7O_2)_3$	Cream powder	186
Iridium	$Ir(C_5H_7O_2)_3$	Orange crystal	
Iron	$Fe(C_5H_7O_2)_3$	Orange powder	179
Lanthanum	$La(C_5H_7O_2)_3$	powder	
Lead	$Pb(C_5H_7O_2)_2$	Crystal	
Lithium	$LiC_5H_7O_2$	Crystal	약 250
Lutetium	$Lu(C_5H_7O_2)_3$	Powder	
Magnesium	$Mg(C_5H_7O_2)_2$	Powder	분해
Manganese	$Mn(C_5H_7O_2)_2$	Buff crystal	180
Neodymium	$Nd(C_5H_7O_2)_3$	Pink powder	150
Nickel	$Ni(C_5H_7O_2)_2$	Powder	238
Palladium	$Pd(C_5H_7O_2)_2$	Orange needle	210
Platinum	$Pt(C_5H_7O_2)_2$	Yellow needle	
Praseodymium	$Pr(C_5H_7O_2)_3$	Powder	
Rhodium	$Rh(C_5H_7O_2)_3$	Yellow crystal	
Samarium	$Sm(C_5H_7O_2)_2$	Powder	146
Scandium	$Sc(C_5H_7O_2)_3$	Powder	187
Silver	$AgC_5H_7O_2$	Crystal	
Strontium	$Sr(C_5H_7O_2)_2$	Crystal	220
Terbium	$Tb(C_5H_7O_2)_2$	Powder	
Thorium	$Th(C_5H_7O_2)_3$	Crystal	171 승화
Thulium	$Tm(C_5H_7O_2)_4$	Powder	
Vanadium	$V(C_5H_7O_2)_3$	Powder	
Ytterbium	$Yb(C_5H_7O_2)_3$	Powder	
Yttrium	$Y(C_5H_7O_2)_3$	Powder	
Zinc	$Zn(C_5H_7O_2)_2$	Needle	138 승화
Zirconium	$Zr(C_5H_7O_2)_4$	White crystal	172

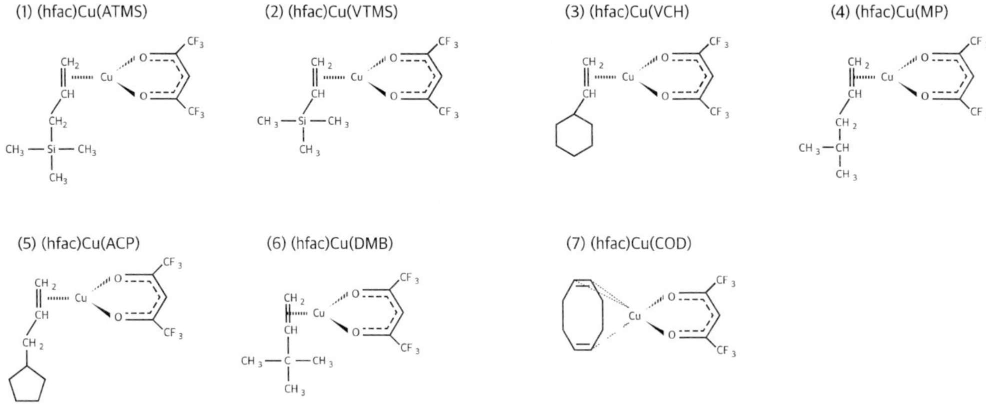

중성 리간드 L	Cu(I)-L 결합의 분해온도(℃)	리간드의 분자량(g/mol)	리간드의 끓는점(℃)
ATMS(allyltrimethylsilane)	53	114	84
VTMS(vinyltrimethylsilane)	63	100	55
VCH(vinylcyclohexane)	72	110	128
MP(4-methyl-l-pentene)	80	84	53
ACP(allylcyclopentane)	82	110	125
DMB(3,3-dimethy-l-butene)	88	84	41
VTMOS(vinyltrimeothoxysilane)	–	148	123
COD(cyclooctadiene)	108	108	150

그림 9.6 hfac 구리 화합물과 파이 전자(sp2 탄소 결합)를 갖고 있는 화합물과의 착화물 전구체. 리간드의 분자량과 끓는점이 나타나 있는데 이 값이 작을수록 착화물 전구체의 증기압이 높다. (Thin Solid Films, 409, 147, 2002)

이상과 같이 화학증착공정에 활용할 수 있는 여러 종류의 전구체를 소개했는데 이들이 모두 다 공정에 성공적으로 적용될 수 있는 것은 아니다. 기체 상태의 전구체는 비교적 쉽게 반응기에 주입할 수 있어 가장 사용하기 편하며 기체를 용기에 담아 압력차에 의해 반응기에 주입하게 된다. 표 9.4에 나타난 WF_6는 가스 실린더에 채워져 압력계를 통해 반응기에 공급된다. 이때 끓는점이 섭씨 17.5도로 상온에 가까워 기화 과정에서 흡수되는 열에 의해 온도가 떨어져 응축에 의해 압력계나 배관이 막히기도 한다. 상당수 화학증착공정은 감압 상태에서 진행되기 때문에 대기압 이하까지 제어가 되는 압력계를 실린더에 장착하면 이 문제를 피할 수 있다. 전구체가 액체인 경우는 버블러를 활용하거나 직접 액체 주입 펌프와 기화기를 이용해 증기 상태의 전구체를 반응기에 공급할 수 있다. 버블러는 바깥에 가열 자켓을 설치 적절한 증기압을 유지하기 위해 가열을 하며 아르곤이나 질소 등의 기체를 바닥으로 주입 액체층을 통해 기포 형태로 지나가게 하여 증기압에 해당하는 전구체 증기가 기체에 실려 배관을 통해 반응기에 주입된다. 이때 버블러 이후의 배관은 전구체의 응축을 막기 위해 버블러보다는 약간 높은 (10 내지 20°C) 온도로 유지해야 한다. 이러한 버블러는 비교적 간단하나 액면이 낮아지면서 일정량을 반응기에 공급하는 데 문제가 있을 수도 있다. 액체 직접 주입장비를 이용하면 이러한 문제를 보완할 수 있는데 액체펌프를 이용해 일정량의 전구체를 기화기에 주입하여 기화된 기체를 반응기에 주입한다.

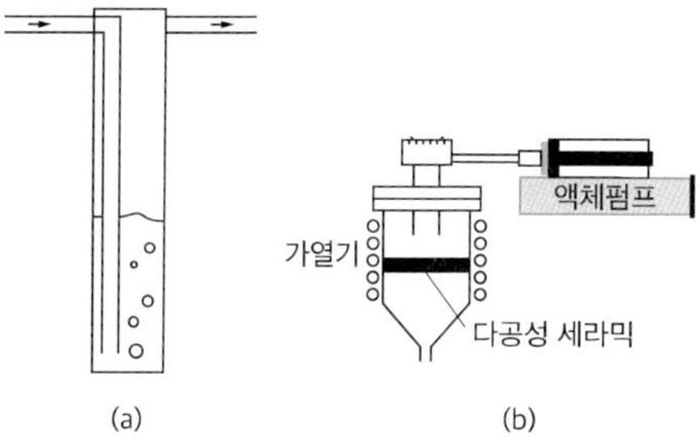

그림 9.7 액체 상태의 전구체를 화학증착반응기에 공급하는 (a) 버블러와 (b) 직접 액체 주입 기화장치의 개념도

그림 9.7(b)에 나타나 있는 것과 같이 기화기의 온도를 일정하게 유지하고 액체를 주입하면 다공성 세라믹 판에 접촉하면서 기화하여 불순물이 걸러지며 반응기에 공급된다. 이때 기화기의 온도와 반응기까지의 배관을 적절한 온도로 유지하는 것이 중요하다. 기화기의 온도가 너무 낮으면 효율적인 증발이 일어나지 않아 기화기가 막히거나 증착 속도가 떨어지게 되며 온도가 너무 높으면 전구체가 분해되어 또한 증착 속도가 낮아진다. 전구체가 고체 상태인 경우 승화를 이용해 기화시키게 되며 전구체를 적절한 용기에서 유동시키며 기화된 전구체를 반응기에 공급하는 장치가 개발되어 있다. 또한 고체 전구체를 적절한 용매에 녹여 액체로 만든 다음 그림 9.7(b)에 나타나 있는 장비를 이용하여 기화시켜 반응기에 공급할 수도 있다.

전구체의 기상반응과 기판 표면에 흡착된 상태에서의 화학반응은 화학증착공정에서 가장 중요한 부분이며 이러한 반응특성이 전구체의 물성 중 중요한 부분이다. 앞서 언급했듯이 기상에서 전구체가 분해되면 기상에서의 고체핵 생성에 의해 분말이 생기기 쉽고 표면에서 효율적으로 분해반응이 일어나지 않으면 불순물이 없는 양질의 박막을 만들기가 쉽지 않다. 이와 관련하여 화학증착반응공정의 효율적인 진단이 중요하다. 아래 그림 9.8에 소개한 시스템은 각각 기상반응과 표면반응을 진단할 수 있는 예를 보여주고 있다.

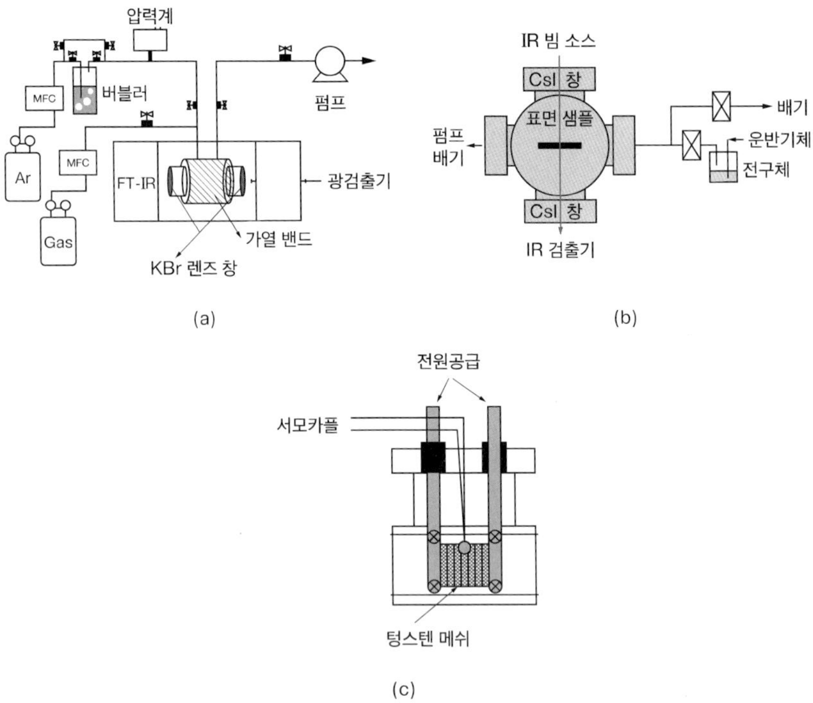

그림 9.8 기상반응과 표면반응을 진단할 수 있는 장비의 예. (a) 기상반응 진단 시스템, (b) 표면반응 진단 시스템, (c) 표면반응 진단 시스템에서 표면 샘플 위치에 삽입되는 장치

그림 9.8(a)에 나타난 기상반응 진단 시스템에서는 석영관으로 만든 작은 유체흐름 반응기에 가열밴드를 두르고 가열하여 일정한 온도로 유지한다. 일정량의 전구체를 이 흐름반응기에 주입하여 흘려 보내고 한쪽에 설치한 KBr렌즈창을 통해 IR 빔을 조사하고 반대쪽 KBr렌즈창을 통해 나오는 IR 빔을 검출하면 반응기 내를 흘러 지나가는 기체 화학종을 진단할 수 있다. 이 빔을 온도에 따라 얻으면 주어진 온도에서 기상에서 일어나는 반응을 알아낼 수 있다. 그림 9.8의 (b), (c)에는 표면반응 진단 시스템이 나타나 있다. 먼저 텅스텐 와이어 메쉬에 실리콘 산화물이나 지르코니움, 하프니움 산화물 나노입자를 고르게 펼친 후 프레스로 눌러 다공성 산화물 층을 만들고 여기에 전류를 흘려 자체 발열에 의해 원하는 온도를 유지한다. 이 부분을 진공실의 표면 샘플 위치에 넣고 원하는 온도로 고정시킨 후 전구체를 흘려보내며 CsI창을 통해 IR빔을 통과시키면 표면에 흡착된 화학종들을 검출할 수 있다. 여기에서 나노입자층을 눌러 만드는 이유는 이렇게 해서 표면적을 넓히고 표면에 흡착된 종들의 양을 늘려 감도를 높일 수 있기 때문이다. 산화물 이외에도 나노입자의 재료에 따라 우리가 원하는 다공성 표면을 만들 수 있다. 그림 9.9에는 앞서 그림 9.4에 소개한 TBTDET(tert-butylimido tris-diethylamido tantalum) 전구체의 기상 진단 스펙트럼이 나타나 있다. 그림의 오른쪽 상단에는 디에틸 아민

의 IR피크와 TBTDET의 피크가 나타나 있으며 둘의 비교에 의해 파수 (wave number) 1,675cm^{-1}에서 Ta = N 피크가 나타나는 것을 알 수 있다. Ta-N 피크는 좀 더 낮은 파수에서 나타나는데 이 그림의 범위 바깥에 있다. 아래는 상온에서 얻어지는 이 전구체의 피크인데 온도에 따라 이 피크의 변화를 관찰하면 어느 온도에서 이 결합이 깨지는지를 알 수 있다. 그림 9.10은 그림 9.8(a)를 이용하여 기상에서 얻어지는 스펙트럼과 그림 9.8(b), (c)를 이용해 표면에서 얻어지는 스펙트럼을 비교한 것이다. 먼저 $-CH_3$기의 대칭, 비대칭 스트레칭 진동 모드에 의한 IR 피크를 비교해 보면 기상과 표면에서 차이가 나는 것을 알 수 있다. 이는 기상의 전구체와 표면에 흡착된 전구체에서 이 부분의 에너지 상태에 차이가 있기 때문이다. 또한 우측의 피크를 보면 표면에 전구체가 흡착되면서 상온에서도 Ta = N과 C-N 피크가 사라져 분해된 것을 알 수 있다. 즉 Ta = N결합은 Ta-N결합으로 바뀌고 질소에 붙은 탄화수소 그룹은 떨어져 나와 표면에 따로 흡착되거나 탈착되는 것으로 판단해 볼 수 있다. 이렇게 분해된 탄화수소 그룹은 다시 Ta 성분과 반응하여 탄화 탄탈 화합물을 형성하거나 일부는 탄소불순물로 포함된다. 실제로 증착된 박막의 조성을 분석해 보면 질화탄탈륨, 탄화탄탈륨, 탄소불순물 등이 혼합된 것을 알 수 있다. 반응 온도 및 추가로 공급하는 암모니아의 양에 따라 박막의 조성이 달라진다.

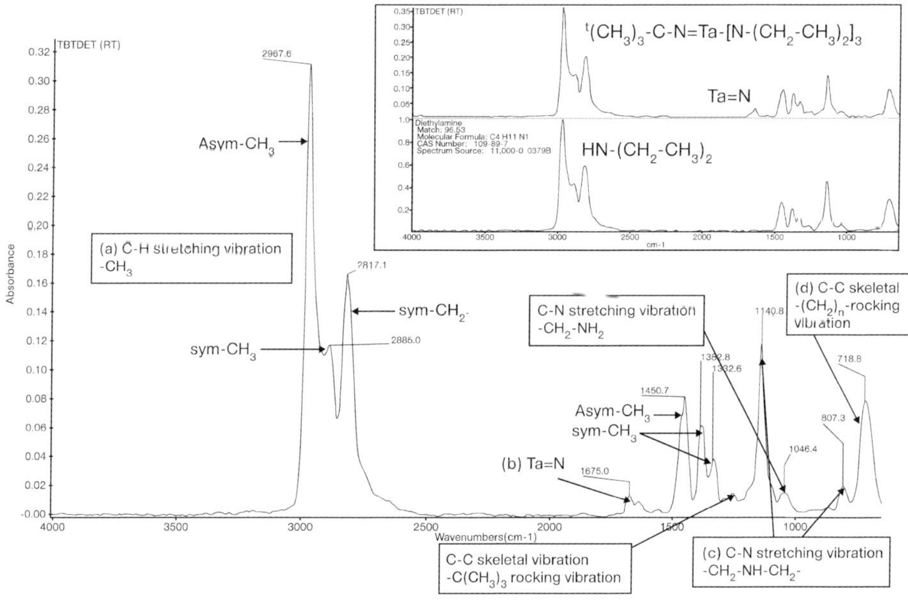

그림 9.9 tert-butylimido tris-diethylamido tantalum (TBTDET) 전구체의 기상 진단 스펙트럼 (포항공대 시스템온칩 공정기술 연구소 제공)

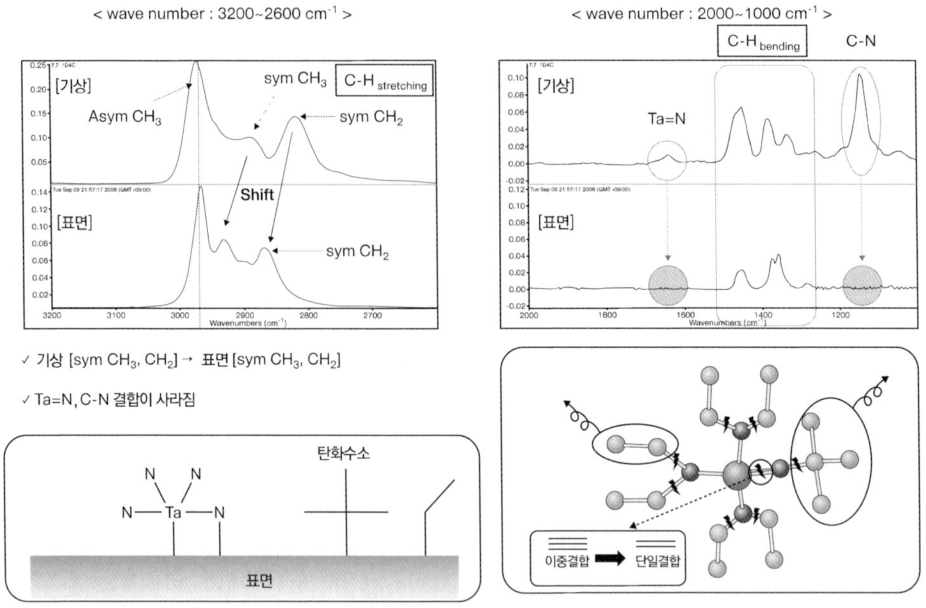

그림 9.10 tert-butylimido tris-diethylamido tantalum (TBTDET) 전구체의 기상 및 표면진단 스펙트럼과 이들로부터 추정되는 표면 반응메카니즘 (포항공대 시스템온칩 공정기술 연구소 제공)

이 예에서 보듯이 전구체의 화학반응은 적절한 반응 온도를 결정하는 데 중요하며 박막의 조성 더 나아가 물성에 영향을 미치는 중요한 인자이다.

그림 9.11에는 그림 9.8(b), (c)에 나타난 표면진단 장비를 이용해 측정한 타이타늄 전구체의 반응 특성이 나타나 있다. 그림 상단은 그림 9.4에 나타난 세 가지 타이타늄 이미도 화합물에 대해 온도에 따른 표면 반응 특성을 나타낸 것이다. 각 전구체별로 주어진 온도에서 주입 후 5분 후에 표면에 흡착된 전구체의 IR 스펙트럼이다. TDMAT의 경우는 메틸 그룹의 피크(-CH_3 스트레칭)만 나타나며 TEMAT는 메틸과 에틸, 그리고 TDEAT의 경우는 에틸 그룹의 피크(CH_3-CH_2)만 나타난다. 메틸 그룹이 있는 TDMAT는 표면에서 분해 온도가 상대적으로 낮고 TEMAT나 TDEAT는 에틸 그룹이 있어 상대적으로 높은 것을 알 수 있다. 즉 메틸그룹이 에틸그룹보다 낮은 온도에서 떨어져 나간다. 그림의 하단에는 섭씨 250도 온도에서 전구체를 주입한 후 시간이 지나면서 표면에 흡착된 TEMAT 전구체의 스펙트럼 변화를 본 것이다. 에틸 그룹은 상대적으로 안정한 반면 메틸 그룹은 시간이 가면서 분해되어 피크가 사라지는 것을 알 수 있다. 이러한 분해 특성은 증착 온도의 설정에 영향을 주며 또한 박막의 조성, 불순물의 유입 등에 영향을 주는 중요한 사항이다. 화학증착 반응기 내에서 화학반응을 진단할 수 있는 또 하나의 방법이 그림 9.1에 나타나 있는 바와 같은 질량분석기를

이용하는 것이다. 여기에는 Q-mass(quadrupole mass-spectrometer)가 주로 쓰이는데 RGA(residual gas analysis), 즉 화학증착 후 반응기 바깥으로 배출되는 화학종을 검출하는 것이다. 이러한 화학반응 진단에 관한 자세한 내용은 관련 문헌을 참고하기 바란다.

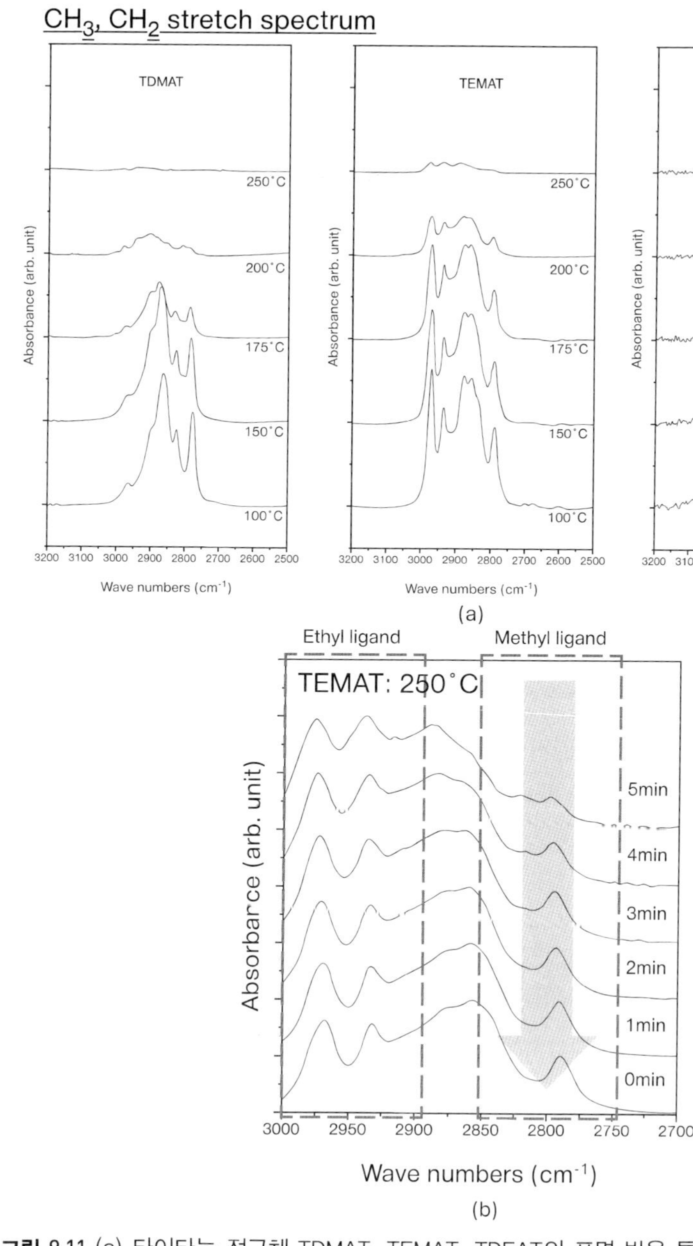

그림 9.11 (a) 타이타늄 전구체 TDMAT, TEMAT, TDEAT의 표면 반응 특성 (그림 9.4 참조). 전구체 주입 후 5분이 지난 다음 측정한 결과임. (b) TEMAT 전구체를 주입한 후 시간에 따른 표면 IR 피크 (포항공대 시스템온칩 공정기술 연구소 제공)

9.4 공정의 기본 원리

화학증착법은 기상의 반응원료로부터 화학반응을 이용해 박막이나 입자, 그 이외에 여러 형상의 고체 재료를 만드는 화학단위공정이다. 기존의 소재들에 대해서는 좀 더 향상된 물성이, 이로부터 만들어지는 소자 및 부품들에 대해서는 좀 더 우수한 기능이 요구되면서 이들을 만드는 공정의 정밀한 제어가 필요하게 되었다. 화학증착법은 만들어지는 고체 재료의 미세구조 및 형상을 분자 수준의 화학반응을 통해 정밀하게 제어할 수 있는 단위공정으로서 그 중요성이 점점 커지고 있다. 이러한 차원에서 화학단위공정으로서의 화학증착공정과 연관된 화학공학의 기본 원리를 이해하는 것이 중요하다.

CVD법은 다른 방법에 비해 아주 정밀하게 미세구조를 제어하며 우수한 물성의 고체 재료를 분자 수준에서 합성하는 데 적합하기 때문에 마이크로일렉트로닉스 분야에서 아주 중요하게 쓰이고 있으며 기타 각종 코팅에도 쓰이는 실용 기술이다. 재료공정으로서의 CVD의 특징은 먼저 그 적용 대상의 다양성에 있다. 세라믹, 금속, 반도체, 유기고분자 등 합성할 수 있는 물질이 다양하며 또한 박막, 섬유, 분체, 벌크, 복합체 등 얻을 수 있는 재료의 형상도 다양하다. 또한 초고집적회로에서와 같이 마이크론, 나노미터 규모의 미세가공에서부터 미터 규모의 배관 재료의 코팅에 이르기까지 그 스케일도 다양하다. 반도체 레이저용 다층 박막과 같이 소량생산에서부터 세라믹 분체와 같이 대량생산에 이르기까지 그 생산 규모도 다양하다. CVD에서는 분자 수준의 합성을 통해 단원자층 규모로 계면의 제어가 이루어질 수 있으며 반응기체를 교대로 바꿈으로써 원자 규모의 두께로 다층구조를 만들 수도 있다 이러한 이유로 인해 화학증착공정에서는 다양한 크기 규모에서 일어나는 현상이 동시에 진행되며 이에 대한 개념도가 그림 9.12에 나타나 있다.

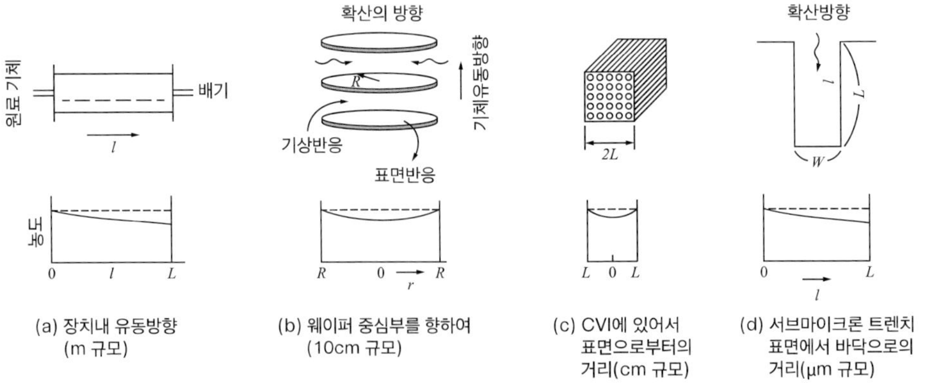

그림 9.12 화학증착공정에서 나타나는 다양한 크기 규모

그림 9.13(a)는 반도체공정에서 응용되는 화학증착반응기의 크기 규모로 1미터 규모로 나타난다. 여기에 증착을 하고자 하는 실리콘 웨이퍼가 여러 장 장착이 되어 있는 경우 그림 (b)와 같이 수십 센티 규모의 크기를 생각할 수 있다(현재 양산에는 300밀리 웨이퍼가 보편화되어 있음). 이러한 웨이퍼 표면에는 많은 수의 트렌치가 형성되어 있어 이 표면에 박막을 균일하게 증착해야 하는데 트렌치 입구와 트렌치의 깊이는 마이크론에서 수십 나노미터 규모이다. 벌크에서 흐르는 기체에서의 이동현상은 연속유체로 고려할 수 있으나 트렌치 내부에서는 기체분자의 평균자유행로 거리와 트렌치의 크기가 비슷하여 연속유체로 고려할 수 없다. 그림 (c)는 배열되어 있는 섬유 층에 화학전구체를 흘려보내 증착하여 복합체를 만드는 경우인데 이때에도 섬유 간 거리에 따라 센티미터에서 마이크로미터까지 다양한 스케일이 존재한다. CVD 장치는 여타 화학공정의 장치에 비해서 그 규모가 별로 크지 않은 것이 특징이며 실험실 규모의 반응 시스템에서 생산용 장비에 이르기까지 그 규모에 있어서 큰 차이가 없는 경우가 많다. 생산성 향상을 위한 일반적인 화학공정의 스케일업 문제와 함께 재료의 미세구조를 조절하고 마이크론 규모의 미세 패턴을 가공하기 위해서는 미세 화학공학적인 문제들이 중요하게 부각되고 있다 이 절에서는 CVD 공정에서 일어나는 단계별 요소 과정, CVD 공정에서 대상이 되고 있는 여러 스케일, 그리고 특히 박막의 제조에 관련된 CVD 공정의 해석 등에 대해 기술하고자 한다. 분말을 만드는 공정에 관해서는 다른 문헌을 참조할 수 있다.

공정 내에서 일어나는 여러 사항들은 그림 9.14에 나타난 바와 같이 요약할 수 있다. 운반기체와 함께 화학전구체가 반응기에 연속적으로 공급되어 흘러 지나가고 때로는 기상에서 반응이 일어나 중긴 회학종이 형성되어 표면에 흡착이 되기도 하고 기상반응 없이 전구체가 직접 흡착되기도 한다. 이러한 박막형성 화학종은 흡착된 후 다시 탈착되어 기상으로 이동하기도 한다. 표면에 충돌하는 화학종 중에 표면에 흡착되는 분율은 부착계수(sticking coefficient)로 정의되는데 화학증착에서는 이 분율이 1보다 훨씬 작다. 물리증착에서는 박막을 형성하는 종이 표면에 흡착되면 1에 가까운 분율로 흡착되어 탈착되는 분율이 거의 0에 가깝다. 이렇게 흡착된 화학종은 분해되어 고체상을 형성하기 전에 표면에서의 농도 구배에 의해 확산하기도 한다. 표면에서의 분해에 의해 박막 형성종이 생성되고 분해 부산물은 탈착된다. 이러한 탈착 과정이 원활하지 못하면 반응 부산물에 의해 박막에 불순물이 혼입되기도 한다. 박막을 형성하는 종은 표면의 결정성장점에 부착 배열되어 박막으로 성장한다. 경우에 따라서는 스텝 성장을 하며 단결정으로 자라기도 하고 표면의 여러 성장점에서 핵이 자라며 섬모양으로 성장 다결정구조 또는 비정질구조를 형성하기도 한다. 여기에는 온도에 의한 흡착

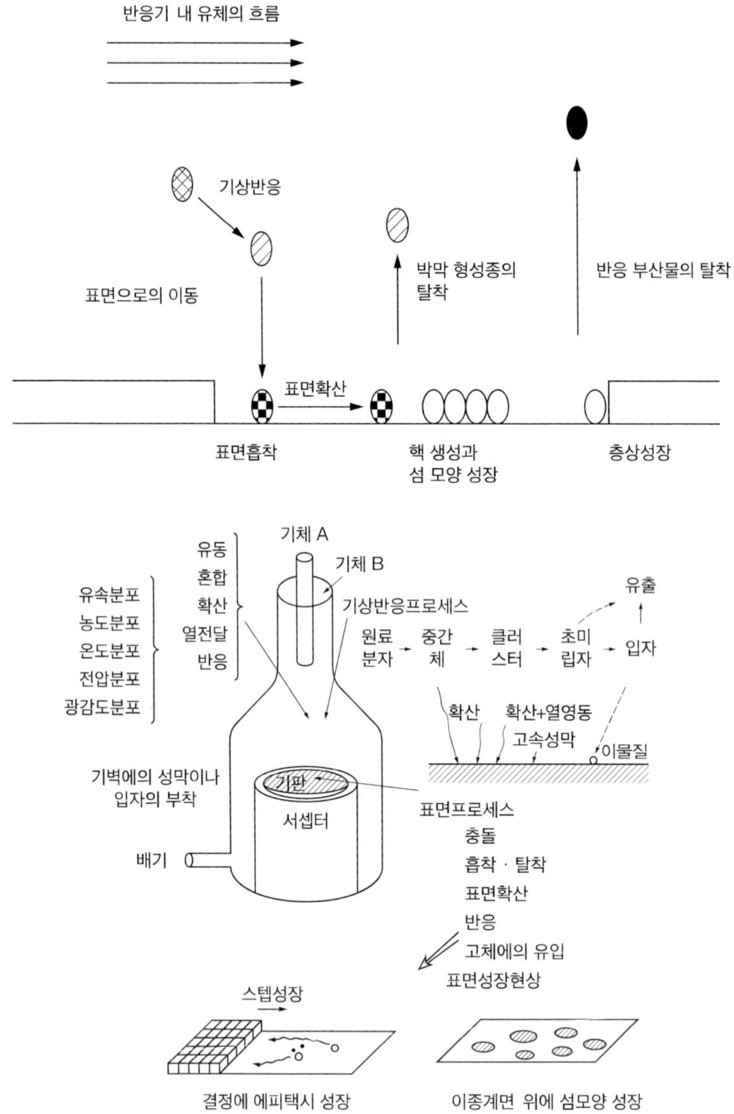

그림 9.13 박막을 증착하는 화학증착 공정에서 일어나는 현상의 요약도

물의 이동도, 표면에너지에 의한 적심(wetting)의 정도가 영향을 주게 된다. 즉 표면에너지가 높은 표면에는 박막 형성종이 잘 퍼지게 되고 표면에너지가 낮은 표면에는 곳곳에 응축이 되어 섬 모양으로 자라게 된다. 기상에서는 유체흐름 속도의 분포, 열의 이동에 의한 온도 분포, 반응물의 확산에 의한 농도 분포, 플라즈마를 쓰는 경우는 전기장의 분포, 광 에너지를 쓰는 경우는 광 에너지 분포 등이 증착에 영향을 미치게 된다. 기상에서의 확산, 반응물 간의 화학반응이 중요하고 원료 분자로부터 기상에서 핵이 형성되어 분말이 만들어지는 경우는 이들의 열영동에 의한 이동(분말이 뜨거운 기판에서 밀려나고 차가운 표면으로 이동 부착되

는 현상) 현상이 중요하다. 이렇게 입자가 생기는 경우는 표면에 형성되는 박막에 이물질로 유입되며 또한 상당량의 전구체가 입자로 되어 반응기 바깥으로 나가 유실된다. 이러한 입자는 차가운 반응기 벽에 붙어 오염을 유발하므로 박막형성 공정에서는 반드시 억제해야 할 부분이다.

그림 9.14에는 CVD공정의 해석에 관련되는 여러 사항들을 요약하여 보았다. CVD공정을 수행하는 CVD반응기는 화학공학적인 측면에서 볼 때 유체가 흘러 지나가는 흐름반응기(flow reactor)이며 반응 시스템을 해석하기 위해서는 흐름반응기에서 일어나는 여러 현상들을 이해하여야 한다. CVD 반응기는 완전 혼합형 반응기(completely stirred tank reactor: CSTR)나 혹은 혼합이 전혀 없는 플러그 흐름 반응기(plug flow reactor)와 같은 이상반응기(ideal reactor) 모델로는 해석할 수 없는 경우가 대부분이다. 기본적으로 CVD 반응계는 균일상(기상) 반응과 불균일상(고체 표면) 반응을 모두 포함하는 경우가 대부분이며 유체의 흐름과 열 및 물질의 이동을 수반하는 복잡한 계라 볼 수 있다. 이와 관련해서는 유체의 속도 분포를 위한 유체역학식 (모멘텀 수지식), 온도 분포를 위한 열수지식, 농도 분포를 위한 물질 수지식을 세워 풀어야 하며 편미분방정식을 세워 수치해석을 해야 하는 경우가 대부분이다.

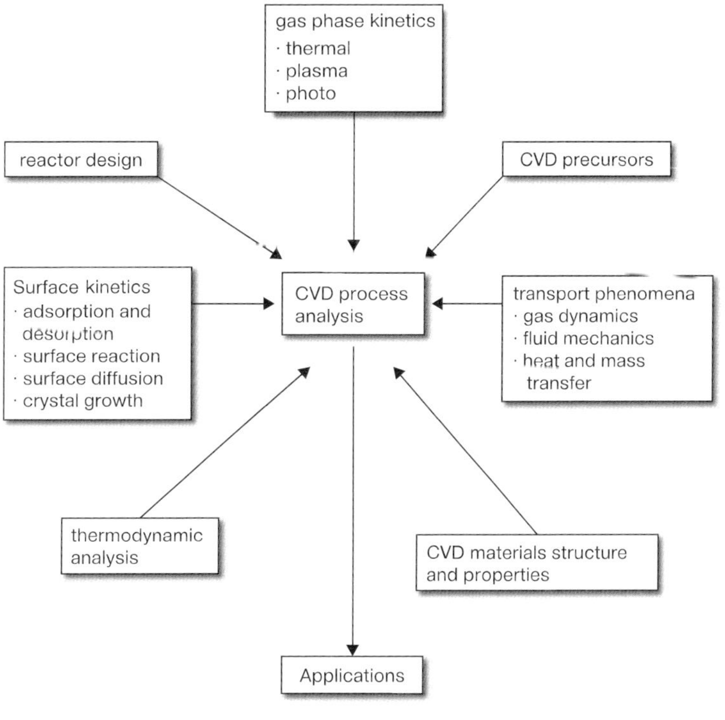

그림 9.14 CVD공정의 해석에 관련되는 여러 사항들

기상에서는 원료물질, 반응물들이 뒤섞인 다성분계가 되어 각각의 수지식이 필요하고 이들이 유량에도 영향을 주게 된다. 또한 혼합물의 밀도, 점도, 열전달계수, 물질전달계수 등을 제대로 알기 힘들고 기체-고체 계면에서의 경계조건의 경우 유속은 0, 온도는 기판 온도로 하게 되나 농도의 경계조건은 그리 간단하지 않다. 또한 이러한 경계조건은 연속유체일 때만 해당되고 반응기의 압력이 낮아 연속유체로 고려할 수 없는 경우나 미세구조 내에서 연속유체로 볼 수 없는 경우 경계조건도 복잡해진다. 이러한 현상을 모두 다루는 것은 이 책의 범위를 벗어나는 것으로 공정의 가장 기본적인 내용만 요약 기술하고자 한다.

CVD반응 시스템에서 만들어지는 고체 재료의 구조 및 물성과 CVD반응공정과의 관계를 이해하기 위해서는 고체 재료에 대한 기본 지식이 필요하다. 이러한 고체 재료는 전자 디바이스나 광학 디바이스와 같은 기능성 소자에 혹은 구조 세라믹의 원료나 표면처리 등에 광범위하게 쓰이므로 각 응용 분야에서 요구되는 여러 사항들을 이해하고 이에 맞는 공정을 선택 개발할 수 있어야 한다. 이에 따라 여러 재료 분야가 그러하듯이 CVD 분야도 화학, 화공, 재료, 전자, 기계 등 여러 분야의 기본 원리가 복합적으로 관여하게 되며 CVD공정에 관여하는 연구자에게는 타 분야 연구자와의 협력이 중요한 경우가 많다.

그림 9.15에는 화학증착공정에서 일어나는 여러 단위 요소 과정(elementary step)을 나타내었다.

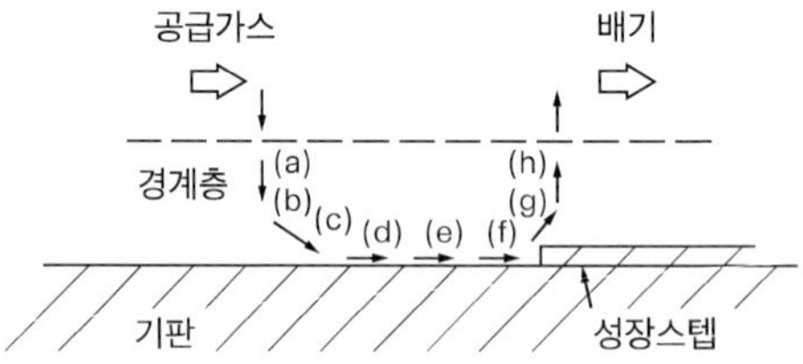

성장의 기본과정
(a) 기상확산 (gas phase diffusion)
(b) 기상반응 (gas phase reaction)
(c) 흡착반응 (adsorption)
(d) 표면반응 (surface reaction)
(e) 표면확산 (surface diffusion)
(f) 결정격자의 형성반응 (incorporation into the crystal lattice)
(g) 반응생성물의 탈착반응 (desorption)
(h) 기상확산 (gas phase diffusion)

그림 9.15 화학증착공정에서 일어나는 여러 단위 요소 과정(elementary step)

유량조절기(mass flow controller)를 통해 하나 혹은 그 이상의 반응 원료 기체가 운반기체와 함께 반응기 내로 유입되면 위에 나타난 바와 같이 여러 요소 과정을 거쳐 박막이 형성된다. 이러한 과정은 대부분 직렬로 일어나기 때문에 박막의 증착 속도는 그림에 열거된 여러 요소과정 중에서 속도가 늦은 과정에 의해 결정이 되며 반응기체, 반응기의 형태, 조업 조건 등에 따라 증착 속도를 결정하는 메카니즘이 달라진다. 이때 증착 속도를 결정하는 요소 단계를 율속단계(rate controlling step)라 한다. 실제로 증착 속도를 온도의 변화에 대해 측정하여 아레니우스 플롯을 하게 되면 얻어지는 활성화에너지에 따라 증착 속도를 결정하는 율속단계를 미루어 짐작할 수 있다. 이 때 활성화에너지는 반응계에 따라 다르게 나타나나 아래와 같은 일반적인 경향을 언급할 수 있다.

E_a (기상에서의 화학반응, 30-100kcal/mole)> E_a (기판 표면에서의 화학반응, 25-100kcal/mole) > E_a (기판 표면에서의 확산, 10-20kcal/mol) >E_a (기상에서의 확산, 3-8kcal/mol)

기상반응속도는 아래와 같이 주어진다.

$$R_g = k[A]^n \qquad k = k_o \exp\left[\frac{-E_a}{RT}\right] \tag{9.7}$$

$$R_g = k_p[n][A] \qquad k_p = \int_{E_{thres}}^{\infty} \left[\frac{2\varepsilon}{m}\right]^{1/2} \sigma(\varepsilon) f(\sigma) d\varepsilon \tag{9.8}$$

식 (9.7)은 열화학반응속도이고 n은 반응차수로 보통 반응물의 농도 [A]에 대해 1차 반응으로 고려한다. 기상반응은 활성화에너지가 높게 나타난다. 반면에 플라즈마 기상반응의 경우 반응물의 농도에 전자의 농도 [n]을 곱한 값으로 나타나며 그 속도상수는 식 (9.8)에 나타난 바와 같이 주어진다. 이 반응상수는 온도에 무관하여 열화학반응과 달리 활성화에너지가 없다. 이 식은 앞서 플라즈마 공정에서 소개한 식 (8.2)이다. 전구체는 기상반응에 의해 분해되어 흡착되거나 분해 없이 직접 흡착되는데 기상반응이 있다 하더라도 화학증착공정에서 기상반응이 율속단계인 경우는 거의 없다.

흐르는 유체에서 반응기체의 표면으로의 전달 속도는 아래와 같이 주어진다.

$$F_g = h(C_g - C_s) \qquad Sh_x = hx/D = 0.332\ Sc^{1/3}\ Re_x^{1/2} \tag{9.9}$$

여기에서 Sh는 Sherwood수이다. 이 속도식은 흐르는 유체의 벌크에서의 농도와 기판 표면과 접촉하는 기상에서의 농도 차와 이에 물질전달계수를 곱한 것으로 물질전달계수는 오른쪽의 무차원변수로 표시된다. 무차원 변수는 표 9.10에 요약되어 있다. 이 물질전달은 열로 활성화되는 과정이 아니며 단지 확산계수가 온도의 증가에 따라 커지기 때문에 겉보기 활성화에너지로 나타낼 수 있다. 그 크기는 비교적 작은 값이다. 표면에 흡착된 종의 확산은 아래와 같이 표시된다.

$$F_s = D_s \frac{d[A]^*}{dx} \qquad D_s = D_o \exp\left[\frac{-E_a}{RT}\right] \tag{9.10}$$

이 속도는 표면에 흡착된 A라는 화학종의 농도구배에 표면확산계수를 곱한 값으로 나타난다. 이 과정이 율속단계가 되는 경우도 흔하지는 않다. 표면에 흡착된 반응물의 농도 $[A]^*$는 기상의 농도에 의존하는데 이에 대한 상관관계는 곧 언급하기로 한다. 표면반응의 속도는 아래와 같이 나타난다.

$$R_s = k_s[A]^* \quad k_s = k_{so} \exp\left[\frac{-E_a}{RT}\right] \tag{9.11}$$

증착의 율속단계는 온도에 따라 다르게 나타나는데 이는 각 요소 과정의 속도가 달라지기 때문이다. 그림 9.16에는 화학증착공정에서 보편적으로 관찰되는 증착 속도의 온도 의존성을 나타내었다.

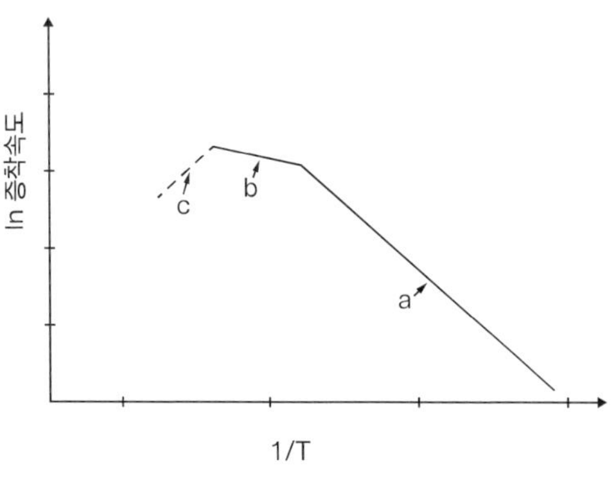

그림 9.16 화학증착공정에서 관찰되는 증착 속도의 온도 의존성. y축 증착 속도는 로그값, x축은 온도의 역수로 나타낸 아레니우스 플롯이다.

온도가 비교적 낮은 a영역은 기판 표면에서의 화학반응속도가 증착 속도를 결정하는 영역이며 활성화에너지가 커서 기울기가 크게 나타나고 이 영역에서는 온도에 대한 증착 속도의 변화가 큰 편이다. 증착 온도를 지속적으로 높이면 표면의 반응속도가 빨라지게 되는데 어느 온도 이상에서는 기상에서 반응물의 이동속도가 증착 속도를 결정하는 b영역으로 이동하게 된다. 이 영역에서는 온도에 대한 증착 속도의 변화가 작아지고 겉보기 활성화에너지도 표면 반응속도가 율속단계인 경우보다 작아진다. c영역은 기판의 온도가 높고 이에 따라 기상의 온도도 높아 전구체가 분해되면서 입자가 생성되는 경우이다. 이때에는 전구체가 입자생성으로 소모되고 생성된 입자는 상당 부분이 반응기 바깥으로 빠져나가 증착 속도가 감소하게 된다. 박막을 증착하는 공정에서는 이 부분에서의 조업을 피해야 한다. 각 영역을 가르는 온도와 각 영역에서의 기울기, 그리고 증착 속도는 증착 시스템마다 다르나 이러한 경향은 보편적으로 나타난다.

화학증착공정의 개발은 최적 조건을 찾아내는 데 목적이 있으며 조업 변수의 변화에 따라 아래와 같은 사항을 검토하게 된다.

1. 박막 두께의 균일도
2. 박막의 화학적 조성
3. 박막의 결정구조
4. 박막의 전기적 성질
5. 경계면의 접합상태
6. 층덮힘 (step coverage)
7. 대량생산에 의한 원가절감

박막의 두께가 균일하지 못하면 소자를 제작할 때 수율이 떨어지는 원인이 되므로 박막의 두께를 일정하게 유지하기 위한 반응기의 설계가 중요하다. 박막의 두께는 반응기체의 농도 분포와 반응기 내의 온도 분포에 따라 영향을 받게 된다. 반응기 내에서 화학반응 메카니즘, 유체의 흐름, 열 및 물질의 이동현상 등을 잘 이해해야 바람직한 반응 시스템을 설계할 수 있다. 이들을 모두 고려한 전체 질량보존식, 운동량보존식, 열수지식, 성분 i의 질량보존식은 각각 아래와 같다.

연속방정식 : $\nabla \cdot (\rho v) = 0$

운동량 보존식 : $\rho v \cdot \nabla v = -\nabla P + \nabla \cdot (\mu \nabla v) + \rho g$

에너지 보존식 : $\rho C_p v \cdot \nabla T = \nabla \cdot (k \nabla T) + Q$

질량 보존식 : $-\nabla \cdot (\rho \omega_i v + j_i) + r_i = 0$

$$j_i = \frac{\rho}{M} \sum_j M_i D_{ij} \nabla \omega_j$$

$$\text{밀도 }: \rho = \frac{PM}{RT} \quad M = \sum_i x_i M_i \tag{9.12}$$

각 성분의 질량보존식은 유체의 흐름에 의한(유속 v에 의한) 이동과 확산에 의한 이동(j), 그리고 화학반응에 의해 생기거나 없어지는 항(r_i)을 포함한다. 반응기에 n개의 성분이 존재하는 경우 $i = 1$에서 $n-1$개의 각각의 질량보존식을 풀어야 하며 전체 질량 보존식(연속방정식), 운동량보존식, 열수지식(반응열 Q 포함)은 서로 연계되어 있어 상당히 복잡한 편미분방정식을 풀어야 한다. 경계조건을 도입해 실제 문제를 푸는 것은 수치해석을 요구하고 또한 상당히 복잡하여 제대로 된 값을 구하기가 상당히 어렵다. 이러한 내용은 이 책의 범위를 벗어나는 것이며 또한 실제로 이러한 전체식을 적용하여 문제를 푸는 경우는 별로 없다. 단지 각 보존식을 무차원화할 때 나타나는 무차원변수를 표 9.10에 소개하고 이들의 영향을 요약하는 것으로 마무리한다.

표 9.10 화학증착반응 시스템에서 나타나는 무차원 변수와 이들의 영향

무차원 변수	의 미
Re	대부분의 CVD 반응기에서는 레이놀즈 수가 작아서(1,000 이하) 유체의 흐름은 층류이다. 이 값이 작을수록 완전히 발달된 유체가 형성되는데 소요되는 입구에서부터의 거리가 짧아진다.
Pe_m, Pe_t	상압 CVD에서는 페클레수가 커서 유동에 의한 물질이나 열의 이동이 중요하며 감압 CVD에서는 역으로 확산에 의한 이동이 중요하게 된다.
Kn	Knudsen수는 기체의 평균자유행로와 특정 길이와의 비이며 Kn<0.01이면 연속유체로 볼 수 있고, 0.01<Kn< 0.1일 때는 slip 흐름이 존재한다. 슬립 흐름이 존재하면 고체 표면에서의 유속이 0이 아니다. Kn>0.01에서는 분자 흐름이 존재한다. 이때에는 연속 유체가 아니라 유체역학 식을 적용할 수 없다.
Ra	레일리수가 약 1,700보다 크면 부력에 의한 자연대류 유체의 흐름이 생성되고 상압 CVD에서 그 가능성이 높아진다. 이 경우 CVD계에 혼합 흐름이 존재하고 roll cell 등이 형성될 수 있다.
Ri	리차드슨수는 강제 흐름과 자연대류 현상의 복합적인 영향을 나타내며 상압 CVD의 경우 이러한 경향이 두드러지게 나타난다. Ri>0.3일 때 혼합흐름이 나타난다.

Reynolds 수	$Re=\frac{\rho uL}{\mu}=\frac{uL}{\nu}$ $Re_x=\frac{\rho ux}{\mu}$	**Rayleigh 수**	$Ra=Gr\cdot Pr$ 또는 $Gr\cdot Sc$ $\begin{cases}\frac{g\beta_T\Delta TL^3}{\nu\alpha}\\ \frac{g\beta_c\Delta CL^3}{\nu D}\end{cases}$
Prandtl 수	$Pr=\frac{\nu}{\alpha}=\frac{\mu}{C_p\lambda}$	**Richardson 수**	Gr/Re^2
Schmidt 수	$Sc=\frac{\nu}{D}=\frac{\mu}{\rho D}$	**Peclet 수**	$Pe_m=ReSc$ 또는 $Pe_t=RePr$ $\begin{cases}\frac{uL}{\alpha}\\ \frac{uL}{D}\end{cases}$
Grashoff 수	$Gr=\frac{g\Delta\rho L^3}{\rho\nu^2}$ $\begin{cases}\frac{g\beta_T\Delta TL^3}{\nu^2}\\ \frac{g\beta_C\Delta CL^3}{\nu^2}\end{cases}$	**Knudesn 수**	$Kn=\frac{d}{L}$
		Sherwood 수	hx/D

ν : momentum diffusivity, α: thermal diffusivity, D: mass diffusivity, d: mean free path, Grashoff, Rayleigh수는 온도차나 농도차에 의한 밀도의 변화에 의해 나타남. β_T: 온도에 의한 부피 팽창계수, β_C: 농도에 의한 부피 팽창계수, g: 중력가속도, u: 유속

표 9.11에는 화학증착반응기의 압력에 따라 이들의 값이 어떻게 나타나는지 요약하였다. 일반적으로 감압 상태에서는 기체의 비중이 낮아지고 반면에 확산이 빨라지기 때문에 이들이 무차원변수에 영향을 준다. 즉 비중은 압력에 반비례하고 확산 속도는 반비례해 빨라지며 기체분자의 평균자유행로(mean free path)도 압력에 반비례해 커진다. 이에 따라 자연대류 현상도 압력이 낮아지면 줄어들게 된다.

표 9.11 화학증착 반응 시스템에서 나타나는 무차원 변수값의 압력에 따른 변화

	상압반응기	감압반응기
Re	100-500	10 100
Pe_t	40-200	4-40
Pe_m	180-900	18-90
Kn	.000001	.00001
Ra	70000	700

또한 반응기 내의 온도가 균일하지 않고 바닥이 뜨거운 경우는 자연대류 현상이 나타날 수 있고 이 경우 유체의 흐름은 그림 9.17에 나타난 바와 같이 더욱 복잡해진다. 그림에서 보면 바닥이 가열되면서 유체의 밀도가 낮아지고 바닥면에 수직한 방향으로 아래로 작용하는

중력에 의해 자연대류 현상이 일어난다. 이 흐름은 흐름 다발의 앞면에 나타난 바와 같이 화살표 방향으로 회전하는 형태로 나타난다.

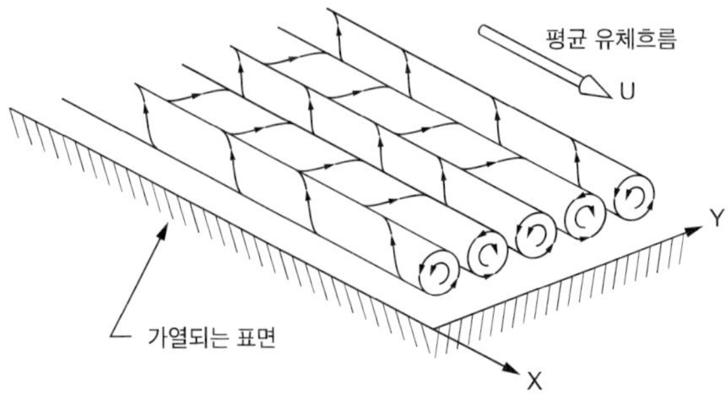

그림 9.17 화학증착반응기에서 바닥이 가열되어 상층부의 기체보다 가벼워지면 자연대류 현상이 나타나고 압력차에 의한 흐름과 섞여 나타나는 흐름 형태

반응기의 입구에서 출구 방향으로는 압력차에 의한 전체적인 흐름이 나타나고 이 두 흐름이 합쳐져 나사가 회전하면서 앞으로 진행하는 형태의 흐름이 나타난다. 이러한 경향은 특히 Richarson 수가 0.3보다 클 때 나타난다. 이러한 예에서 보듯 화학증착반응기 내에서는 반응기의 형태에 의한 유체의 흐름, 기판의 가열에 의한 온도 분포로 유도되는 유체의 흐름 등이 섞여 복잡한 흐름이 나타날 수 있다. 이들이 반응기체의 이동에 영향을 주기 때문에 증착속도의 균일도에도 영향을 줄 수 있다. Knudsen 수는 기체의 mean free path d와 시스템의 크기 L과의 비인데 앞서 그림 9.12에 나타난 바와 같이 화학증착 반응 시스템에서는 여러 크기의 L이 존재하기 때문에 주의를 기울여야 한다. 반응기나 기판 (웨이퍼)의 크기 규모에서는 시스템의 크기가 기체 분자의 평균자유행로보다 크기 때문에 연속유체식을 적용할 수 있으나 웨이퍼 표면에 형성된 마이크론 내지는 나노미터 규모의 트렌치 안에서는 시스템의 크기가 작기 때문에 Knudsen 수가 크게 된다. 이러한 경우에는 기체 분자끼리의 충돌보다 트렌치 벽과의 충돌이 더 자주 일어나기 때문에 연속유체식을 적용할 수가 없다. 특히 초고진공 상태에서는 d값이 커지기 때문에 또한 연속유체 방정식을 적용할 수 없다.

아래에는 상세한 유체의 흐름을 고려하지 않고 간단한 화학반응이 적용되는 화학증착 공정의 해석에 대해 소개하고자 한다. 앞서 화학증착공정에서 여러 단위 요소 과정을 그림 9.16에 나타낸 바 있는데 대부분의 경우 기상에서 반응기체의 이동단계, 또는 표면에서의 화학반응 단계가 율속단계(rate controlling step)인 경우가 많고 이 두 과정 중의 하나가 증착 속도를 결정하는 경우가 많다. 우선 기상에서 반응기체의 이동속도(flux)는 아래와 같이 나타낼 수 있다.

$$F_g = h(C_g - C_s) \tag{9.13}$$

이러한 관계식은 흐르는 유체에서 적용되며 흐르는 기체 벌크에서의 농도 C_g와 기판 표면과 접하고 있는 기상에서의 농도 C_s와의 차이에 물질전달계수 h를 곱한 것으로 나타난다. 이때 h는 흐르는 기체의 유속, 확산계수, 반응기의 위치에 따라 달라지며 식 (9.9)에 나타난 바와 같은 무차원 변수로 표시된다. 이 경우 증착 속도는 기상에서의 농도에 의존하게 되며 또한 물질전달계수에 의존하게 된다. 식 (9.9)에서 보는 바와 같이 물질전달계수 h는 Sherwood 수, 즉 확산계수 D와 반응기 내의 위치 x와 함께 정의되며 이 무차원 변수 값은 L대신 x로 정의된 레이놀즈 수의 제곱근, 그리고 운동량확산계수 ν와 질량확산계수 D의 비로 나타난 슈미트 수의 1/3승에 비례하게 된다. 이 경우 유체의 흐름이 물질전달계수에 영향을 미치게 된다. 화학증착반응기의 형태나 유체의 흐름은 상당히 복잡하나 단순화된 개념도를 소개하면 아래 그림 9.18과 같다.

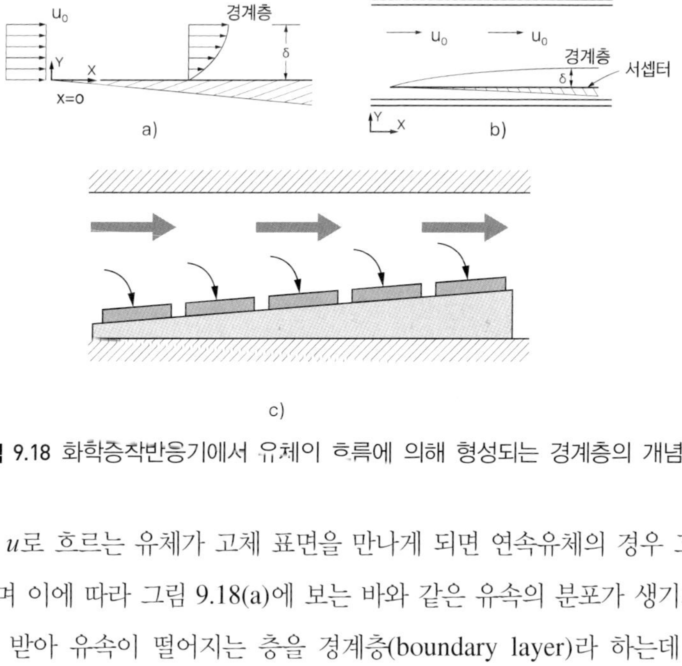

그림 9.18 화학증착반응기에서 유체이 흐름에 의해 형성되는 경계층의 개념도

일정한 유속 u로 흐르는 유체가 고체 표면을 만나게 되면 연속유체의 경우 고체 표면에서 유속은 0이 되며 이에 따라 그림 9.18(a)에 보는 바와 같은 유속의 분포가 생기게 된다. 고체 표면의 영향을 받아 유속이 떨어지는 층을 경계층(boundary layer)라 하는데 이 경계층의 두께 δ는 아래 식에 나타난 바와 같이 원점인 $x = 0$에서 시작해 아래로 흘러 내려갈수록, 즉 x값이 커질수록 증가하게 된다.

$$\delta \sim \mathrm{Re}_x^{1/2} \tag{9.14}$$

경계층 바깥에는 유속 u_o, 농도 C_g가 그대로 유지되나 경계층 내에서 유속은 u_o에서 0으로 변하고 농도도 C_g에서 C_s로 변하게 된다. 실제로 반응기 입구에서 출구 쪽으로 갈수록 반응기체의 농도는 떨어지고 또한 경계층의 두께가 두꺼워지면서 반응기체의 이동속도는 떨어지게 된다. 그림 9.18(c)는 기판을 올려놓는 서셉터를 기울여 이러한 현상을 줄여주려는 시도를 보여주고 있다. 그림에서 보는 바와 같이 서셉터에 경사를 주게 되면 아래쪽으로 내려갈수록 유체가 흐르는 단면적이 작아져 유속이 빨라진다. 이에 따라 반응물의 농도가 떨어지고 경계층의 두께가 두꺼워지면서 줄어드는 물질의 이동을 어느 정도 상쇄시켜 위치에 따른 증착 속도의 균일도를 높일 수 있다. 물질전달계수 h의 온도 의존성은 확산계수의 온도 의존성으로 나타나며 보통 $D \sim T^m (m = 1.5 \sim 2)$의 경향을 보인다. 기상에서 물질의 확산은 열에너지에 의해 활성화되는 과정은 아니며 단지 온도가 높아질수록 분자의 이동이 활발해져 확산계수는 증가하게 된다. 이상기체의 경우는 온도의 1.5승에 비례하며 보통 기체의 경우 1.5~2 정도로 나타난다. 이러한 온도 의존성을 겉보기 활성화에너지로 나타내면 온도에 따라 3~8 kcal/mole 정도로 나타난다.

표면에서의 분해반응이 증착 속도를 결정하는 경우 아래와 같이 정리해 볼 수 있다. 반응기체 A가 계면에서 표면에 흡착되고 흡착된 A가 분해되어 B라는 고체상을 형성하고 반응부산물 C가 표면에서 생성, 탈착되어 기상으로 이동한다고 하면 그 전체 반응은 아래와 같이 나타낼 수 있다.

$$A(g) + * \leftrightarrows A(s) \tag{9.15}$$

$$A(s) \rightarrow B(s) + C(g) \tag{9.16}$$

여기에서 *는 기판의 표면에 비어 있는 흡착점이고 $A(s)$는 흡착점에 흡착된 반응물 A이다. 이때 전체 흡착점 중 A가 흡착된 분율은 θ_A로 나타내며 기상의 농도 $[A]$로부터 아래와 같이 표시된다.

$$\theta_A = \frac{K[A]}{1+K[A]} \tag{9.17}$$

이 식은 기상의 분압과 기판 표면에 흡착된 양과의 관계로부터 유도되는 흡착평형 Langmuir-Hinshelwood 모델에 의한 것이며 K는 흡착과 탈착에 관련된 평형상수이다. 이 식에서 알 수 있는 것은 표면의 흡착점이 일정한 값으로 주어져 있기 때문에 기상의 반응물 농도 $[A]$를 증가시킨다고 해서 표면에 흡착된 반응물의 농도가 단순히 비례하지 않는다는 것이다. 즉 아래와 같은 관계가 성립하여 기상의 농도 $[A]$가 아주 작을 때는 A가 흡착된 표면의 흡착점 수가 기상의 A의 농도에 비례하게 된다. 그러나 $[A]$가 아주 커져 표면의 전체 흡착점이 A로 전부 덮이게 되면 더 이상 흡착이 될 수 없어 표면의 A농도는 일정한 값에 접근하게 된다.

$$\theta_A \approx K[A] \quad [A]\text{가 아주 작을 때}$$
$$\theta_A \approx 1 \quad [A]\text{가 아주 클 때} \tag{9.18}$$

표면반응속도는 식 (9.11)로 나타나는데 실제로 표면에 흡착된 반응물의 농도는 θ_A로 표시되어 아래와 같이 나타낼 수 있다.

$$R_s = k_s\theta_A \quad k_s = k_{so}\exp\left[\frac{-E_a}{RT}\right] \tag{9.19}$$

표면반응에 의해 증착 속도가 정해지는 경우에 반응물의 농도가 낮을 때는 증착 속도가 기상에서의 반응물의 농도에 비례하나 반응물의 농도가 높은 경우는 점점 포화되어 일정한 값에 도달하게 된다. 또한 증착 속도의 온도 의존성은 표면반응의 활성화에너지 E_a로 나타나며 보통 25~100kcal/mole 정도이다. 앞서 그림 9.16에 나타난 바와 같이 낮은 온도에서는 표면반응이 상대적으로 느려 이 단계가 증착 속도를 결정하는 율속단계가 되며 활성화에너지가 커서 증착 속도의 온도 의존성이 크다. 이 영역에서는 유체의 흐름이 미치는 영향이 상대적으로 작다. 온도가 올라가면 표면반응속도가 빨라지면서 기상에서의 물질전달이 증착 속도를 결정하는 율속단계가 되고 상대적으로 온도 의존성이 낮아진다. 반면에 유체의 흐름에 의해 물질 전달속도가 변해 그 영향이 커진다. 증착 속도의 온도 의존성, 유체의 흐름의 영향 등을 제대로 파악하는 것이 화학증착반응기를 설계할 때 중요하다. 이들의 예에 대해서는 실제 응용을 다룰 때 좀 더 자세히 기술하고자 한다.

공정의 결과로 얻어지는 생성물이 고체재료 박막이기 때문에 앞서 기술한 공정과 관련된 측면과 함께 기판 표면에 성장되는 재료의 특성도 중요한 항목이다. 기판 표면에서 결정의 성장은 표면에서 원자의 이동도에 따라 그 특성이 달라지며 이에 가장 큰 영향을 미치는 인자는 기판의 온도이다. 또한 기판 표면에 도달하는 증착종의 플럭스도 중요한 인자 중의 하나이다. 이러한 결정성장 현상은 박막의 결정성, 표면의 거칠기, 그레인의 크기 및 모양 등에 영향을 주며 이러한 사항들은 재료의 전기적, 광학적, 기계적, 기타 여러 물성에 영향을 주게 된다. 표 9.12에는 화학증착공정으로 형성되는 여러 종류의 박막과 관련해 우리가 관심을 갖고 있는 물성을 나타내었다.

표 9.12 화학증착공정에서 만들어지는 다양한 종류의 박막과 관련된 물성들

전자기적 특성	비저항, 전도도, 이동도, 유전율, 밴드갭, 투자율, 열전 특성, 압전 특성 등 (반도체, 절연체, 유전체, 도체 등으로 된 집적회로, 자성체 메모리, 초전도체 디바이스, 센서 등)
광학적 특성	굴절률, 반사율, 투과율, 광전도도, 방사율, 선택흡수도(광섬유, 렌즈, 광필터, 투명전도막, 표시소자, 반도체 레이저, 태양전지, 광변조 소자 등)
기계적 특성	강도, 경도, 인성, 연성, 내마모, 마찰 특성, 접착도(공구, 내열재료, 엔진부품, 연마제, 발열체 등)
화학적 특성	내부식성, 내산화성, 확산방지, 화학 반응성(촉매, 전극, 분리막, 보호막, 생체재료, 센서)

이러한 물성들은 화학증착에 관련된 여러 조업 변수에 따라 영향을 받게 되는데 표 9.13에는 화학증착공정에 의해 만들어지는 박막이나 미립자 등의 물성 및 기능을 결정하는 구조 인자를 크기 규모에 따라 나타내었다.

표 9.13 화학증착공정에 의해 만들어지는 박막이나 미립자 등의 물성 및 기능을 결정하는 구조 인자와 크기 규모

(nm)	
0.1	화학결합 상태(종류, 결합길이, 배위수 등)
1	조성(화학양론식, 불순물, 도판트 농도 등)
10	결정구조(아몰퍼스, 평형상(相), 비평형상, 단결정, 다결정, 결함, 전이 등)
10^2	그레인 크기, 배향성, 이방성
(μm)	
1	막 두께분포(step coverage 포함)
10	조성분포(편석, 공극률 포함)

다층물질 : 형태(복합체, 초격자, 초미립자 분산 매트릭스 등 형상과 사이즈), 계면(부정합, 응력, 조성, 화학결합 등)

증착되는 박막의 형상(morphology)에 중요한 영향을 미치는 변수는 기판의 온도이다. 온도에 따라 표면화학반응속도, 흡착된 화학종의 이동도, 고체상을 형성하는 핵의 생성 및 성장이 영향을 받기 때문이다. 생성되는 박막의 형상을 기판 온도 및 박막재료의 융점의 비 T/T_m에 따라 여러 영역으로 구분해 볼 수 있으며 이에 대한 구조 영역 모델이 그림 9.19에 도시되어 있다. 이러한 모델은 다음 장에 기술할 증발법이나 스퍼터링과 같은 물리적인 증착법에 의해 금속막을 형성하는 경우를 대상으로 하고 있으며 여러 실험적인 관찰과 비교 검토되었다.

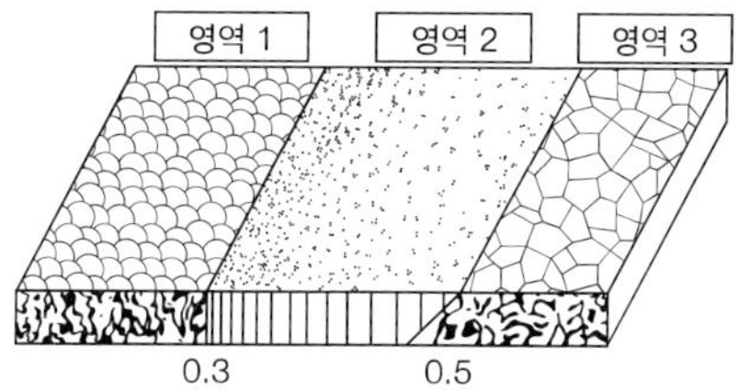

그림 9.19 기판 온도와 융점의 비에 따른 결정성장 형태

영역 1은 $T/T_m < 0.3$인 경우이며 온도가 비교적 낮아 표면에서 핵을 생성하는 종의 이동도가 작기 때문에 기판 표면의 거칠기에 의한 음영효과가 두드러지게 나타나고 흡착된 원자가 이를 넘어 이동하지 못한다. 이 영역에서 형성된 결정은 돔 모양의 볼록한 형상으로 표면이 이루어져 있다. 이러한 돔 모양은 빈 공간이 존재하는 경계로 분리되어 있다. 결정의 내부 구조는 명확하게 구별되어 있지 않은 비정질인 경우가 많으며 높은 밀도의 전위(dislocation)가 형성되어 있다. 결정의 직경은 T/T_m가 증가함에 따라 커지나 그 활성화에너지는 아주 작으며 이는 표면확산이 거의 일어나지 않는다는 것을 나타낸다.

영역 2는 $0.3 < T/T_m < 0.5$에서 나타나며 기둥 모양의 결정으로 이루어져 있다. 이러한 결정 사이는 분명하게 구분되는 비교적 치밀한 경계면으로 분리되어 있다. 또한 표면은 매끄럽고 평활하며 전위(dislocation)는 주로 경계면 부근에 존재한다. 입경의 크기(grain size)는 온도가 높아질수록 증가하여 높은 T/T_m영역에서는 박막의 두께에 접근한다. 그레인 폭의 온도 의존성으로부터 구한 활성화에너지는 표면확산의 활성화에너지와 비슷하게 나타나 이 영역에서는 표면확산이 결정성장에 중요하게 작용하는 것을 알 수 있다.

영역 3은 $0.5 < T/T_m < 1$에서 나타나며 박막이 equiaxed 구조의 그레인으로 이루어지고 매끈한 표면이 형성된다. 입경은 온도에 따라 커지며 그 활성화에너지는 벌크확산에 해당되어 결정구조가 그레인 내에서의 벌크확산에 의해 형성됨을 알 수 있다. 박막의 구조나 물성은 충분히 어닐링된 금속과 유사하게 된다. 이러한 세 가지 영역 이외에 좀 더 높은 온도에서 액체 응축 현상에 의한 영역을 추가하는 경우도 있다.

화학증착의 경우는 화학반응이 관여하기 때문에 위에 제시한 모델보다 좀 더 복잡할 것으로 예상된다. 실제로 CVD에 의한 성장계에서는 반응물에 따라 결정성장 패턴이 달라질 수 있다. 비교적 역반응이 활발한 반응계에서는 특히 전위 같은 결정결함이 있는 부분이나 그레인 경계면이 결정 내부보다는 역반응에 쉽게 참여하여 박막의 결정성이 향상되는 경우도 있다. 또한 반응 부산물이나 기타 흡착된 반응종들이 흡착원자의 이동도에 영향을 주어 결정성장에 불리하게 작용하는 경우도 있다. 이러한 현상은 화학반응에 의한 것으로 물리적인 증착과정과는 다른 측면이라 볼 수 있다. 이러한 영역 모델에서 기판의 거칠기, 기판에 도달하는 반응물의 플럭스, 기판 표면의 오염도, 기타 여러 조업 변수에 따라 영역 간의 경계가 달라질 수도 있으며 성장패턴이 달라질 수도 있다.

9.5 화학증착공정의 응용

표 9.14에는 전자소자의 제조에 있어서 화학증착공정으로 만들어지는 몇몇 소재와 화학전구체, 공정 조건, 응용 등을 요약하였다. 이들은 화학증착공정의 응용에서 일부에 지나지 않으며 더 많은 예들은 다른 책들을 참고하기 바란다. 이 책에서는 반도체 소자를 만드는 몇몇 화학증착공정에 대해 기술하고자 한다.

1) 단결정 규소박막

화학증착공정이 반도체공정에 응용되기 시작한 것은 실리콘 단결정 박막의 화학증착으로부터 시작되었다. n형의 단결정 실리콘 기판에 p형의 단결정박막을 형성하거나 그 반대로 하여 p-n접합을 만드는 공정은 반도체소자의 제조에서 가장 기본적인 공정이었다.

표 9.14 전자소자의 제조에서 화학증착공정으로 만들어지는 소재와 화학전구체, 공정조건, 응용

생성물	반응전구체	증착조건	응용
단결정 실리콘	사일린, 염화사일린	950-1250°C	바이폴라 소자
폴리실리콘	사일린 (수소 또는 질소로 희석)	600-650°C	배선, 전극
비정질 실리콘	사일린 + 수소(플라즈마)	200-300°C	태양전지, 박막트랜지스터
실리콘 산화막	사일린 + 산소	400-450°C	절연막, 유전체막
	사일린 + N_2O (플라즈마)	200-350°C	층간 절연막
실리콘 질화막	사일린 + 암모니아 (플라즈마)	200-350°C	보호막
텅스텐, 실리사이드	WF_6 + H_2 혹은 SiH_4	300-400°C	도체박막
질화타이타늄	$TiCl_4$ + NH_3	400-500°C	확산방지 도체막
갈리움아세나이드	$Ga(CH_3)_3$ + AsH_3	600-800°C	적색 발광다이오드
갈리움나이트라이드	$Ga(CH_3)_3$ + NH_3	1000-1100°C	청색 발광다이오드

실리콘 기판 소재는 앞서 2장에서 설명한 용융 액체로부터의 결정성장에 의해 만들어지며 여기에 기판과 반대의 특성을 갖는 박막을 형성하여 *p-n*접합을 만드는 공정은 화학증착법에 의해 효율적으로 이루어지고 있다. 실리콘의 원료 기체를 공급하며 상대적으로 적은 양의 도판트 기체를 같이 공급하면 화학반응에 의해 도우핑이 된 박막을 효율적으로 만들 수 있는 것이다. 이러한 방법은 기판 표면에 도판트의 농도가 효율적으로 제어된 박막을 입힌 웨이퍼를 만들 때도 쓰인다. 이러한 웨이퍼는 고품위의 전자소자를 만들 때 필요하여 용융 결정성장에 의해 만들어지는 웨이퍼보다 부가가치가 더 높은 웨이퍼이다. 웨이퍼를 만드는 회사는 용융 결정성장에 의한 웨이퍼와 함께 에피 웨이퍼 라인을 추가해 고품위 웨이퍼를 함께 공급하기도 한다. 단결정 기판에 단결정 박막을 입히는 공정을 에피택시(epitaxy)공정이라 하는데 에피택시의 어원은 그리스어로 epi → above, taxis → order를 의미한다. 기판과 박막이 같은 결정일 때는 호모(homo) 에피택시, 다를 때는 헤테로(hetero) 에피택시라 한다. 일례로 단결정 실리콘 웨이퍼에 단결정 실리콘 박막을 증착하는 것은 호모이고 GaAs 박막을 실리콘 웨이퍼에 성장시키는 것은 헤테로이다. 헤테로 에피택시가 훨씬 어려운 기술인데 이는 규칙적으로 쌓여 있는 벽돌담에 같은 크기의 벽돌을 쌓아 나가는 것보다 다른 크기의 벽돌을 쌓는 것이 더 어려운 것과 마찬가지이다. 즉 기판을 이루는 결정과 그 위에 성장시키는 결정의 단위 구조가 서로 다른 크기일 때 단결정을 만들기가 훨씬 어렵다. 이러한 실리콘 에피택시 공정은 바이폴라 소자에서 접합부를 만드는 데 활용되며 앞서 언급했듯이 에피 웨이퍼의 제조에도 쓰인다.

에피택시공정에서는 웨이퍼 표면에 있는 불순물과 자연 산화막을 제거하여 기판 표면에 단결정 구조가 노출되어 있는 상태에서 화학증착공정을 수행하여야 한다. 표면에 단결정구조가 완벽하게 노출되어 있지 않으면 양질의 단결정막을 성장시킬 수 없다. 공기 중에 노출된 웨이퍼 표면은 즉시 다시 산화되어 자연 산화막이 형성되기 때문에 습식법에 의해 세정된 웨이퍼는 화학증착반응기에 장착이 되어 화학증착 직전에 in-situ 세정이 이루어져야 한다. 이 공정은 1,100~1,250°C에서 수소 기체에 1~5%로 희석된 HCl기체를 공급하여 수행한다. 그 화학반응은 아래와 같다.

$$2HCl + Si \longrightarrow SiCl_2 + H_2$$
$$4HCl + Si \longrightarrow SiCl_4 + 2H_2 \qquad (9.20)$$

이 에칭과정은 자연 산화막을 완전히 제거하고 결함이 없는 단결정 표면을 노출시키기 위해 중요하며 분당 0.5~2.0마이크론 정도의 속도로 약 5분간 수행한다. In-situ 산화막 제거공정이 끝나면 그 표면에 바로 단결성 규소 박막의 화학증착을 시작하는데 반응기체로는 SiH_4, SiH_2Cl_2, $SiHCl_3$, $SiCl_4$를 쓸 수 있으며 수소 기체와 함께 공급된다. 염소의 개수가 많은 사일린 기체의 경우 역반응이 활발해 증착 속도가 떨어진다. 이러한 경향은 그림 9.21에 나타나 있다. 역반응이 있는 경우 박막에 형성된 결함이 제거되고 또한 단결정을 키우기 위해 적절한 증착 속도를 유지하기가 쉽기 때문에 현재 SiH_2Cl_2기체가 주로 사용된다.

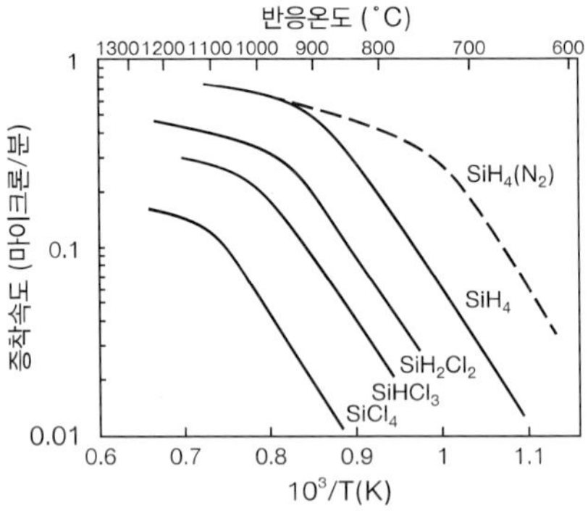

그림 9.20 여러 종류의 사일린을 사용한 경우 온도에 따른 실리콘 박막의 증착 속도
(Phillips Res. Rep., 29, 45, 1974)

SiH_4의 경우 반응성이 높아 기상에서 입자가 생성될 우려가 있고 또한 폭발성이 높으며 증착 속도가 빨라 단결정성장에 불리한 측면도 있다. 대부분의 경우 사일린 기체를 수소 기체에 희석해 공급하며 그림에서 보는 바와 같이 질소 기체에 희석한 경우 증착 속도가 빠르다. 질소기체의 경우는 반응에 참여하지 않으나 수소 기체의 경우는 표면에 흡착되어 흡착점을 소모하므로 사일린 기체가 흡착할 자리를 줄여주어 증착 속도를 낮추게 된다.

반면에 사염화규소($SiCl_4$)를 사용하는 경우 염소에 의한 역반응, 즉 표면에서 규소가 에칭되므로 증착속도는 가장 낮아진다. 그림 9.21에는 사염화규소와 수소 혼합기체를 이용해 실리콘 박막을 증착할 때 혼합기체에서 사염화규소의 분율에 따라 나타나는 증착속도를 보여주고 있다. 이 공정은 1960년대 초기 반도체 소자를 만들 때 화학증착을 응용한 첫 번째 예이다. 이 반응은 가역반응이며 혼합기체에서 사염화규소의 농도가 12% 정도에서 최대 증착속도가 얻어지고 약 27% 이상에서는 오히려 고체표면의 규소가 기상으로 에칭이 되는 현상이 관찰된다. 실제 응용에서는 1% 정도의 사염화규소 분율에서 분당 1마이크론 정도의 증착속도로 조업한다. 증착속도가 높은 영역에서는 다결정 규소가 증착되며 단결정을 성장시키기 위해서는 적절한 수준으로 증착속도를 낮출 필요가 있다. 이 공정은 증착온도가 높고 증착속도는 낮으며 또한 부식이 심한 염화수소 기체의 발생이 문제가 된다. 사염화규소의 이러한 단점과 앞서 언급한 SiH_4 기체의 단점 때문에 현재에는 SiH_2Cl_2 기체가 주로 쓰인다.

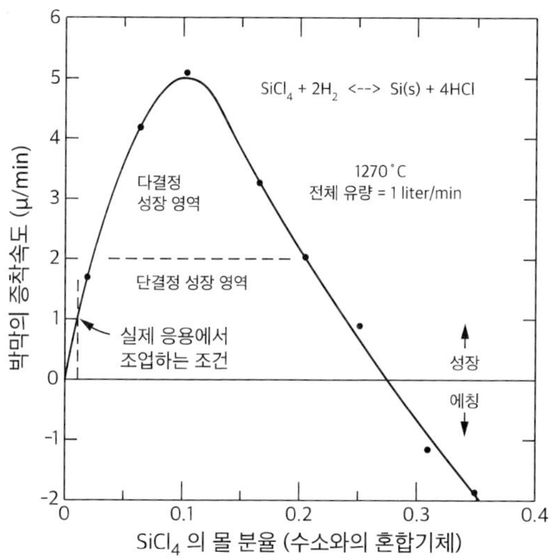

그림 9.21 사염화규소와 수소 혼합기체를 이용해 실리콘 박막을 증착할 때 혼합기체에서 사염화규소의 분율에 따라 나타나는 증착속도 (J. Electrochem. Soc., 108, 649, 1961)

그림 9.22에는 실리콘 에피택시공정에서 웨이퍼 표면에 흡착된 실리콘 화학종과 도판트의 화학종이 격자점을 찾아가 결정이 형성되는 기본 개념도가 나타나 있다. 또한 에피택시공정에 의해 p형의 웨이퍼에 n형의 박막을 증착 형성된 p-n접합부의 단면도가 나타나 있다. 또 한편으로는 p형의 웨이퍼에 p의 박막을 혹은 n형의 웨이퍼에 n형의 박막을 증착하여 도판트의 농도 분포를 조절한 p형 혹은 n형 웨이퍼를 만들 수 있다.

n형의 도판트 기체로는 AsH_3, PH_3 등의 기체가 쓰이나 p형의 도판트 기체로는 B_2H_6가 쓰인다. 도판트의 농도는 고체 단위 부피당 실리콘 원자의 개수에 비해 ppm(parts per million) 정도이므로 도판트 기체의 주입양도 이 정도 수준이나. 도판드 기체는 수소 기체에 20~200 ppm 정도로 희석되어 반응기에 공급되는데 실리콘 원료 기체와 섞여 반응기 내에 도판트 기체의 농도는 ppb(parts per billion) 정도가 된다. 이들이 분해, 결정에 함입되는 화학반응은 아래와 같이 생각해 볼 수 있다.

$$
\begin{aligned}
2AsH_3 &\longrightarrow 2As + 3H_2 \\
2PH_3 &\longrightarrow 2P + 3H_2 \\
B_2H_6 &\longrightarrow 2B + 3H_2 \qquad (9.21)
\end{aligned}
$$

이들 도판트 기체도 폭발성이 있고 또한 독성이 높기 때문에 기체 용기는 폭발성이 있는 사일린 기체와 함께 가스 캐비넷에 안전하게 보관하고 배관도 새는 곳이 없이 철저히 해야 하며 센서와 경보 시스템을 완벽히 갖추어야 한다. 또한 반응기 바깥으로 배출되는 미반응 반응기체의 처리에도 관심을 기울여야 한다. 배출되는 기체는 연소해 제거하든지 흡착칼럼 등을 이용해 제거하기도 한다. 경우에 따라서는 각 도판트의 염화물을 쓸 수도 있으나 이들은 액체여서 정확한 양을 공급하는 데 어려움이 있다. 실리콘 박막에 포함된 도판트의 농도는 10^{14}~10^{17} atoms/cm^3(실리콘은 5.0×10^{22} atoms/cm^3) 정도이며 이들의 위치에 따른 균일도는 10% 이내, 박막 두께의 균일도는 웨이퍼 안에서뿐만 아니라 웨이퍼와 웨이퍼 사이에서도 5% 이내로 제어되어야 한다.

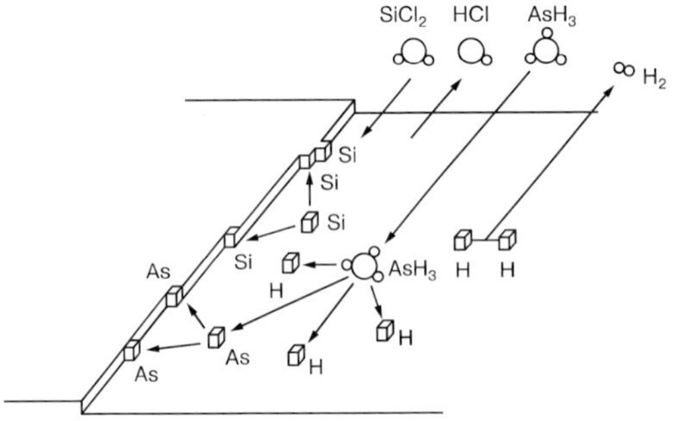

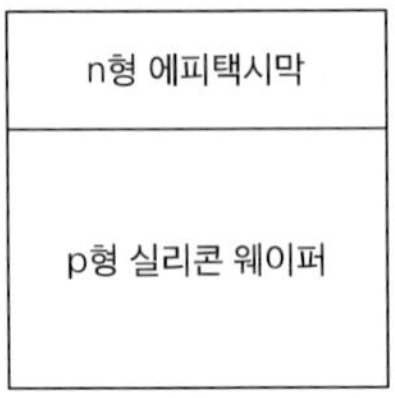

그림 9.22 실리콘 에피택시공정에서 (a) 웨이퍼 표면에 흡착된 실리콘 화학종과 도판트의 화학종이 격자점을 찾아가 결정이 형성되는 기본 개념도, 그리고 (b) 에피택시공정에 의해 형성되는 p–n 접합부

단결정 박막의 경우는 박막을 형성하는 흡착종이 충분한 이동도를 가져 결정 격자점에 도달하여 층상 형태로 성장해야 한다. 이를 위해서는 증착 온도가 상대적으로 높다. 즉 그림 9.20에 나타난 고온영역에서 증착을 하게 되며 이에 따라 물질이동이 증착 속도를 결정하는 겉보기 활성화에너지가 상대적으로 작은 영역에서 증착을 하게 된다. 이 경우 증착 속도는 앞서 식 (9.9)에 나타난 바에 의해 플럭스 J로 표시된다.

$$J = D\frac{(C_g - C_s)}{\delta} \tag{9.22}$$

여기에서 경계층의 두께 δ는 식 (9.14)에 나타난 바와 같이 입구 쪽에서 출구 쪽으로 가면서 두꺼워져 반응물의 플럭스도 작아지고 증착 속도도 낮아지게 된다. 이 경우 그림 9.18에 나타난 바와 같이 서셉터에 경사를 주어 증착 속도의 균일도를 높이게 된다. 실리콘 에피택시 반응기는 그림 9.2(b)에 나타난 램프 가열형 배럴 반응기가 많이 쓰인다. 이 반응기의 서셉터는 6각형 형태로 흑연으로 만들어져 있고 탄소에 의한 오염을 막기 위해 탄화규소 박막을 코팅한 형태이다. 반응기의 크기는 커져서 6각형의 각 면에 3~4개의 웨이퍼를 올려 놓을 수 있는 홈이 파여 있고 서셉터 전체는 증착 속도를 균일하게 유지하기 위해 회전이 된다. 또한 서셉터에 기울기가 있어 아래로 갈수록 유속이 빨라진다.

에피택시공정에서 기판의 도판트가 기상으로 증발하여 박막에 유입되는(auto-doping) 현상이나 증착 공정 수행 중 기판의 도판트가 증착되는 박막으로 확산되는 현상(solid state diffusion) 등이 문제가 된다. 이러한 문제들은 아주 경계면이 뚜렷한 나노미터 규모의 소자를 만드는 데 장애가 되기 때문에 에피택시공정의 온도를 낮추려는 노력이 진행되었다. 반응기의 압력을 낮추거나 플라즈마를 활용하여 열에너지를 일부 대체하는 방법이 고려되었다.

그림 9.23에는 실리콘 박막의 경우 기판 온도와 증착 속도에 따라 형성되는 모폴로지가 나타나 있다. 그림에서 보는 바와 같이 생성되는 박막의 모폴로지에 영향을 미치는 중요한 인자는 기판 온도와 박막의 성장 속도이다. 박막의 성장 속도가 높고 기판 온도가 낮은 영역에서는 다결정 실리콘이 성장하게 되며 반대로 성장 속도가 낮고 온도가 높은 영역에서는 단결정이 성장하게 된다. 기상으로부터의 반응물의 플럭스가 높아 표면성장이 빠르게 되면 상대적으로 흡착종이 결정의 격자점을 찾아 이동할 시간이 짧아지게 되며 표면의 여러 곳에서 고체핵이 생성되어 자라면서 원자의 배열이 다른 그레인들이 성장하여 다결정 구조가 된다.

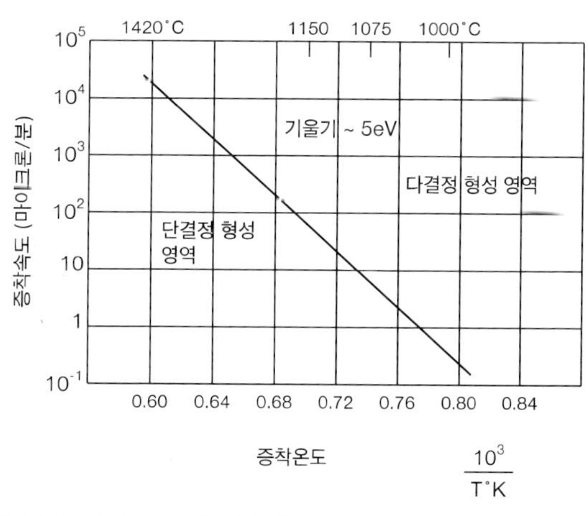

그림 9.23 실리콘 박막의 성장 속도와 기판 온도에 따라 형성되는 모폴로지. 증착 속도와 온도가 아레니우스 관계식으로 도시되어 있음

또한 기판의 온도가 낮으면 흡착종의 이동도가 떨어져 박막 형성 종들이 격자점을 찾아 이동하는 활성도가 떨어져 단결정 성장에 불리하게 된다. 그림에서 증착 속도는 로그 스케일, 온도는 역수로 표시된 아레니우스 관계식으로 나타나 있는데 두 영역을 가르는 직선은 기울기가 5eV 정도로 결정 내에서 실리콘 원자의 확산에 관련된 활성화 에너지와 비슷한 값이다. 이상의 결과로부터 증착 속도를 낮추고 온도를 올리는 것이 단결정 성장에 유리하다는 것을 알 수 있으며 증착 공정을 저압으로 유지하여 증착속도를 낮추면 비교적 저온에서도 에피택시공정이 가능하다.

2) 다결정 규소 박막

단결정 실리콘 박막에 이어 다결정실리콘 박막도 화학증착법으로 증착되며 집적회로제조에서 고온의 제조공정에서 견딜 수 있는 도체 박막으로 활용되고 있다. 반도체공정에서 알루미늄 배선이 형성되기 이전의 공정을 전공정(front end of the line: FEOL), 그 이후를 후공정(back end of the line: BEOL)이라 하는데 후공정에서는 형성된 알루미늄 박막 배선의 변형을 막기 위해 공정 온도가 450°C 이하로 제한된다. 첫 번째 층의 배선이나 게이트 전극, 그리고 실리콘 정크션에 접합으로 쓰이는 도체 물질로 높은 온도에서 견딜 수 있는 금속 배선이 필요한데, 여기에는 도판트의 농도를 높인 폴리실리콘 박막이 활용되며 화학증착법으로 만들어진다. 이러한 폴리실리콘 박막은 그 저항이 $500\mu\Omega\cdot cm$로 나타나 금속재료보다는 전도도가 떨어지나 실리콘 산화막에 접착력이 좋아 소자에서는 고온 안정성이 뛰어난 도체 박막으로 중요하게 활용된다. 상업적인 공정은 아래와 같은 화학반응을 이용한다.

$$SiH_4 \longrightarrow Si(s) + 2H_2 \qquad (9.23)$$

반응기의 압력은 0.1~1.0 torr, 반응 온도는 575~650°C, 그리고 증착 속도가 높은 SiH_4을 질소 기체에 20~30% 정도 희석하여 반응기체로 공급한다. 반응기의 크기에 따라 10~200장의 웨이퍼를 동시에 처리하며 박막 두께의 균일도는 ±5%, 증착 속도는 100~200 Å/min 정도이다. 그림 9.20에서 보는 바와 같이 이 온도 영역에서는 표면에서의 화학반응이 증착 속도를 결정하게 된다. 이에 따라 활성화에너지가 40 kcal/mole (1.7eV) 정도로 높고 증착 속도가 기판 온도에 좀 더 민감하게 의존하게 되어 기판 온도의 정확한 제어가 단결정 실리콘의 화학증착에서보다 더욱 중요하다. 유체의 흐름 분포는 단결정 실리콘의 화학증착에서보다 증착 속도에 미치는 영향이 작으므로 웨이퍼는 수직으로 여러 장을 장입할 수 있다. 이에 따라

그림 9.2에 나타난 반응 시스템 중에 온벽반응기인 (d)가 활용되며 반응기 전체가 전기로 안에서 가열이 되어 기판의 온도가 균일하게 유지된다. 수소 기체에 희석시키는 것보다 질소 기체를 이용하는 것이 증착 속도가 높은데 이는 식 (9.23)에서 보는 바와 같이 표면반응에 의해 수소가 발생하고 또한 수소 원자가 흡착점을 차지하는데 비하여 질소기체는 반응에 참여하지 않기 때문이다. 이 반응 시스템에서도 반응기 입구에서 출구로 갈수록 반응기체의 농도가 떨어져 증착 속도가 감소하게 되는데 이러한 영향은 반응기 내의 온도 분포를 조절하여 극복할 수 있다. 다량의 웨이퍼를 처리하는 상업적 반응기는 석영관으로 만들어져 그 길이가 긴 편인데 전기로 가열장치를 세 개의 영역으로 나누어 각 영역마다 정밀하게 온도를 제어한다. 일례로 반응기 입구는 628°C, 중심부는 625°C 출구 부분은 633°C로 제어하여 입구 쪽에서는 상온으로 주입되는 반응기체 혼합물에 의한 냉각 효과를 상쇄하고 출구 쪽에서는 온도를 높여 표면반응속도를 촉진시킴으로써 반응기체의 농도가 줄어드는 효과를 상쇄시킨다. 표면반응속도가 증착 속도를 결정하는 율속단계에서는 기판 표면의 온도 제어가 아주 중요하며 또한 이들을 적절히 제어하여 큰 반응기에서도 박막 두께의 균일도를 정밀하게 제어할 수 있다. 감압반응기를 활용하는 것은 반응물의 확산 속도를 빠르게 하고 불순물의 혼입을 줄여주는 효과가 있다. 반응 온도가 650°C보다 높게 되면 반응성이 높은 사일린으로부터 기상에서 입자가 생길 가능성이 있으며 이 경우는 박막의 물성이 나빠지고 두께의 균일성도 떨어지게 된다. 575°C 이하에서는 반응속도가 느려지고 박막의 결정성이 떨어져 비정질 박막이 형성되기 쉽다. 반응기 전체가 일정한 온도로 유지되는 온벽반응기로 반응기 벽의 온도도 웨이퍼와 같이 유지되기 때문에 석영관 안벽에도 박막이 증착된다. 이것이 심해지면 반응기 벽에서 고체상이 떨어져 나와 증착공정과 박막의 물성에 영향을 주기 때문에 주기적으로 석영반응관은 세척을 하여 증착된 박막을 제거해 주어야 한다. 단결정 박막의 증착과는 달리 다결정 실리콘 증착에 있어서는 자연 산화막이 큰 영향을 주지 않기 때문에 굳이 제거할 필요는 없다. 성장하는 실리콘 박막은 초기에 표면 핵생성을 거쳐 기둥 모양의 그레인으로 성장하는데 그레인의 크기는 온도에 따라 0.03-0.3 마이크론으로 나타난다.

그림 9.24에는 반응기체 혼합물에서 사일린 분압에 따른 박막의 증착 속도가 나타나 있다. 사일린 기체의 분압이 낮을 때는 분압이 증가하면서 증착 속도가 비례해 증가하나 분압이 높을 때는 속도의 증가가 느려지며 일정한 값에 도달하는 것을 알 수 있다. 앞서 식 (9.17)에 나타난 바와 같이 이러한 경향은 표면 반응 속도에 의해 증착 속도가 결정되는 경우 나타난다. 즉 기상에서 반응물의 농도가 증가하면 표면에 흡착된 반응물의 농도도 따라서 증가하다가 표면의 흡착점이 포화되면 더 이상 증가하지 않기 때문이다.

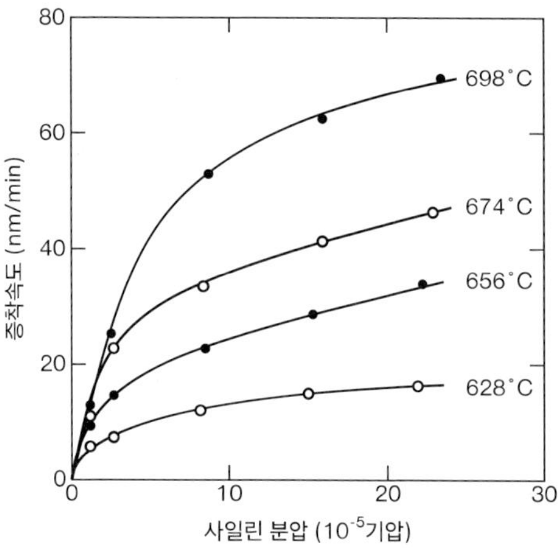

그림 9.24 다결정 실리콘 박막의 화학증착에서 사일린 분압과 증착 온도에 따른 박막의 증착 속도 (J. Cryst. Growth, 54, 310, 1981)

또한 표면반응에 의해 증착 속도가 결정되는 경우는 기판 온도에 따라 증착 속도가 민감하게 변하는 것을 알 수 있다. 다결정 실리콘 박막은 도체로 활용되기 때문에 높은 농도로 도우핑을 할 필요가 있으며 앞서 에피택시공정처럼 화학증착공정을 수행하며 도판트 기체를 함께 주입하여 박막에 유입되게 하는 것이 가장 편한 방법이다. 그러나 도판트에 따라서는 촉매작용을 하면서 박막의 증착 속도를 현저하게 감소시켜 증착 후에 이온주입이나 확산공정을 활용할 수 밖에 없는 경우도 있다. 그림 9.25는 다결정 실리콘의 화학증착 공정에서 도판트 기체와 사일린 기체의 몰비에 따른 박막의 증착 속도를 보여주고 있다. 그림에 나타난 바와

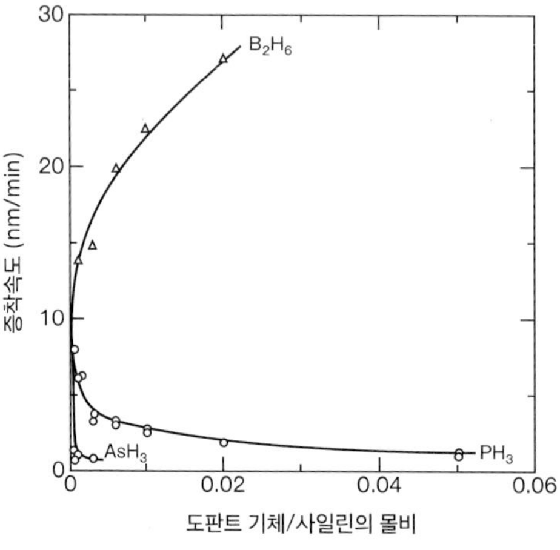

그림 9.25 다결정 실리콘의 화학증착 공정에서 도판트 기체와 사일린 기체의 몰비에 따른 박막의 증착 속도 (J. Electrochem. Soc., 120, 106, 1973)

같이 보론 도우핑의 경우는 다이보레인 기체가 증착 속도를 현저하게 증가시키는 반면 As나 P를 도우핑하기 위한 도판트 기체는 증착 속도를 현저하게 떨어뜨리는 것을 알 수 있다.

즉 다이보레인은 사일린 표면 분해반응을 촉진하는 촉매로 작용하나 아신이나 포스핀은 분해반응을 억제하는 촉매독으로 작용하는 것을 알 수 있다. 이에 따라 화학증착 공정을 수행하며 보론의 도우핑은 가능하나 아스닉이나 인의 도우핑은 증착 속도의 저하로 불가능하여 박막을 증착한 후 이온주입을 하거나 확산공정을 이용하게 된다. 확산공정이나 이온주입 후 어닐링공정에서 그레인의 크기는 1~3마이크론으로 커질 수 있으며 그레인의 크기와 그레인의 경계면은 다결정 실리콘 박막의 물성에 영향을 주게 된다. 특히 그레인 경계면은 결함이 밀집된 영역으로 전하의 이동도를 저하시키고 트랩으로 작용하면서 전하의 농도를 낮추기도 한다. 일반적으로 단결정에서 전자의 이동도가 1,400 $cm^2/V{\cdot}s$인 반면에 비정질 실리콘의 경우 1 $cm^2/V{\cdot}s$이고 다결정의 경우는 10~100 $cm^2/V{\cdot}s$ 정도로 나타난다. 다결정 실리콘의 밀도는 2.3 g/cm^3 정도로 2.33 g/cm^3인 단결정 실리콘보다 낮게 나타나며 열팽창계수도 2 ppm/°C 정도로 2.6 ppm/°C인 단결정보다 낮게 나타난다.

디스플레이의 박막트랜지스터나 태양전지의 활성층으로 활용되는 수소화된 비정질 실리콘 박막은 식 (9.4)에 나타난 플라즈마 화학증착공정을 활용하며 사일린을 원료로 하여 수소가 주입되어 박막 내에 실리콘의 미결합 가지를 없애주게 된다. 또한 도우핑을 위해 앞서 단결정이나 다결정 박막에서 활용한 도판트 기체를 같이 도입하여 증착을 하게 된다. 표 9.14에 나타난 바와 같이 증착 온도는 200~300°C 정도이며 길이와 폭이 2미터가 넘는 대형의 얇은 유리기판에 증착을 해야 하므로 대형의 플라즈마 화학증착반응기가 활용된다. 이 화학증착공정은 가종 평판디스플레이나 대형 TV의 제조에, 그리고 박막형 태양전지의 제조에 응용되는 중요한 공정이다. 상세한 내용은 지면 관계로 생략을 하니 다른 문헌을 참고하기 바란다.

3) 산화규소박막

실리콘 산화막은 앞서 산화공정에서 언급했듯이 집적회로에서 여러 부분에 활용된다. 실제로 실리콘 표면에 산화막을 입히는 경우는 산화공정을 이용해 실리콘을 산화시켜 만들 수 있다. 반면에 금속 배선 사이에 삽입, 층간 절연막으로 쓰이는 산화막은 화학증착법으로 증착하게 되며 반응기체로 실리콘의 원료와 산화제를 공급하게 된다. 표 9.15에는 집적회로의 제조에 활용되는 여러 산화막의 화학증착공정과 이들로부터 만들어지는 박막의 물성을 요약하였다. 산화막의 증착공정은 그 증착 온도에 따라 LTO(low temperature oxide), MTO(medium temperature oxide), HTO(high temperature oxide)로 나누어 볼 수 있다. 먼저 플라즈마 화학증착공정은 증착 온도가 200~350°C 정도로 LTO에 해당하며 주로 SiH_4 + N_2O 반응 기체를 아르곤에 희석하여 활용한다. 그 화학반응식은 아래와 같다.

$$SiH_4 + 4N_2O \longrightarrow SiO_2 + 4N_2 + 2H_2O \tag{9.24}$$

플라즈마를 이용 열에너지를 대체하여 저온에서도 증착이 가능하나 그 물성은 상대적으로 높은 온도에서 증착하는 산화막보다 떨어진다. 특히 산화공정에서 발생하는 물이 충분히 증발하지 못해 막에 -OH가 포함되고 산소의 함량도 당량비인 2에 못 미쳐 절연특성이 상대적으로 떨어지고 이에 따라 항복전계도 낮다. 일반적으로 Si-OH는 1~4% 정도, Si-H는 0.5 wt% 정도 산화막에 포함될 수 있다. 이 경우 산화막의 치밀도가 떨어져 불산 버퍼 용액에서의 식각 속도가 빠르다. 그럼에도 불구하고 저온 증착이라는 장점 때문에 이 공정은 특히 융점이 낮은 알루미늄 배선 위에 절연막을 증착하는 공정으로 적합하다.

표 9.15 집적회로의 제조에 활용되는 여러 산화막의 화학증착공정과 이들로부터 만들어지는 박막의 물성

증착공정	플라즈마	SiH_4+O_2	TEOS	$SiCl_2H_2$+N_2O
증착 온도(°C)	200	450	700	900
조성	$SiO_{1.9}$(H)	SiO_2(H)	SiO_2	SiO_2(Cl)
층덮힘	불량	불량	우수	우수
열정 안정성	수소 방출	밀도 증가	안정함	염소 탈착
밀도(g/cm^3)	2.0	2.1	2.2	2.2
굴절률	1.47	1.44	1.46	1.46
스트레스 (10^9dyn/cm^2)	3C-3T	3T	1C	3C
항복전계 10^6V/cm	3-6	8	10	10
식각 속도(Å/min) (100:1 H_2O:HF)	400	60	30	30

T: tensile, C: compressive

MTO공정은 증착 온도가 400~450°C 정도로 LTO보다는 높아 좀 더 우수한 물성의 산화막을 얻을 수 있다. 주로 사일린과 산소를 이용한 열화학증착공정이 쓰이며 그 화학반응은 아래와 같다. 이 공정은 그림 9.2(d)에 나타난 멀티웨이퍼 반응 시스템에서 수행한다.

$$SiH_4 + O_2 \longrightarrow SiO_2 + 2H_2 \tag{9.25}$$

이 증착공정에서는 표면에서 일부 수소가 산화되어 물이 생성되는 것으로 밝혀졌다.

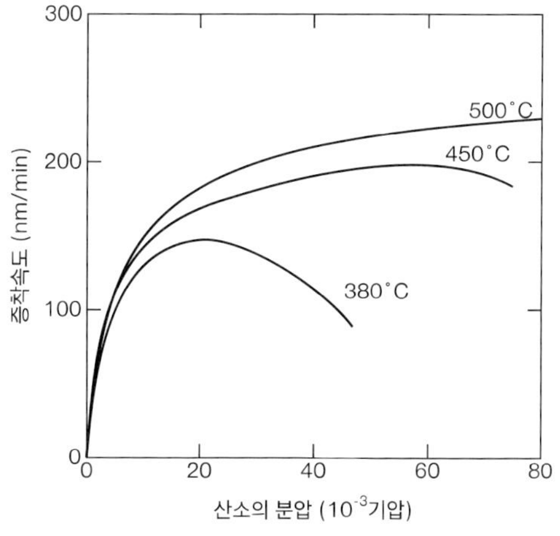

그림 9.26 SiH_4+O_2를 이용한 산화막 화학증착에서 반응기 내의 산소분압에 따른 산화막의 증착 속도 (J. Appl. Phys., 52, 6651, 1981)

그림 9.26에 반응기 내의 산소 분압에 따른 산화막의 증착 속도가 몇몇 온도에 대해 도시되어 있다. 산소의 분압이 증가하면서 산화막의 증착 속도도 따라서 증가하나 어느 정도 이상에서는 기상에서 분말이 생성되거나 사일린 반응기체가 희석이 되면서 증착 속도가 떨어진다. 증착 속도가 떨어지는 영역에서 증착된 박막은 물성도 나쁘며 사일린 반응기체에 대해 산소의 최적값이 있음을 알 수 있다. 충분히 증착 온도가 높지 않으면 일부 Si-H나 Si-OH 결합이 산화막에 포함이 된다. 어닐링을 하는 경우 이들이 제거되며 밀도가 높아지므로 고온 산화막보다는 안정성이 떨어진다고 볼 수 있다. 그림 9.27에는 여러 산화막 증착공정에서

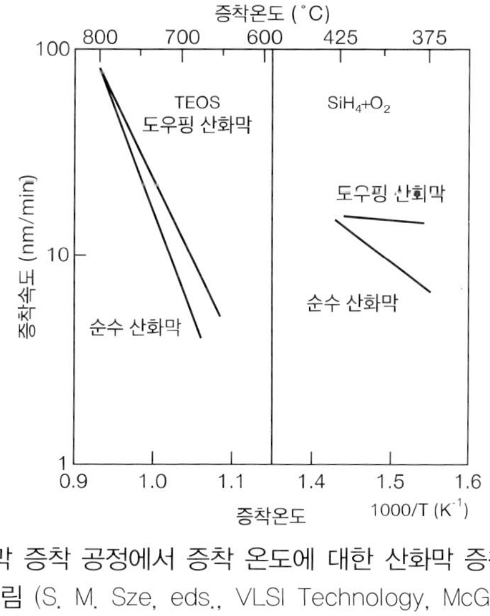

그림 9.27 여러 산화막 증착 공정에서 증착 온도에 대한 산화막 증착 속도를 아에니우스 식에 의해 도시한 그림 (S. M. Sze, eds., VLSI Technology, McGraw-Hill, p110, 1983)

증착 온도에 대한 산화막 증착 속도를 아에니우스 식에 의해 도시하였다. SiH_4+O_2 반응 시스템에 의한 산화공정에서 겉보기 활성화에너지는 10kcal/mole 이하로 낮아 기상에서 반응기체의 이동이 증착 속도를 결정하는 것으로 나타나며 이 경우 박막의 층덮힘이 불량하다.

MTO 산화막의 절연특성은 LTO보다는 우수하여 항복전압이 비교적 높은 것을 알 수 있다. 산화막의 흐름(reflow, 고온에서 가열할 때 중력에 의해 흐르는 현상으로 구조의 평탄화에 이용) 온도를 낮추고 박막에 쌓이는 스트레스를 줄여 이로 인한 크랙을 방지하기 위해 때로는 산화막에 보론(borosilicate glass, BSG)이나 인(phosphorsilicate glass, PSG) 또는 두 성분을 동시에(borophosphorsilicate glass, BPSG) 도우핑하게 되는데 이때는 산화막을 증착할 때 도우핑 기체를 같이 도입하여 증착을 하게 된다. 이러한 도우핑 산화막은 또한 소디움 이온의 침투를 막는데 효과적이다. 사일린이 산소와 반응하여 산화물이 증착되는 반응과 함께 일어나는 화학반응은 아래와 같다.

$$4PH_3 + 5O_2 \longrightarrow 2P_2O_5 + 6H_2$$
$$2B_2H_6 + 3O_2 \longrightarrow 2B_2O_3 + 6H_2 \qquad (9.26)$$

이 두 기체는 가연성이 있고 또한 독성이 있기 때문에 여러 액상 전구체도 활용이 되는데 그 예로 trimethyl phosphate(TMP-ate, $(CH_3O)_3PO$), trimethyl phosphite(TMP-ite, $(CH_3O)_3P$), trimethyl borate(TMB, $(CH_3O)_3B$) 등이 있으며 버블러를 통해 산화막증착 반응기에 도입하여 증착공정에서 산화막에 포함되게 한다. 이외에도 MTO공정으로 TEOS $+O_3$ 공정이 있으며 그 증착 화학반응은 아래와 같다.

$$Si(OC_2H_5)_4 + O_3 \longrightarrow SiO_2 + \text{byproduct} \ (400°C) \qquad (9.27)$$

TEOS(tetraethyl orthosilicate, 혹은 tetraethoxy silicate)는 실리콘의 알콕사이드 화합물로 안정한 액체이며 독성이 없어 실제 산화막 증착에 상업적으로 유용하게 쓰이고 있다. 이때 TEOS는 버블러를 통해 공급하거나 일정량의 액체 주입 펌프와 기화기를 통해 공급한다. 산화력이 강한 오존을 써서 MTO공정이 가능하며 때로는 플라즈마 화학증착을 하기도 한다. 특히 식 (9.25)에 의한 사일린 산화막 공정이 층덮힘이 우수하지 않고 또한 기상에서 산화물 입자가 생성되기 쉽기 때문에 경우에 따라서는 식 (9.27)에 의한 산화막공정이 선호된다. TEOS는 분자 자체가 산소를 포함하고 있어 고온에서의 열분해에 의해 산화막을 증착할 수 있다. 표 9.14에 보는 바와 같이 HTO에 응용되며 그 화학반응은 아래와 같다.

$$Si(OC_2H_5)_4 \longrightarrow SiO_2 + \text{byproduct} \quad (650 - 750°C) \qquad (9.28)$$

그림 9.27에 보는 바와 같이 TEOS를 이용한 열화학증착공정은 그 활성화에너지가 45 kcal/mole 정도로 커서 표면화학반응에 의해 증착 속도가 결정된다.

이 경우 층덮힘이 우수해 깊숙한 트렌치에 균일한 막을 증착시키고자 할 때 활용한다.

염화사일린을 이용한 고온 산화막 저압 화학증착공정도 HTO에 응용되며 그 화학반응은 아래와 같다.

$$SiCl_2H_2 + 2N_2O \longrightarrow SiO_2 + 2N_2 + 2HCl \ (900°C) \qquad (9.29)$$

이 화학증착공정에서는 일부 염소가 박막에 유입될 수 있으며 이에 따라 산화막의 기판표면에 대한 접합도가 떨어질 수 있다.

그림 9.28에는 트렌치 구조에 박막을 증착할 때 얻어지는 층덮힘에 대한 개념도가 나타나 있다. 트렌치의 aspect ratio(AR)는 d/w로 정의되며 이 값이 클수록 입구의 크기에 비해 깊이가 커서 트렌치 내에 균일한 박막을 증착하기가 어려워진다. 층덮힘은 트랜치 바닥에 증착된 박막의 두께와 트렌치 위 기판 표면에 증착된 박막의 두께 비로 나타내며 이 값이 1에 가까울수록 층덮힘이 우수하다. 경우에 따라서는 트렌지 내 d/2 위치에서 측벽에 증착된 박막의 두께와 트렌치 위 기판 표면에 증착된 박막의 두께 비로 나타내기도 한다.

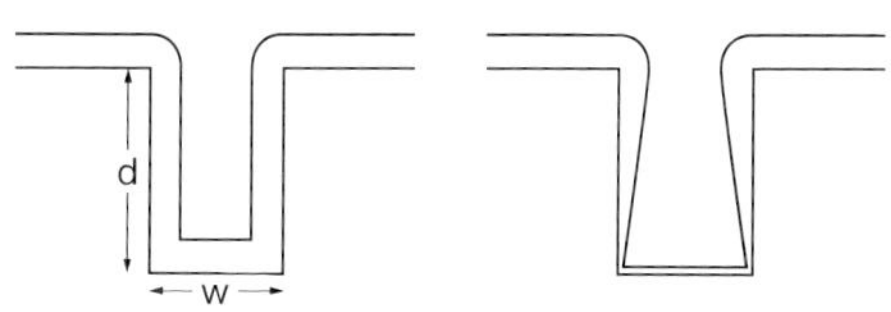

그림 9.28 트렌치 구조에 박막을 증착할 때 얻어지는 층덮힘(step coverage)의 개념도

층덮힘이 불량하게 되면 트렌치가 채워지기 전에 입구가 막혀 트렌치 내에 빈 공간이 생기게 되며 소자가 제대로 작동하지 못하는 원인이 된다. 일반적으로 다음 장에 기술할 물리증착법이 층덮힘이 좋지 못해 나노패턴에 증착하는 경우 화학증착공정이 선호된다. 화학증착공정에서는 화학분자가 표면에 충돌하는 횟수에 비해 흡착이 되는 비율(sticking coefficient)이 낮고 또한 흡착된 분자가 고체상을 형성하기 전에 표면에서 확산 이동하는 시간이 비교적 길어 좋은 층덮힘을 얻기에 유리하다. 같은 화학증착공정에서도 표면에서의 화학반응이 율속단계인 경우 층덮힘이 우수하다. 이러한 면에서 볼 때 TEOS를 이용한 HTO공정이 가장 우

수한 층덮힘을 보인다. 전자소자를 만들 때 실리콘 웨이퍼 표면에 형성된 깊은 트렌치에 산화막을 균일하게 증착하고 여기에 다시 도우핑이 많이 된 폴리실리콘을 전극으로 채워 넣어 전극 사이에 유전체가 삽입된 캐패시터를 만들게 되는데 이때 층덮힘이 우수한 화학증착공정이 요구된다. HTO공정은 또한 폴리실리콘 배선공정 이후 절연막 증착에 활용되며 이후 850~900°C의 온도에서 reflow공정을 통해 산화막을 평탄화하게 된다. 이때 phosphorous가 6~8 wt% 정도 도우핑된 PSG 산화막이나 3.4 wt% B와 4.5 wt% P가 도우핑된 BPSG 산화막을 활용한다. 고온에서 증착된 산화막은 가장 안정하고 물성이 우수하며 절연특성도 가장 우수한 편이다. 반면에 HTO공정은 알루미늄 배선 후 절연막 증착공정으로 활용하기에는 온도가 너무 높아 쓰일 수 없으며 LTO나 MTO공정을 활용해야 한다. 또 한편으로는 분해 온도가 450~600°C로 TEOS보다 낮은 DADBS(diacetoxy ditertiary butoxy silane, $(CH_3COO)_2Si(OC(CH_3)_3)_2$)를 활용하면 좀 더 낮은 온도에서 증착을 할 수 있으며 좀 더 우수한 층덮힘을 얻을 수 있다. 이상과 같은 예는 화학증착공정에서 반응 원료인 화학전구체의 반응특성이 공정의 특성과 성패를 좌우하는 중요한 사항임을 확인시켜주고 있다. 산화막의 굴절률 n은 1.458 정도로 나타나는데 n이 1.46보다 클 때는 실리콘 함량이 많은 경우이며 굴절률이 낮을 때는 박막에 기공이 있는 경우가 많다. SiH_4+O_2로 증착되는 MTO의 경우 굴절률이 1.44정도로 나타난다. 박막의 두께는 ellipsometry 혹은 prism coupler를 이용하거나 reflectance spectroscopy, alpha stepper(stylus) 등을 이용하여 측정한다.

4) 질화규소박막

집적회로의 제조에 활용되는 또 하나의 중요한 화학증착공정은 플라즈마를 이용한 실리콘 질화막 증착공정이다. 그 화학반응은 아래와 같다.

$$SiH_4 + NH_3 \longrightarrow SiNH + 3H_2 \quad 250-300°C,\ 200A/min \tag{9.30}$$

이렇게 저온에서 증착되는 플라즈마 화학증착 질화막에는 공정 조건에 따라 10~35 at%의 수소가 포함되며 20~25 at% 정도는 Si-H로 6 at% 정도는 N-H로 포함된다. 그리고 박막의 실리콘과 질소 함량비 Si/N는 0.7~1.7정도로 나타난다. 앞서 언급한 산화막보다는 그 조성이 조건에 따라 넓게 변해 물성도 따라서 넓게 변한다. 이러한 질화규소막은 수분이나 금속 성분의 확산을 차단하는 데 효율적이기 때문에 소자 제조의 마지막 단계에서 보호막으로 활용된다. 소자 위에 전면 증착이 되고 최종 금속 와이어 배선을 위한 개구부를 에칭하여 외부와 연결한다. 소자 제조의 마지막 단계에서는 소자 내부에 형성된 알루미늄 금속 배선 및 기타 소자 구조의 변형을 막기 위해 플라즈마를 이용한 저온 화학증착을 하게 된다. 증착 조건 및 조성에 따라 질화막의 굴절률은 1.8~2.6 정도로 나타나며 저항은 10^{15}~10^{21} Ω-cm이고 항복전계는 10^6~10^7V/cm 정도이다. 실리콘 함량이 높은 박막은 굴절률이 높고 저항이 낮은 편이다. 최종 보호막으로 쓰이는 질화막의 화학증착에서 박막에 형성되는 스트레스는 중요한 문제이며 이를 잘 제어하지 못하면 박막에 금이 가거나 깨지는 문제가 발생한다. 증착조건을 잘 조절하면 2×10^9 dyne/cm^2 이하로 낮은 스트레스의 박막을 증착할 수 있다. 질화규소박막과 함께 아래와 같은 화학반응으로 증착되는 플라즈마 화학 증착 실리콘 옥시나이트라이드 박막도 관심을 끌고 있다.

$$SiH_4 + N_2O + NH_3 \longrightarrow SiO_xN_y \qquad 200-350°C \tag{9.31}$$

이 공정에서는 산소 공급원과 질소 공급원의 주입량을 조절하여 순수한 SiO_2막과 Si_3N_4 사이에 어떤 조성을 갖는 막도 증착할 수 있다. 보통 실리콘 산화막은 컴프레시브, 질화막은 텐사일 스트레스가 발생하는데 박막의 조성, 특히 x, y값에 따라 이 두 가지가 상쇄되어 스트레스가 극히 낮은 박막의 증착도 가능하다.

이외에도 다양한 화학증착공정이 실리콘 디바이스, 박막형 태양전지, 디스플레이용 박막트랜지스터, 발광다이오드용 화합물반도체, 표면처리용 하드 코팅 등에 활용되고 있는데 지면 관계상 생략하기로 한다.

9.6 원자층 화학증착

원자층 증착 혹은 원자층 화학증착은 ALD(atomic layer deposition) 또는 ALCVD(atomic layer chemical vapor deposition)라 불리는 화학증착공정의 변형된 형태로 비교적 최근에 나노구조의 형성과 관련하여 관심을 끌고 있는 공정이다. 화학증착공정을 변형한 여러 형태의 박막증착공정의 기본 개념도가 그림 9.29에 나타나 있다. 이들은 모두 전구체와 반응기체를 공급하는 형태에 따라 구분되며 이에 따라 박막의 특성이 달라지기도 한다. 먼저 이제까지 다루어 온 CVD는 전구체와 반응기체가 동시에 공급되며 박막이 증착되는 동안 연속적으로 공급되는 형태이다. 이에 비해 AVD(atomic vapor deposition)라 불리는 공정에서는 산화제나 질화제, 기타 반응기체는 연속적으로 공급하는 반면에 특정 금속원소를 포함하는 전구체는 펄스 형태로 공급하는 것이다.

일례로 사일린 기체와 산소를 이용하여 AVD 공정으로 실리콘 산화막을 증착한다고 할 때 산소 기체는 화학증착공정에서와 같이 연속적으로 공급하고 사일린은 일정 시간 간격으로 펄스 형태로 공급하는 것이다. 이렇게 조업을 하게 되면 사일린이 공급되지 않는 펄스 사이의 시간에는 흡착종이 표면에서 이동하는 시간이 길어질 수 있고 고체핵이 생성되며 반응 부산물이 탈착하는 데 좀 더 시간적인 여유가 생기는 셈이다. 즉 반응기체를 디지털 방식의 펄스 형태로 공급하는 CVD공정으로 볼 수 있다.

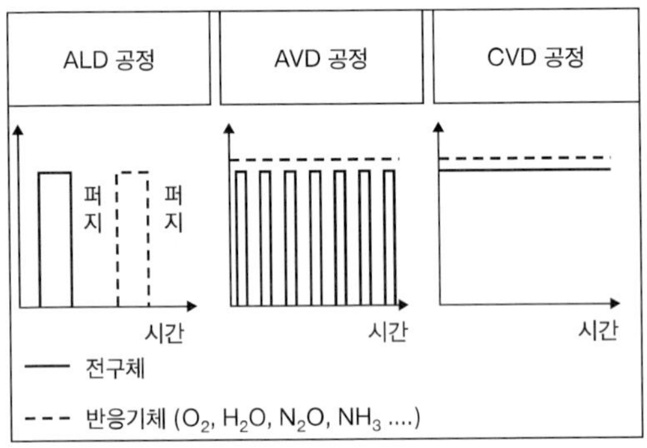

그림 9.29 CVD, AVD, ALD 공정의 기념 개념도

이러한 방식의 조업은 증착 속도를 좀 낮출 수는 있지만 막의 특성이나 박막 두께의 균일도, 트렌치 내부에 증착되는 박막 두께의 균일도(층덮힘) 등이 향상될 것으로 기대된다. 전구체를 공급하는 펄스 시간, 펄스와 펄스 사이의 시간은 반응물을 공급하는 라인에 설치된 밸브를 자동 조절하여 몇 밀리초에서 수십, 수백초까지 원하는 대로 조절할 수 있다. ALD공정은 전구체를 일정 시간 공급하고 아르곤 같은 불활성 기체로 퍼지한 후 반응기체를 공급하고 다시 퍼지하는 한 싸이클을 기본으로 조업하며 이 싸이클을 필요한 횟수만큼 반복하는 것이다. 전구체 공급 단계에서는 전구체가 기판 표면에 단분자층으로 화학 흡착되고 그 위에 추가로 전구체 분자가 물리 흡착된다. 그림 9.30은 화합물이 고체 표면에 물리 흡착, 혹은 화학 흡착할 때 에너지 상태에 대해 나타낸 레나드-존스 모델 그림과 두 흡착의 특성을 비교한 것이다. 화학 흡착은 화학분자와 표면을 이루는 원자와의 반응에 의해 표면에 단분자층 형태로 나타나고 표면과 흡착 분자가 공유결합 혹은 이온결합으로 결합하므로 그 결합에너지가 높고 결합이 강하다. 그 위에 물리 흡착된 분자는 반데어발스 힘에 의해 결합되므로 그 결합에너지가 낮다. 화학 흡착은 흡착에 필요한 활성화에너지가 커서 상대적으로 느리며 또한

표면의 화학종에 따라 화학 결합이 달라지므로 표면에 대한 선택성이 높다. 표면에 화학 흡착이 잘 되지 않는 전구체는 증착 속도가 극히 낮아져 원자층 화학증착에 적용하기가 힘들다. 불활성 기체로 퍼지하는 단계에서는 화학 흡착된 단분자층은 표면과의 결합이 강해 남아 있게 되고 그 위에 물리 흡착된 분자층은 기상으로 탈착되며 반응기 밖으로 빠져 나가게 된다. 다음에 반응기체를 공급하게 되면 표면에 흡착된 전구체층과 기상에서 공급되는 반응기체가 반응하여 고체상이 형성되며 다음에 퍼지공정에서 반응 부산물들이 탈착하게 된다. 여기에서 각 단계의 싸이클 시간은 수밀리 초에서 수십 초로 조절된다.

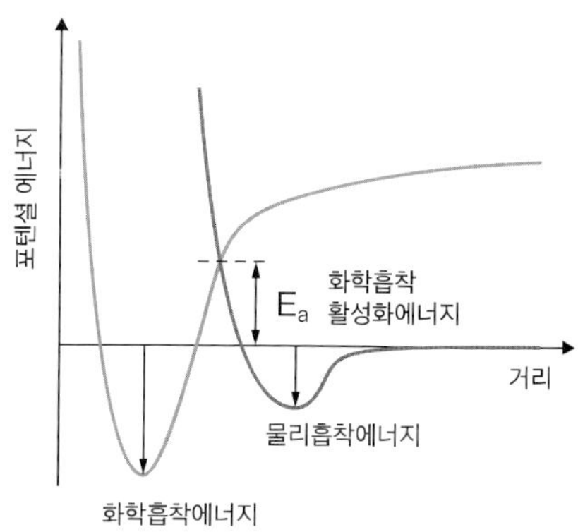

	물리흡착	화학흡착
결합에너지	<20 kJ/mol	300~500 kJ/mol
결합형태	반데어발스 결합	공유결합 혹은 이온결합
흡착층	다층	단층
흡착속도	빠름	느림 (활성화에너지 큼)
표면 선택도	작음	큼

그림 9.30 화합물이 고체 표면에 물리 흡착, 혹은 화학 흡착할 때 에너지 상태에 대해 나타낸 레나드-존스 모델과 두 흡착의 특성 비교

이렇게 한 싸이클이 완성되면 기판 표면에는 단원자층 이하의 박막이 형성되며 이러한 싸이클을 반복하게 되면 싸이클 수에 비례해 박막의 두께가 늘어나게 된다. 여기에서 원자층 증착을 성공적으로 수행하려면 진구체 주입 단계에서 분해에 의한 고체상이 형성되지 말아야 하고 흡착된 분자는 다음 단계에서 공급되는 반응기체와 반응하여 고체상을 형성하여야 한다. 이러한 ALD공정은 그 증착 속도가 느려 벌로 주목을 받지 못하다가 소자 제조 분야에서 수 나노미터의 박막이 응용되면서 오히려 느린 공정이 정밀 제어에 유리해 관심을 끌기 시작했다. 표 9.16에 물리증착법(physical vapor deposition)과 CVD, ALCVD 공정의 특성을 비교 정리하였다.

표 9.16 물리증착법(physical vapor deposition), CVD, ALCVD 공정의 특성 비교

	PVD	CVD	ALCVD
반응 형태	물리 흡착	기상반응, 표면반응	표면 교환 반응
증착 온도	낮음	높음	낮음
층덮힘	나쁨	좋음	우수함
두께 조절	용이함	어려움	우수함
조성 제어	용이함	어려움	어려움
불순물 제어	용이함	어려움	용이함

ALD공정은 그 증착 속도가 느리나 저온 증착이 가능하고 막의 특성이 뛰어나며 특히 박막의 두께 제어가 용이하여 몇몇 공정은 소자의 상업적 제조에 응용되고 있다. 또한 순수한 표면 반응으로 박막이 형성되고 화학종이 표면에서 이동할 시간이 충분히 주어져 종횡비(aspect ratio)가 큰 깊은 트렌치에도 아주 우수한 층덮힘을 구현할 수 있다.

반응물의 탈착에 좀 더 많은 시간이 주어져 불순물의 탈착에 유리하고 이에 따라 순도가 높은 박막을 얻을 수 있다. 화학증착공정에서는 전구체와 반응기체의 조성을 조절함으로써 박막의 조성을 변화시킬 수 있으나 ALD공정에서는 흡착된 전구체와 반응물의 표면 교환반응에 의해 고체상이 형성되므로 조성의 제어는 쉽지 않다. 그림 9.31은 ALD 공정에서 중요한 ALD 창(window)의 개념을 나타내고 있다.

먼저 1과 2는 저온 영역으로 1에서는 반응물이 표면에 충분히 흡착이 되지 못하고 또한 열에너지가 충분하지 않아 반응물이 충분히 분해되지 못하는 영역이며 온도가 올라갈수록 흡착양이 늘어나 싸이클당 증착 속도도 증가한다. 반면에 2의 경우는 반응물이 표면에 응축, 고체상이 형성되는 경우이며 온도가 올라갈수록 응축량이 줄어들어 증착 속도도 떨어지게 된다. 이러한 2의 경우는 증착공정에서 흔하지 않다. 3의 경우가 흔히 이야기하는 ALD 창이며 표면에 흡착되는 양이 포화되어 일정하다. 이 온도 영역에서는 전구체가 홀로 분해되지 않아 고체상을 형성하지 않으며 퍼지 후 반응기체가 공급되어야 표면 교환반응에 의해 고체상이 형성된다. 이에 따라 이 온도 영역에서는 증착 속도가 일정하다. 원자층 증착공정에서는 이 온도 범위에서 공정을 수행하는 것이 중요하며 박막의 물성 및 층덮힘, 두께의 제어가 가장 효율적으로 이루어지는 영역이다. 반면에 온도에 따라 표면에 흡착된 전구체의 포화도가 감소하면 4와 같은 경향을 보이게 된다. 부분적인 화학 흡착, 표면의 특성 변화 및 흡착 분자의 steric hindrance에 의해 흡착량이 줄어드는 경우는 5, 6과 같은 경향을 보이게 된다. 7, 8의 경우는 온도가 상승하면서 탈착이 심해서 증착 속도가 줄어드는 경우이고 9의 경우는

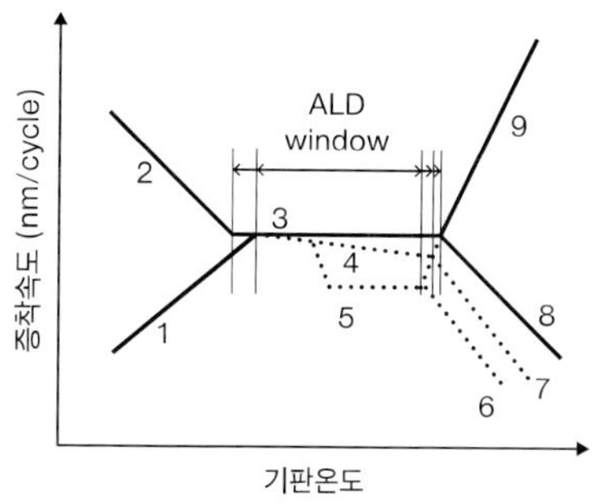

1. 반응물의 불포화된 흡착 및 열에너지의 부족으로 인한 불완전한 화학반응
2. 반응물의 응축 3. 완전한 화학 흡착 및 반응(ALD 모드)
4. 온도 상승에 따라 포화도 감소, 반응물 탈착
5,6. 부분적인 화학흡착, 표면의 특성 변화 및 흡착 분자의 steric hindrance
7,8. 흡착 분자의 탈착 9. 전구체의 분해에 의한 증착(CVD 모드)

그림 9.31 ALD공정에서 ALD창(window)의 개념

흡착된 전구체가 분해가 되면서 고체상이 형성되는 영역으로 온도가 증가하면서 그 정도가 높아져 증착 속도가 증가하게 된다. 이 영역은 CVD 영역이라 볼 수 있다. ALD 창이 분명하게 정의가 되고 그 온도 범위가 넓은 전구체의 경우 ALD공정을 성공적으로 수행하는데 유리하다. 이는 전적으로 전구체의 특성에 달렸으며 이러한 특성을 갖는 전구체가 있는 경우 ALD공정을 성공적으로 수행할 수 있다. 그림 9.32는 이상적인 ALD 공정에서 나타나는 ALD 창과 이 온도범위에서 조업했을 때 전구체 주입 시간과 싸이클당 증착 속도, 싸이클 수와 박막의 두께를 보여주고 있다. ALD공정의 특징으로 self limitation을 들 수 있는데 ALD 창 범위에서는 전구체의 주입 시간을 증가시켜도 싸이클당 증착 속도가 증가하지 않는다. 이는 표면에 화학흡착되는 양이 포화상태에서 더 이상 증가하지 않기 때문이다. 또한 박막의 두께가 싸이클 수에 정확히 비례함을 보여주고 있다.

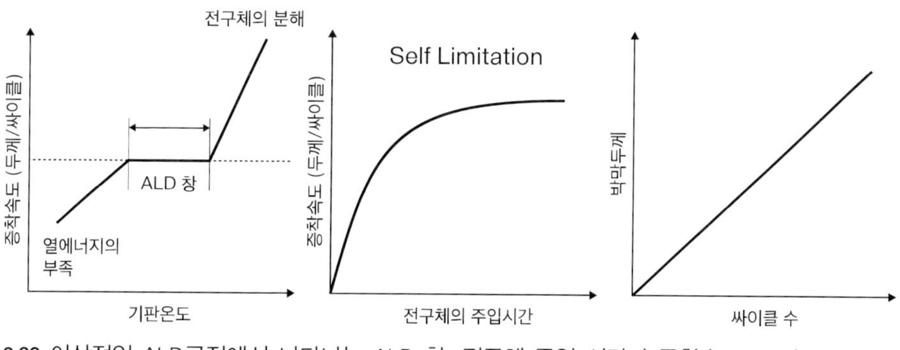

그림 9.32 이상적인 ALD공정에서 나타나는 ALD 창, 전구체 주입 시간과 증착속도, 그리고 박막의 두께와 싸이클 수의 관계

표 9.17에는 원자층 증착으로 만들어질 수 있는 여러 종류의 박막이 나타나 있다. 각종 산화물, 질화물, 불화물, 그리고 캘코진화합물(설파이드, 셀레나이드, 텔루라이드 등의 VIA족 화합물) 등이 있다.

표 9.17 원자층 증착으로 만들어질 수 있는 여러 종류의 박막

구분		박막
II–VI 화합물반도체		ZnS, ZnSe, ZnTe, $ZnS_{1-x}Se_x$, CaS, SrS, BaS, $SrS_{1-x}Se_x$, CdS, CdTe, HgTe, $Hg_{1-x}Cd_xTe$, $Cd_{1-x}Mn_xTe$
형광체		SrS:M(M=Ce, Tb, Pb, Mn, Cu)
III–V 화합물반도체		GaAs, AlAs, AlP, InP, GaP, InAs, $Al_xGa_{1-x}As$, $Ga_xIn_{1-x}As$, $Ga_xIn_{1-x}P$
질화물	**반도체/절연체**	AlN, GaN, InN, SiN_x
	도체	TiN, TaN, Ta_3N_5, NbN, MoN
산화물	**절연체/유전체**	Al_2O_3, TiO_2, ZrO_2, HfO_2, Ta_2O_5, Nb_2O_5, Y_2O_3, MgO, CeO_2, SiO_2, La_2O_3, $SrTiO_3$, $BaTiO_3$
	투명전극/반도체	In_2O_3, In_2O_3:Sn, In_2O_3:F, In_2O_3:Zr, SnO_2, SnO_2:Sb, ZnO, ZnO:Al, Ga_2O_3, NiO, CoO_x
	초전도체	$YBa_2Cu_3O_{7-x}$
	기타 복합산화물	$LaCoO_3$, $LaNiO_3$
불합물, 황화물		CaF_2, SrF_2, ZnF_2, La_2S_3, PbS, In_2S_3, $CuGaS_2$
기타		Si, Ge, Cu, Mo, SiC

이들은 적절한 전구체와 반응기체의 조합으로 증착하게 된다. 그중 가장 많이 연구되고 보편적으로 증착하는 화합물이 표 9.18에 나타난 산화물들이다. 산화막의 증착에서 산소의 원료로 가장 많이 쓰이는 것이 물이며 이외에 산소, 오존, 과산화수소, N_2O 등이 활용된다.

표 9.18 원자층 증착으로 만들어지는 다양한 산화막들

산화물	전구체	ALD 창(℃)
Al_2O_3	• $AlCl_3$+H_2O / ROH / O_2 • $Al(OEt)_3$ + H_2O / ROH / O_2 • $Al(O^iPr)_3$ + H_2O / ROH / O_2 • $Al(CH_3)_3$ + H_2O / H_2O_2 / N_2O	100-600 250-500 250-500 100-600
Ta_2O_5	• $TaCl_5$ + H_2O • $Ta(OEt)_5$ + H_2O	100-500 150-450
TiO_2	• $TiCl_4$ + H_2O / H_2O_2 • TiI_4 + H_2O • $Ti(OEt)_4$ + H_2O • $Ti(O^iPr)_4$ + H_2O	100-600 180-350 200-375 150-350
ZrO_2	• $ZrCl_4$ + H_2O • $Zr(O^tBu)_4$ + H_2O	300-500 150-300
HfO_2	• $HfCl_4$ + H_2O	300-500

그림 9.33에는 원자층 증착공정에서 각 싸이클당 조업 모드와 각 싸이클에서 일어나는 표면에서의 질량 변화가 나타나 있다.

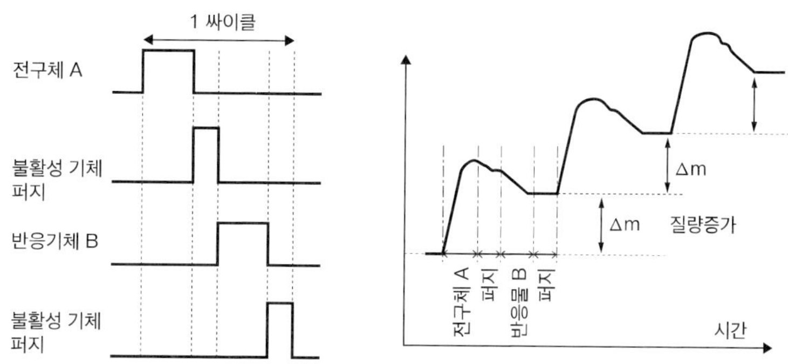

그림 9.33 원자층 증착공정에서 한 싸이클의 조업 모드와 각 싸이클에서 일어나는 표면에서의 질량 변화

이러한 질량 변화는 주로 QCM(quartz crystal microbalance)을 이용해 측정하는데 쿼츠 결정 표면에 흡착되는 물질에 의한 질량 변화로부터 발생하는 진동수의 변화를 감지하게 된다. 그림의 왼쪽은 한 싸이클에서 먼저 전구체 A가 주입되고 다음에 불활성 기체로 퍼지하며 반응기체 B가 주입되어 흡착된 A와 반응하고 다시 퍼지 단계를 거치는 과정이 나타나 있다. 오른쪽 그림은 이 단계에서 표면에서 변화하는 질량을 보여주고 있다. 먼저 전구체 주입 과정에서는 시간에 따라 흡착량이 증가하다가 퍼지 과정에서 탈착이 일어나며 일정량으로 유지되고 다음에 반응물 B가 주입되면 표면에 흡착되어 있는 A와의 반응에 의해 반응 생성물 일부가 탈착되어 질량이 줄어들고 다음의 퍼지 단계에서 일정 질량으로 유지된다. 이 과정에서 한 싸이클이 끝나면 표면에 박막 형태로 남아 있는 Δm만큼의 질량이 늘어나게 된다. 이러한 싸이클이 반복되면서 반복되는 횟수에 비례해 질량이 늘어나게 된다. 때에 따라서 기판의 초기 표면과 전구체가 화학반응을 잘 일으키지 않는 경우는 초기 몇 싸이클 동안에는 질량 변화가 극히 미미하다가 조금씩 쌓여 가는 증착물이 표면을 덮는 경우부터 안정적으로 증착되는 경우도 있다. 그림 9.34에는 전구체와 물을 이용하여 원자층 증착으로 산화물을 증착하는 메카니즘이 예시되어 있다. 일반적인 형태로 나타냈을 때 반응식은 아래와 같다.

$$ML_n(g) + n/2H_2O(g) \longrightarrow MO_{n/2}(s) + nLH(g) \qquad (9.32)$$

그림 9.34에는 ML_4로 4가의 금속산화물을 증착하는 예가 나타나 있다. 표면반응 1단계에는 표면에 포화된 -OH기가 있고 도입되는 ML_4화합물과 표면 -OH기가 반응하게 되며 MO 산화물 결합이 형성되면서 LH가 탈착하고 M-L 결합이 표면에 남게 된다. 다음 표면반응

2단계에서는 물이 도입되면서 다시 LH가 탈착하고 M-OH결합이 남게 된다. 중간에 삽입된 퍼지 과정은 반응 생성물의 탈착을 촉진하게 된다. 이러한 형태로 단원자층을 계속적으로 쌓아가게 된다. 여기에서 리간드 L은 표 9.18에 나타난 바와 같이 할로진, 알킬, 알콕시 등 여러 화학기를 생각해 볼 수 있다.

가장 많이 연구가 된 $Al(CH_3)_3$ $+H_2O$ 반응도 이 개념으로 메카니즘을 그려 볼 수 있다. 또 한 가지 특기할 사항은 이 메카니즘에 의해 박막의 조성이 결정되며 조성을 바꿀 방법이 없다는 것이다. 즉 화학증착법과 같이 반응물의 조성을 바꾸어 막의 조성을 바꾸는 방법이 적용되지 않는다. 위에 소개한 메카니즘처럼 반응이 진행되지 않는 경우 박막에 불순물이 포함될 수 있으며 특히 ALD 창을 벗어나는 온도 범위에서 그 경향이 두드러지게 나타난다.

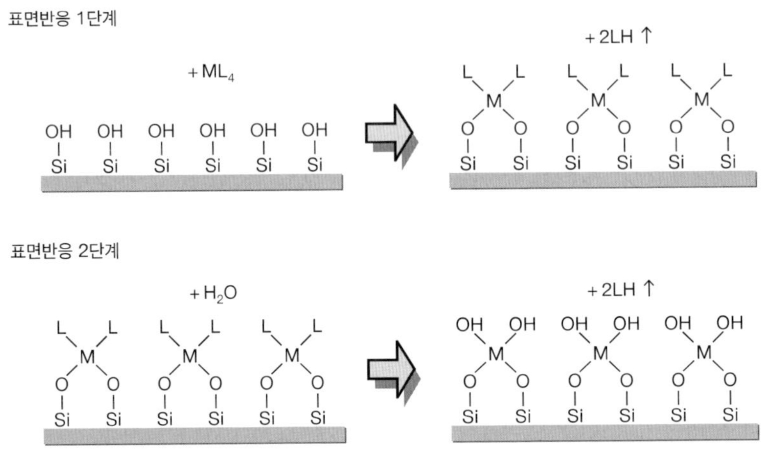

그림 9.34 전구체와 물을 이용 원자층 증착으로부터 산화물을 증착하는 메카니즘

원자층 증착은 싸이클당 성장 속도가 0.1~10Å 정도로 아주 느리고 상당수의 싸이클을 반복하게 된다. 이러한 이유로 앞서 언급한 바와 같이 원자층 증착공정은 상대적으로 느린 공정이나 나노미터 규모의 패턴을 정밀하게 만들 때는 오히려 유리하다. 또한 저온공정이 가능하고 막질이 우수하기 때문에 앞으로 그 응용 범위는 더욱 늘어날 것으로 예상된다.

연습문제

01 400°C에서 조업하는 CVD 공정에서 표면반응속도가 증착 속도를 결정하고 표면반응의 활성화에너지는 2eV이다. 이때 증착 속도는 100nm/min으로 나타났다. 500°C에서의 증착 속도를 예측하라. 만약 예측한 값이 실험값보다 상당히 작게 나왔다면 그 이유에 대해 설명하라. 그리고 이를 입증할 방법에 대해 설명하라.

02 반응기체를 수소 운반기체에 2% 정도 희석하여 화학증착공정에 활용하고 있다. 이에 따라 전체 기체의 물성은 수소 기체의 물성으로 가정할 수 있다. 1기압에서 조업하는 반응기체의 유속은 10cm/s이고 직경이 20cm인 원통형 반응기를 사용하고 있으며 반응기 온도는 600°C이다. 반응기 직경을 기준으로 한 레이놀즈 수를 구하라. 반응유체의 흐름은 층류인가 난류인가? 난류가 되지 않게 하려면 유속을 어느 이하로 유지해야 하는가? 주어진 조건에서 증착 속도는 반응기체의 이동에 의해 결정된다. 입구에서 20cm떨어진 곳에서의 경계층의 두께를 구하라. 측정된 증착 속도로부터 계산한 반응기체의 이동 플럭스를 분자의 개수로 표시할 때 $5\times10^{18}/cm^2$로 나타났다. 이때 확산계수의 값은 얼마인가? 표면반응속도가 빨라 기판 표면에서의 기상의 반응물 농도는 0이라 가정한다.

03 높이가 10cm, 폭이 15cm인 사각형 단면을 갖는 화학증착반응기에 20cm 길이의 서셉터가 바닥에 놓여 있고 그 위에 기판이 배치되어 있다. 서셉터는 기울어져 있어 입구쪽의 높이는 0, 출구 쪽이 2cm의 높이로 되어 있다. 서셉터와 기판은 800°C로 가열되고 있고 유입되는 기체 대부분은 수소인데 반응기체가 섞여 250sccm(standard cubic cneters per minute)의 유량으로 흐르고 있다. 입구의 온도가 300°C일 때 유속은 얼마이며 800°C인 출구에서의 유속은 얼마인가? 수소를 이상기체로 생각하고 그 점도가 800°C에서 2.10×10^{-4}poise (dyne s^{-1}/cm^{-1})라 할 때 출구 쪽에서의 레이놀즈 수와 경계층의 두께를 계산하라. 기울기가 없어 출구 쪽의 높이도 0이라 하면 경계층의 두께는? 증착 속도가 경계층의 두께에 반비례한다고 생각할 때 서셉터의 기울임에 의해 박막 두께의 균일도는 얼마나 향상되는가? 입구에서부터 서셉터의 위치 5, 10, 15, 20cm에서 비교하라.

04 실리콘 에피택시 화학증착반응기를 이용해 수소에 2%로 희석된 사일린 (SiH_4) 반응기체로 1,000°C에서 단결정 실리콘 박막을 증착하였다. 전체 유량은 300sccm이고 실리콘 박막의 증착 속도는 70nm/min이었다. 반응기에는 300밀리미터 직경의 실리콘 웨이퍼가 6개 장착되어 있고 증착은 웨이퍼 위에서만 일어난다고 가정한다. 에피택시 박막의 경우 웨이퍼와 마찬가지로 $5\times10^{22}/cm^3$의 실리콘 원자가 존재한다. 이 공정에서 반응기체의 몇 %가 실리콘 박막으로 변환되었는가? 이 경우 증착 속도는 사일린 기체의 확산에 의해 결정된다. 각 웨이퍼 표면에 1cm의 경계층이 형성되고 기판 표면에 접한 기상에서 사일린의 농도를 0이라 할 때 사일린 분자의 플럭스는? 그리고 사일린의 경계층을 통한 확산계수는? 반응기 바깥으로 나가는 사일린 기체는 소자를 만드는 원가에 미치는 영향이 미미하기 때문에 처리하여 배출해야 하는데 이와 관련된 공정을 제안하라.

05 화학증착반응기에서 증착 속도를 600, 650, 700°C에서 측정하였다. 그 결과 증착 온도가 증착 속도에 미치는 영향이 그리 크지 않았다. 이 경우 증착 속도를 결정하는 율속단계에 대해 설명하고 온도가 증착 속도에 미치는 영향에 대해 그 메카니즘을 설명하라. 반응기체의 농도를 2배로 늘렸을 때, 유속을 2배로 늘렸을 때, 그리고 압력을 0.1배로 줄였을 때 증착 속도에 미치는 영향을 설명하라.

06 화학증착반응기에서 증착 속도를 600, 650, 700°C에서 측정하였다. 그 결과 증착 온도가 한 단계씩 증가할 때 증착 속도가 50%씩 증가하였다. 이 경우 증착 속도를 결정하는 율속단계에 대해 설명하고 온도가 증착 속도에 미치는 영향에 대해 그 메카니즘을 설명하라. 그리고 증착 속도의 온도 의존성에 대한 활성화에너지를 구하라. 반응기체의 농도를 2배로 늘렸을 때, 유속을 2배로 늘렸을 때, 그리고 압력을 0.1배로 줄였을 때 증착 속도에 미치는 영향을 설명하라.

06 $Al(CH_3)_3$(TMA: trimethyl aluminum)와 H_2O를 이용해 ALD를 수행하는 공정에서 그림 9.34와 같은 증착 메카니즘을 표시하라. 이 ALD공정의 조업온도를 문헌조사를 통해 파악하고 온도의 영향에 대해 검토하라.

참고문헌

이시우, 이전 CVD 핸드북, 반도출판사, 1993

R. F. Bunshah, et al., eds., Deposition Technologies for Films and Coatings, Noyes Publications, 1982

J. L. Vossen and W. Kern, eds., Thin Film Processes, Academic Press, 1991

H. O. Pierson, Handbook of Chemical Vapor Deposition, Noyes Publications, 1992

M. L. Hitchman and K. F. Jensen, eds., Chemical Vapor Deposition Principles and Applications, Academic Press, 1993

I. P. Herman, Optical Diagnostics for Thin Film Processing, Academic Press, 1996

S. Sivaram, Chemical Vapor Deposition, Van Nostrand Reinhold, 1995

CHAPTER

10

물리증착공정 (PVD: physical vapor deposition)

10.1 물리증착법의 특징

앞장에서 기술한 CVD가 기체분자 원료로부터 화학반응을 거쳐 박막이나 입자 등의 고체 재료를 합성하는 공정이라 하면 같은 목적의 재료공정으로 화학반응을 거치지 않는 물리증착법이 있다. 일례로 증발법(evaporation)은 고체를 가열 증발시켜 증착하고자 하는 기판 위에 박막을 형성하거나 또는 공간에서 미립자를 만들 수 있다. 이 과정에서 증발과 응축은 전체가 물리적 공정이므로 이러한 공정들은 PVD(Physical Vapor Deposition)라고 하여 CVD공정과 구분하고 있다. 증발법과 함께 물리증착법으로 널리 쓰이는 공정에 스퍼터링법이 있다. 증착하고자 하는 물질을 일정 두께의 원반형 타겟으로 만들고 플라즈마 내에서 적절한 에너지를 갖는 이온종을 가속, 이 타겟을 때려주면 타겟 성분이 기상으로 떨어져 나와 증발법과 같이 응축을 통해 기판 표면에 박막을 증착시킬 수 있다. 융점이 아주 높거나 증기압이 낮아 증발공정을 활용하기 힘든 경우 스퍼터링법을 활용할 수 있다. 이러한 물리증착법은 화학증착법과 달리 증착하고자 하는 원소를 포함한 분자가 필요하지 않고 화학반응이 관여하지 않기 때문에 대부분의 재료를 이 방법으로 증착할 수 있다. 적절한 전구체가 없으면 증착을 할 수 없는 화학증착법의 한계를 고려할 때 이러한 특징은 물리증착법의 장점이다. 그럼에도 불구하고 반도체소자를 만들 때 박막공정의 80% 이상은 화학증착법으로 이루어지고 있다. 이는 물리증착법의 치명적인 단점으로 미세구조를 효율적으로 채울 수 없고 종횡비가 큰 트렌치 내에 균일하게 박막을 증착시키는 것이 불가능하기 때문이다. 앞서 그림 9.28에 층덮힘의 개념이 나타나 있고 화학증착법, 특히 원자층화학증착법의 경우 층덮힘이 우수하다는 것은 이미 언급한 바와 같다. 그림 10.1에는 물리증착법의 경우 층덮힘이 불량하기 때문에 나타나는 현상이 도시되어 있다.

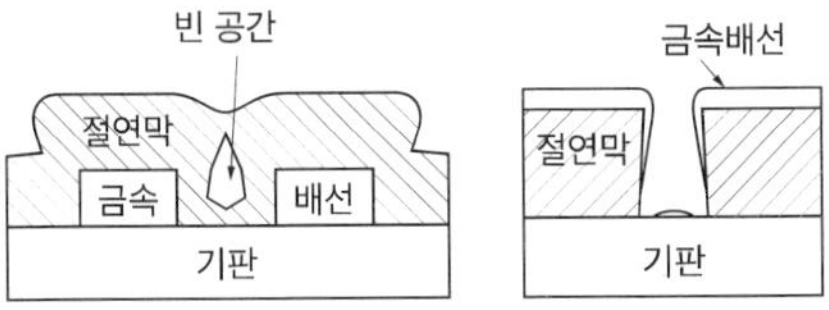

그림 10.1 물리증착법의 단점으로 층덮임이 나쁘기 때문에 나타나는 현상

패턴이 된 금속 배선 위에 절연막을 증착하거나 절연막 위에 금속 배선을 증착하는 경우 물리증착법을 이용하면 층덮힘이 불량하여 배선 사이에 채워진 절연막에 빈 공간이 형성되거나 또는 트렌치 바닥에 형성된 박막, 측면에 형성된 박막, 트렌치 위에 형성된 박막의 두께에

차이가 크게 나타나 균일한 두께의 박막을 트렌치 내부에 형성할 수 없게 된다. 이러한 현상은 패턴의 크기가 나노미터 규모로 작아지면서 점점 심각하게 부각되고 있다. 물리증착법에서 박막을 형성하는 종은 그 활성도가 높아 기상에서 서로 충돌하는 경우 화학분자에 비해 서로 뭉치는 경향이 아주 높고 또한 기판 표면에 충돌하는 경우 부착계수(sticking coefficient)가 거의 1에 가까워 그 자리에서 즉시 고체화한다. 이러한 특징 때문에 물리증착법은 line-of-sight 증착이라 불리며 증착종이 발생되는 면과 직접 대면하고 있는 부분에 주로 증착이 되고 그렇지 못한 옆면이나 골짜기 안쪽 부분은 증착이 잘 되지 않는다. 화학증착법에서는 분자의 부착계수가 아주 낮아 적은 양이 흡착되고 이들이 분해해서 고체화하는 데에는 상대적으로 긴 시간이 필요해 고체 표면에서 화학종이 이동하는 거리가 길다. 이에 따라 보이지 않는 옆면이나 골짜기 안쪽 부분에도 분자가 이동 증착되기 때문에 화학증착법의 층덮힘이 우수하게 된다.

화학증착공정에서 조업 압력이 상압에서 저압까지 다양하게 선택될 수 있는 반면에 물리증착법에서는 아주 낮은 압력에서 조업을 해야 한다. 이는 박막을 형성하는 종이 기상에서 충돌하는 것을 방지하기 위해 저압으로 유지하고 평균자유행로(MFP: mean free path)를 길게 해야하기 때문이다. 주어진 압력 P에서 직경이 σ인 분자의 MFP λ는 아래와 같이 주어진다.

$$\text{mean free path (MFP)} \ \lambda = \frac{kT}{(\sqrt{2}\mathrm{P}\pi\sigma^2)} \tag{10.1}$$

여기에서 T는 온도, k는 볼츠만 기제상수이다.

상온에서 박막 형성종의 직경이 3Å이라 하면 센티미터로 나타난 평균자유행로는 압력 P를 파스칼로 나타낼 때 아래와 같다.

$$\lambda(\text{cm}) = 1.455/\mathrm{P} \ (\text{pascal}) \tag{10.2}$$

이때 기상에서 충돌이 일어날 확률은 아래와 같이 나타난다.

$$n/n_o = 1 - \exp(\frac{-d}{\lambda}) \tag{10.3}$$

여기에서 n은 충돌하는 종의 개수이고 n_o은 전체 종의 개수이며, d는 박막형성종이 이동하는 거리이다. 이 식에서 알 수 있듯 기상에서의 충돌을 억제하기 위해 λ를 길게 할 필요가 있으며 이를 위해 압력을 낮게 유지해야 한다. 증발법의 경우 보통 10^{-9}기압 범위에서 조업하며 스퍼터링법의 경우 10^{-5}~10^{-6}기압 범위에서 조업한다. n/n_o가 증발법의 경우 10^{-3}정도이고 스퍼터링법은 1에 가깝다.

층덮힘이 불량하기는 하나 물리증착법이 다양한 물질을 오염 없이 순수한 박막으로 증착하기에 유리하기 때문에 평면에 증착하는 경우 널리 활용되며 증발법보다는 스퍼터링법이 더 넓게 활용되고 있다. 반응성 물리증착법도 유용하게 활용되고 있는데 이 공정에서는 분위기 기체를 주입하여 증발법이나 스퍼터링법에 의해 형성된 박막 형성종이 분위기 기체와 반응하여 고체상을 형성하게 된다. 일례로 질소 분위기에서 타이타늄을 증발이나 스퍼터링하게 되면 질화티타늄박막을 증착할 수 있다. 화학반응이 관여하나 분자가 흡착 분해되는 화학증착법과는 다르기 때문에 이 경우도 물리증착법에 포함된다. 질화티타늄을 직접 쓸 수도 있겠으나 안정한 세라믹 물질을 직접 증발시키기가 어렵고 또한 타겟으로 만들어도 아주 단단한 세라믹이기 때문에 금속 타겟보다 스퍼터링하기가 훨씬 어려워 실제 공정에 활용할 수 없게 된다. 마찬가지 원리로 산소 분위기에서 공정을 수행하면 산화물 박막을 증착할 수 있다. 두 개 이상의 금속원소가 포함된 박막을 증착하는 경우 두 개 이상의 증발원이나 타겟을 이용하여 증착할 수 있다. 복합산화물을 증착할 때 산소 분위기에서 두 개 이상의 금속원을 동시에 증발시키거나 붕화물, 규화물 등을 증착할 때 붕소나 규소와 함께 금속원소를 동시에 증발(co-evaporation)시켜 증착할 수 있다. 또한 각각의 원소를 타겟으로 하여 동시에 스퍼터링(co-sputtering)할 수 있으며 규화물이나 붕화물 단일 타겟을 이용 스퍼터링할 수도 있다. 이 장에서는 물리증착공정 관련 증발법과 스퍼터링법에 대해 기술하고 박막 두께에 영향을 미치는 인자들에 대해 기술하고자 한다.

10.2 증발법

그림 10.2에는 증발공정을 수행하는 장치의 기본 개념도가 나타나 있다. 증발 물질을 고온에서도 안정한 도가니에 담아 적절한 온도로 가열하여 증발시킨다. 앞서 언급했듯이 박막을 형성하는 종들이 기상에서 서로 충돌하고 뭉치는 것을 방지하기 위해 증발증착 장비는 진공펌프 시스템을 이용해 낮은 압력으로 유지해야 하며 물리증착법은 line-of-sight 증착이기 때문에 기판은 증발원을 직접 마주보는 자리에 배열해야 한다.

소재를 담는 도가니는 증발 온도에서 견딜 수 있는 재료로 만들어진 용기로 용융 상태의 증발소재와 반응하지 않는 안정한 물질이어야 한다. 가열하는 방법은 텅스텐 필라멘트 등의 저항발열체를 이용한 저항가열, 용기를 둘러싼 코일에 고주파전류를 흘려보내는 유도가열 또는 전자선을 이용한 가열, 레이저빔을 이용한 가열 방법 등이 있다. 그림 10.3에는 전자선 가열과 고주파 전류 유도가열 장치의 개념도가 나타나 있다. 유도가열이나 저항가열로 온도를 올리는 데는 한계가 있어 특히 융점이 높고 증기압이 낮은 물질을 증발시킬 때는 국부적으로 가열하는 전자선 가열법이 더 효과적이다. 전자선 가열법은 증발물질만 국부적으로 가열할 수 있어 도가니로부터 발생하는 오염을 방지하는 데에도 효과적이다. 또한 전자선의 방향을 270도 휘게 하여 전자를 방출하는 고온 필라멘트로부터 유입될 수 있는 불순물을 방지한다.

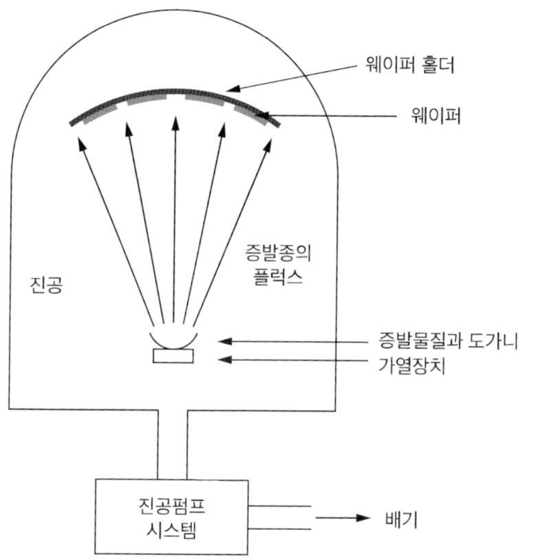

그림 10.2 증발공정을 수행하는 장치의 기본 개념도

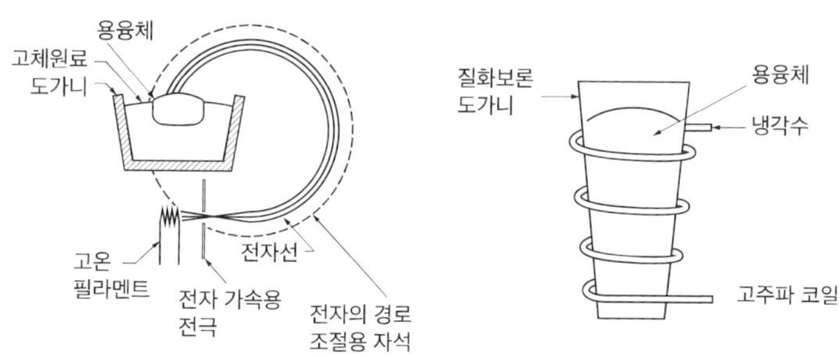

그림 10.3 전자선 가열과 유도가열 장치의 개념도

표 10.1에는 증발법으로 증착되는 여러 소재와 증발 온도, 소재를 담는 도가니와 증발 당시의 상태, 그리고 증착 속도 등이 나타나 있다. 증발 온도는 증발물의 증기압을 10^{-4}torr로 유지할 수 있는 온도로 증발법에서 필요로 하는 최저 온도이다.

표 10.1 증발법으로 증착되는 여러 소재와 증발 온도, 소재를 담는 도가니와 증발 당시의 상태, 그리고 증착 속도

소재	증발온도(℃)	증발 당시 상태	도가니 소재	증착 속도(Å/s)
Aluminum	1010	용융상태	BN	20
Aluminum oxidc	1325	반용융상태		10
Antimony	425	용융상태	BN, Al_2O_3	50
Arsenic	210	승화	Al_2O_3	100
Beryllium	1000	용융상태	Graphite, BeO	100
Beryllium oxide		용융상태		40
Boron	1800	용융상태	Graphite, WC	10
Boron carbide		반용융상태		35
Cadmium	180	용융상태	Al_2O_3, quartz	30
Cadmium sulfide	250	승화	Graphite	10
Calcium fluoride		반용융상태		30
Carbon	2140	승화		30
Chromium	1157	승화	W	15
Cobalt	1200	용융상태	Al_2O_3, B_2O_3	20
Copper	1017	용융상태	Graphite, Al_2O_3	20
Gallium	907	용융상태	Al_2O_3, graphite	
Germanium	1167	용융상태	Graphite	25
Gold	1132	용융상태	Al_2O_3, BN	30
Indium	742	용융상태	Al_2O_3	100
Iron	1180	용융상태	Al_2O_3, B_2O_3	50
Lead	497	용융상태	Al_2O_3	30
Lithium fluoride	1180	반용융상태	Mo, W	10
Magnesium	327	승화	graphite	100
Magnesium fluoride	1540	반용융상태	Al_2O_3	30
Molybdenum	2117	용융상태		40
Nickel	1262	용융상태	Al_2O_3, B_2O_3	25
Permalloy	1300	용융상태	Al_2O_3	30
Platinum	1747	용융상태	graphite	20
Silicon	1337	용융상태	B_2O_3	15
Silicon dioxide	850	반용융상태	Ta	20

소재	증발온도(℃)	증발 당시 상태	도가니 소재	증착 속도(Å/s)
Sillcon monoxide	600	승화	Ta	20
Tantalum	2590	반용융상태		100
Tin	997	용융상태	Al_2O_3, graphite	10
Titanium	1453	용융상태		20
Titanium dioxide	1300	용융상태	W	10
Tungsten	2757	용융상태		20
Zinc	250	승화	Al_2O_3	50
Zinc selenide	660	승화	quartz	
Zinc sulfide	300	승화	Mo	
Zirconium	1987	용융상태	W	20

도가니에 담긴 원료를 적절한 온도로 가열하여 평형 증기압이 10^{-4}torr 이상을 유지하게 하는데 이때 증발물의 상태는 용융 상태의 액체, 점도가 높은 반용융 상태, 또는 고체 상태로 나타난다. 이때 증발되는 물질의 플럭스(단위 면적, 단위 시간당 양)는 아래와 같이 나타난다.

$$N_e = \frac{\alpha_e (P_e - P_h)}{(2\pi MkT)^{1/2}} \tag{10.4}$$

여기에서 N_e는 단위 시간, 단위 면적당 원자의 개수이며 α_e는 증발계수(0에서 1 사이), P_e는 증발 온도 T에서 증발물의 평형압력, P_h는 증발물 표면에 가해진 압력, M은 원자량(g/mole)이다. P_h=0, α_e=1일 때 최대 증발 플럭스가 얻어지며 그 값은 아래와 같이 나타난다. 이때 평형증기압은 파스칼(Pa)로 나타낸 경우이다.

$$R = 4.43 \times 10^{-4} \left[\frac{M}{T} \right]^{1/2} P_e \ g/cm^2 \cdot s \tag{10.5}$$

전체 증발량은 위 식을 증발 면적으로 적분한 값이 되며 아래와 같이 표현된다.

$$R_t = \int R dA_s \tag{10.6}$$

그림 10.4에는 몇몇 금속원소의 증기압이 나타나 있다. 앞서 언급했듯이 융점이 높고 증기압이 낮은 Pt, Mo, W 등을 증발법으로 증착하는 경우 전자선 가열법이 필요하다. 이러한 차원에서 보면 전자선 가열법이 좀 더 다양한 물질을 증발시킬 수 있으며 또한 도가니 전체

를 가열하는 것이 아니라 시료만 국부적으로 가열하는 것이어서 도가니 용기로부터의 오염, 가열 필라멘트로부터의 오염 등을 피할 수 있다.

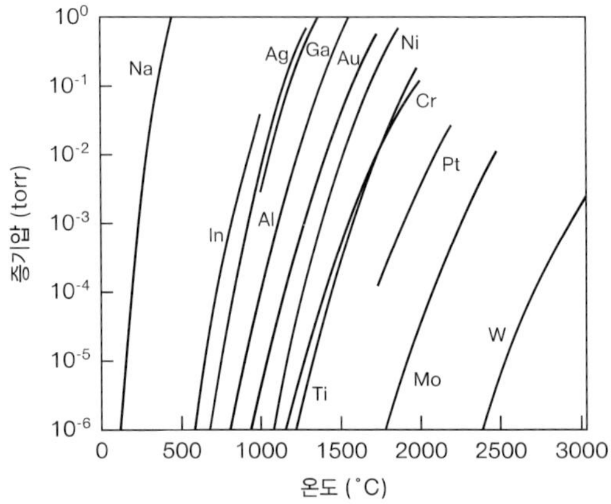

그림 10.4 몇몇 금속원소의 증기압 (1기압 = 760 torr = $1.01\mathrm{x}10^5$ Pa)

(Canadian metallurgical Quarterly, 23, 309, 1984)

다른 박막증착공정과 마찬가지로 증발법이나 스퍼터링법에서도 웨이퍼 내에서나 웨이퍼 간의 박막 두께의 균일도를 유지하는 것이 중요하다. 물리증착에서는 line-of-sight 증착 특성이 나타나기 때문에 특정 지점에 도달하는 플럭스에 의존하는 증착 속도는 박막을 형성하는 종의 이동 거리와 함께 증발원과 증착점이 서로 마주보는 각에 의존해 코사인법칙을 따른다. 이에 따라 증발원의 특징과 증착 장비 내에서의 기하학적 배열, 기판의 위치와 배열에 영향을 받게 된다. 즉 기판과 증발원의 배열이 증착 속도와 균일도에 영향을 미치는 중요한 인자이다. 그림 10.2의 증발기의 개념도에 나타난 바와 같이 증발원과 박막이 증착되는 기판이 서로 마주보게 하여 효율적으로 균일하게 증착되게 하는 것이 중요하다. line-of-sight 증착에서는 증발원과 증착점을 이은 선과 증발원에 수직인 방향이 형성하는 각 φ, 증착면에 수직인 방향과 이루는 각 θ, 그리고 증발원과 증착점 사이의 거리 r이 증착 속도에 영향을 미친다. 그림 10.5에 나타난 바와 같은 배열에서 특정한 위치에 놓인 기판에서의 단위 면적당의 증착 질량은 아래 식으로 나타난다.

$$R_d = \frac{R_t}{\pi r^2} \cos\varphi \cdot \cos\theta \tag{10.7}$$

여기에서 r은 증발원의 한 점과 기판의 한 점 사이의 거리, r_1, r_2는 증발 면과 기판 면에 수직으로 그은 선이 만나는 점에서의 거리를 나타낸다. 실제로 o가 구면의 중심이고 증발면과 증착 면이 이 구면의 접선에 위치하면 $r_1 = r_2 = r_o$이고 $\cos\varphi = \cos\theta = r/(2r_o)$가 되어서 식 (10.7)은 아래와 같이 된다. 여기에서 r_o는 구의 반경이다.

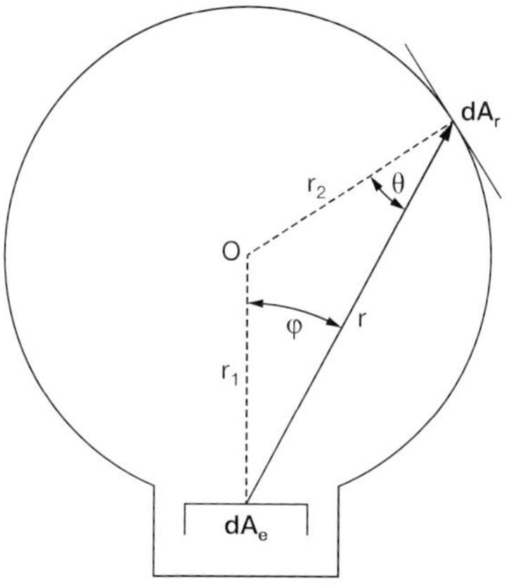

그림 10.5 증발원(emitting source면, A_e)과 증착기판(receiving substrate면, A_r)의 기하학적 배열

$$R_d = \frac{R_t}{4\pi r_o^2} \tag{10.8}$$

이 경우 구면의 접선 방향에 위치한 증착 면은 각에 상관없이 증착 속도가 같다고 볼 수 있다. 증발원을 이상적인 점 증발원으로 나타내는 경우와 작은 면 증발원으로 보는 경우를 그림 10.6에 나타내었다.

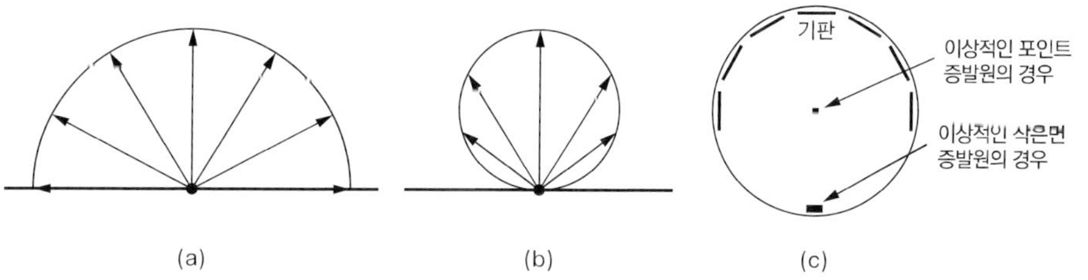

그림 10.6 증발원을 (a) 이상적인 점 증발원으로 나타내는 경우와 (b) 크기가 작은 면 증발원으로 보는 경우. (c)에서 원의 중심에 있는 점 증발원이 (a)에 해당하고 바닥에 면 증발원이 있는 것이 (b)에 해당한다.

(a)의 경우는 이상적인 점 증발원으로 반구형 돔의 아래 중심에 증발원이 있고 반구형 안 표면에 각 점이 증착점인 경우이다. (b)는 크기가 작은 면 증발원이 구형 돔의 바닥에 있고 구형 돔의 내부면이 증착점인 경우이다. 즉 그림 (c)에서 구형의 중심에 점 증발원이 있고 바닥

에 면 증발원이 있는 경우에 해당한다. (a)의 경우는 증착원과 모든 증착점과의 거리가 같고 증착점은 증착원과 서로 마주보고 있어 그 각도가 0이기 때문에 점 증발원에서 증발하는 원료의 플럭스가 반구의 모든 위치에 균일하게 도달하게 되며 그 값은 아래와 같이 나타난다.

$$R_d = \frac{R_t}{2\pi r_o^{\ 2}} \tag{10.9}$$

즉 전체 증발량을 반구의 면적으로 나눈 플럭스가 반구 위의 모든 점에 균일하게 도달한다. (b)의 경우는 앞서 그림 10.5에서 증발 면과 증착 면이 한 구면의 접선에 위치하는 경우에 해당되며 증착 속도는 식 (10.8)로 나타난다. 즉 증발원으로부터 증발되는 전체 양이 구면 전체에 고르게 퍼져 증착되는 것으로 볼 수 있다.

그러나 실제로 증발 면이나 증착 면은 하나의 점으로 볼 수 없는 크기를 갖고 있고 또한 증발 면이나 증착 면을 이렇게 구형으로 이상적으로 배열하기도 쉽지 않다. 즉 증착 면 위의 한 점은 증발 면의 한 점과 면에서 위치에 따라 다른 각도를 갖게 되며 실제로 각 점마다 증착 속도는 달라진다. 이에 대한 분석 예가 그림 10.7에 나타나 있다. 면 증발원이나 점 증발원 위에 기판에 놓여 있을 때 증발원과 기판과의 거리 H, 그리고 기판 중심에서 거리 L에 따라 각도 φ, θ, 그리고 거리 r값이 모두 달라진다. 이 그림에서는 기판이 평평하고 증발원과 수직으로 마주보고 있어 $\varphi = \theta$인 경우이나 그렇지 않은 경우에는 φ와 θ가 다르게 나타난다. 앞서는 이러한 영향을 무시하였는데 한 기판 내에서도 그 증착 속도는 H, L 값에 따라 달라지며 $L = 0$일 때 얻어지는 최대 증착 속도 R_o에 비해 L이 증가하면서 증착 속도가 떨어

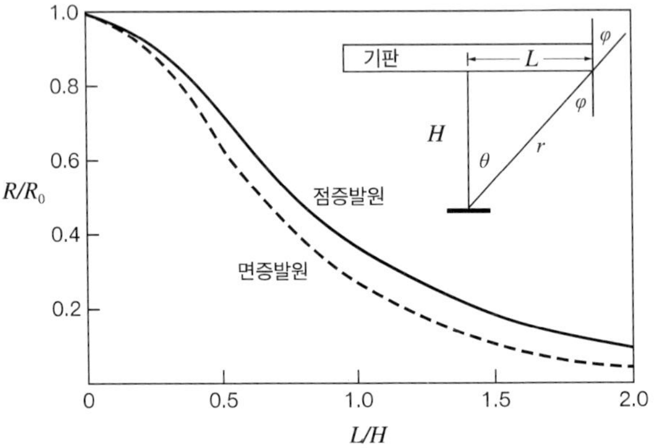

그림 10.7 증발원과 기판의 위치에 따라 φ, θ, 그리고 거리 r 값이 모두 달라지며 이에 따라 나타나는 증착 속도의 변화

져 20% 이하로까지도 감소하는 것을 알 수 있다. 이러한 경향은 이상적인 점 증발원에 비해 면 증발원의 경우 더 심하게 나타난다. 이에 따라 실제 장비에서는 웨이퍼를 장착하는 홀더 전체를, 그리고 증착 기판을 각각의 축에 회전시켜 증착 두께의 균일도를 향상시키기도 한다. 이와 관련된 개념도가 그림 10.8에 나타나 있다.

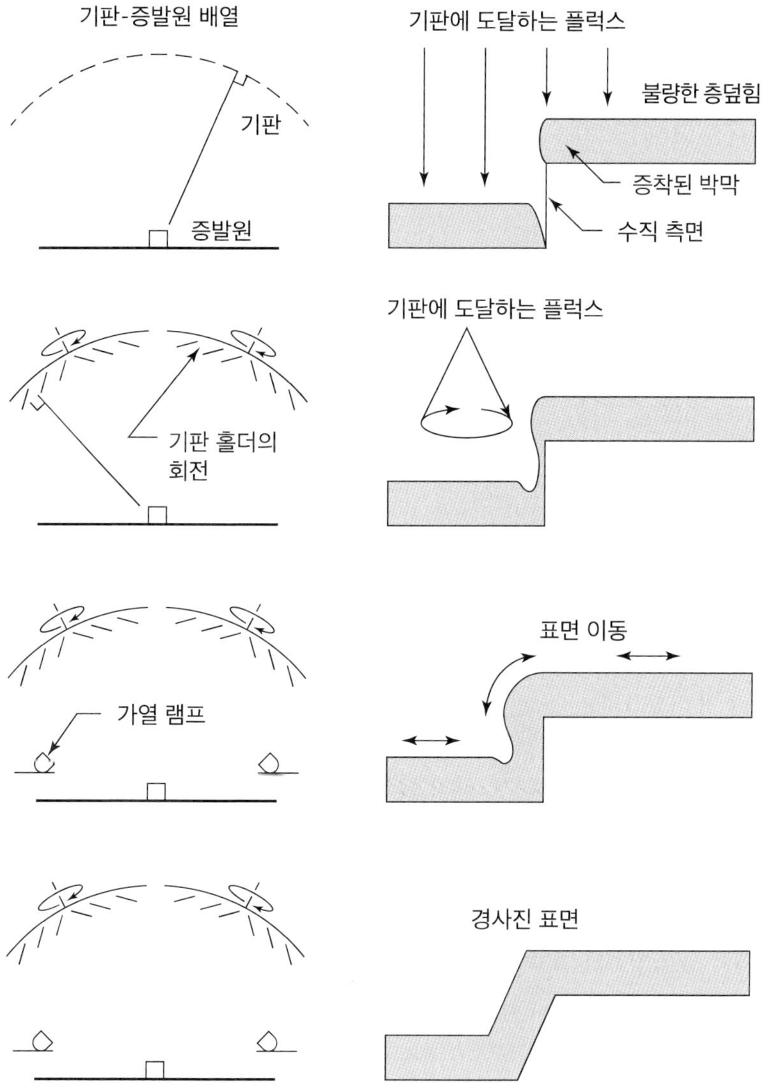

그림 10.8 증발법에 의한 박막의 증착에서 층덮힘에 영향을 주는 인자들

증발법은 그 조업 압력이 낮아 스텝의 측면 벽에 증착이 잘 되지 않아 층덮힘이 불량하며 기판 홀더의 회전, 그리고 각 기판의 회전에 의해 각 증착점에 도달하는 플럭스를 변화시켜 층덮힘을 개선할 수 있다. 또한 기판 표면을 가열하면 표면에 흡착된 박막 형성종의 이동을 촉진시켜 층덮힙의 개선에 도움이 된다. 또 한편으로는 스텝 측벽에 기울기를 주어 박막형성종의 플럭스에 수직으로 바라보는 면을 증가시키면 측면 증착을 늘려 층덮힘을 개선할 수 있다. 그러나 이 방법은 나노규모의 미세패턴을 만드는 추세에는 부응하지 않는다. 이러한 사항들을 모두 반영한 모델식을 만들어 실제 증착 속도를 나타내기에는 어려운 점이 많으며 경우에 따라서는 코사인법칙을 $cos^n A$로 나타내 이제까지 $n = 1$인 경우를 $n > 1$로 하여 모델식으로 활용하는 경우도 있다.

스퍼터링법에서는 가속화된 이온을 이용하기 때문에 이들에 의해 기판이 손상될 수 있으나 증발법에서는 이러한 문제가 거의 없다. 또한 고순도 박막을 성장시키는 데도 증발법이 유리하며 이는 증발법이 더 낮은 압력에서 조업하기 때문이다. 반면에 층덮힘 측면에서는 조업 압력이 상대적으로 높은 스퍼터링법이 유리하다. 물질마다 증기압 차이가 큰 경우 합금을 증발시키거나 하나 이상의 물질을 한 도가니에서 같은 온도로 증발시킬 때 원하는 조성의 박막을 얻기가 어려울 수 있다. 증발이 잘 되지 않는 물질을 도가니에 더 많이 넣어 증발시킬 수도 있으나 증발이 진행되면서 도가니의 조성이 바뀌어 박막의 조성도 위치에 따라 바뀌게 된다. 경우에 따라서는 각 원소별로 별도의 전자선 증발 도가니를 이용하여 증발 온도를 다르게 제어함으로써 조성을 맞출 수 있다. 다음에 설명할 스퍼터링법은 박막 조성의 제어에 있어서 증발법보다 유리하기 때문에 실리콘 소자의 제조에서는 거의 대부분 스퍼터링법이 쓰인다.

10.3 스퍼터링법

스퍼터링법은 증발법보다 높은 압력에서 조업이 가능해 소자의 제조에서 선호되는 증착공정이다. 스퍼터링법은 1~100 mtorr의 압력 범위에서 조업하므로 10^{-5} torr 이하의 압력에서 조업하는 증발법에 비해 높아 불순물이 유입되기 쉽고 스퍼터링에 사용하는 기체가 박막에 유입되는 문제가 있었다. 근래에는 고순도 타겟과 고순도 기체의 제조가 가능해지면서 이러한 문제는 최소화되었다. 층덮힘이 우수한 화학증착법이 선호되나 몇몇 재료는 적절한 전구체가 없어 스퍼터링법을 쓰게 된다. 그림 10.9에는 RF(radio-frequency)전원을 이용한 스퍼터링 장치의 개념도가 나타나 있다. 경우에 따라서는 DC전원을 이용한 스퍼터링 시스템이 활용되며 이 시스템도 같은 개념도로 나타낼 수 있다. 단지 RF 시스템에서는 타겟이 놓이는 전극의 면적을 작게 하여 이 캐소드 전극에 더 큰 전기장의 바이어스가 걸리게 한다. 플라즈마의 발생 및 관련 기술의 기본 원리는 제8장에서 기술하였다. 그림 8.5에는 진공이 유지된 반응기에 두 평판 전극이 있고 여기에 직류전원을 공급하는 경우 반응기 내에 형성되는 플라즈마와 전기장의 분포가 나타나 있다. 음전위가 걸린 캐소드에는 플라즈마에 비해 전기장이 급격히 떨어지는 쉬스 영역이 존재하고 일정 두께의 고체 재료 원반 타겟은 여기에 설치된다. 스퍼터링 기체로는 금속원소와 반응하지 않는 불활성 기체가 주로 쓰이며 아르곤이 가장 많이 쓰인다. 전기장에서 가속된 전자는 아르곤 원자와 충돌하여 양전하를 띤 이온을 발생시키는데 이 이온은 쉬스를 통해 음전극 쪽으로 가속되어 타겟을 때리게 된다. 가속된 아르곤 이온은 타겟 표면을 때려 금속종을 떼어 기상으로 내보내며 이 박막 형성종이 반대편 전극에 놓여 있는 기판 쪽으로 이동해서 흡착 응축되어 박막을 형성한다. 타겟과 캐소드는 이온의 충돌에 의해 가열되므로 경우에 따라서는 냉각수를 흘려 냉각을 하기도 한다. 전극에 직류 대신 RF(메가헤르츠 수준이며 주로 13.56 MHz 전원이 많이 쓰인다) 전원이 공급되면 그림 8.6에 나타난 바와 같이 전위차가 형성되며 블록킹 캐패시터가 연결되고 면적을 작게 한 캐소드에 그림 8.7처럼 바이어스가 크게 걸려 이온이 가속되어 스퍼터링을 하게 된다. 장치에서 보는 바와 같이 타겟, 기판 모두 전극에 놓여 있어 전극의 일부를 이루게 되며 이들의 전도도가 조업에 영향을 미친다.

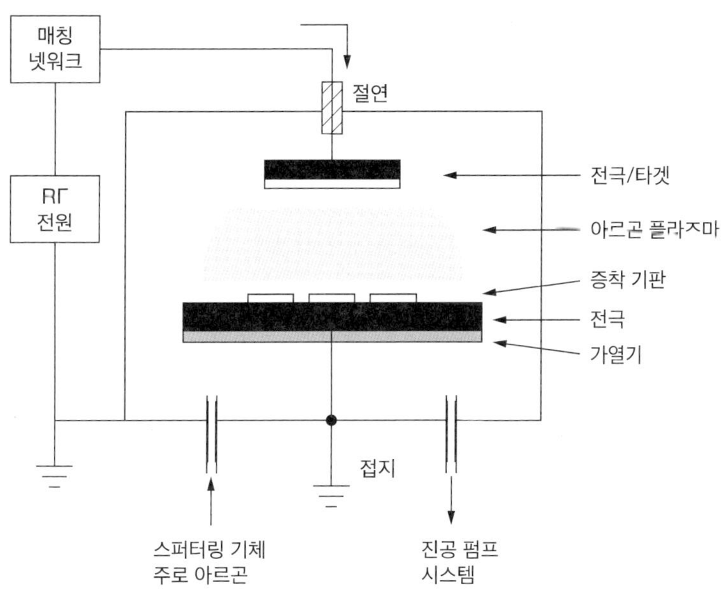

그림 10.9 RF(radio-frequency)전원을 이용한 스퍼터링 장치의 개념도

DC 시스템은 금속 타겟처럼 도체 소재를 스퍼터링하는 데는 문제가 없으나 절연체와 같이 전기를 잘 통하지 않는 소재의 경우 플라즈마가 꺼져 버리기 때문에 RF 시스템을 활용해야 한다. 그림 10.9에 나타난 스퍼터링 시스템은 단순한 다이오드 형태로 이온이나 전자의 궤적이 캐소드와 애노드 사이에 인가되는 전기장에 의해 영향을 받게 된다. 이때 이온은 캐소드에 놓인 타겟을 때리게 되고 전자는 애노드 쪽으로 직선적으로 움직여 애노드 전극에 충돌하여 소멸된다. 이 경우 가속된 전자가 기상에서 아르곤 원자와 충돌, 이들의 이온화에 기여하는 효율이 그다지 높지 못하다. 마그네트론 스퍼터링 시스템에서는 형성된 전기장에 더해 마그넷을 이용하여 자기장을 형성시켜 전자가 캐소드에서 애노드로 직선적으로 움직이는 것이 아니라 나선형으로 움직이게 하여 전자의 체류 시간을 증가시켜 이들이 이온화에 기여하는 부분을 증가시키는 것이다. 이에 따라 증착 속도를 높일 수 있다.

표 10.2에는 스퍼터링법으로 증착되는 여러 소재들이 나타나 있다. 단일 성분의 금속소재, 여러 성분의 합금소재, 산화물, 질화물, 붕화물, 규화물, 불화물, 황화물, 셀레니움화합물, 텔루리움화합물 등이 있다. 두 개 이상의 성분을 갖는 합금이나 화합물의 경우는 증착하고자 하는 박막과 같은 조성의 단일 타겟을 쓸 수도 있고, 금속원소 타겟에 분위기 기체를 공급하여 반응성 스퍼터링 공정을 활용할 수도 있으며, 각 성분의 원소를 각각 타겟으로 만들어 같이 스퍼터링(co-sputtering)하면서 증착할 수도 있다. 이렇게 만들어지는 다양한 박막은 집적회로의 제조나 광학 박막, 경도가 높은 내마모성 박막, 각종 내부식성 보호막, 광전도성 막, 자성체 박막, 윤활성막, 강유전체 막 등 다양한 분야에 다양하게 활용된다.

그림 10.9에는 스퍼터링 공정에서 가속화된 양이온에 의해 타겟 원자가 떨어져 나오는 개념도가 나타나 있다. 반응기 내에서 전기장에 의해 가속화된 전자는 스퍼터링 기체로 많이 쓰이는 아르곤 원자와 충돌, 아르곤 원자에 있는 전자가 떨어져 나가게 하여 일부 아르곤 원자가 이온화된다. 아르곤의 이온화에너지는 15.7 eV 정도이다. 앞서 플라즈마공정에서 기술하였듯이 양이온은 캐소드 쉬스에서 가속화되어 타겟을 때려 스퍼터링이 일어나는 데 이때 이온의 에너지는 수십에서 수천 eV 정도가 된다. 이 정도의 에너지는 앞서 설명했던 이온주입에 필요한 에너지보다 훨씬 낮은 값이다. 양이온 하나당 타겟에 있는 원자 1,000개 정도에 에너지를 전달하게 된다.

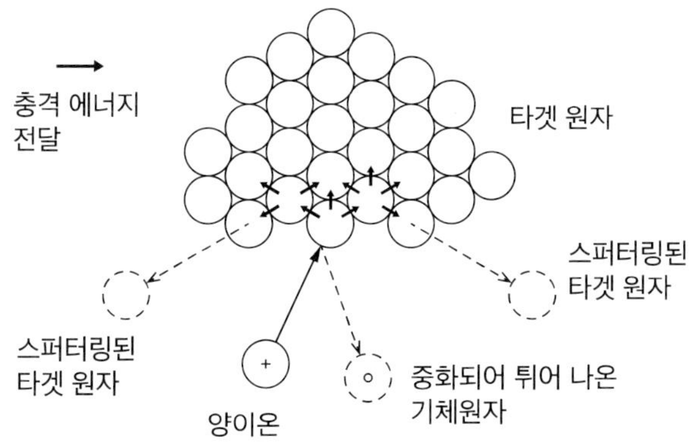

그림 10.9 가속화된 양이온에 의해 타겟 원자가 떨어져 나오는 개념도

표 10.2 스퍼터링법으로 증착되는 여러 소재들

타겟소재	응용
1. 금속	
알루미늄	집적회로 배선, 반사막, 플라스틱 필름 포장재
크로미움	접착층, 포토 마스크 유리기판 패터닝 소재
저마니움	적외선 필터
금	접촉 금속, 반사막
철, 니켈	강자성체
팔라디움, 백금	접촉 금속
은	접촉 금속, 반사막
탄탈럼	박막 캐패시터
텅스텐	접촉 금속
2. 합금	
Al-Cu, Al-Si, Al-Cu-Si	집적회로 배선
Co-Fe, Co-Ni, Fe-Tb, Fe-Ni, Co-Ni-Cr	강자성체 박막
Ni-Cr	저항체
Ti-W	집적회로에서 확산방지막
Gd-Co	마그네틱 메모리
3. 산화막	
Al_2O_3	보호막, 절연막, 유전체막
$BaTiO_3$, $PbTiO_3$	박막 캐패시터
CeO_2	반사방지막
In_2O_3-SnO_2	투명전극
$LiNbO_3$	압전체막
SiO_2	절연막
SiO	적외선 필터, 보호막
Ta_2O_5, TiO_2, ZrO_2, HfO_2, MgO	캐패시터 유전체, 광학용 다층막
Yttrium aluminum oxide(YAG), yttrium iron oxide (YIG), $Gd_3Ga_5O_{12}$	마그네틱 메모리 소재
YVO_3-Eu_2O_3	인광 박막
$Cu_3Ba_2YO_7$	초전도 박막

타겟소재	응용
4. 불화물	
CaF_2, CeF_3, MgF_2, ThF_4, Na_3AlF_6(cryolite)	다층 광학용 박막 (반사방지막, 필터 용)
5. 봉화물	
TiB_2, ZrB_2	내마모성 박막, 하드 코팅, 보호막
LaB_6	열전자 방출 소재
6. 탄화물	
SiC	고온 반도체
TiC, TaC, WC	내마모성 박막, 하드 코팅, 보호막
7. 질화물	
Si_3N_4	절연체, 보호막
TaN	박막 전도체, 확산방지막,
TiN	확산방지막, 하드코팅, 내부식막, 전도체
8. 규화물	
$MoSi_2$, $TaSi_2$, $TiSi_2$, WSi_2	접촉 전극 금속, 확산방지막
9. 황화물	
CdS	광전도성 막
MoS_2, TaS_2	윤활성 막
ZnS	다층 광학 박막
10. 셀레나이드, 텔루라이드	
CdSe, PbSe, CdTe	광전도성 막
ZnSe, PbTe	광학용 박막
MoTe, MoSe	윤활성 막

몇몇 타겟 원자는 이온과의 충돌로부터 에너지를 받아 표면 쪽으로 튕겨 가게 되는데 이들 중 타겟 원자 간의 결합에너지(10~20 eV)보다 큰 원자는 결정격자를 벗어나 기상으로 튕겨 나가게 된다. 타겟에 충돌하는 이온의 개수당 기상으로 튕겨 나오는 원자의 개수를 스퍼터링 효율(sputtering yield, Y)이라 한다. 증발법에서는 물질에 따라 융점, 그리고 증기압의 차이가 커서 여러 종류의 물질에 대응하기 어려우나 스퍼터링법에서의 스퍼터링 효율은 물질의 단단함에 의존하며 물질마다의 차이가 증기압에 비해 훨씬 작아 다양한 물질에 대응하기가 상대적으로 용이하다. 이러한 스퍼터링 효율은 이온이 타겟에 충돌하는 각도에 의존하며 0도일 때는 그 값이 작고 90도일 때는 이온의 모멘텀이 타겟 내부로 대부분 전달되어 그 값이 아주 작아진다. 실제로는 60도보다 조금 큰 각에서 최대값이 된다. 스퍼터링에 의해 타겟에

서 떨어져 나오는 박막 형성종은 3~10eV 정도로 증발법에서 형성되는 종의 에너지 0.2~0.26eV보다 훨씬 크다. 이들은 좀 더 활발하게 기체 분자와 충돌 스캐터링이 되므로 스퍼터링 법이 증발법보다 층덮힘이 우수하게 나타나나 화학증착법에는 미치지 못한다. 그림 10.10에는 아르곤 이온에 의해 스퍼터링되는 구리 타겟에서 아르곤의 이온에너지에 대한 스퍼터링 효율이 나타나 있고 또한 여러 불활성 기체를 스퍼터링 기체로 활용했을 때 이온에너지에 따른 스퍼터링 효율이 나타나 있다. 아르곤 이온이 타겟에 수직으로 충돌하는 경우이다. 그림을 보면 스퍼터링이 제대로 이루어지기 위해서는 어떤 문턱에너지가 필요한 것을 알 수 있으며 그 이하에서는 스퍼터링 효율이 아주 낮은 것을 알 수 있다. 또한 특정한 에너지에서 최대 효율을 나타내며 그 이상에서는 이온이 타겟 안으로 주입되면서 효율이 떨어진다. 그리고 200~700 eV 정도의 이온에너지 구간에서는 스퍼터링 효율이 에너지에 거의 직선적으로 변하는 것을 알 수 있다. 질소와 같은 이원자 분자는 일부 에너지가 내부 에너지로 흡수되어 스퍼터링 효율이 떨어지며 무게가 무거운 불활성 기체의 경우 스퍼터링 효율이 높은 것을 알 수 있다.

이온에너지가 낮은 영역과 높은 영역에서 스퍼터링 효율은 아래와 같이 나타난다.

$$Y = \frac{3}{4\pi^2}\alpha\frac{4M_1M_2}{(M_1+M_2)^2}\frac{E}{U_s} \quad (E < 1\,\text{keV}) \tag{10.10}$$

$$Y = 3.56\alpha\frac{Z_1Z_2}{(Z_1^{2/3}+Z_2^{2/3})}\left(\frac{M_1}{M_1+M_2}\right)\frac{S_n(E)}{U_s} \quad (E > 1\,\text{keV}) \tag{10.11}$$

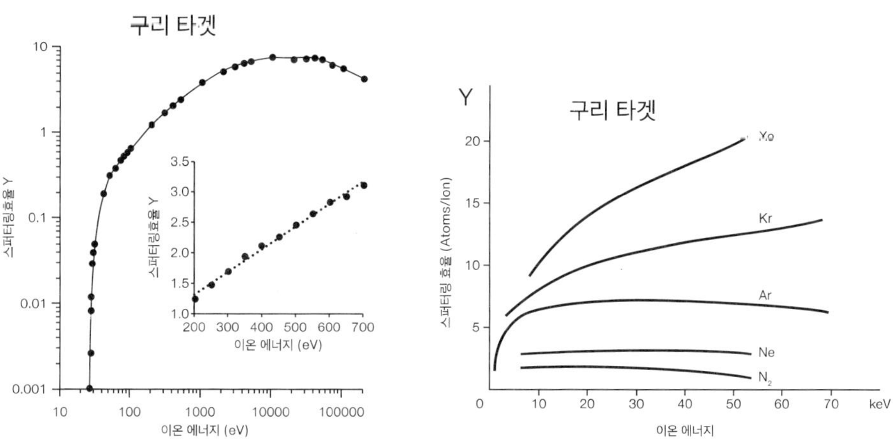

그림 10.10 아르곤 이온에 의해 스퍼터링되는 구리 타겟에서 아르곤의 이온에너지에 대한 스퍼터링 효율과 몇몇 불활성 기체 원자를 이용하여 구리 타겟을 스퍼터링하는 경우 이온에너지에 대한 스퍼터링 효율

여기에서 E는 이온의 에너지, M_1, M_2는 각각 이온과 타겟 원자의 무게, U_s는 타겟 원자의 표면 결합에너지, α는 충돌에 의해 전달되는 모멘텀의 전달 효율이며 M_1/M_2 질량비와 이온 에너지에 의존하는 상수이다. 이온에너지가 낮고 질량비가 1 이하인 경우 0.2 정도로 나타난다. 에너지가 높아지면서 이 값은 $0.1<M_1/M_2<10$ 범위에서 1.4 정도까지 일정하게 증가한다. 앞서 이온주입공정에서 설명한 바와 같이 $S_n(E)$는 원자핵끼리의 탄성충돌에 의해 이온이 단위 길이당 잃어버리는 에너지이다. 그리고 Z_1, Z_2는 각각 이온, 그리고 타겟 원소의 원자번호이다. 높은 에너지에서 스퍼터링 효율 Y는 거의 일정한데 이는 $S_n(E)$값이 에너지 값에 거의 의존하지 않기 때문이다. 타겟을 때리는 이온의 에너지가 타겟 내의 원자에 전달되고 이 에너지가 표면결합에너지보다 커야 스퍼터링이 일어나므로 스퍼터링 효율은 표면결합에너지에 반비례하고 이온에너지에 비례한다. 또한 $4M_1M_2/(M_1+M_2)^2$는 $M_1=M_2$일 때 최대값이 된다.

표 10.3에는 금속 타겟의 경우 불활성 기체의 종류와 에너지에 따른 이온당 원자의 개수로 나타난 스퍼터링 효율이 나타나 있다. 스퍼터링 기체로 많이 쓰이는 아르곤의 경우 스퍼터링에 필요한 문턱에너지, 그리고 이온에너지가 0.5keV, 1.0keV일 때의 효율이 나타나 있다. 타겟 물질이 무겁고 단단한 원소일수록 바인딩에너지가 커서 효율이 떨어지며 가벼운 헬리움 기체의 경우도 효율이 떨어진다.

표 10.3 몇몇 금속 타겟의 경우 불활성 기체의 종류와 에너지에 따른 스퍼터링 효율(이온당 원자의 개수)

타겟물질	스퍼터링 기체와 에너지(KeV)						Ar 문턱 에너지(eV)
	He 0.5	Ne 0.5	Ar 0.5	Kr 0.5	Xe 0.5	Ar 1.0	
Ag	0.20	1.77	3.12	3.27	3.32	3.8	15
Al	0.16	0.72	1.05	0.96	0.82	1.0	13
Au	0.07	1.08	2.40	3.06	3.01	3.6	20
Be	0.24	0.42	0.51	0.48	0.35		15
C	0.07	–	0.12	0.13	0.17		
Co	0.13	0.90	1.22	1.08	1.08		25
Cu	0.24	1.80	2.35	2.35	2.05	2.85	17
Fe	0.15	0.88	1.10	1.07	1.00	1.3	20
Ge	0.08	0.68	1.1	1.12	1.04		25
Mo	0.03	0.48	0.80	0.87	0.87	1.13	24
Ni	0.16	1.10	1.45	1.30	1.22	2.2	21
Pt	0.03	0.63	1.40	1.82	1.93		25
Si	0.13	0.48	0.50	0.50	0.42	0.6	
Ta	0.01	0.28	0.57	0.87	0.88		26
Ti	0.07	0.43	0.51	0.48	0.43		20
W	0.01	0.28	0.57	0.91	1.01		33

증착되는 박막의 두께를 균일하게 유지하는 것이 역시 중요하나 스퍼터링법도 물리증착공정으로 line-of-sight 증착이기 때문에 층덮힘에 한계가 있다. 이를 위해서는 기판 표면의 각 지점에 도달하는 박막 형성종의 플럭스를 균일하게 유지해야 하는데 line-of-sight 증착에서는 한 지점에 도달하는 플럭스의 분포를 방향에 따라 파악해야 한다. 스퍼터링에서 사용되는 타겟은 크기 및 모양이 다양하고 때로는 여러 타겟이 쓰인다. 웨이퍼 홀더나 웨이퍼보다 크기가 큰 타겟을 이용하면 박막의 균일도를 높이는 데 도움이 되며 긴 타겟에 걸쳐 웨이퍼를 이동시키거나 회전시키는 것도 도움이 된다. 때로는 증발법처럼 기판을 원형이나 구형의 홀더 표면에 배치시키기도 한다.

그림 10.11에는 타겟의 크기에 따른 박막 형성종의 플럭스 라인 분포, 웨이퍼 표면의 한 지점에서 도착각에 따른 박막 형성종의 플럭스 분포, 그리고 코사인 법칙에서 $\cos^n\theta$에 의존하는 증착 기여도의 경우 n값에 따른 분포가 나타나 있다.

먼저 그림 (a)에는 타겟의 크기가 큰 경우 기판에 도달하는 플럭스의 도착각이 더 넓게 분포하는 것을 알 수 있다. 기판을 회전시키거나 커다란 타겟을 마주보며 이동시키는 것도 도착각의 분포를 넓게 하는 데 기여하여 막 두께의 균일도를 향상시킨다. 그림 (b)에는 기판 표면의 특정한 면적에 도달하는 박막 생성종의 플럭스를 각도에 따라 나타낸 개념도이다. 각도 θ는 기판 표면에 수직한 방향과 도달하는 플럭스의 방향이 이루는 각이다. 왼쪽 그림은 모든 도착각에 대해서 박막 증착종의 단위 면적, 단위 시간당 도달하는 양이 균일하게 같은 경우, 즉 등방성 분포에 해당한다. 앞서 증발법에서 증발원으로부터 증발하는 양을 각도에 따라 나타낸 것과 같은 개념이다. 기판 표면에 수직으로 입사하는 플럭스는 $\theta = 0$으로 최댓값 ($\cos\theta = 1$)으로 증착에 기여하게 되며 이 각도가 클수록 그 기여도는 낮아지게 된다. 기판 표면에 평행으로 입사하는 플럭스는 $\theta = 90$도로 그 기여도는 0이 된다. 그림 (b)의 오른쪽은 표면에 도달하는 플럭스가 방향에 따라 균일하지 않고 표면에 수직한 방향으로 쏠려 있는 경우이다. 이러한 경향은 $\cos^n\theta$로 일반적으로 표시하여 $n > 1$일 때에 해당된다. 그림 (c)에는 n값에 따른 분포가 나타나 있는데 $n = 1$인 경우는 등방성 분포, $n < 1$에 의존하는 경우는 수직한 방향보다 측면 쪽으로 플럭스가 쏠려 있는 경우이다. 일례로 왼쪽 그림에서 수평과 이루는 각이 30도인 지점 B는 A지점까지의 거리보다 0.77배인데 $\cos 60° = 0.5$보다 큰 값을 갖는다. n값은 타겟을 때리는 이온의 에너지뿐만 아니라 증착기 내의 압력, 기판과 타겟의 크기 및 배열 등 기타 여러 변수의 영향을 받는다. 큰 타겟을 쓰는 경우가 등방성 분포를 나타내는 데 유리하고 두께의 균일도나 층덮힘을 향상시키는 데 유리하다.

앞서도 언급했듯이 스퍼터링법의 압력이 증발법보다 커서 박막 형성종이 타겟에서부터 증착 표면에 도달하면서 더 많은 충돌을 하게 되고 더 넓게 스캐터링되며 이에 따라 층덮힘이 상대적으로 좋다. 화학증착법에서는 박막을 형성하는 분자가 표면에 도달할 때 그 플럭스가 방향에 상관없이 등방성을 보이며 충돌하는 분자 중 표면에 흡착하는 비율인 부착계수가 아주 작아 이 값이 거의 1에 가까운 증발법이나 스퍼터링법보다 층덮힘이 우수하다.

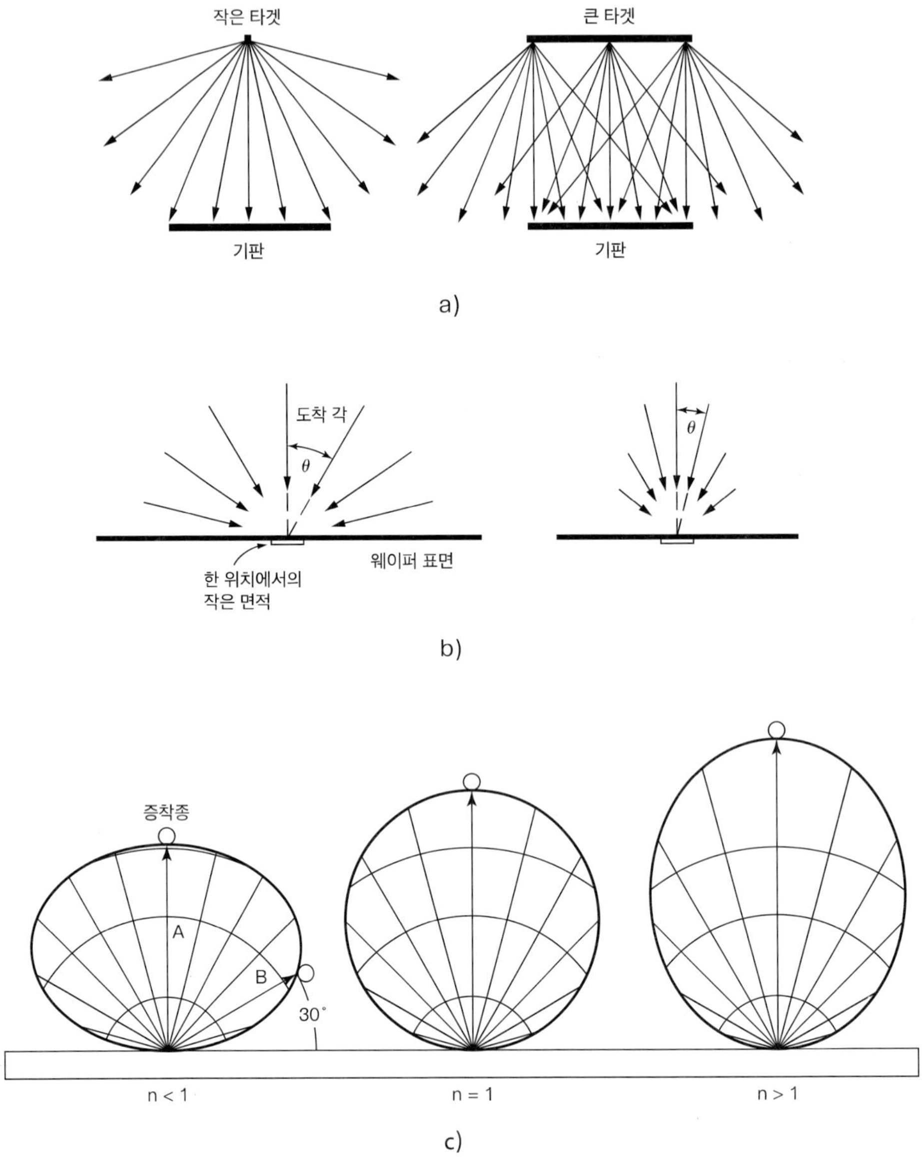

그림 10.11 (a) 타겟의 크기에 따른 박막 형성종의 플럭스 분포, (b) 웨이퍼 표면의 한 점에서 도착각에 따른 박막 형성종의 플럭스 분포, 그리고 (c) 코사인 법칙에 의해 $\cos^n\theta$에 의존하는 플럭스에서 n값에 따른 플럭스 분포

10.4 금속화공정

물리증착법은 소자의 제조에서 주로 금속박막을 증착하는 데 이용되며 어떤 종류의 소자에서도 도체는 소자와 소자를 연결해 주는 배선이나 전극 재료로 중요하다. 여기에서는 집적회로에서 중요하게 쓰이는 도체에 대해 언급하고자 하며 소자에 직접적인 관심이 적은 독자들은 이 부분을 생략할 수도 있겠다. 집적회로에서 금속박막은 소자의 여러 부분에서 활용되는데 그림 10.12에는 MOSFET(metal-oxide-semiconductor field effect transistor) 소자를 중심으로 도체 박막이 쓰이는 부분에 대한 개념도가 나타나 있다.

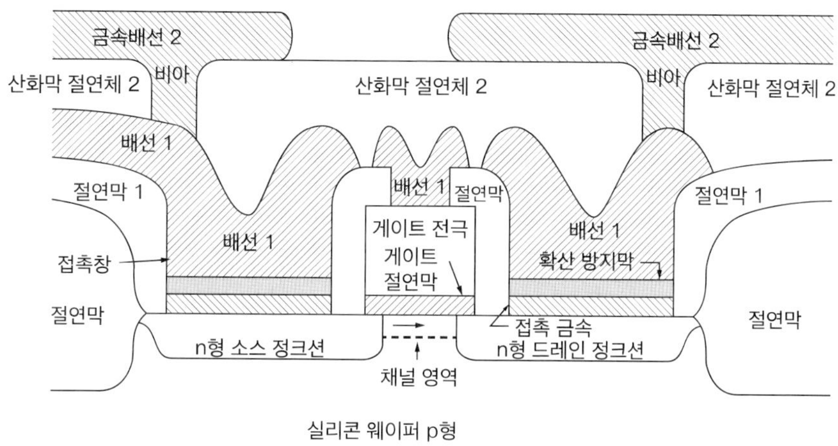

그림 10.12 n채널 MOSFET 트랜지스터를 중심으로 도체 박막이 쓰이는 부분에 대한 개념도

n채널 MOSFET 트랜지스터는 p형 웨이퍼 위에 제작되며 그림에서 보는 바와 같이 p형 웨이퍼에 n형으로 소스와 드레인 정크션이 형성된다. 이 두 정크션 사이에는 p형이 가로 막고 있어 전류가 흐를 수 없다. 이 부분 위에 형성된 게이트 절연막(산화막), 그리고 그 위에는 게이트 전극이 형성되어 있어 배선 1을 통해 게이트 전극에 전압이 가해지면 채널 영역의 반도체와 절연막 사이에 변화가 오게 된다. 특히 양전위가 걸리게 되면 p형 채널에 있는 홀은 계면에서 밀려나게 되고 전자는 계면으로 몰려와 국부적으로 n형 채널이 형성된다. 이렇게 되면 두 n형 정크션 사이가 n채널로 연결되어 전류가 흐를 수 있게 된다. 이것이 n채널 MOSFET의 작동 원리이며 게이트 전극에 걸리는 전압으로 전류의 흐름을 제어하는 트랜지스터로 물의 흐름을 제어하는 밸브와 같은 역할을 한다. 1층 배선 중 반도체 정크션과 접촉

(contact)을 이루는 부분이 있고 주로 실리콘과 알루미늄이 접합을 이루게 된다. 이 부분에서 금속과 반도체의 접촉 저항을 줄이고 계면의 안정성 향상을 위해 접촉 금속층(주로 금속 실리사이드 화합물)을 삽입하기도 하며 또한 알루미늄과 실리콘 계면의 불안정성을 억제하기 위해 확산 방지막을 삽입하기도 한다. 확산 방지막으로는 전기전도도도 높고 안정한 타이타늄 질화막이 주로 쓰인다. 집적회로의 집적도가 높아지면서 다층 배선이 활용되며 그림에서 보는 바와 같이 층간 절연막에 수직으로 구멍을 뚫어 금속을 채워 상하로 연결하게 된다. 이 부분을 비아(via)라 한다. 이상에서 보는 바와 같이 다양한 구조에 금속소재를 증착해야 하며 특히 접촉부위나 비아는 작은 구멍에 증착을 해야 해서 층덮힘이 나쁜 물리증착법은 활용하기 어렵다. 이러한 금속막은 전도도가 높아야 하고 또한 접촉 저항이 낮아야 하며 절연막 위에 접합성이 우수해야 한다. 또한 부식에 잘 견뎌야 하고 에칭이 쉬워 패턴하는 데 어려움이 없어야 한다.

평탄한 절연막 위에 배선 재료로는 주로 알루미늄 박막이 스퍼터링 법에 의해 증착되며 산화막과의 표면 반응($3/2SiO_2 + 2Al \rightarrow Al_2O_3 + 3/2Si$)에 의해 접착력이 좋은 안정한 박막이 형성된다. 전기전도도는 구리 박막이 더 높으나 알루미늄 박막에 비해 구리 박막은 에칭하기가 쉽지 않고 또한 산화막으로 확산 속도가 높으며 부식성이 높아 회로의 집적에 활용되기가 어려웠다. 최근에는 구리 박막과 절연막 사이에 질화탄탈륨 같은 확산 방지막을 활용하고 도금법에 의한 박막 형성과 다음 장에서 언급할 다마씬 같은 패터닝 기술이 발전하면서 구리 칩의 응용이 늘어나는 추세이다.
게이트 전극막으로는 도우핑을 높게 하여 전도도를 높인 폴리실리콘 박막이 쓰였으나 이후 그림 10.13에 나타난 바와 같이 변화되어 왔다.

게이트 전극은 전기전도도가 높아야 하고 소자의 안전성을 해치지 않아야 한다. 폴리실리콘은 증착하기 쉽고 안정하며 특히 게이트 절연막인 실리콘 산화막과 접착력이 좋으면서도 안정한 계면을 형성한다. 반면에 순수한 금속막에 비해 전기전도도가 낮은 것이 단점이다. 이에 따라 산화막과의 계면에는 폴리실리콘을 활용하고 그 위에 폴리실리콘보다는 전도도가 높은 메탈실리사이드를 증착한 구조가 활용되었다. 이후 폴리실리콘 위에 순수한 금속, 폴리실리콘이 없는 순수한 실리사이드, 또는 순수한 메탈 층을 활용하는 쪽으로 연구가 되고 있다. 순수한 금속을 쓰는 경우 전도도는 높지만 부식이 되기 쉽고 게이트 산화막과의 계면 안정성이 문제가 된다. 차세대 트랜지스터에서는 절연막 아래 형성되는 반도체 채널의 일함수와 전극의 일함수 차이를 작게 하여 트랜지스터의 on/off 전압을 낮게 유지하는 방향으로 발전되고 있다.

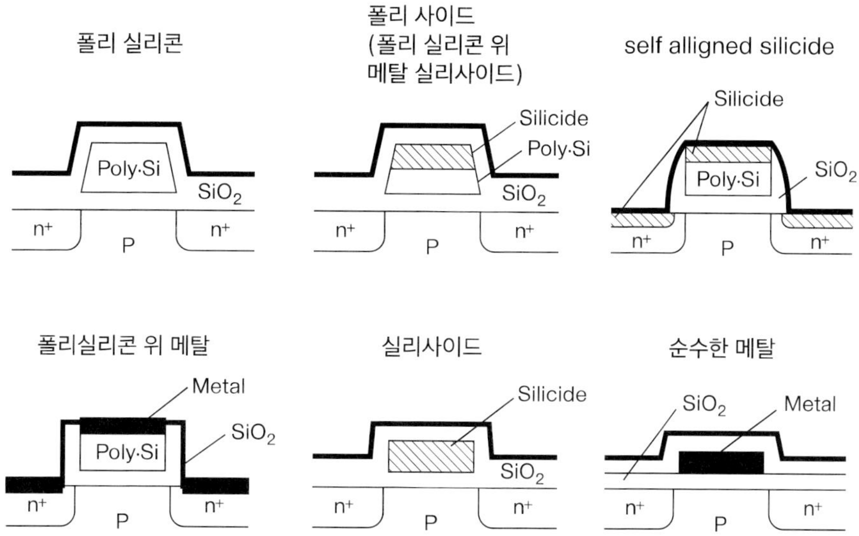

그림 10.13 게이트 전극 재료의 발전 추세

금속 배선과 반도체 정크션과의 접촉에 쓰이는 알루미늄 금속은 그림 10.14에 나타난 바와 같은 문제를 나타낸다.

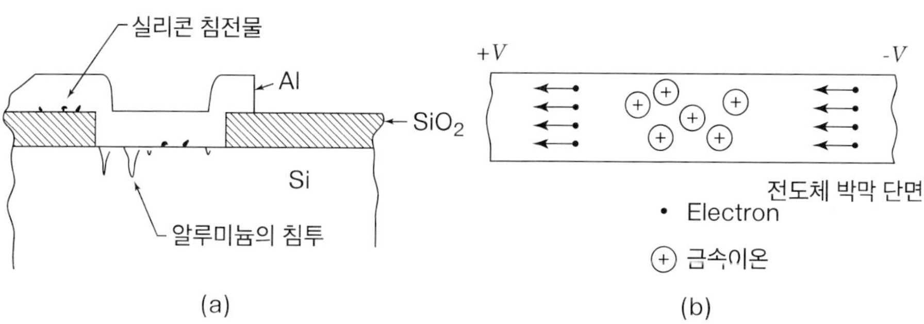

그림 10.14 집적회로에서 알루미늄 배선과 관련된 문제점들.
(a) 알루미늄 침투 현상 (b) electromigration 현상

알루미늄은 융점이 660°C 정도로 낮고 또한 실리콘과의 상평형도를 보면 융점이 더 낮은 유텍틱 화합물을 형성한다. 이에 따라 알루미늄 배선이 형성된 후에는 공정 온도가 450°C를 넘어서는 안 된다. 또한 알루미늄에 실리콘이 일부 녹기 때문에 알루미늄-실리콘 접합부에서 그림에 나타난 바와 같이 실리콘 정크션 쪽으로 알루미늄이 일부 침투하여 정크션에 단락이 생길 수 있다. 이에 따라 실리콘 정크션의 두께가 0.25 마이크론 이하가 되는 경우는 실리콘과 알루미늄 층 사이에 확산 방지막을 삽입하여 직접적인 접촉을 방지하여야 한다. 여기에는 전

도도가 높고 안정한 질화티타늄 박막(TiN)이 주로 쓰이는데 접촉 구멍의 내벽에 층덮힘이 우수하게 얇은 막을 증착해야 하므로 화학증착공정이 쓰이며 아래와 같은 화학반응을 활용한다.

$$TiCl_4 + NH_3 \longrightarrow TiN(s) + HCl$$
$$Ti(NR_2)_4 \longrightarrow TiN(s),\ R = CH_3 \tag{10.12}$$

염화물 공정의 단점은 증착 온도가 높고 부식성이 강한 염소가 박막에 포함될 수 있다는 점이다. 앞서 화학증착공정에서 소개한 티타늄 아미도 화합물 같은 유기금속화합물을 쓰면 증착 온도를 낮출 수 있고 부식 문제를 피할 수 있으나 때로는 탄소불순물이 함입되기도 한다.

또한 알루미늄은 가벼운 원소라 일렉트로마이그레이션(electromigration) 현상이 나타나기도 한다. 집적회로의 집적도가 높아지면서 금속 배선을 흐르는 단위 면적당 전류밀도도 높아지게 되는데 이때 금속원자 핵이 전자에 휩쓸려 이동하는 것이 일렉트로마이그레이션으로 금속 배선이 끊어지는 현상이 발생한다. 일렉트로마이그레이션에 의해 배선이 끊어지는 현상은 아래 MTF(mean time failure)로 정량화할 수 있으며 이는 배선이 끊기는 데 소요되는 평균 시간을 나타낸다. MTF가 클수록 또는 그 역수 값이 작을수록 소자는 더 안정하게 작동한다.

$$(MTF)^{-1} \sim J^2 \exp\left[-\frac{E_d}{kT}\right] \tag{10.13}$$

J : 전류 밀도

E_d : 알루미늄 원자의 알루미늄 결정 내에서의 확산 활성화에너지

단결정 알루미늄 $E_d \sim 1.4$ eV

그레인 크기가 작은 알루미늄 박막 $E_d \sim 0.4-0.5$ eV

여기에서 보면 MTF의 역수는 전류밀도에 비례하고 온도가 높을수록 커지며 그레인 크기가 작은 경우 단결정이나 그레인 크기가 큰 박막의 경우보다 커진다. 즉 전류밀도가 크고 온도가 높으며 그레인 크기가 작을수록 electromigration에 대한 저항이 낮아진다. 실제 소자의 제작에서는 Al에 4% 정도의 Cu가 섞인 타겟을 스퍼터링하여 박막을 증착하며 이 경우 순수한 알루미늄 박막보다 MTF가 10배 정도 늘어난다. 구리가 섞인 알루미늄 박막에서는 구리 성분이 알루미늄의 그레인 경계에 쌓여 전류밀도에 의해 알루미늄 원자가 쓸려가는 것을 막아준다.

실리콘의 열팽창계수가 2.6 ppm 정도인데 비해 알루미늄은 22 ppm 정도로 박막을 증착하고 처리하는 여러 공정 중에 이 열팽창계수의 차이에 의해 내부 스트레스(internal stress)가 쌓일 수 있다. 이들이 적절히 제어되지 않으면 박막이 떨어져 나오거나 산처럼 부풀어 오르는 hillock 현상이 나타날 수 있다. 구리 성분의 첨가는 이러한 현상을 줄여주는 효과도 있다.

비아는 금속층과 층 사이를 절연하는 절연층 구멍을 금속으로 채워 서로 연결시키는 역할을 한다. 여기에도 작은 구멍에 금속을 효과적으로 채워야 하므로 화학증착공정이 쓰이며 텅스텐이나 이보다 저항이 낮은 알루미늄 화학증착공정이 상용화되어 있다. 관련 화학반응은 아래와 같다.

$$\begin{aligned}
&WF_6 + 3H_2 \longrightarrow W(s) + 6HF \\
&MoF_6 + 3H_2 \longrightarrow Mo(s) + 6HF \\
&2WF_6 + 3SiH_4 \longrightarrow 2W(s) + 3SiF_4 + 6H_2 \\
&AlR_3 \longrightarrow Al(s) + 3RH,\ R:\ alkyl \\
&Al(CH_3)_2H + H_2 \longrightarrow Al(s) + CH_4 \\
&AlH_3 : NR_3 \longrightarrow Al(s) + NR_3 \quad R = CH_3,\ C_2H_5
\end{aligned} \tag{10.14}$$

금속 실리사이드는 실리콘 위에 금속박막을 증착한 후 열처리를 통해 실리사이드, 실리콘 접합부를 만들기도 하며 아래와 같은 화학증착공정을 통해 직접 증착하기도 한다.

$$\begin{aligned}
&2WF_6 + 5SiH_4 \longrightarrow WSi_2(s) + 3SiF_4 + 10H_2 \ (SiH_4/WF_6 \sim 100) \\
&TaCl_5 + SiH_4 \longrightarrow TaSi_2(s) + HCl \\
&MoF_6 + SiH_4 \longrightarrow MoSi_2(s) + HF \\
&TiCl_4 + SiH_4 \longrightarrow TiSi_2\ (s) + HCl
\end{aligned} \tag{10.15}$$

이상에서 살펴본 바와 같이 금속박막을 증착할 때 물리증착법이 쓰이나 나노구조 위에 증착할 때에는 층덮힘이 불량하여 화학증착공정이 선호된다. 단지 물리증착법에서는 순도가 높은 타겟을 써서 순도가 높은 박막을 증착하기가 용이한 반면에 화학증착법에서는 특정한 금속박막의 경우 적절한 전구체가 없거나 순도가 높은 박막을 증착하는 데 불리한 경우가 있다. 이러한 이유로 인하여 구리박막을 만들 때 습식법인 도금법을 쓰기도 한다.

연습문제

01 진공 증발 증착반응기에서 초기 압력을 10^{-8}torr정도로 유지하면 좋은 진공을 얻었다고 볼 수 있다. 이때 반응기에 남아 있는 기체가 질소 기체라 할 때 1리터 공간에 몇 개의 질소 분자가 있는가? 질소 분자의 직경을 0.316나노미터라 할 때 이 압력에서 MFP(mean free path)를 구하라. 소스와 기판간 거리를 5cm 정도로 볼 때 MFP값이 여기에 도달하면 반응기 내의 유체를 연속유체로 볼 수 없고 분자의 흐름으로 보아야 한다. 이때 압력은 어느 정도인가? 소스가 기판에 도달하면서 기체 분자와 충돌하는 횟수를 거리를 MFP로 나눈 값이라고 볼 때 10^{-3}, 10^{-4}, 10^{-5}torr에서 충돌 횟수를 구하라.

02 아래 각각의 경우에 대해 MFP, 소스에서 기판까지 이동할 때 충돌 횟수를 구하라. 이 경우 분자의 직경은 모두 0.4nm, 소스에서 기판까지의 거리는 5cm이다.

a. 온도가 600°C이고 압력이 1torr인 LPCVD 장비
b. 온도가 600°C이고 압력이 1기압인 LPCVD 장비
c. 온도가 25°C이고 압력이 10^{-5}torr인 증발기
d. 온도가 25°C이고 압력이 3mtorr인 스퍼터링 장비

03 그림 10.5에 나타난 바와 같은 작은 면 증발원에서 $\varphi = 30°$, $\theta = 45°$이고 증발 속도가 10^{-3}g/s, $r = 5$cm, 박막의 밀도가 5g/cm^{3}일 때 증착 속도를 구하라.

04 아래 그림에서 보는 바와 같이 구의 중심에 작은 면 증발원이 위치하고 웨이퍼는 구면에 위치한다고 할 때 θ값에 따른 증착 속도를 구하라. 여기에서 $r_0 = 10$cm, 증발 속도는 3×10^{-3} g/s, 증착된 박막의 밀도는 10 g/cm^{3}이다. 증착 속도를 θ 값에 따라 ($-90°$에서 $90°$) 도시하라. 박막의 두께는 기판의 위치에 따라 균일한가?

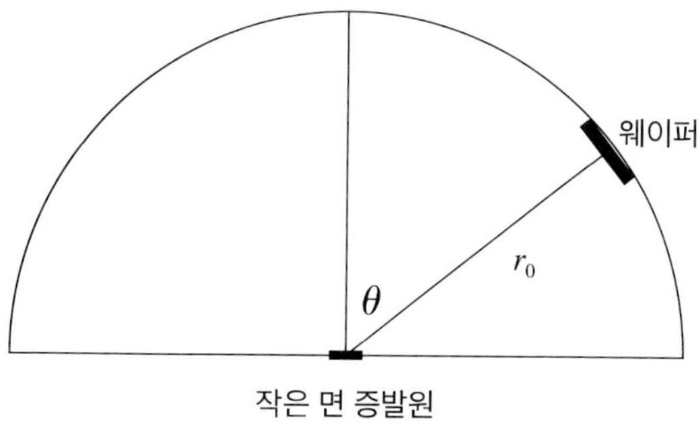

05 알루미늄의 electromigration 관련 확산 활성화에너지가 측정하는 사람에 따라 0.3, 0.4, 0.6, 0.8, 1.1, 그리고 1.4 eV로 나타났다. 상온에서 활성화에너지에 따른 MTF를 전류밀도 10^3, 10^5, 10^7A/cm^{2}에 대해 도시하라.

CHAPTER

11

식각공정(etching)

식각공정은 앞서 묘화공정에서 감광성 고분자막에 형성된 패턴을 이용하여 박막을 깎아내는 공정이다. 이때 묘화공정에서 남아 있는 감광성 고분자가 에칭공정의 마스크 역할을 하게 되고 감광성 고분자가 제거되어 표면이 노출된 부분은 에칭에 활용되는 화학물질과 반응하여 탈착이 됨으로써 제거된다. 습식에칭공정에서는 액체를 활용하고 건식공정에서는 기체를 활용는데 건식공정의 대부분은 플라즈마 공정을 활용한다. 건식공정은 화학물질의 가격이 저렴하고 환경문제를 덜 야기한다. 또한 청정공정에 적합할 뿐만 아니라 생산공정을 제어하고 자동화하기에 유리하므로 반도체 소자의 생산에서는 거의 대부분 건식에칭공정이 활용된다. 또한 플라즈마공정은 저온공정을 가능하게 하고 화학반응과 함께 이온의 물리적 운동에너지도 활용하여 나노패턴의 형성에 유리하므로 대부분의 건식에칭공정에 활용된다. 에칭공정에서는 원하는 미세패턴을 정확하게 만들어 낼 수 있고 높은 선택도를 얻을 수 있으며 필요에 따라 방향성 에칭을 할 수 있어야 한다. 이 장에서는 식각 메카니즘, 식각반응 시스템, 그리고 반도체소자의 제조에서 식각공정의 응용에 대해 기술하고자 한다.

11.1 식각 메카니즘

그림 11.1에는 에칭공정에서 패턴을 만드는 두 가지 개념이 나타나 있다. 두 방법 모두 감광성 고분자를 이용 제7장에 소개한 리소그라피 공정을 통해 패터닝을 하는데, 첫 번째 (a) 방법에서는 패터닝하고자 하는 박막을 기판에 증착하고 그 위에 감광성 고분자를 스핀 코팅한 후 패터닝을 하고 이를 마스크로 활용 에칭을 하여 원하는 형상을 만드는 것이다. 반면에 방법 (b)에서는 기판에 먼저 감광성 고분자를 스핀 코팅하고 리소그라피 공정에 의해 패터닝을 하며 이 위에 박막을 증착한 후 감광성 고분자 층을 날려 보내(lift-off) 원하는 형상을 만드는 것이다. 두 방법 모두 같은 결과를 얻게 되나 실제 양산 공정에서는 방법 (a)가 미세 패턴을 만드는 데 유리하여 보편적으로 많이 쓰인다. 에칭공정에서 중요한 사항들은 아래와 같다.

- 에칭 속도
- 에칭의 선택도
- 에칭의 이방성
- 로딩(loading) 효과
- 에칭 표면의 형상

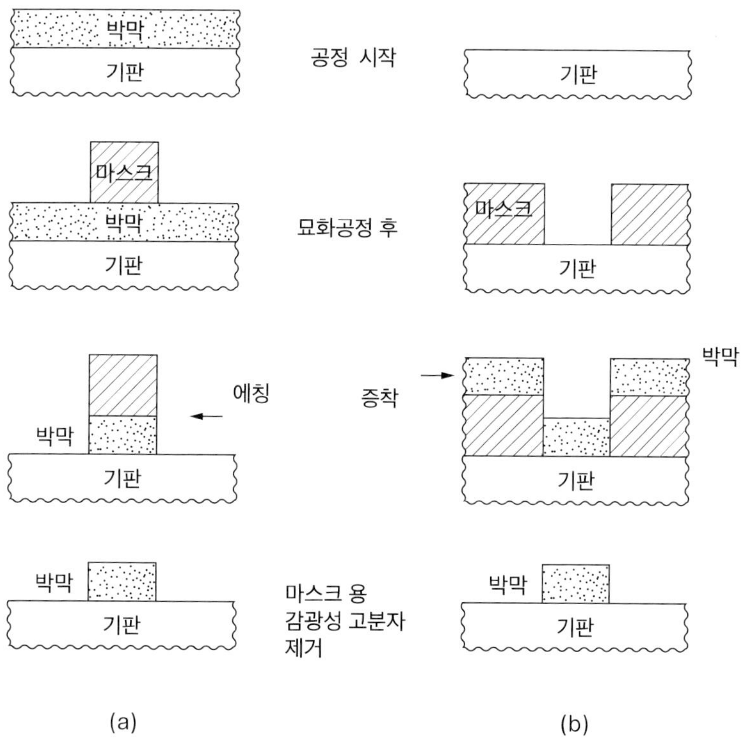

그림 11.1 에칭공정에서 패턴을 만드는 두 가지 개념

그림 11.2에는 실리콘 산화막 위에 증착된 폴리실리콘을 패터닝할 때 에칭공정에서의 선택도를 설명하기 위한 기본 개념도가 나타나 있다. 첫째는 폴리실리콘과 감광성 고분자의 에칭 속도의 비이며 3 정도가 요구된다. 이 경우에는 감광성 고분자의 두께를 비교적 두껍게 하는 것이 용이해 그 선택도가 아주 높지 않아도 공정에 큰 문제가 되지 않는다. 다음에는 폴리실리콘과 산화막의 에칭 속도의 비로 20 정도가 필요하다.

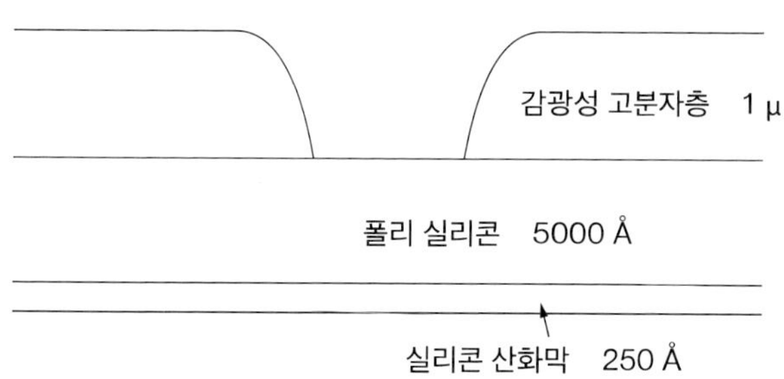

그림 11.2 실리콘 산화막 위에 증착된 폴리실리콘을 패터닝할 때 에칭공정에서의 선택도. 첫째는 폴리실리콘과 감광성 고분자의 에칭 속도의 비이며 3 정도가 요구된다. 다음에는 폴리실리콘과 산화막의 에칭 속도의 비로 20 이상이 필요하다.

이 구조는 얇은 산화막에 폴리실리콘 게이트 전극을 형성할 때 나타나며 실리콘 산화막이 아주 얇기 때문에 선택도를 20 이상으로 유지하는 것이 아주 중요하다. 웨이퍼 전체에 수없이 많은 이 구조를 동시에 에칭하기 때문에 모든 구조에서 폴리실리콘의 두께가 균일하고 에칭이 같은 시간에 동시에 종결되리라 기대하기 힘들다. 따라서 일부 일찍 에칭이 끝난 부분에서 산화막의 에칭 속도가 아주 느리게 유지되어야 과다한 에칭 없이 전체를 균일하게 패터닝할 수 있다. 이러한 면에서 에칭공정에서의 선택도가 중요하며 추후에 언급하겠지만 이 부분에서 에칭 화학반응의 반응속도 조절이 아주 중요하다.

그림 11.3에는 에칭공정에서 등방성 에칭과 이방성 에칭에 의해 형성되는 패턴의 개념도와 이 특징을 바이어스라는 파라미터를 통해 정량적으로 표시하는 방법이 나타나 있다. 에칭공정에서 방향성은 나노미터 규모의 미세구조를 만드는 데 아주 중요하다. (a)에 나타난 등방성 에칭(isotropic etching)의 경우 식각 속도가 방향에 관계없이 같은 경우 형성되며 (b)에 나타난 이방성 에칭(anisotropic etching)의 경우는 기판에 수직한 방향으로만 에칭이 되며 수평 방향으로는 에칭이 일어나지 않는 경우이다. 그림 (c)에는 A_f 값이 정의되어 있고 이 값에 따라 등방성, 이방성의 경향을 나타내는 개념을 보여 주고 있다. 완전한 이방성 에칭의 경우는 박막의 윗부분이나 아랫부분에서 측면으로의 에칭이 없어 $b = 0$이 되고 A_f는 1이 되며 완전한 등방성 에칭의 경우는 $b = d$가 되어 A_f는 0이 된다.

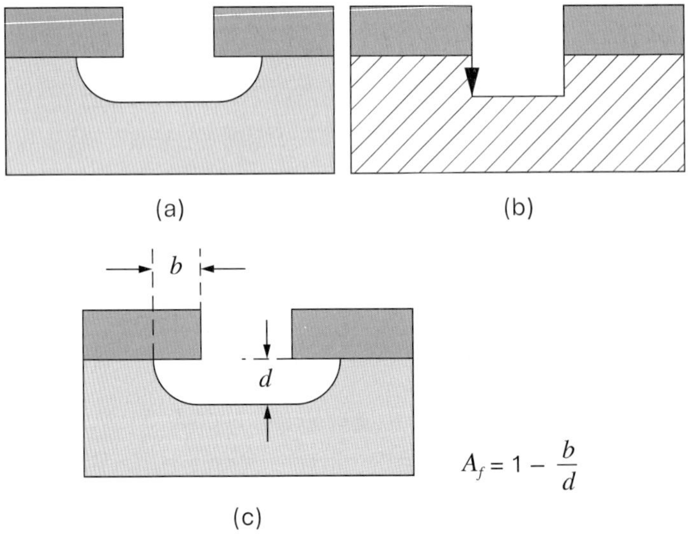

$$A_f = 1 - \frac{b}{d}$$

그림 11.3 에칭공정에서 (a) 등방성 에칭(A_f=0)과 (b) 이방성 에칭(A_f=1)에 의해 형성되는 패턴의 개념도, 그리고 (c) A_f 파라미터를 통해 정량적으로 표시하는 방법

건식 식각의 메카니즘은 물리적 에칭, 화학적 에칭, 반응성 이온에칭(reactive ion etching), 그리고 실제 널리 쓰이지는 않지만 광화학반응 에칭 등으로 구분해 볼 수 있다. 특히 화학적인 에칭과 물리적인 에칭, 반응성 이온에칭의 개념도가 그림 11.4에 나타나 있다.

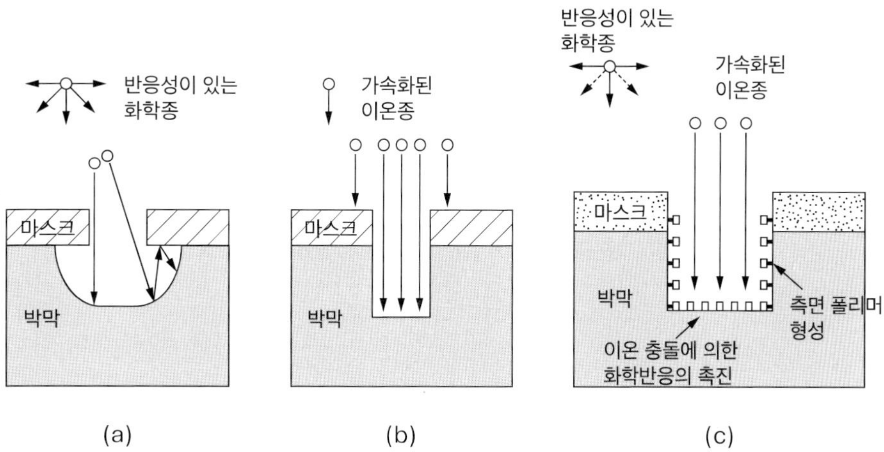

그림 11.4 (a) 화학적인 에칭과 (b) 물리적인 에칭, (c) 반응성 이온에칭의 개념도

물리적 에칭은 가속화된 이온을 기판에 때려 물리적인 스퍼터링에 의해 에칭을 하는 것이다. 이 경우에는 앞서 스퍼터링공정에서 언급한 바와 같이 저압에서 플라즈마를 발생시키게 되며 전자와의 출동에 의해 생성되는 이온종들이 에칭에 관여한다. 이때 이온종들은 기판에 수직한 방향으로 가속되어 스퍼터링을 하므로 수직 방향으로만 에칭이 되고 화학반응이 일어나지 않으므로 선택성이 없다. 이 경우에는 그림 11.4(b)에 나타난 바와 같이 이방성 에칭이 일어난다. 반면에 화학적 에칭에서는 화학반응에 의해서만 에칭이 일어나며 이 경우에는 방향성이 없이 등방성 에칭이 일어나 그림 11.4(a)와 같은 패턴이 형성된다. 화학적 에칭에서는 화학반응기체가 박막을 이루고 있는 성분과 반응이 일어나야 에칭이 되며 이에 따라 선택성이 있다. 물리적 에칭과 화학적 에칭을 결합하여 동시에 두 메카니즘이 작동하게 하는 것이 그림 11.4(c)에 나타난 반응성 이온에칭이다. 에칭 반응기에서는 탄화불소 화합물을 활용하는 경우가 많은데 이때 표면에 고분자 물질이 생성되기도 한다. 그림 11.4(c)에 나타난 바와 같이 이러한 경우는 바닥과 측면에 유기고분자 막이 형성되는데 바닥면은 이온이 때리면서 제거되고 화학반응이 촉진되는 반면에 측면은 에칭 반응을 억제해 이방성 에칭이 더 활발해 진다. 그림 11.5는 반응성 이온에칭의 효과와 표면 반응 메카니즘을 보여주고 있다.

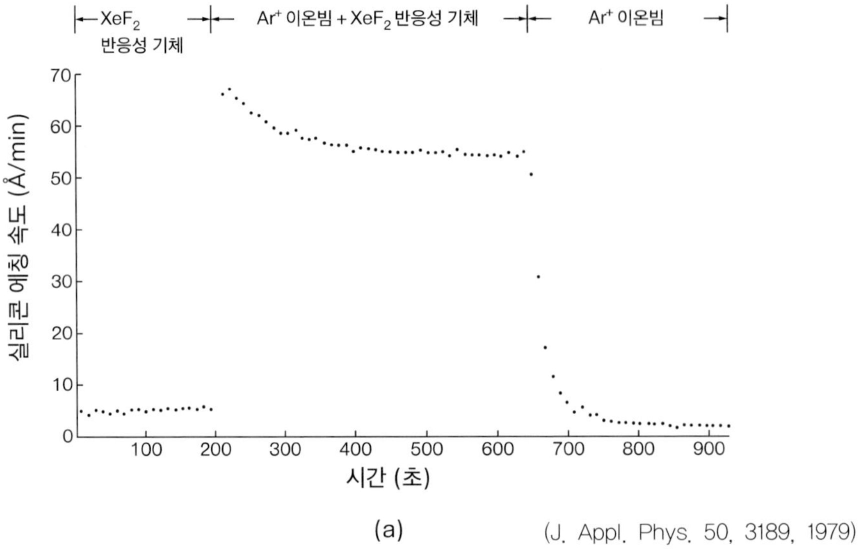

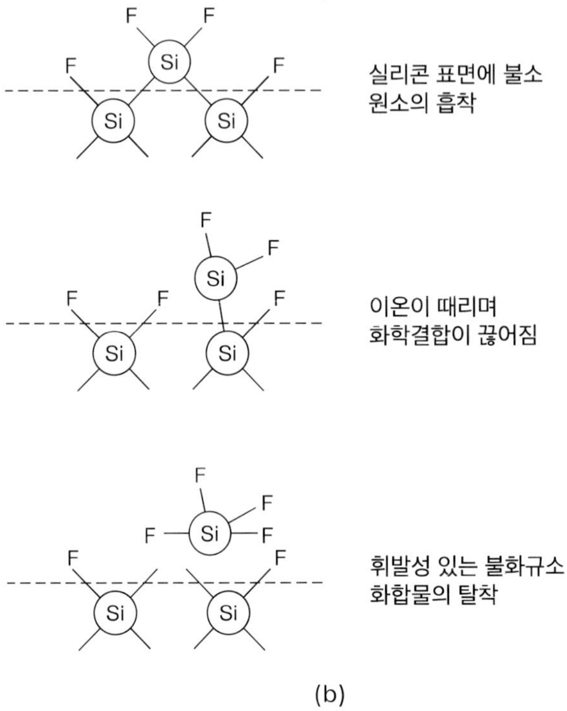

그림 11.5 (a) 반응성 이온에칭의 효과와 (b) 표면 반응 메카니즘

지논 플루오라이드 화합물을 이용해 에칭을 하는 경우 다음과 같은 화학반응이 일어난다.

$$XeF_2(g) + Si \longrightarrow SiF_2(surface) + Xe(g) \tag{11.1}$$

$$SiF_2(surface) + SiF_2(surface) \longrightarrow Si(s) + SiF_4(g) \quad (11.2)$$

$$SiF_2(surface) \longrightarrow SiF_2(g) \quad (11.3)$$

그림 11.5(a)에서 보는 바와 같이 순수하게 XeF_2 기체만을 사용하여 화학적 에칭을 할 때의 에칭 속도나 순수한 아르곤 빔만으로 에칭할 때의 속도는 상당히 느린 편인데, XeF_2 반응성 기체에 의한 화학적 효과와 이온에 의한 물리적인 효과를 동시에 활용할 때는 에칭 속도가 크게 증가하는 것을 알 수 있다. 그림 11.5(b)에서 보는 바와 같이 불소 라디칼은 표면의 실리콘 원자와 결합하고 가속화된 이온이 와서 표면을 때릴 때 화학결합이 끊어지면서 휘발성이 있는 불화규소 화합물은 탈착된다. 위의 반응식에서 보는 바와 같이 SiF_4 또는 SiF_2 라디칼로 탈착되며 화학반응에 의한 영향과 이온이 결합을 깨는 영향이 상승작용을 하여 에칭속도를 촉진시키는 것을 알 수 있다. 이러한 형태의 에칭을 반응성 이온에칭이라 한다. 특히 그림 11.6에서 보는 바와 같이 기판 위에 형성된 플라즈마 쉬스 전계에 의해 수직한 방향으로 이온이 기판을 때리게 되고 이 방향으로 에칭 속도가 빠르기 때문에 수직으로 이방성 에칭을 할 수 있다. 이에 따라 그림 11.3(b)와 같은 패턴을 얻을 수 있어 소자 제조에 유용하게 활용할 수 있다.

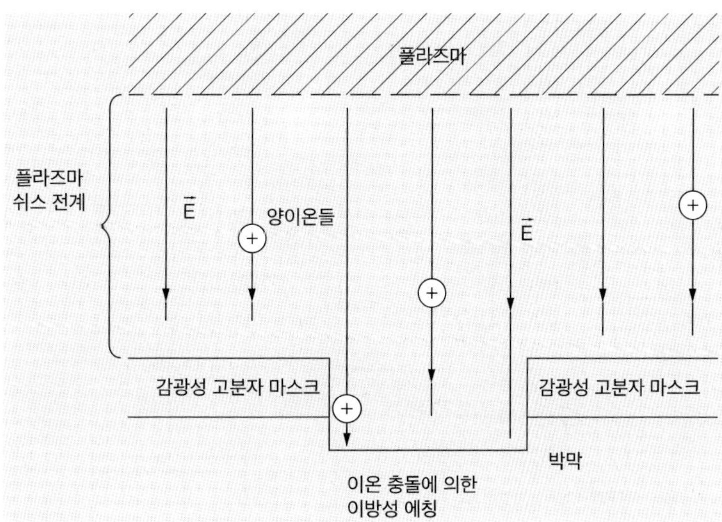

그림 11.6 반응성 이온 에칭의 경우 기판 위에 형성된 플라즈마 쉬스에서 E 전기장에 의해 양이온이 가속이 되어 기판에 수직한 방향으로 표면을 때려 주는 개념도

반응성 이온에칭에서는 이온의 에너지 즉 이온의 질량과 속도에 따라 물리적인 에칭과 화학적인 에칭의 영향이 다르게 나타나는데, 반응기 내의 압력이 낮아질수록 그리고 플라즈마 전원이 높아질수록 이온에너지는 크게 되어 물리적 에칭의 영향이 커지고 이방성 에칭에 유리해진다. 반면에 압력이 높아지면 화합물의 농도가 높아지고 이온의 에너지는 낮아지기 때문에 화학적 에칭 효과가 커지고 선택도 및 등방성이 높아지게 된다.

집적회로의 제조에서는 다양한 소재를 다양한 화학물질을 이용해 에칭을 하는데 앞서 언급했듯이 플라즈마 화학반응을 이용한다. 플라즈마 화학반응에 의해 반응기체가 분해되어 반응성이 높은 라디칼을 형성하며 이들이 박막을 형성하고 있는 원소와 반응해 휘발성이 있는 화합물을 형성하여 탈착되어야 한다. 이에 가장 많이 활용되는 것이 할로겐 원소들이며 특히 불소, 염소 화합물이 보편적으로 쓰인다. 표 11.1에는 식각공정에서 불소의 발생에 쓰이는 화합물들이 나타나 있다. 이들 화합물들은 오존층을 파괴하는 프레온 기체로 근래에는 이들을 대체하기 위한 연구가 관심을 끌고 있다.

표 11.1 식각공정에서 불소의 발생에 쓰이는 화합물들

화학분자식	명칭	분자량	기화온도(° K)
CF_4	PFC-14	88.01	145
CHF_3	HFC-23	70.01	193
CH_2F_2	HFC-32(가연성)	52.02	220
CH_3F	HFC-41(가연성)	34.03	
C_2F_4	HFC-114	100.01	197
C_2F_6	PFC-116	138.01	195
$C_2H_2F_4$	HFC-134a	102	247
C_2HF_5	HFC-125	120.02	225
C_3F_6	PFC-1216	150.03	244
C_3F_8	PFC-218	188.02	236
C_4F_8(cyclic)	PFC-c318	200.03	267
C_5F_8(cyclic)	PFC-c418		
C_5F_8	PFC-418		
NF_3	삼불화질소	71.0	144
SF_6	육불화 황	146.05	209

PFC: perfluorocarbon, HFC: hydrofluorocarbon

화합물에 따라 불소/탄소 비율이 다르고 생성되는 이온종의 무게 및 에너지가 다르며 또한 반응 시스템에서 고분자를 형성하는 경향 등이 다르다. 불소/탄소의 비가 높으면 불소 성분이 많이 형성되어 선택도가 낮아지고 감광성 고분자와 그 아래 박막과의 선택도가 높아야 하는 경우에는 피해야 한다. 불소/탄소의 비가 낮으면 C_xF_y와 같이 고분자 생성을 촉진하는 성분

이 높아지는데 이러한 경향은 수소를 포함한 불소화합물에서도 나타난다. 이러한 에칭 기체에 산소나 수소, 질소, 산화탄소 등을 섞어 주면 기체상의 조성이 바뀌어 선택도 및 이방성 등을 조절할 수 있다.

지면 관계상 이와 관련된 모든 메카니즘을 다루기 어렵기 때문에 여기에서는 한 가지 반응 기체를 예로 들기로 한다. 대부분의 경우에서 그 개념은 유사하다 볼 수 있다. 에칭공정에서 보편적으로 불소계 탄소화합물이 많이 쓰이며 그중 CF_4 기체를 활용한 플라즈마 에칭 반응기에서 일어나는 화학반응은 아래와 같다.

$$CF_4 + e \longrightarrow CF_3 + F + e \quad \text{(분해 반응)} \quad (11.4)$$

$$CF_3 + e \longrightarrow CF_3^+ + 2e \quad \text{(이온화 반응)} \quad (11.5)$$

$$CF_4 + e \longrightarrow CF_3^+ + F + 2e \quad \text{(분해 및 이온화 반응)} \quad (11.6)$$

$$CF_3 + F \longrightarrow CF_4$$

$$F + F \longrightarrow F_2 \quad \text{(재결합 반응)} \quad (11.7)$$

불소 라디칼은 박막을 이루는 상당수의 화합물과 반응하여 휘발성 있는 화합물을 형성하는데 이들은 쉽게 탈착되어 에칭을 하게 된다.

앞서 제8장에서 언급하였듯이 플라즈마가 형성되면 이온종과 자유전자가 기상에서 생성되고 이들은 플라즈마 내의 전기장에서 에너지를 얻어 가속된다. 가속된 전자는 기체 분자와 충돌하여 분해반응을 유발하며 열에너지 없이도 저온에서 반응성이 높은 라디칼을 형성한다. 또한 높은 에너지의 전자는 충돌에 의해 전자가 튕겨나가는 이온화반응을 통해 이온을 형성하기도 한다. 일부 전자는 충돌에 의해 기체 분자의 분해 및 이온화반응을 동시에 일으키기도 한다. 이렇게 생성된 활성종들은 서로 충돌에 의해 다시 결합하여 소멸되기도 한다. 실제 플라즈마 내에는 이런 반응뿐만 아니라 여러 종들이 충돌하여 2차 반응이 일어나기도 하며 상당히 복잡한 물리적, 화학적 과정이 일어난다. 또한 여기에 불활성 기체나 여러 다른 첨가기체를 도입하여 이온종과 이들의 에너지, 라디컬의 종류와 농도 등을 조절하기도 한다. 이를 통해 에칭공정에서의 선택도, 에칭 속도, 에칭 패턴 등을 제어하기도 한다. 특히 CF_x^+ 같은 이온종들은 전기장에서 가속되어 표면을 때려주는 역할을 하며 이방성 식각에 기여하게 된다. Ar^+(40)와 CF_3^+(69), F^+(19)를 비교하면 CF_3^+가 더 무거워 이방성 에칭에 유리하며 때로는 불화탄소 계열에 비해 염화탄소 계열을 활용하면 그 무게가 더 커져 이방성 에칭에 더 크게 기여한다. 불화탄소를 이용하는 계에서는 CF_x들이 중합반응을 일으켜 표면에 고분자 물질을 형성하기도 한다. 이들은 그림 11.4에 나타난 바와 같은 개념으로 이방성 에칭을 촉진시키기도 한다. 즉 측면에는 보호막을 형성하여 에칭을 억제하나 바닥면은 이온의 충돌에 의해 제거가 되면서 에칭 반응이 계속 진행이 되므로 이방성이 향상된다. 그러나 이러한 고분자 물질의 형성은 반응기를 오염시키기도 하고 표면에 잔유물로 남아 불순물로 소자에 영향을 주게 되므로 에칭 후 세정 공정을 통해 잘 제거해야 한다.

그림 11.7에는 CF_4 기체를 이용 불소 라디칼로 에칭할 때 반응기체에 섞어 주는 산소의 양에 따라 규소와 산화규소의 에칭 속도의 변화가 나타나 있다. 이러한 결과는 그림 11.2에 나타난 구조를 에칭할 때 에칭의 선택비를 확보하는 데 중요하게 기여한다.

플라즈마 내에서는 전자와의 충돌에 의해 불소 라디칼이 형성되고 또한 CF_x 라디컬도 형성되는데 산소를 추가로 주입해 주면 아래와 같은 반응경로가 영향을 받게 된다.

$$CF_4 + e \longrightarrow CF_x + (4-x)F \quad (x<4) \tag{11.8}$$

이때 생성되는 CF_x는 불소 라디칼과 다시 반응하여 (11.8)의 역반응을 통해 불소 라디칼을 소모시키는 역할을 한다. 여기에 산소기체를 첨가해 주면 CF_x는 산소와 반응하여 COF_2, CO, CO_2 등을 형성하게 되고 불소 라디칼을 소모하는 반응이 억제된다. 또한 첨가된 산소는

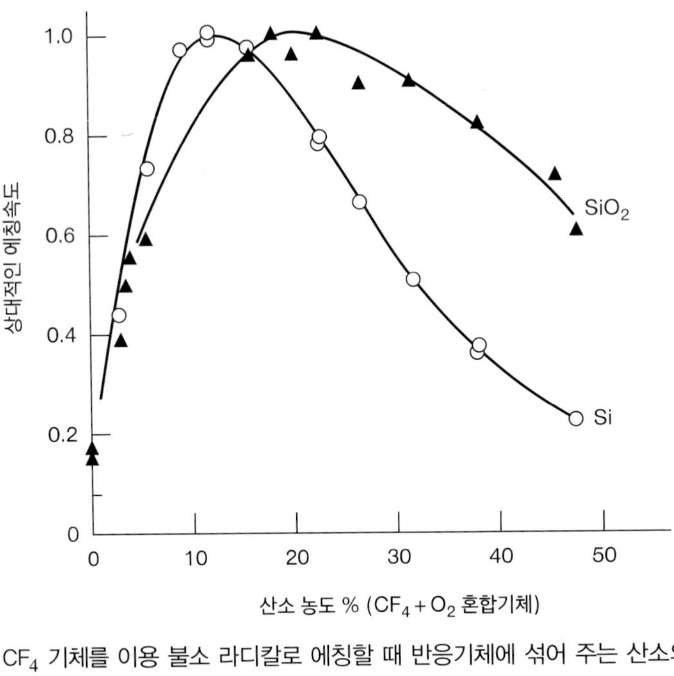

그림 11.7 CF_4 기체를 이용 불소 라디칼로 에칭할 때 반응기체에 섞어 주는 산소의 양에 따른 규소와 산화 규소의 에칭 속도 변화(J. Appl. Phys. 49, 3769, 1978)

규소 표면에 흡착되어 불소 라디칼의 접근을 방해하는 역할을 한다. 규소 표면을 에칭할 때는 산소의 첨가에 의해 불소 라디칼이 증가하는 효과와 표면에 흡착된 산소가 불소 라디칼의 접근을 방해하는 효과가 서로 관여하여 최대 에칭값이 얻어지는 산소 농도가 나타난다. 이 값은 산화규소에 비해 낮게 나타난다.

반면에 이산화규소 표면에는 이미 산소가 있기 때문에 최대 에칭 속도가 좀 더 높은 산소 농도에서 나타나게 된다. 산소의 첨가량이 너무 많아지면 반응기체의 희석에 의해 두 경우 모두 에칭 속도가 감소한다. 이 그림에서 보듯 첨가되는 산소량을 조절하여 규소, 이산화규소의 선택도를 조절할 수 있다. 반면에 그림 11.8은 이 에칭 시스템에 수소 기체를 첨가했을 때 그 효과를 보여주고 있다. 그림에서 보는 바와 같이 산화막의 에칭 속도는 수소의 첨가량에 따라 크게 변화하지 않고 서서히 감소하는 것을 알 수 있다. 반면에 실리콘과 감광성 수지의 에칭 속도는 비교적 빠르게 감소한다. 수소를 첨가하게 되면 아래 반응에 의해 불소 라디칼의 농도가 감소하게 된다.

$$1/2H_2 + F \longrightarrow HF \tag{11.9}$$

이에 따라 안정한 불화수소가 형성되며 규소와 감광성 수지의 에칭 속도는 빠르게 감소한다. 반면에 산화막의 경우는 아래 화학반응이 표면에서 일어난다.

$$CF_x + SiO_2 \longrightarrow SiF_4 + (CO,\ CO_2,\ COF_2) \tag{11.10}$$

수소의 첨가에 의해 불소 라디칼의 농도가 줄어들고 이에 따라 CF_x를 소모하는 역반응이 줄어들어 CF_x의 농도는 증가하며 산화막의 경우는 식 (11.10)의 반응에 의해 에칭 속도가 늘어난다. 결과적으로는 수소를 첨가하여 불소 라디칼은 감소하나 식 (11.10)에 의해 에칭 속도는 크게 떨어지지 않는다. 반면에 감광성 고분자나 규소 표면에 흡착된 CF_x의 경우 이들을 제거할 메카니즘이 없어 에칭 속도는 급격히 감소한다. 이를 이용하면 산화막의 에칭 속도와 실리콘의 에칭 속도의 비를 상온에서 40 정도로 얻는 것도 가능하며 100°C에서는 26 정도를 얻을 수 있다. 일반적으로 산화성이 있는 첨가제는 이산화규소에 비해 규소의 에칭에 유리한 반면에 환원성 첨가물은 이산화규소의 에칭을 유리하게 한다. 또한 수소 기체의 첨가는 불화탄소 성분의 중합을 촉진하는 것으로 알려져 있다.

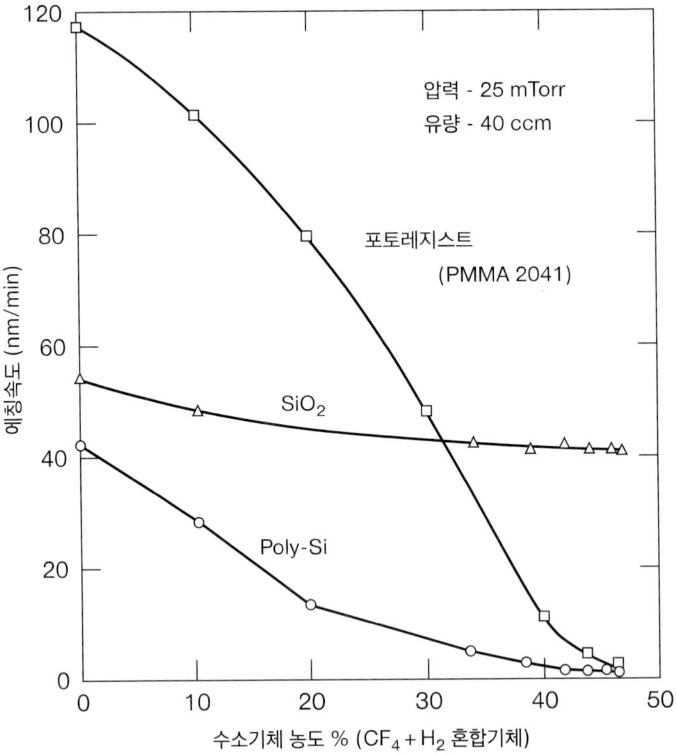

그림 11.8 CF_4 기체를 이용하여 불소 라디칼로 에칭할 때 반응기체에 섞어 주는 수소의 양에 따른 규소와 산화규소, 감광성 고분자의 에칭 속도 (J. Electrochem, Soc, 129, 2282, 1982)

에칭공정에서의 로딩(loading) 효과는 에칭하는 표면적의 변화에 의해 에칭 속도가 영향을 받는 것을 말한다. 그림 11.9에는 특정 반응기에서 캐소드에 놓인 실리콘 기판의 면적에 대한 실리콘 박막의 에칭 속도의 변화를 보여주고 있다. 실리콘 표면의 면적이 넓을수록 기상에서 공급되는 불소 라디칼의 소모가 심해져 에칭 속도는 떨어지게 된다.

반응기에 웨이퍼를 장착할 때 그 양에 따라 에칭하고자 하는 표면의 면적이 달라진다. 또 한편으로는 에칭이 진행되면서 웨이퍼 표면의 일부가 에칭이 마무리되면 에칭을 하고자 하는 면적이 감소하기 시작한다. 그림 11.10에는 에치백이라고 불리는 공정의 개념도가 나타나 있다. 즉 구멍에 물질을 채우기 위해 전면 증착을 한 후 패턴 위에 형성된 부분을 제거하는 것인데 에칭 초기에는 표면 전체가 에칭이 되다가 패턴 위에 형성된 부분이 제거되면 에칭 면적이 갑자기 줄어든다. 로딩 효과가 심하면 이때부터 에칭 속도가 급격히 빨라져 일부에서는 구멍 안쪽 부분이 빨리 제거되면서 구멍을 균일하게 채우기가 어렵게 된다. 로딩 효과를 줄이려면 반응기 설계와 조업 조건의 조절을 통해 에칭면적의 변화에도 불구하고 에칭 속도

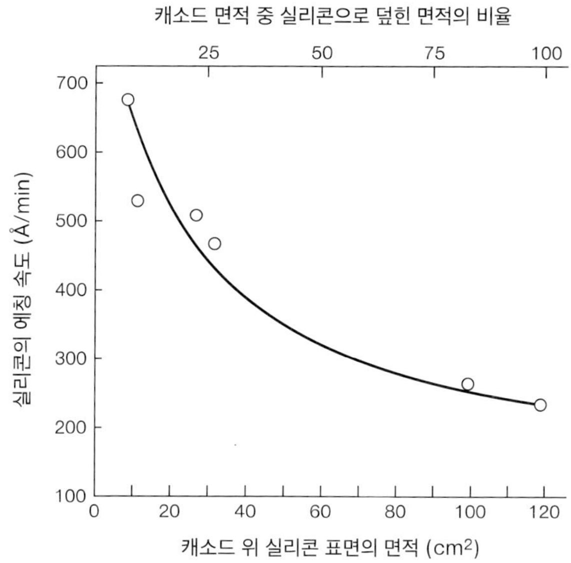

그림 11.9 특정 반응기에서 캐소드에 놓인 실리콘 기판의 면적에 따른 에칭 속도의 변화. 기상에서 CF_4기체의 분압이 40 밀리 토르, 단위면적당 플라즈마 전력은 0.3 W/cm^{2}인 경우

(J. Electronic Materials, 7, 415, 1978)

를 균일하게 유지하는 것이 필요하다. 이러한 로딩 효과는 기상에서 에칭 기체의 전달이 에칭 속도를 좌우하는 등방성 에칭에서 쉽게 나타나며 이온의 충돌에 의해 촉진되는 표면 화학반응에 의해 에칭 속도가 결정되는 이방성 에칭에서는 심하지 않다. 에칭 반응기의 크기가 크고 표면에서 에칭반응에 의해 소멸되는 에칭 성분의 양이 플라즈마 내에서 생성되는 에칭 성분의 양보다 아주 작은 경우 로딩 효과는 줄어든다.

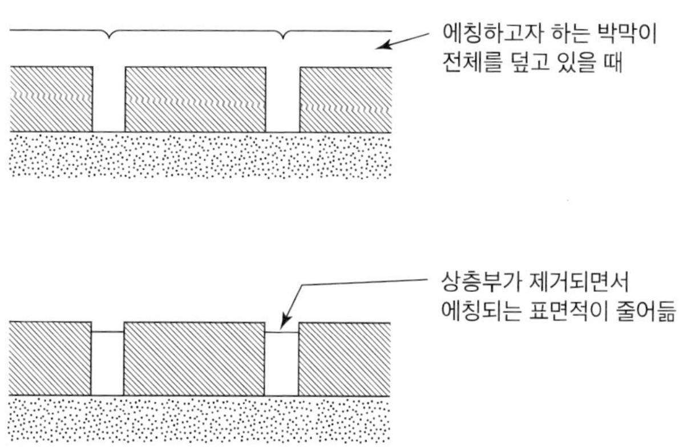

그림 11.10 에치백(etch back) 공정에서 에칭 표면적이 줄어드는 현상

앞서 설명했듯이 에칭공정에서는 플라즈마가 아주 유용하게 쓰이는데 플라즈마는 활성화된 라디칼을 저온에서 효율적으로 형성하여 저온 에칭을 가능하게 한다. 저온 에칭은 에칭 마스크로 쓰는 감광성 고분자의 패턴을 안정하게 유지하게 한다. 플라즈마의 또 하나의 장점은 화학반응성 라디칼과 함께 이온종을 형성하여 이들이 전기장에서 가속되며 물리적 에너지를 동시에 이용하여 이방성 나노구조를 쉽게 만들 수 있다는 것이다. 캐소드에 놓인 웨이퍼 근처와 이들 표면에 형성되는 전기장은 표면을 때리는 이온종의 에너지와 이들의 방향에 영향을 준다. 이는 형성되는 미세 패턴의 모양에 영향을 주는 중요한 사항이다. 서로 마주보는 평판 전극과의 사이에 수직 방향으로 전기장이 형성되며 캐소드에 놓인 기판 위에 수직 방향으로 이온이 가속되는 것이 보통이나 상황에 따라서는 이온의 궤적이 변형되어 수직 방향에서 벗어나게 된다. 그림 11.11에는 반응성 이온 에칭에서 이온의 궤적이 수직 방향에서 벗어나는 여러 가지 예가 나타나 있다. 첫째는 그림 11.11(a)와 같이 가속화된 이온이 측면을 때리면서 반사되어 특히 바닥의 구석 부분에 충돌하는 경우, 수직벽보다 경사면이 형성되며 또한 바닥의 특정 부분에 이온 충돌이 집중되면서 에칭 속도가 빨라져 트렌치가 형성되는 경우를 보여주고 있다. 또한 그림 (b)와 같이 이온 충돌에 의해 일부 감광성 고분자가 뜯겨나가며 이들이 다른 곳에 붙어 에칭 모양을 왜곡시키기도 한다.

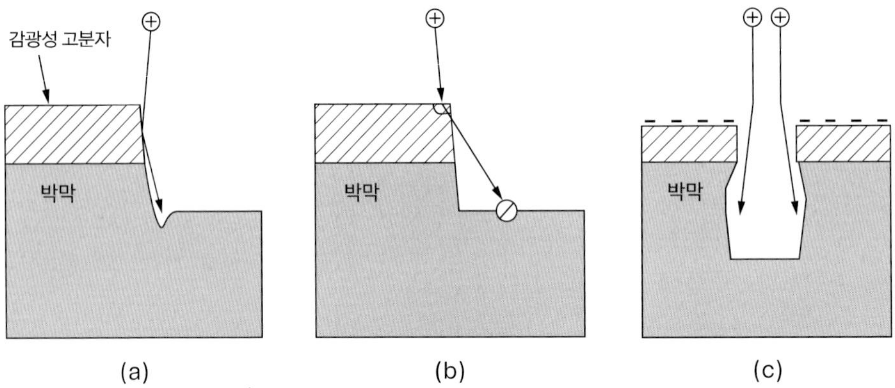

그림 11.11 반응성 이온 에칭에서 이온의 궤적이 수직 방향에서 벗어나는 여러 가지 예

에칭 마스크로 쓰이는 감광성 고분자 막은 절연체로 그 표면에 전하가 쌓이는 경우 쉽게 빠져나가지 못한다. 특히 플라즈마 내의 전자와 충돌하여 음전하가 쌓이는 경우 그림 (c)와 같이 표면 근처의 전기장을 변화시킨다. 이에 따라 이온의 궤적이 측면 쪽으로 휘면서 측면 벽을 때리게 되어 옆 방향으로의 에칭을 촉진시킨다. 때에 따라서는 측면에 형성되는 보호막이 깊이에 따라 그 정도가 달라져 패턴이 왜곡되기도 하며 형성되는 구멍의 직경에 따라 에

칭 속도가 달라지기도 한다. 나노미터 규모의 소자를 효율적으로 만들기 위해서는 그리고 우리가 원하는 트렌치 패턴을 얻기 위해서는 이러한 부분을 잘 제어해야 한다.

에칭 후 표면의 형상은 공정 조건과 에칭에 쓰인 반응기체, 에칭 전 표면의 세정에 의한 유기 오염물질의 제거, 자연 산화막의 제거 등에 영향을 받는다. 불소 성분에 의해 에칭할 경우 규소 표면은 좀 거칠어지고 산화막 표면은 비교적 균일하게 에칭된다. 에칭 후에 표면은 이온 충돌 효과에 의해 비정질화되고 거칠어진다. 플라즈마 조업 변수 중 낮은 압력과 낮은 주파수의 전원, 높은 플라즈마 파워는 이온에너지와 플럭스를 높여 표면 거칠기와 표면 손상을 크게 한다. 기판의 온도는 에칭 속도와 선택도, 표면의 형상, 에칭의 이방성 등에 영향을 미친다. 표면 반응 속도는 온도에 대해 아레니우스 함수의 의존도(에칭 속도 ~ $\exp[-E_a/kT]$)를 보이며 활성화 에너지 E_a는 에칭되는 물질의 고유한 값이다. 이에 따라 선택도도 지수함수 적으로 변한다. 일반적으로 에칭 표면의 거칠기는 온도가 높아질수록 커진다. 반응성 이온 에칭에서는 이온 충돌 효과로 기판의 온도가 올라가며 경우에 따라서는 에칭공정에서 기판을 냉각시키기도 한다. 에칭 반응기는 화학증착반응기처럼 흐름 반응기이며 유속은 충분히 커서 에칭 기체의 소모에 의한 로딩 효과를 줄이고 과다한 고분자상의 형성을 억제할 수 있어야 한다.

11.2 반응 시스템

에칭 반응 시스템은 등방성 에칭이 필요한 경우와 이방성 에칭이 필요한 경우로 나누어 볼 수 있다. 이에 따라 플라즈마 전극의 형태, 반응기의 형태, 그리고 가해지는 전원의 주파수, 파워 등에 따라 반응 시스템이 결정된다. 앞서 그림 8.10에 나타난 바와 같이 여러 형태의 플라즈마 반응기가 응용되는데 전극이 마주보는 평판 형태이거나 코일 형태, 전극이 반응기 내에 있거나 반응기 바깥에 있는 경우, 기판이 플라즈마 바깥에 있는 원거리 플라즈마 형태 등 다양한 플라즈마 반응기를 용도에 따라 활용할 수 있다. 그림 11.12에는 등방성 에칭에 활용되는 대표적인 반응기인 배럴형 에칭 반응기가 나타나 있다.

반응기는 오염을 방지할 수 있는 석영관으로 만들어져 있고 역시 오염을 방지할 수 있게 플라즈마 전극은 바깥쪽에 반응기 벽을 감싸는 형태로 되어 있다. 또 하나의 전극은 알루미늄으로 만들어진 망 형태로 반응기 안에 있고 플라즈마는 바깥쪽 전극과 이 망 형태의 전극 사이에 형성된다. 반응기체는 반응기 벽의 여러 곳에서 균일하게 흘러 들어오며 플라즈마

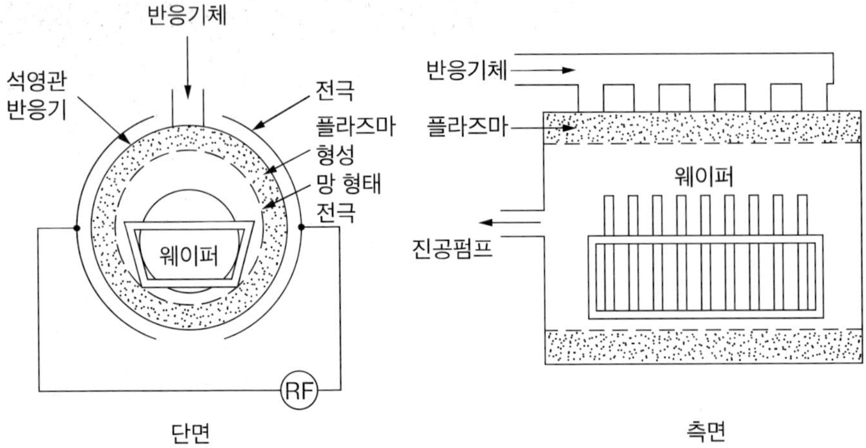

그림 11.12 등방성 에칭에 활용되는 대표적인 반응기인 배럴형 에칭 반응기

내부에서 전자와 충돌 분해되어 반응성이 높은 라디칼이 형성된다. 다량의 웨이퍼를 장착한 홀더는 반응기 중앙 부분에 위치하여 플라즈마 바깥에 놓이게 되며 활성화된 라디칼은 망 형태의 전극을 통해 웨이퍼 쪽으로 이동하여 에칭에 참여하게 된다. 이 경우 플라즈마 바깥쪽에 웨이퍼가 있는 공간에는 전기장이 형성되지 않아 이온종의 가속이 이루어지지 않으며 이온 충돌 효과가 없는 순수한 등방성 에칭이 일어난다. 이러한 반응기는 에칭 후 마스크로 썼던 감광성 고분자를 제거하는 데 활용되며 산소 기체를 반응기체로 하여 산소 라디칼을 발생시키고 아래 반응에 의해 탄화수소 성분의 고분자 막을 날려 보내게 된다.

$$O_2 + e \longrightarrow 2O + e$$
$$C_xH_y + O \longrightarrow CO_2 + H_2O \qquad (11.11)$$

이러한 공정을 ashing이라 하는데 여기서는 어떤 형태의 이방성 에칭도 필요하지 않다. 또한 고분자 성분만 산소로 날려 보내게 되며 다른 박막은 영향을 받지 않기 때문에 선택도도 아주 높다. 이외에도 이방성 에칭에 의한 수직패턴이 필요하지 않는 경우로 CF_4를 이용해 폴리 실리콘, 질화규소나 산화규소, Ta, W, Ti, Cr 등을 에칭할 때도 이 형태의 반응기를 활용한다. 참고로 표 11.2에는 배럴형 반응기에서 여러 에칭 기체를 이용하여 폴리실리콘과 산화막을 에칭할 때 그 속도가 나타나 있다.

표 11.2 배럴 형태의 반응기에서 에칭 기체에 따른 폴리실리콘과 산화막의 에칭 속도

반응기체	에칭 속도 (Å/min)		
	폴리 실리콘	실리콘 산화막	에칭 속도비
CF_3Cl	470	88	5.34
C_2F_5Cl	32	2	16
C_4F_8	24	14	1.71
CF_4	1140	150	7.6
CF_4 - O_2(5%)	1550	300	5.17

(CF_4 0.8 Torr, 플라즈마 전력 250W)

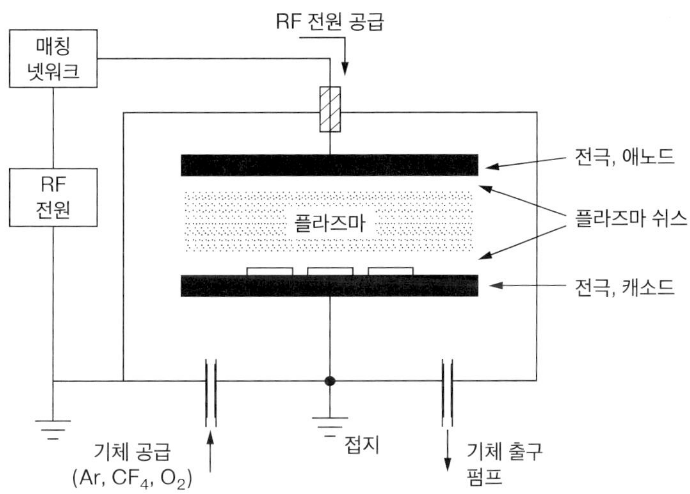

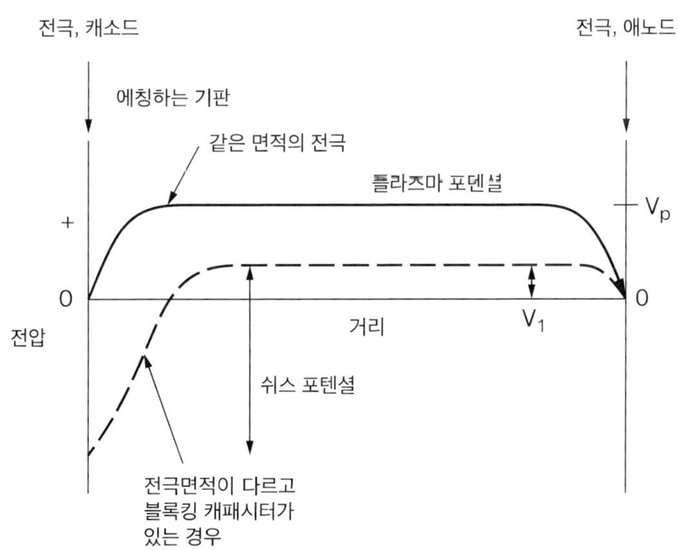

그림 11.13 평판형 플라즈마 에칭 반응기와 전극 사이의 전위차 분포

배럴형 반응기와 더불어 평판형 에칭 반응기도 널리 쓰이는데 그 개념도가 그림 11.13에 나타나 있다. 전극의 면적과 블로킹 캐패시터의 연결에 따라 반응기 내의 전위차 분포가 나타나 있다. 반응기의 형태나 전원의 구성에 따라 전극사이의 전계의 분포는 실선 또는 점선으로 나타난다.

반응기는 RF전원을 활용하여 주파수가 메가 헤르츠 범위이며 매칭 네트워크는 임피던스를 조절하여 반응기에 최대의 파워가 전달되게 한다. 반응기 상단의 전극과 접지가 된 기판이 놓인 전극의 면적이 같고 블록킹 캐패시터가 없는 경우 양쪽에 같은 크기의 쉬스 바이어스가 걸리나 그 크기는 작아 등방성 에칭에 적합한 반응기가 된다. 이 경우 전계 분포는 실선으로 나타난다. 반면에 기판이 놓인 전극의 면적을 상대적으로 작게 하고 전극과 접지 사이에 블록킹 캐패시터를 연결하면 전계 분포는 점선으로 나타나며 그림 8.7에 나타난 바와 같이 기판이 놓인 전극에 바이어스가 크게 걸려 이온을 높은 에너지로 가속하게 된다. 이에 따라 앞서 설명한 반응성 이온에칭이 가능하게 된다.

에칭 반응기에서는 반응기 내에 플라즈마가 안정하고 균일하게 형성되어야 하며 유체의 흐름 역시 안정하고 균일하게 유지되어야 한다. 이에 따라 웨이퍼 내에서나 웨이퍼 간에 에칭 속도가 균일하게 유지될 수 있어야 한다. 또한 플라즈마에 의한 웨이퍼의 손상을 최소화하고 오염을 최소화해야 한다. 가능하면 대형의 웨이퍼를 다량 처리하여 경제성을 확보하고 유지보수가 편리하고 신뢰성이 있어야 하며 공정의 모니터링 및 제어가 용이해야 한다. 근래에 와서는 단일 웨이퍼(single wafer) 처리용(단엽식) 에칭 시스템을 많이 쓰는데 그 개념도가 그림 11.14에 나타나 있다. 단일 웨이퍼 시스템은 에칭공정을 정확하게 모니터링하는 데 유리하며 이에 따라 신뢰도가 높고 또한 로딩 효과가 작아 웨이퍼 내에서 에칭 속도를 균일하게 유지하기가 용이하다.

에칭공정에서는 공정이 끝나는 시점을 정확하게 감지해야(EPD: end-point detection) 하는데 여기에는 여러 가지 방법이 쓰인다. 반응 완료시점을 정확하게 감지하는 데에도 단일 웨이퍼 시스템이 유리하다. 또한 반응기의 부피가 작아 펌핑 속도가 빠르며 웨이퍼를 장착한 후 원하는 압력에 도달하는 데 걸리는 시간도 짧다. 반응기 내에 플라즈마 분포의 균일도가 우수하고 플라즈마 밀도도 균일하며 공정의 자동화에 유리하여 경비가 절약된다. 오염도도 낮고 재현성이 뛰어나며 또한 온도의 제어가 용이하다. 그림 11.14에서 보는 바와 같이 25장 정도가 장입된 카세트가 있다. 각 장마다 장입공정을 수행하고 에칭공정을 수행한 후 웨이퍼를 꺼내 이동시키고 다음 웨이퍼를 장입하는 모든 공정이 자동화되어 있다. 이러한 반응 시스템을 여러 대 설치하고 자동화하여 단일 웨이퍼 시스템의 단점인 생산성이 떨어지는 문제를 보완할 수 있다. 특히 나노미터 규모의 패턴을 정밀하게 만들어 내야 하는 시점에서 단엽식 에칭 반응기가 선호되고 있다.

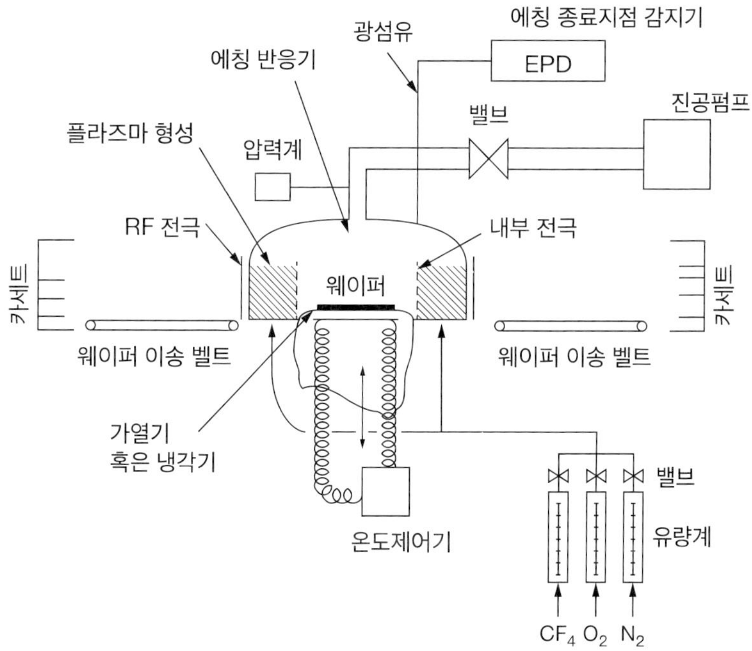

그림 11.14 단일 웨이퍼(single wafer) 처리용 에칭 시스템의 한 예

증착 반응기에서는 증착 속도를 바탕으로 원하는 두께를 얻기 위해 적정한 시간 동안 증착 공정을 수행한다. 이와는 다르게 에칭 반응기에서는 에칭이 종료되는 시점을 정확히 하여 공정을 마치는 것이 아주 중요하다. 필요 이상으로 과도하게 에칭하는 것은 소자의 제조에서 피해야 할 사항이다. 에칭의 종말점은 제거하기를 원하는 박막이 더 이상 남아 있지 않은 상태를 의미하는데 이를 모니터링하고 종발섬을 자동으로 인식하여 공정을 끝내는 것이 필요하다. 여러 가지 방법 중 광학적인 방법으로 엘립소미터를 이용하는 방법이 있다. 기판 위에 증착된 박막의 굴절률이나 흡광계수, 혹은 두께를 직접 측정하여 이들이 제거된 시점을 알아내는 것으로 특히 절연체, 유전체 박막을 모니터링하는 데 유용하다. 질량분석기를 반응기에 연결 에칭 반응기에서 발생하는 특정 성분의 질량 피크를 관찰하여 이들 피크가 없어지는 점을 파악하는 방법도 있다. 에칭공정 중에 형성되는 플라즈마를 진단하는 방법도 있는데 탐침 프로브를 반응기에 삽입하여 이들 사이에 흐르는 전류를 측정하면 에칭이 종료되면서 플라즈마 상태가 바뀌는 지점을 파악할 수 있다. 또한 He-Ne 레이저 빔을 기판 표면에 조사

하여 간섭 패턴을 관찰함으로써 종료 지점을 파악할 수도 있다. 가장 보편적으로 쓰이는 방법은 플라즈마에서 방출되는 빛의 특정 파장을 모니터링하여 이들의 변화를 관찰하는 것이다. 표 11.3에는 에칭되는 물질에 따라 공정에서 관찰되는 화학종과 이들의 방출 스펙트럼 파장이 나타나 있다.

표 11.3 에칭되는 물질에 따라 공정에서 관찰되는 화학종과 이들의 방출 스펙트럼 파장

에칭 물질	관측하는 성분	파장(나노미터)
감광성 수지	CO	297.7, 483.5, 519.8
	OH	308.9
실리콘	H	656.3
	F	704
질화규소	SiF	777
	F	704
	CN	387
	N	674
알루미늄	AlCl	261.4
	Al	396

일례로 아래 화학반응식은 각각 규소박막, 질화규소 박막을 에칭할 때 생성되는 화학종을 보여준다. 이들이 플라즈마 내에서 여기상태(excitation)-기저상태(de-excitation)를 왕복하면서 특정 파장의 빛을 방출하는데 이들을 모니터링하면 에칭이 종료되어 이들의 농도가 변하는 점을 찾아낼 수 있다.

$$Si + F^{*} \longrightarrow SiF_4\uparrow \qquad 704\text{nm 발광} \tag{11.12}$$

$$SiN_x + F^{*} \longrightarrow SiF_4\uparrow + N^{*}\uparrow \qquad 674\text{nm 발광} \tag{11.13}$$

(11.12)식에서 F^{*}는 704nm 파장의 빛을 방출한다. 이들을 모니터링하면 실리콘 박막의 에칭이 종료되면서 F^{*} 피크기 증가하는 점을 찾아낼 수 있다. (11.13)식에서 질화막이 에칭되면서 발생하는 N^{*} 피크는 674nm 파장에서 관찰되며 이를 피크가 사라지는 점을 감지하여 종료지점을 파악할 수 있다.

그림 11.14에 나타난 바와 같이 플라즈마에서 방출되는 빛은 반응기에 삽입된 광섬유를 통해 감지기에 보내져 특정 파장의 빛의 강도가 모니터링된다. 그림 11.15에는 식 (11.12), (11.13)에 나타난 두 공정에서 각각 불소 성분과 질소 성분으로부터 방출되는 빛의 강도를 에칭 시간에 따라 측정한 자료가 나타나 있다. 아래 두 그림은 빛의 강도를 나타낸 것이고 위의 두 그림은 이들의 시간에 대한 미분 값을 나타낸 것이다.

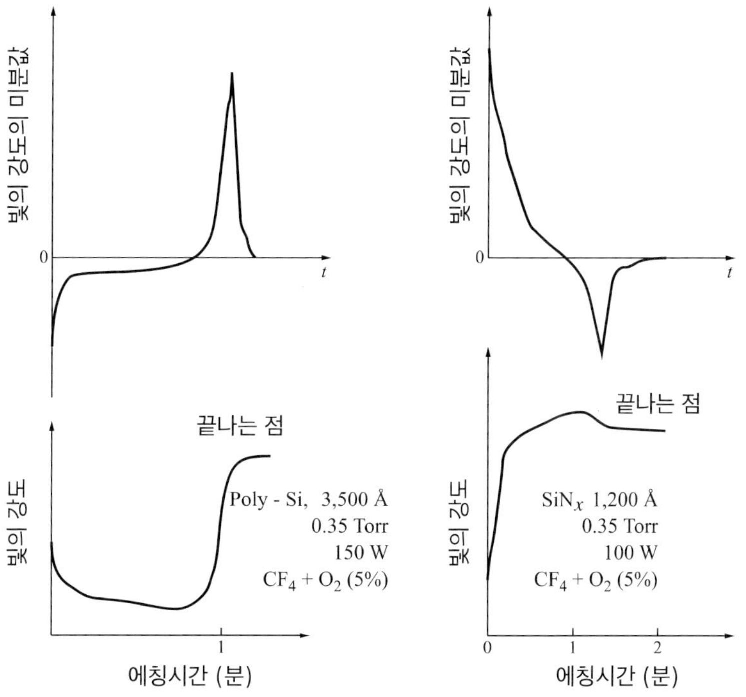

그림 11.15 식 (11.12), (11.13)에 나타난 두 공정에서 각각 불소 성분과 질소 성분으로부터 방출되는 빛의 강도를 에칭 시간에 따라 측정한 자료. 아래 두 그림은 빛의 강도를 나타낸 것이고 위의 두 그림은 이들의 시간에 대한 미분값을 나타낸 것이다.

첫 번째 그림에서는 불소 성분이 방출하는 빛의 강도가 증가하는 시점이 에칭이 끝나는 점이며 두 번째 그림에서는 질소 성분이 방출하는 빛의 증가가 멈추는 점이 끝나는 점이다. 실제로 그림에서 보는 바와 같이 종말점의 검출은 강도의 피크를 시간에 따라 미분한 값을 가지고 판단하는 것이 정확하다. 종말점의 정확한 검출을 위해서는 에칭 전후에 증가 또는 감소하는 신호의 차이가 커서 뚜렷해야 하며 검출하는 빛의 파장이 다른 화학반응이나 외부적인 요인에 의해 변하지 않고 안정해야 한다. 또한 방출되는 다른 빛과 파장이 인접하여 서로 간섭을 일으키지 않아야 한다. 에칭 시스템에서 검출기와 반응기는 제어시스템을 통해 연결되어 있어 종말점의 검출과 기기의 작동은 자동으로 제어되며 웨이퍼의 장입, 진공펌프의 작동, 반응기체의 공급 및 플라즈마 전원의 공급, 공정의 수행, 세정 기체의 유입, 이후 웨이퍼를 꺼내고 새로운 웨이퍼를 장입, 공정을 다시 반복하는 모든 과정이 자동화되어 있다.

11.3 반도체소자에의 응용

반도체소자의 제조에서 절연막, 유전막, 도체 박막, 반도체 박막 등 다양한 소재가 활용되는데 이들이 원하는 형태로 패터닝되어야 하기 때문에 아무리 물성이 우수한 소재라도 에칭이 어려우면 실제로 활용될 수 없다. 표 11.4에는 집적회로의 제작에 쓰이는 여러 종류의 박막과 이들을 에칭하는 반응기체, 그리고 이들 공정의 특징이 나타나 있다.

표 11.4 집적회로의 제작에 쓰이는 여러 종류의 박막과 이들을 에칭하는 반응기체들

박막재료	에칭 기체	특기 사항
폴리 실리콘 단결정 실리콘	SF_6, CF_4	등방성 식각, 산화막과 선택성 별로 없음
	CH_4/H_2, CHF_3	이방성 식각, 선택성 약함
	CH_4/O_2	이방성 식각, 선택성 강함
	HBr, Cl_2, $Cl_2/HBr/O_2$	이방성 식각, 선택성 아주 우수
SiO_2	SF_6, NF_3, CF_4/O_2, CF_4	거의 등방성 식각
		입력을 낮추고 이온에너지 증가시키면 이방성 향상, 실리콘과 선택성 약함
	CF_4/H_2, CHF_3/O_2, C_2F_6, C_3F_8	이방성 높고 선택성 강함
	$CHF_3/C_4F_8/CO$	이방성 강함, 질화규소와 선택성 높음
Si_3N_4	CF_4/O_2	등방성, 산화막과 선택성 높으나 규소와 약함
	CF_4/H_2	이방성 강함, 규소와 선택성 높으나 산화막과 약함
	CHF_3/O_2, CH_2F_2	이방성 강함, 규소나 산화막에 선택성 높음
Al	Cl_2	거의 등방성
	$Cl_2/CHCl_3$, Cl_2/N_2	강한 이방성, BCl_3 첨가 산소 제거
W	CH_4, SF_6	식각 속도 높음, 산화막과 선택성 낮음
	Cl_2	산화막과 선택도 있음
Ti	Cl_2, $Cl_2/CHCl_3$, CF_4	
TiN	Cl_2, $Cl_2/CHCl_3$, CF_4	
$TiSi_2$	Cl_2, $Cl_2/CHCl_3$, CF_4/O_2	
감광성 수지	O_2	다른 박막과 선택도 아주 높음

특기사항에 나타난 바와 같이 어떤 종류의 에칭 기체를 사용하느냐에 따라 선택도, 에칭 속도, 에칭 패턴이 영향을 받는다. 에칭은 주로 할로겐 원소 중 불소, 염소가 많이 쓰이며 일부 브로민 화합물이 쓰이기도 한다. 일반적으로 불소 원소의 에칭 속도가 염소보다 빠르나 무게가 무거운 염소나 브로민이 이방성 에칭에 유리하다. 표 11.5에는 반도체소자의 제조에 활용되는 원소들의 염화물, 그리고 불화물의 기화 온도가 나타나 있다.

표 11.5 반도체소자의 제조에 활용되는 원소들의 염화물, 그리고 불화물의 기화 온도

원소	염화물	기화 온도(℃)	불화물	기화 온도(℃)
Al	$AlCl_3$	177.8(승화)	AlF_3	1291(승화)
Cu	CuCl	1490	CuF	1100(승화)
Si	$SiCl_4$	57.6	SiF_4	−86
Ti	$TiCl_3$	136.4	TiF_4	284(승화)
W	WCl_6	347	WF_6	17.5
	WCl_5	276	WOF_4	187.5
	$WOCl_6$	227.5		

기화 온도가 낮은 화합물이 형성되는 경우 증기압이 높아 쉽게 탈착이 되고 원소를 에칭하는 데 유리하다. 특이할 만한 사항은 알루미늄의 경우 불화물의 기화 온도가 높고 이에 따라 증기압이 낮아 불소 원소를 에칭에 활용할 수 없으며 염화물이 휘발성이 있어 염소 기체를 사용한다는 것이다. 알루미늄이나 알루미늄 + 실리콘, 알루미늄 + 구리 혼합물의 경우 또는 TiC, TiN의 경우 염소를 기반으로 한 에칭공정을 이용하며 에칭 기체로는 CCl_4, BCl_3 또는 $CCl_4 + Cl_2$, $BCl_3 + Cl_2$ 혼합물을 이용한다. 또한 구리의 경우는 염화물, 불화물 모두 기화 온도가 높아 에칭을 할 방법이 없다는 것이다. 구리가 알루미늄보다 전기전도도가 높고 여러 가지 장점이 있으나 집적회로의 전기 배선에 널리 쓰이지 못하는 것은 에칭이 어렵기 때문이다. 물론 구리가 실리콘 산화물이나 실리콘에 빠른 속도로 확산하는 것도 구리를 활용하는 데 장애가 되고 있다. 이러한 이유로 구리를 배선 재료로 쓰는 구리칩에서는 다음에 설명할 CMP(chemical mechanical polishing) 공정을 패터닝에 활용한다. 알루미늄의 에칭에서는 표면에 형성된 알루미늄 자연 산화막이 아주 안정하기 때문에 화학적 에칭 바로 직전에 이를 제거하는 것이 중요하다. 이를 위해서는 초기에 스퍼터링에 의한 에칭을 하게 되며 아르곤 기체를 이용하거나 BCl_3, $SiCl_4$, CCl_4, BBr_3 같은 화합물을 이용하기도 한다. 염소나 브로민을 포함한 반응기체를 이용하면 반응기 내에 잔존하는 산소나 수분을 제거하는 효과도 있고 또한 자연 산화막을 제거할 때 물리적인 스퍼터링뿐만 아니라 화학적 에칭효과도 얻을 수 있다. 실리콘과 달리 알루미늄의 에칭에 있어서는 이온의 충돌에 의한 이방성 에칭 효과를 얻기가 쉽지 않기 때문에 $CHCl_3$, CHF_3 등을 첨가하여 측면에 고분자 보호막을 형성하여 이방성 에칭을 한다. 반응기 내에 잔존 산소나 수분이 있으면 알루미늄 산화막이 형성되어 균일한 에칭을 하기 어렵기 때문에 주의를 기울여야 한다. 실리콘이나 특히 구리를 혼합한 알루미늄 박막을 에칭할 때는 이들의 잔류물이 남는 것에 주의를 기울여야 한다. 특히 구리 성분은 휘발성이 낮은 화합물을 형성하기 때문에 이들의 제거가 중요하다. 또한 에칭이 끝난

후 바로 공기에 노출되면 잔류 염소성분이 수분과 반응하여 부식을 유발하는 것도 문제가 된다. 에칭공정 후 바로 습식세정을 하여 잔류물을 제거하거나 산소 플라즈마를 이용 표면 산화막을 형성하여 안정화시키면서 동시에 감광성 고분자막을 제거하는 것도 유효한 방법이다.

앞서 그림 10.13에 나타난 바와 같이 MOSFET의 게이트 전극으로 폴리사이드(metal silicide on poly silicon) 2중 구조가 쓰이는데 소자의 제조에서 이 구조를 이방성 에칭하는 것이 중요하다. 또한 그 아래에 있는 게이트 산화막의 두께가 얇기 때문에 산화막과의 높은 선택도가 요구된다. 표 11.4에 보는 바와 같이 SF_6나 CF_4 같은 경우는 반응기 내에 불소의 농도가 높아져 등방성 에칭에 유리하다. 이방성 에칭을 위해서는 수소를 첨가하거나 CHF_3를 이용하여 고분자의 형성에 의한 측면 보호막을 형성할 수 있다. 이 경우는 산화막에 대한 선택도가 높지 않아 이를 개선하기 위해서는 산소를 첨가해 주거나 불소 대신에 염소나 브로민 성분을 이용하기도 한다. 염소나 브로민을 쓰는 경우 불소보다는 에칭 속도가 떨어지나 산화막에 대한 선택도가 높아지며 불소보다 염소나 브로민이 무게가 커서 이방성 에칭에 유리하다. 메탈 실리사이드와 실리콘의 이중 층을 에칭해야 하기 때문에 초기 단계에서는 불소나 염소 성분으로 실리사이드를 에칭한 후 종말점을 감지하고 실리콘을 에칭할 때는 반응기체를 바꾸어 산화막과의 선택도를 확보하기도 한다. 실리콘 박막을 에칭할 때는 자연 산화막을 제거하기 위해 초기에 스퍼터링과 같은 물리적 에칭을 이용한다. 전기전도도를 높이기 위해 높은 농도로 도우핑한 실리콘은 에칭 속도가 빨라져 등방성 에칭에 유리하므로 이방성 에칭을 위해서 브로민 성분을 이용하는 것이 유리하다.

실리콘 웨이퍼에 깊은 트렌치를 파서 산화막을 입힌 후 다시 전극 재료를 채워 캐패시터를 만드는 경우 종횡비가 높은 이방성 에칭공정이 필요하다. 특히 안정한 캐패시터를 만들기 위해서는 트랜치 바닥부분이 둥글게 가공되어야 하며 이 경우에도 플라즈마를 이용하여 에치 패턴을 잘 제어하는 것이 필요하다. 산화막의 에칭에서는 실리콘과의 선택도(1차 배선은 도우핑이 많이 된 폴리실리콘을 쓰며 그 위 절연막으로 산화막을 씀)를 확보하는 것이 필요하다. 특히 콘텍트 홀이나 비아 홀을 형성하는 절연막은 수직으로 뚫는 이방성 에칭이 요구된다. 표 11.4에서 보는 바와 같이 수소를 첨가해서 불소 성분을 줄이고 탄화불소 성분을 높여 선택도를 확보할 수 있고 탄화불소 성분으로부터 이방성을 확보할 수 있다. 탄소의 분율이 높은 C_2F_6, C_3F_8 등을 활용하는 것도 마찬가지로 순수한 불소 성분보다 탄소 성분을 높여 이온 충돌 효과와 측면 보호막 형성 효과를 얻어 이방성을 높이게 된다. 앞서 언급한 바와 같이 수소의 첨가는 불소 성분의 농도를 줄여 실리콘의 에칭을 억제하고 탄화불소 성분을 높여 산화막의 에칭 속도를 유지하며 선택도를 높이게 된다. 에칭 후에는 패턴 안에 남아 있는 폴리머 성분의 제거를 위해 효율적인 세정공정이 필요하다.

집적회로의 제조에서 질화규소막은 산화공정에서 마스크로 쓰이며 이 부분은 회로에 남아 있지 않고 산화공정이 끝난 후 제거된다. 이러한 질화막은 때로 얇은 패드 옥사이드 위에 증착되므로 산화막과의 선택도가 중요하다. 산화막/실리콘의 선택도가 높은 반응기체는 질화막/실리콘의 선택도도 높게 나타난다. CH_2F_2나 CH_3F를 쓰는 경우 반응성 이온에칭에서 실리콘이나 산화막에 비해 선택도를 20 정도로 유지할 수 있고 이방성 에칭을 할 수 있다. 저온에서 플라즈마를 이용한 수소화 질화규소막은 소자의 제조 마지막 단계에 보호막으로 이용된다. 이 경우 질화막을 에칭해 메탈 층을 노출시키고 여기에 와이어 본딩을 접합하여 외부 회로와 연결하게 된다. 이때에는 그 패턴의 크기가 커서 등방성 에칭이 활용되며 아래 메탈과의 선택도를 확보하면 된다. 여기에는 $CF_4 + O_2$ 혼합기체가 사용된다.

11.4 화학 기계적 연마

화학 기계적 연마(CMP: chemical mechanical polishing 또는 planarization)는 습식법으로 2장에서 소개한 바와 같이 웨이퍼의 제조에서 표면을 처리하는 공정으로 널리 활용되고 있으며 근래에는 소자를 패터닝하는 데에도 유용하게 쓰인다. 화학 기계적 연마법은 웨이퍼 전체의 면을 동시에 거의 원자단위 규모로 평탄화할 수 있으며 이러한 평탄화 과정은 다층 구조의 소자를 만들 때 매 층마다 유용하게 적용될 수 있다. 광리소그라피 공정에서 평탄화된 표면은 미세구조를 만들 때 꼭 필요하며 만들고자 하는 패턴의 크기가 작을수록 더욱 평탄화된 표면이 요구된다. 현재의 소자기술에서 다층 배선구조를 만드는 데 각 층마다 평탄화를 효율적으로 수행할 수 있는 CMP공정은 없어서는 안 될 중요한 공정으로 자리 잡았다. 이러한 CMP공정은 앞서 건식 식각공정에서 언급한 반응성 이온에칭에 비해 많은 장점을 갖고 있다. 먼저 건식 식각공정은 구리를 쉽게 에칭할 수 없어 차세대 구리칩 제조에 적용할 수 없는 데 비해 CMP공정은 구리를 쉽게 갈아낼 수 있다. CMP공정은 산화막, 폴리실리콘, 구리, 저유전체막, 텅스텐, 알루미늄막의 제거나 평탄화에 활용될 수 있고 거칠기가 아주 낮은 평탄한 평면을 만들 수 있다. 장치 자체는 거대한 편이나 청정실에서 운용될 수 있다. CMP공정에서도 화학약품을 필요로 하나 반응성 이온에칭이나 화학증착공정에서 쓰이는 유독성, 가연성 기체에 비해 안정하고 안전하다. 그간 소자의 평탄화를 위해 사용되었던 실리콘 산화막의 유동화(reflow)법은 가열을 하여 산화막의 점도를 낮춤으로써 중력에 의해 스스로 흐르게 하여 평탄화를 달성하였으나 고온을 필요로 하고 물질의 확산에 의한 소자의 안정성 저하 등이 문제가 된다.

CMP공정은 그 개념이 간단하며 그림 11.16에 나타난 바와 같이 화학적으로 활성이 있는 슬러리를 사용하고 움직이는 연마 패드에 적절한 압력을 가하며 회전시켜 웨이퍼 표면에 있는 박막의 일정 부분을 갈아내 평탄화를 달성하는 방법이다. 평탄화 이후 효율적인 세정공정을 통해 불순물을 제거하고 기계적인 스트레스에 의해 형성된 결함들을 잘 제거해야 한다.

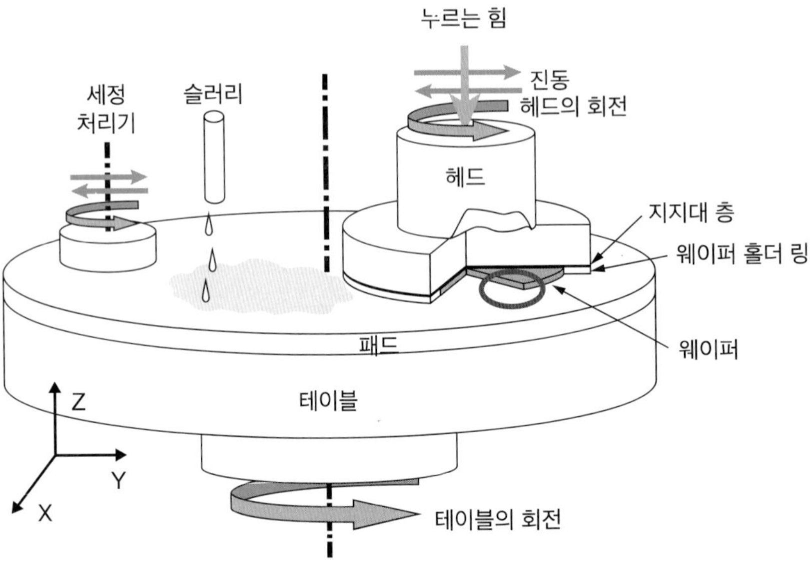

그림 11.16 CMP 공정의 기본 개념도

연마는 마찰력에 의한 마모를 이용하는 것이며 연마할 때의 마찰력은 공정에 쓰이는 소재, 표면, 회전 속도, 가해지는 힘, 그리고 공정에 관여하는 화학반응에 의해 결정된다. 연마에 의해 제거되는 소재의 속도는 일반적으로 연마 과정에 가해지는 일에 비례하며 아래와 같은 프레스톤 식으로 주어진다.

$$R = K \cdot P \cdot V \tag{11.14}$$

R: 제거 속도 (removal rate), K: 프레스톤 상수

P: 가해지는 압력, V: 웨이퍼의 상대속도

여기에서 K는 슬러리의 조성, 패드의 거칠기 등 조업 조건과 관련된 상수이고 보통은 압력 P, 상대속도 V의 1승에 비례하나 경우에 따라서는 P의 m승, V의 n에 비례하고 m과 n은 공정변수에 따라 다르게 나타난다. CMP공정의 목적은 그림 11.17에 나타난 여러 형태의 패턴 중에서 (d)에 나타난 바와 같이 웨이퍼 전체의 평탄화를 이루는 것이다. (a)는 패턴된 금속막에 절연막을 증착했을 때 평탄화되지 않은 상태를 보여주고 있으며 (b)의 부분적 평탄화는 표면의 특정 부분만 각진 부분이 부드럽게 변형된 상태이고 (c)의 지역적 평탄화는 금속 패턴 윗부분만 평탄화된 상태이며, d)는 웨이퍼 표면 전체가 평탄화된 상태이다.

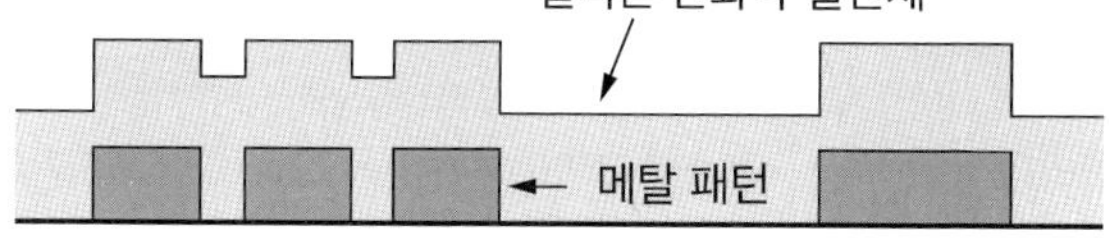

(a) 평탄화 전

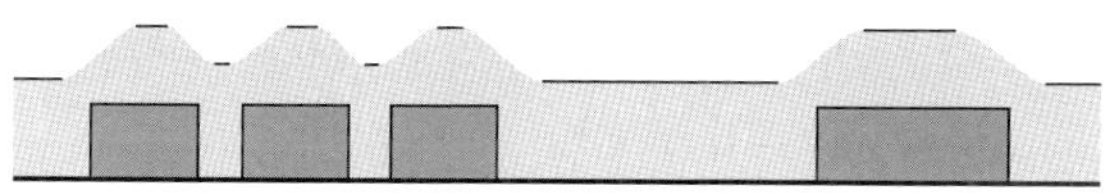

(b) 부분적 평탄화

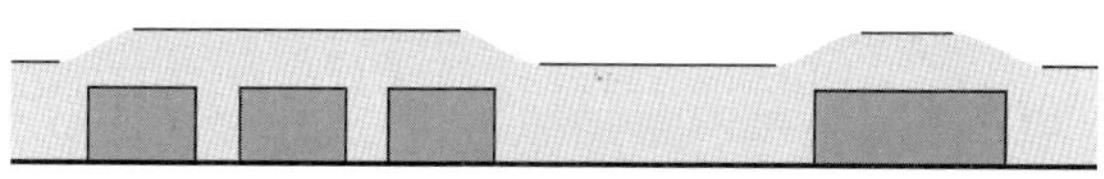

(c) 지역적 평탄화

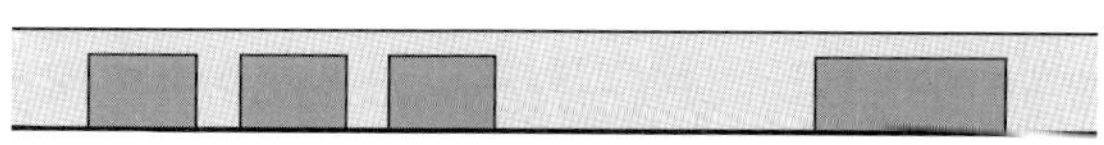

(d) 전체 평탄화

그림 11.17 소자의 제조에 있어서 웨이퍼 표면의 여러 가지 상태

이제까지의 평탄화는 칩 내부의 일부분이나 칩 전체에 걸친 평탄화를 언급하였으나 CMP에서는 공정의 편의성과 소자의 안정성을 위해 웨이퍼 전체에 걸친 평면의 평탄화를 목표로 한다. 그림 11.18에는 건식 식각공정과 CMP를 활용해서 패턴을 하는 두 가지 방법이 개념적으로 비교되어 있다.

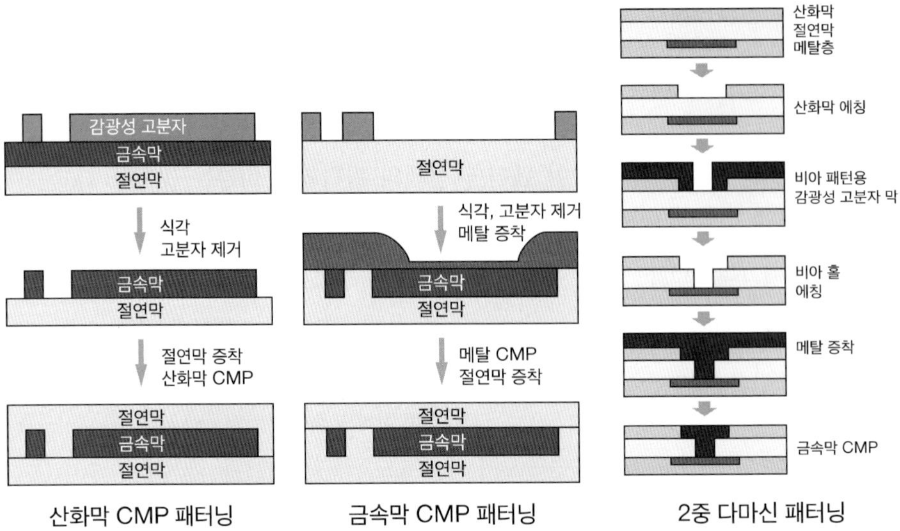

그림 11.18 산화막 CMP, 금속막 CMP, 2중 다마신 공정을 이용한 패터닝의 비교 예

산화막 CMP공정에서는 금속막을 건식 식각하고 그 위에 절연막을 증착한 후 CMP를 통해 평탄화를 이루는 반면에 상감법이라고도 불리는 다마신법에서는 금속막을 CMP공정으로 제거한 후 절연막을 증착하여 평탄화를 이룬다. 후자의 방법은 구리와 같이 건식 식각이 어려운 금속을 배선 재료로 활용할 때 패터닝을 효과적으로 할 수 있는 방법이다. 또한 2중 다마신공정에서는 1층 배선을 비아로 연결하고 동시에 2층 배선까지 할 수 있는 패터닝 기술이다. 1층 배선 메탈 선(종이에 수직한 방향)이 패턴된 위에 2중의 절연막을 깔고 절연막 사이에는 에칭의 종점을 감지할 수 있는 에칭 스탑 층을 삽입한다. 첫 번째 절연막을 건식 식각으로 패터닝한 후 다시 감광성 수지를 도포, 리소그라피를 하여 수직의 구멍을 만들고 에칭을 하게 되면 두 번째 절연막에 수직의 구멍을 뚫게 된다. 이후 금속막을 증착하고 메탈 CMP를 하게 되면 구멍과 그 위에 종이에 수직한 방향의 2차 배선을 동시에 형성하여 아래 금속 배선층과 그 위의 금속 배선층을 상하로 연결하는 패턴이 동시에 형성된다. 이 2중 다마신법도 건식 식각이 어려운 구리 배선을 효율적으로 할 수 있는 방법이다. 구리칩의 제작에서는 금속막을 형성하기 전에 TiN과 같은 확산 방지막을 얇게 증착하고 구리막은 도금법을 이용해 형성하게 된다. 이상에서 보는 바와 같이 CMP 평탄화법은 건식 식각이 어려운 금속층을 패터닝할 수 있는 방법을 제공하기도 한다. 이외에도 CMP공정의 중요한 몇가지 응용예를 그림 11.19에 나타내었다. 그림 11.18에 언급된 다마신법을 이용하여 금속 배선과 금속 배선을 수직으로 연결하거나 반도체 정크션과의 접촉을 이루게 되는데 이때 접촉 금속으로는 알루미늄, 텅스텐, 구리 등의 재료가 활용된다. 그림 11.10에 나타난 바와 같이 전면 증착을

한 후 에치백 공정에 의해 절연막 위의 메탈층을 제거하는 건식 식각 공정을 할 수도 있으나 그림 11.19(a)에 나타난 CMP공정을 활용하면 좀 더 효율적인 방법으로 패턴을 형성할 수 있다. 특히 구리박막처럼 건식 식각이 불가능할 경우 CMP공정이 좋은 대안이다. 또한 소자와 소자를 절연막으로 분리하기 위해 상대적으로 두꺼운 field oxide가 쓰이는데, 그림 4.18에 나타난 산화공정을 대신하여 그림 11.19 (b)에 나타난 바와 같이 산화막을 증착한 후 CMP를 통해 소자의 분리를 할 수 있다.

(a) 수직 구멍을 통한 접촉 금속 (금속-금속, 금속-반도체, 확산방지막 접촉)

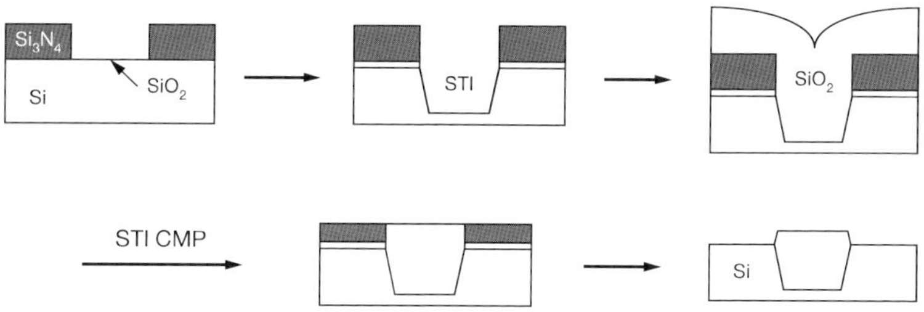

(b) shallow trench isolation (STI) - 산화막을 이용한 소자의 분리 (field oxide)

그림 11.19 CMP공정의 중요한 몇 가지 응용 예들

CMP공정에서는 공정 후 형성된 패턴의 평탄도가 중요하다. CMP공정으로 연마한 후 나타나는 패턴의 두 가지 형태로 그림 11.20에 나타난 thinning 현상과 dishing 현상이 있다.

패턴이 조밀하게 형성된 부분에서는 연마 과정에서 좀 더 많은 양이 깎여 나가게 되는데 이에 따라 그림 11.20(a)에서 점선으로 나타난 부분이 연마 후의 표면의 형상이 된다. 이러한 현상을 씨닝이라 한다. 또한 패턴의 크기가 큰 경우 좀 더 많은 양의 소재가 제거되는데 이에 따라 그림 (b)에 나타난 바와 같은 디싱 현상이 나타난다. 건식 식각에서와 마찬가지로 CMP 공정에서도 종말점을 감지하여 가장 적절한 시점에 공정을 끝내는 것이 중요하다. 또한 소재에 따라 연마 속도의 선택도를 확보하는 것이 중요하다. 건식 식각공정과는 다르게 종말점의 감지가 쉽지 않기 때문에 연마 속도를 고려하여 적정 시간을 연마하는 것이 한 방법이다.

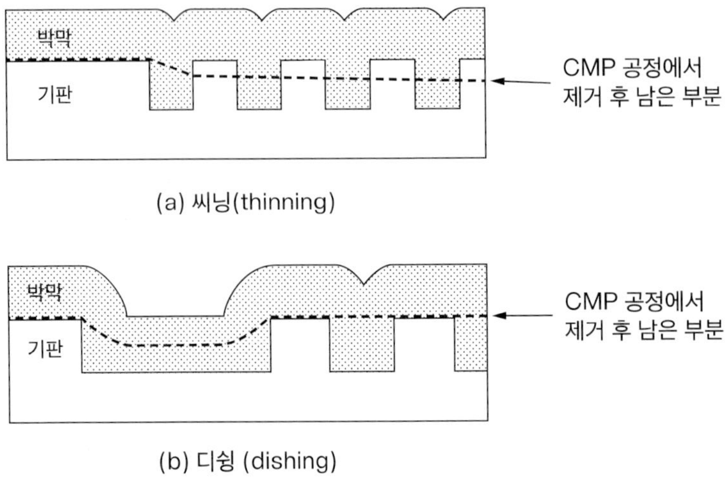

그림 11.20 CMP 공정에서 나타나는 thinning 현상과 dishing 현상

최소한의 소재를 제거하며 평탄화를 이루는 것이 가장 바람직하다. 전체적인 평탄화를 이루려면 때로는 국부적인 평탄도가 떨어지게 되는데 이 것이 CMP공정의 최적화에서 가장 어려운 문제이다.

CMP공정에서 가장 중요한 소모품은 패드와 슬러리이다. CMP공정에서 CMP 장치와 세정 장치도 중요하지만 이와 함께 뛰어난 가공특성을 구현하기 위해서는 연마패드나 슬러리, 탈이온수, 여러 종류의 시약 등의 소모품이 중요하다. 표 11.6에는 슬러리에 주로 쓰이는 산화물 나노입자, 슬러리의 조성과 이들의 응용이 나타나 있다.

연마제로 쓰이는 입자는 20~1,000나노미터 크기이고 슬러리 내에 고체상의 농도는 1~35% 정도이다. 실리콘 산화막이나 폴리실리콘, 그리고 실리콘 웨이퍼의 경우 주로 알칼리성의 용액을 쓰며 pH는 8~11정도이다. 금속막의 경우는 효율적인 연마를 위해 표면을 산화시키며 공정을 수행하게 되는데 순수한 금속의 경우는 연성(ductile)이 있어 연마가 효율적으로 되지 않으나 금속산화막의 경우는 취성(brittle)이 있어 잘 갈려나오게 된다. 이 경우 산화제로는 $Fe(NO_3)_3$, $Fe(NO_3)_2$, KIO_3, H_2O_2, $K_3Fe(CN)_6$ 등이 활용되며 금속막의 CMP에서는 pH가 1~9정도이다. 때로는 지르코니아(ZrO_2), MnO_2, Mn_2O_3 입자, 고분자 연마제, 복합체 연마제, 표면이 코팅된 연마제 등이 쓰이기도 한다. 표 11.7에는 슬러리에 첨가되는 여러 시약들과 그들의 용도가 나타나 있다.

표 11.6 CMP공정에서 슬러리에 주로 쓰이는 산화물 나노입자, 조성과 그 응용

기판	연마제	슬러리 조성	응용
산화막 (층간절연막) (field oxide)	fumed 실리카 colloidal 실리카 ceria (CeO_2)	연마제, 알칼리 분산제, 탈이온수	STI, ILD/IMD CMP
금속막 (W, Al, Cu)	실리카, 알루미나	연마제, 산화제 분산제, 탈이온수 기능성 첨가제	plug, damascene CMP
폴리실리콘	실리카	연마제, 알칼리 분산제, 탈이온수	plug, touch up CMP
실리콘 웨이퍼	실리카	연마제, 알칼리 기능성 첨가제 분산제, 탈이온수	웨이퍼 폴리싱

STI : shallow trench isolation, ILD : interlevel dielectric, IMD : inter metal dielectric

표 11.7 슬러리에 첨가되는 여러 시약들과 그들의 농도 범위와 용도

pH 조절시약	산화제	분산제	표면 안정화제	착화물 형성 시약
0.05~4wt%	2~5wt%	0.05~2wt%	0.05~2wt%	0.05~2wt%
KOH NH_4OH H_3PO_4 HNO_3 H_2SO_4 CH_3COOH HCl	H_2O_2 H_3PO_4 $K_2Fe(CN)_6$ $Na_2Cr_2O_7$ KOCl $Fe(NO_3)_2$ Persulphates H_5IO_7 NH_4OH $DMSO/CCl_4$	Anionic Surfactant (Carboxylates) Non-ionic surfactant Cationic surfactant Alkanolamides Alkanes(C8~C17) Ethylene Glycols Acylates	BTA KHP PVSA	phosponic Acids Carboxylic Acids EDTA PDTA Amino Acids

DMSO: dimethyl sulfoxide, BTA: benzotriazole, KHP: potassium hydrogen phthalate
PVSA: poly(vinylsulfonic acid), EDTA: ethylenediamine-tetraacetic acid
PDTA: propylenediamine-tetraacetic acid

분산제는 나노입자가 액상에 안정하게 분산되도록 하며 다른 첨가제들은 불순물을 줄여주거나 슬러리의 안정화를 통해 보관 기간을 늘리기도 한다. 슬러리의 혼합, 과대하게 큰 입자를 걸러내는 필터링, 슬러리 유체 운송 시스템 등이 적절한 슬러리를 기기에 공급하는 데 중요한 역할을 하고 연마 후 린스 과정도 중요하다. 슬러리 내의 연마제의 양, 입자의 크기 및 모양, pH 등은 연마 속도에 영향을 미친다. 슬러리와 관련된 사항들을 제대로 관리하지 못하면 연마 과정에서 결함이 생기게 된다. 연마 후 린스가 제대로 이루어지지 못하면 남아있는 슬러리가 말라붙어 웨이퍼 표면에서 제거하기가 쉽지 않다. CMP 기기 전체를 청정하

게 관리하지 못하면 박막에 스크래치가 발생한다. 또한 슬러리 내에서의 물리적, 화학적 상태를 이해하는 것이 중요하다. 슬러리와 함께 연마 과정에 중요한 영향을 미치는 것이 연마패드이다. 연마패드는 슬러리를 연속적으로 웨이퍼 표면에 공급해 주어야 하고 또한 갈려 나온 부산물을 제거해 주어야 하며 칩 내에서뿐만 아니라 웨이퍼 내에서 균일한 평탄도를 유지할 수 있게 관리해야 한다. 건조한 패드는 표면에 스크래치를 형성하게 되며 어느 정도 사용된 패드는 새로운 패드보다 평탄화에 차이를 보이게 된다. 산화막 CMP에서는 비교적 거친 패드가 필요하고 성형된 발포 폴리우레탄으로 만들어진 단단한 패드와 폴리우레탄이 포함된 폴리에스터 부직포로 된 부드러운 패드의 2중 층으로 된 패드를 시용한다. 패드에는 적절한 기공과 홈이 형성되어 있어 슬러리와 반응 부산물이 효과적으로 이동할 수 있게 해야 한다. 또한 다이아몬드 연마제를 단단한 혹은 부드러운 판에 입힌 패드 컨디셔너를 패드에 추가해 여러 번 공정을 반복해도 갈려 나오는 속도가 일정하게 유지되도록 한다. 그림 11.21에는 CMP공정에 쓰이는 폴리에스터 부직포/발포 유레탄 2중 층으로 된 패드와 패드에 첨가되는 컨디셔너로 다이아몬드 연마제가 입혀진 조각의 모습이 나타나 있다.

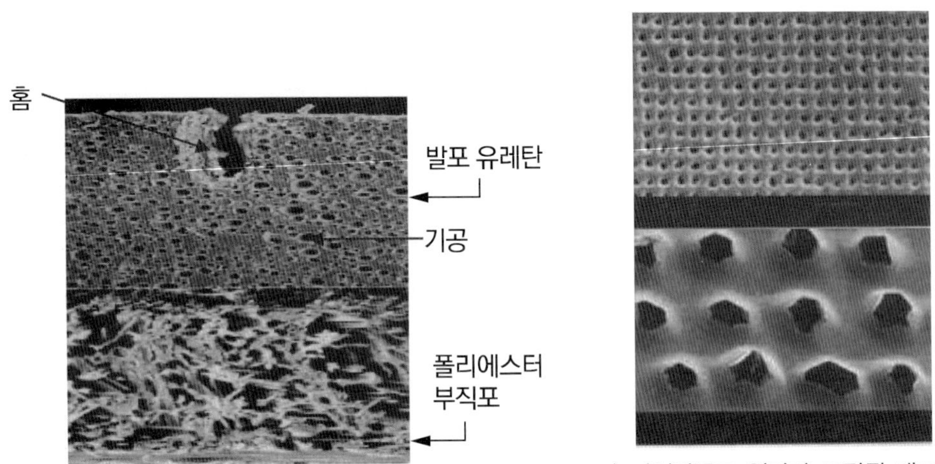

a) 2중 층 패드

b) 다이아몬드 입자가 코팅된 패드 컨디셔너 플레이트

그림 11.21 CMP공정에 쓰이는 폴리에스터 부직포/발포 유레탄 2중 층 패드와 패드 컨디셔너로 첨가되는 다이아몬드 연마제가 입혀진 조각

금속의 연마에는 부직포 형태로 만들어진 단일층 패드를 쓰며 패드의 관리 및 공정의 수행은 앞서 산화막의 경우와 거의 유사하다. 패드 컨디셔너는 패드 표면의 거칠기를 증가시키고 기공의 분율을 증가시킨다. 이들은 슬러리와 갈려진 생성물을 제거하는 역할을 하며 패드의

수명에 걸쳐 갈리는 속도를 일정하게 유지해 준다. 또한 패드가 닳아 국부적으로 매끈한 표면으로 변하는 것을 막아준다. 컨디셔너는 공정을 수행하면서 첨가하기도 하고 한 웨이퍼의 연마가 끝나고 다음 웨이퍼로 넘어가는 사이에 첨가하기도 한다. 특히 다이아몬드 연마제가 패드에서 떨어나오지 않게 주의를 기울여야 하는데 이들이 떨어져 나오게 되면 표면에 긁힌 자국이 생기게 된다.

CMP공정의 신뢰성과 재현성을 확보하기 위해 종말점을 감지하여 과도한 연마를 방지하는 것이 중요하다. 종말점은 마찰력의 변화를 감지하거나 광학적 분석을 활용한다. 마찰력의 변화를 측정하는 방법은 모터의 회전에 필요한 전류의 변화를 감지하는 것이며 비교적 간단하다. 평탄화가 진행되면서 연마에 의해 마찰력이 감소하며 평면은 더욱 매끈해진다. 또한 갈려나가는 물질이 제거되면서 아래층이 노출되고 물질이 바뀌면서 연마에 의한 마찰력도 바뀌게 된다. 이러한 방법은 패턴의 크기가 큰 구조를 연마할 때 잘 작동한다. 단지 이 방법은 전체 면이 균일하게 연마되지 않을 때는 국부적으로 과도한 연마가 나타날 가능성이 있다. 광학적인 방법은 좀 더 복잡하고 비싸나 좀 더 정밀한 종말점의 파악이 가능하다. 특정한 파장의 빛이나 백색광을 이용하여 반사도나 빛의 색깔, 간섭현상을 이용하여 표면의 변화를 감지하게 된다. 이러한 방법은 넓은 웨이퍼 표면을 모니터링할수록 정밀도가 높아지며 슬러리나 연마성분이 광 검출에 미치는 영향을 최소화해야 한다. 센서를 패드에 삽입하거나 패드에 구멍을 내어 여기를 통해 표면의 상태를 관찰한다.

슬러리 내에서 입자와 용매, 첨가제, 그리고 슬러리와 표면 물질 사이의 물리화학적 상호작용이 공정에서 중요한 역할을 한다. 그림 11.17에 나타난 층간 절연막(ILD: interlayer dielectric 또는 IMD: intermetal dielectric)의 평탄화는 가장 기본적이고도 가장 보편적인 CMP공정의 응용이다. 이 공정은 그 특성상 기계적인 메카니즘이 주로 관여하며 식 11.4에 나타닌 프레스톤의 범치이 잘 적용뒤다. 연마제로는 실리카 혹은 쎄리아 나노입자가 주로 쓰인다. 사염화규소로부터 아래 반응에 의해 합성되는 고순도 실리카 나노입자(fumed silica)가 주로 많이 쓰인다.

$$SiCl_4 + H_2 + O_2 \longrightarrow SiO_2 + 4HCl \qquad (11.15)$$

이 반응은 1,500°C 이상의 연소 불꽃에서 수행되며 얻어지는 입자는 기공이 없고 크기는 5~50나노미터, 표면적은 50~600 m^2/g 정도이다. 이들은 비정질 1차 입자에서 서로 체인 형태로 연결된 3차원 구조의 2차 입자를 형성하고 이들이 다시 뭉친 3차 입자의 형태를 나타내게 된다. 이들이 고순도 탈이온수에 분산되면 용액의 pH에 따라 그 특성이 달라지는데, pH

가 8~11사이의 경우 실리카 입자끼리의 결합이 끊어지며 OH^-기가 형성하는 음전위에 의해 입자 표면에 제타 포텐셜이 생겨 안정하게 분산된다. 그림 11.22에는 이들 슬러리를 연마제로 사용하였을 때 산화막 표면이 연마되는 과정을 개념도로 보여주고 있다.

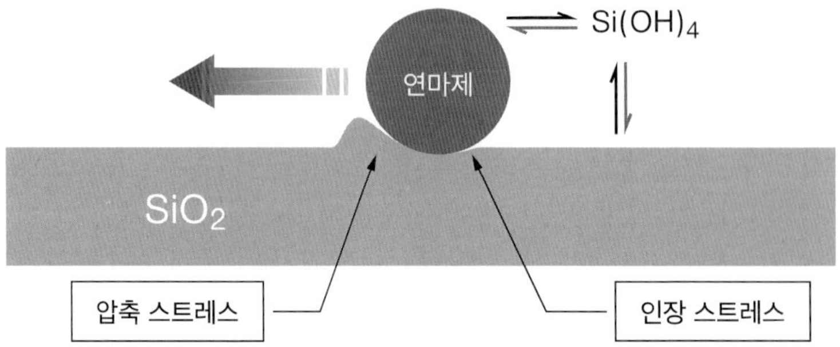

그림 11.22 실리카 슬러리를 연마제로 사용하였을 때 산화막 표면이 연마되는 과정의 개념도

이때 일어나는 화학반응은 아래와 같이 나타낼 수 있다.

$$(SiO_2)_x + 2H_2O \leftrightarrows (SiO_2)_{x-1} + Si(OH)_4 \qquad (11.16)$$

이 반응은 입자가 표면을 압박하며 이동 위치에 따라 압축 혹은 인장 스트레스가 걸리면서 반응이 촉진되어 막이나 입자에서 실리콘 성분이 실라놀 형태로 녹아 나오게 된다. 쎄리아 입자를 사용하는 경우는 그림 11.23과 같은 과정이 일어나게 된다.

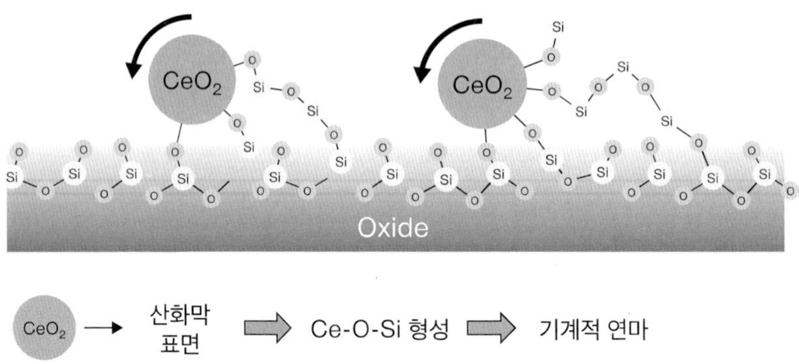

그림 11.23 쎄리아 입자 슬러리를 이용한 산화막의 연마 과정에서 화학반응의 개념도

연마제로 쓰이는 쎄리아 입자는 연마 과정에서 실리카 표면과 반응하며 기계적인 스트레스에 의해 이들이 떨어져 나오게 된다. 이러한 측면에서 보면 쎄리아 입자를 썼을 때가 실리카 입자를 썼을 때보다 갈려 나오는 속도는 더 크게 된다.

메탈의 CMP는 이제까지 소개한 산화막의 연마와는 좀 다르며 화학반응이 좀 더 많이 관여한다고 볼 수 있다. 앞서 그림 11.19(a)에 나타난 금속층의 연마에서는 금속 표면의 산화반응과 함께 연마 과정이 진행된다. 아래 반응식은 금속의 연마 과정에서 나타나는 화학반응을 보여주고 있다. M은 금속 원소를 나타내며 OX는 산화제, AOH는 1가 알칼리 화합물을 나타낸다.

$$M + nOX \longrightarrow MO_n \text{ (금속산화물 형성)} \tag{11.17}$$

$$MO_n + mAOH \longrightarrow A_mMO_{n+m/2} + m/2H_2O \text{ (용해)} \tag{11.18}$$

반응 (11.17)은 금속 표면의 산화반응을 나타내고 반응 (11.18)은 산화된 금속층이 용해되어 나오는 화학반응을 나타낸다. 식 (11.17)과 (11.18)에 나타난 일반적인 금속에 대한 화학반응을 텅스텐에 대해 나타내면 아래와 같다.

$$W + 3H_2O_2 \longrightarrow WO_3 + 3H_2O \text{ (산화)} \tag{11.19}$$

$$WO_3 + 2KOH \longrightarrow K_2WO_4 + H_2O \text{ (용해)} \tag{11.20}$$

반응 (11.19)에서 형성된 WO_3는 식 (11.20)에 의해 물에 녹는 K_2WO_4를 형성하게 된다. 그림 11.24에는 산화와 용해 과정을 거쳐 진행되는 금속 CMP공정의 개념도가 나타나 있다. 그림에서 보는 바와 같이 슬러리에 포함된 산화제는 금속 표면을 산화시켜 산화막을 형성하는데 이 산화막은 기계적인 연마와 알칼리 용액과의 화학반응에 의해 액상으로 녹아나오게 된다. 이러한 산화-용해의 단계를 거쳐 산화막 패턴 위의 금속막이 제거되고 평탄화하여 산화막에 형성된 홀에 금속층을 효율적으로 채우게 된다.

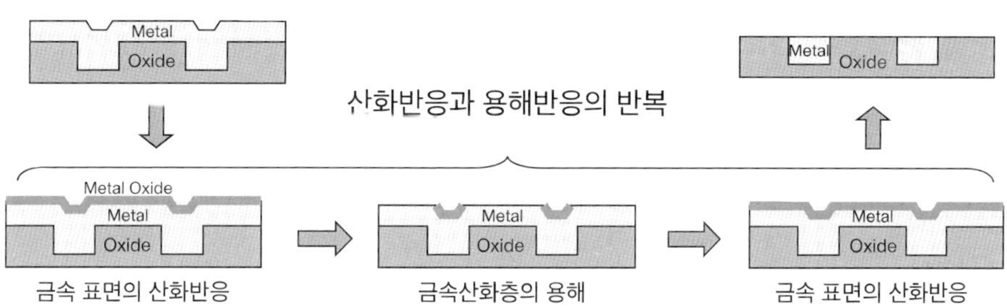

그림 11.24 산화와 용해 과정을 거쳐 진행되는 금속 CMP공정의 개념도

텅스텐의 연마공정에서 산화막의 형성 속도, 이들의 연마 속도 등이 중요한 변수인데 산화제로는 과산화수소 혹은 철의 질산염 등이 사용된다. 형성되는 산화텅스텐은 아주 단단한 물질로 알루미나 슬러리가 연마제로 쓰이며 연마 과정에서의 발열과 마찰에 의한 과도한 진

동이 수반되기도 한다. 과산화수소를 쓰는 경우 이들이 분해되어 물로 변하여 산화력이 떨어지기 때문에 이에 대해 주의를 기울여야 한다. 화학반응이 상대적으로 중요한 역할을 하는 금속 연마에서는 프레스톤 식이 잘 맞지 않는 경우가 있다. 구리의 연마에서는 적절한 화합물로 표면을 처리하여 화학반응에 의해 형성되는 표면층이 패드보다 부드러워 연마제 없이 패드와의 마찰만으로도 연마 및 평탄화가 가능한 경우도 있다. 이러한 경우에도 프레스톤 식은 잘 맞지 않는다.

연마 과정과 함께 연마 후의 세정 과정이 중요하다. 연마 과정에서 생성되는 입자나 기타 불순물들이 남아 있는 상태에서 웨이퍼가 건조되면 이들을 제거하기 힘들기 때문에 연마 후 세정 과정을 통해 바로 제거하는 것이 중요하다. 이 과정은 앞서 제3장 세정과정에서 언급한 과정과 유사하며 습식세정과 스핀 린스, 건조 과정을 거치게 된다. 이러한 과정은 CMP 시스템에 같이 조합이 된 경우가 일반적이다.

CMP 공정은 소자의 제작에서 박막을 에칭하고 동시에 원자규모의 평탄도를 만들어 낼 수 있는 효율적인 방법이다. 이 공정은 여러 종류의 박막에 적용 가능하고 최근에 개발된 장비와 소모품들은 신뢰성 있는 패터닝을 가능하게 한다. CMP공정은 평탄화를 통해 리소그라피 공정에서 제기되는 depth-of-focus 문제(제7장에서 언급)를 해결하는 데 기여하고 있으며 또한 구리 소재를 집적회로에 활용할 수 있는 길을 열었다. CMP공정은 다량의 고순도 탈이온수를 이용하나 발생되는 폐기물은 중화처리, 여과처리 등을 이용하여 다른 습식공정에서 방출되는 폐기물들처럼 처리가 가능하여 환경 규제에 맞출 수 있다. 선폭이 작아지고 물성이 우수한 새로운 소재를 적용하면서 CMP공정에도 좀 더 새로운 기술들이 요구되고 있다. 특히 다공층 저유전체 막은 아주 예민하여 건조되는 과정에서 물에 의한 캐필러리 힘에 의해 파괴가 될 정도이며 연마 과정에서 가해지는 스트레스에 의해 영향을 받게 된다. 앞으로의 CMP시스템은 연마 과정에서 기계적 스트레스가 적고 탈이온수나 용매, 첨가제의 사용량이 적으며 박막 형성 시스템과 세정 시스템이 같이 조합이 된 시스템으로 발전되어 갈 것이다.

연습문제

01 그림 11.3을 참조하여 완전한 등방성 에칭에서 0.5마이크론의 박막을 에칭하였을 때 측면 방향의 에칭 두께 b는 얼마가 되는가? 이에 따라 A_f 값은? A_f 값이 0.75일 때 측면 방향의 에칭 두께 b는? A_f 값이 0.75일 때, 그리고 0.5일 때 에칭 패턴을 그려라.

02 0.6마이크론 두께의 실리콘 산화막에 6마이크론×6마이크론 크기의 정사각형 윈도우를 에칭에 의해 만들려 한다. 완전한 등방성 에칭에 의해 오버 에칭 없이 산화막을 제거하였을 때 윈도우 윗부분과 바닥 부분의 모양과 크기를 나타내어 그려라. 윈도우 측면의 경사도는 어느 정도인가? 30% 정도의 오버 에칭이 일어났을 때를 반복하여라. 오버 에칭은 주어진 두께의 막을 에칭하는 시간보다 30% 더 길게 에칭한 것을 의미한다. 산화막 아래의 재료도 같은 속도로 에칭된다고 가정하라.

03 상부에 에칭 속도 200nm/min의 산화막과 하부에 에칭 속도 100nm/min의 산화막 2중층이 각각 100nm, 600nm 두께로 형성되어 있다. 여기에 문제 2에 나타나 있는 바와 같은 윈도우를 완전한 등방성 에칭에 의해 오버 에칭 없이 산화막을 제거하였을 때 윈도우 윗부분과 바닥 부분의 모양과 크기를 나타내어 그려라. 윈도우 측면의 경사도는 어느 정도인가? 30% 정도의 오버 에칭이 일어났을 때를 반복하여라. 산화막 아래의 재료도 같은 속도로 에칭된다고 가정하라.

04 배럴형 에칭 반응기에서 CF_4로 에칭할 때 실리콘막, 실리콘 산화막, 실리콘 질화막의 에칭 속도는 각각 20, 4, 2nm/min으로 나타났다. 에칭공정에서 상층 막을 완전히 제거하기 위해 10% 오버 에칭이 필요하다. 아래 각각의 경우에 대해 하층 박막의 제거 두께를 구하고 하층 박막 전체 중에 몇 %에 해당하는지 계산하라.

a. 30nm 두께의 실리콘이 50nm 두께의 실리콘 산화막 위에 있는 경우
b. 10nm 두께의 실리콘 질화막이 100nm 두께의 실리콘 산화막 위에 있는 경우
c. 50nm 두께의 실리콘 산화막이 100nm 두께의 실리콘 질화막 위에 있는 경우
d. 하층 박막의 두께 10%까지 제거가 받아들일 수 있는 수준이라면 위의 세 경우 중

받아들일 수 있는 경우는? 각 공정의 선택도를 구하고 이의 중요성에 대해 논하라.

05 에칭 반응기에서 로딩 효과는 에칭하고자 하는 표면의 면적에 따라 에칭 속도가 변하는 경향을 말한다. 이러한 현상은 보통 플라즈마 반응기 내에서 에칭반응에 참여하는 반응기체의 소진에 의해 나타난다. 이러한 로딩 효과는 아래와 같은 식으로 나타낼 수 있다.

$$R = \frac{R_0}{(1 + kA)}$$

여기에서 R은 에칭 표면의 면적에 따른 에칭 속도이고 R_o는 빈 반응기에서의 에칭 속도이다. k값은 반응 시스템에 관련된 상수인데 $k \ll 1$이면 로딩 효과는 작다고 볼 수 있다. k값은 반응기의 부피가 크고 에칭 반응기체의 유량이 클수록 작아지나 반응기의 펌핑에 비용이 많이 들고 장치비가 높아지게 된다. R_o가 40nm/min일 때 반응기 내에 장착한 300mm 직경의 웨이퍼 숫자에 따른 에칭 속도를 도시하라. k값은 0.1, 0.2, 0.33, 0.5에 대해 동시에 도시하고 결과에 대해 논의하라.

참고문헌

[고체 상태의 기본 원리 및 재료과학]

- 이시우, 재료과학학과 공학, 교보문고, 2010
- D. R. Askeland and P. P. Fulay, *The Science & Engineering of Materials*, 5th edition, Nelson, Toronto, 2006
- W. D. Callister, Jr., *Fundamentals of Materials Science and Engineering*: An Integrated Approach, 2nd edition, John Wiley & Sons, Inc., NY, 2005
- J. F. Shackelford, *Introduction to Materials Science for Engineers*, 6th edition, Prentice-Hall, NJ, 2005
- W. F. Smith, *Foundations of Materials Science and Engineering*, 3rd edition, McGraw-Hill, NY, 2004

[소자의 제조공정]

- S. K. Ghandi, *VLSI Fabrication principles*, Wiley, 1983
- C. Y. Chang and S.M. Sze, *ULSI Technology*, McGraw-Hill, 1996
- Hong H. Lee, *Fundamentals of Microelectronics Processing*, McGraw-Hill, 1990
- S. Middleman and A.K. Hochberg, *Process Engineering Analysis in Semiconductor Device Fabrication*, McGraw-Hill, 1993
- S.A. Campbell, *The Science and Engineering of Microelectronic Fabrication*, Oxford University Press, 1996
- J.D. Plummer, M.D. Deal and P.B. Griffin, *Silicon VLSI Technology, Fundamentals, Practice and Modeling*, Prentice-Hall, 2000

[소자]

- D. Neamen, *An Introduction to Semiconductor Devices*, McGraw-Hill, New York, 2006
- B.G. Streetman and S. Banerjee, *Solid State Electronic Devices*, Prentice Hall, New Jersey, 2000
- S. Kasap, *Principles of Electronic Materials and Devices*, 3rd Edition, McGraw-Hill,

2006

- B. L. Anderson and R. L. Anderson, *Fundamentals of Semiconductor Devices*, McGraw-Hill, New York, 2005

부록

부록 1 단위 및 상수들

표 1 SI 기본 단위(SI: Système International d'unités)

양	단위	심볼
길이	미터 (meter)	m
질량	킬로그램 (kilogram)	kg
시간	초 (second)	s
전류	암페어 (ampere)	A
온도	켈빈 (Kelvin)	K
물질의 양	몰 (mole)	mol
광원의 밝기 (광도)	칸델라 (candela)	cd

칸델라는 540×10^{12}Hz 주파수의 단파장 광원으로부터 주어진 방향으로 단위 steradian당 비추는 1/683 와트의 빛의 강도를 이야기함.

표 2 기본 SI 단위로부터 구성된 여러 단위들

양	단위 이름	기호	
면적	square meter	m^2	
부피	cubic meter	m^3	
주파수	hertz	Hz	s^{-1}
밀도	kilogram per cubic meter	kg/m^3	
속도	meter per second	m/s	
각속도	radian per second	rad/s	
가속도	meter per second per second	m/s^2	
각가속도	radian per second per second	rad/s^2	
힘	newton	N	$kg{\cdot}m/s^2$
압력	pascal	Pa	N/m^2
일, 에너지, 열	joule	J	N·m
파워	watt	W	J/s
전하의 양	coulomb	C	A·s
전류(current)	ampere	A	C/s
전위차	volt	V	W/A
전계의 세기	volt per meter (or newton per coulomb)	V/m	N/C
전기저항	ohm	Ω	V/A
전기전도도	siemens	S	A/V

양	단위 이름	기호	
캐패시턴스	farad	F	A·s/V, C/V
자속(magnetic flux)	weber	Wb	V·s
인덕턴스(inductance)	henry	H	V·s/A
자속밀도(magnetic fleld density)	tesla	T	Wb/m^2
자장의 세기(magnetic fleld strength)	ampere per meter	A/m	
엔트로피	joule per kelvin	J/K	
열용량	joule per kilogram kelvin	J/(kg·K)	
열전도도	watt per meter kelvin	W/(m·K)	
광원의 밝기(광도)	watt per steradian	W/sr	
luminous flux	lumen	1m	cd·sr
빛의 조도(illuminance)	lux	lm/m^2	$cd{\cdot}sr/m^2$

보조 SI 단위

양	단위 이름	기호
plane angle	radian	rad
solid angle	steradian	sr

표 3 기본적인 상수들

상수	기호	값	좀 더 정확한 값
진공 중 빛의 속도	c	3.00×10^{8} m/s	2.998
단위 전하	e	1.60×10^{-19} C	1.602
중력 상수(Gravitational constant)	G	6.67×10^{-11} $m^3s^2{\cdot}kg$	6.673
기체 상수	R	8.31 J/mol·K	8.314
아보가드로 수	N_A	6.02×10^{23} mol^{-1}	6.023
볼츠만 상수	k	1.38×10^{-23} J/K	1.381
스테판-볼츠만 상수	σ	5.67×10^{-8} $W/m^2{\cdot}K^4$	5.670
표준상태 이상기체 몰당 부피	V_m	2.24×10^{-2} m^3/mol	2.241
유전율 상수		8.85×10^{-12} F/m	8.854
투자율 상수	μ_0	1.26×10^{-6} H/m	1.257
플랑크 상수	h	6.63×10^{-34} J·s	6.626
전자의 질량	m_e	9.11×10^{-31} kg 5.49×10^{-4} u	9.109 5.486
양자의 질량	m_p	1.67×10^{-27} kg 1.007 u	1.673 1.0073

상수	기호	값	좀 더 정확한 값
양자/전자 질량비	m_p/m_e	1840	1836
전자의 전하/질량비	e/m_e	1.76×10^{11} C/kg	1.759
중성자 질량	m_n	1.68×10^{-27} kg 1.009 u	1.675 1.0087
수소 원자 질량	m_{1g}	1.008 u	1.0078
중수소 원자 질량	m_{2g}	2.014 u	2.0141
헬리움원자 질량	m_{4g}	4.003 u	4.0026
전자의 자기 모멘트	m_e	9.28×10^{-24} J/T	9.285
양자의 자기 모멘트	μ_p	1.41×10^{-26} J/T	1.141
보어 마그네톤	m_B	9.27×10^{-24} J/T	9.274
보어 반경(수소 원자)	a	5.29×10^{-11} m	5.292

1u = 1.661×10^{-27} kg, 표준상태: 1기압, 0°C

부록 2 단위 변환표

표 4 단위 환산표

구분	환산
질량	$1\ g = 10^{-3}\ kg$ $1\ kg = 10^3 g$ $1\ u = 1.66 \times 10^{-24} g = 1.66 \times 10^{-27} kg$ 1 metric ton = 1000kg
길이	$1nm = 10^{-9}m$ $1cm = 10^{-2}m = 0.394in$ $1m = 10^{-3}km = 3.28ft = 39.4in$ $1km = 10^3 m = 0.621mi$ $1in = 2.54\ cm = 2.54 \times 10^{-2}m$ $1ft = 0.305\ m = 30.5cm$ $1mi = 5280ft = 1609m = 1.609km$
면적	$1cm^2 = 10^{-4}m^2 = 0.1550in^2 = 1.08 \times 10^{-3}ft^2$ $1m^2 = 10^4 cm^2 = 10.76ft^2 = 1550in^2$ $1in^2 = 6.94 \times 10^{-3}ft^2 = 6.45cm^2 = 6.45 \times 10^{-4}m^2$ $1ft^2 = 144in^2 = 9.29 \times 10^{-2}m^2 = 929cm^2$
부피	$1cm^3 = 10^{-6}m^3 = 3.35 \times 10^{-5}ft^3 = 6.10 \times 10^{-2}in^3$ $1m^3 = 10^6 cm^3 = 10^3 L = 35.3ft^3 = 6.10 \times 10^4 in^3 = 264gal$ $1liter = 10^3 cm^3 = 10^{-3}m^3 = 1.056qt = 0.264gal$ $1in^3 = 5.79 \times 10^{-4}ft^3 = 16.4cm^3 = 1.64 \times 10^{-5}m^3$ $1ft^3 = 1728in^3 = 7.48gal = 0.0283m^3 = 28.3L$ $1qt = 2pt = 946\ cm^3 = 0.946L$ $1gal = 4pt = 231in^3 = 0.134ft^3 = 3.785L$
시간	$1h = 60min = 3600s$ $1day = 24h = 1440min = 8.64 \times 10^4 s$ $1y = 365\frac{1}{4}days = 8.76 \times 10^3 h = 5.26 \times 10^5 min = 3.16 \times 10^7 s$
각	$1rad = 57.3°$ $1° = 0.0175rad$ $60° = \pi/3rad$ $15° = \pi/12rad$ $90° = \pi/2rad$ $30° = \pi/6rad$ $180° = \pi rad$ $45° = \pi/4rad$ $360° = 2\pi rad$ $1rev/min = \pi/30rad/s = 0.1047rad/s$
속도	$1m/s = 3.60km/h = 3.28ft/s = 2.24mi/h$ $1km/h = 0.278m/s = 0.621mi/h = 0.911ft/s$ $1ft/s = 0.682mi/h = 0.305m/s = 1.10km/h$ $1mi/h = 1.467ft/s = 1.609km/h = 0.477m/s$ $60mi/h = 88ft/s$
힘	$1N = 0.225\ lb$ $1\ lb = 4.45\ N$ 지구표면에서 1kg 질량 = 2.2 lb = 9.8N
압력	$1Pa(N/m^2) = 1.45 \times 10^{-4}lb/in^2 = 7.5 \times 10^{-3}torr$ (mmHg) $1torr(mmHg) = 133Pa(N/m^2) = 0.02\ lb/in^2$ $1atm = 14.7lb/in^2 = 1.013 \times 10^5 N/m^2 = 30inHg = 76cmHg$ $1\ lb/in^2 = 6.90 \times 10^5 Pa(N/m^2)$ $1bar = 10^5 Pa$ $1millibar = 10^2 Pa$
에너지	$1J = 0.738ft{\cdot}lb = 0.239cal = 9.48 \times 10^{-4}Btu = 6.24 \times 10^{18}eV$ $1kcal = 4186J = 3.968Btu$ $1Btu = 1055J = 778ft{\cdot}lb = 0.252kcal$ $1cal = 4.186J = 3.97 \times 10^{-3}Btu = 3.09ft{\cdot}lb$ $1ft{\cdot}lb = 1.36J = 1.29 \times 10^{-3}Btu$ $1eV = 1.60 \times 10^{-19}J$ $1kWh = 3.6 \times 10^6 J$
파워	$1W = 0.738ft{\cdot}lb/s = 1.34 \times 10^{-3}hp = 3.41Btu/h$ $1ft{\cdot}lb/s = 1.36W = 1.82 \times 10^{-3}hp$ $1hp = 550ft{\cdot}lb/s = 745.7W = 2545Btu/h$
질량-에너지 전환	$1u = 1.66 \times 10^{-27}kg \leftrightarrow 931.5Mev$ $1electron\ mass = 9.11 \times 10^{-31}kg = 5.49 \times 10^{-4}u \leftrightarrow 0.511Mev$ $1proton\ mass = 1.673 \times 10^{-27}kg = 1.007267\ u \leftrightarrow 938.28MeV$ $1neutron\ mass = 1.675 \times 10^{-27}kg = 1.008665u \leftrightarrow 939.57\ Mev$
온도	$T_F = 1.8T_C + 32$ (화씨, °F) $T_C = 5/9(T_F - 32)$ (섭씨, °C) $T_K = T_C + 273$ (절대온도, °K)
cgs 힘	$1dyne = 10^{-5}N = 2.25 \times 10^{-6}lb$
cgs 에너지	$1erg = 10^{-7}J = 7.38 \times 10^{-6}ft{\cdot}lb$
점도	$1\ Pa{\cdot}s = 10$ poise = 1000 centi-poise(cP) $1\ Pa{\cdot}s = kg/(m{\cdot}s)$ $1\ P = g/(cm{\cdot}s)$ (poise) $1\ P = 100\ cP$

부록 3 원자들의 특성

표 5 원자들의 특성

원자번호	원소	기호	원자량 gram/mol	밀도(20°C) g/cm^3	결정구조 (20°C)	융점(°C)
1	Hydrogen	H	1.008			−259.34(T.P.)
2	Helium	He	4.003			−271.69
3	Lithium	Li	6.941	0.533	bcc	180.6
4	Beryllium	Be	9.012	1.85	hcp	1289
5	Boron	B	10.81	2.47		2092
6	Carbon	C	12.01	2.27	hex.	3826(S.P.)
7	Nitrogen	N	14.01			−210.0042(T.P.)
8	Oxygen	O	16.00			−218.789(T.P.)
9	Fluorine	F	19.00			−219.67(T.P.)
10	Neon	Ne	20.18			−248.587(T.P.)
11	Sodium	Na	22.99	0.966	bcc	97.8
12	Magnesium	Mg	24.31	1.74	hcp	650
13	Aluminum	Al	26.98	2.70	fcc	660.452
14	Silicon	Si	28.09	2.33	dia. cub.	1414
15	Phosphorus	P	30.97	1.82(white)	ortho.	44.14(white)
16	Sulfur	S	32.06	2.09	ortho.	115.22
17	Chlorine	Cl	35.45			−100.97(T.P.)
18	Argon	Ar	39.95			−189.352(T.P.)
19	Potassium	K	39.10	0.862	bcc	63.71
20	Calcium	Ca	40.08	1.53	fcc	842
21	Scandium	Sc	44.96	2.99	fcc	1541
22	Titanium	Ti	47.90	4.51	hcp	1670
23	Vanadium	V	50.94	6.09	bcc	1910
24	Chromium	Cr	52.00	7.19	bcc	1863
25	Manganese	Mn	54.94	7.47	cubic	1246
26	Iron	Fe	55.85	7.87	bcc	1538
27	Cobalt	Co	58.93	8.8	hcp	1495
28	Nickel	Ni	58.71	8.91	fcc	1455
29	Copper	Cu	63.55	8.93	fcc	1084.87
30	Zinc	Zn	65.38	7.13	hcp	419.58

원자번호	원소	기호	원자량 gram/mol	밀도(20°C) g/cm^3	결정구조 (20°C)	융점(°C)
31	Gallium	Ga	69.72	5.91	ortho.	29.7741(T.P.)
32	Germanium	Ge	72.59	5.32	dia. cub.	938.3
33	Arsenic	As	74.92	5.78	rhomb.	603(S.P.)
34	Selenium	Se	78.96	4.81	hex.	221
35	Bromine	Br	79.90			−7.25(T.P.)
36	Krypton	Kr	83.80			−157.385
37	Rubidium	Rb	85.47	1.53	bcc	39.48
38	Strontium	Sr	87.62	2.58	fcc	769
39	Yttrium	Y	88.91	4.48	hcp	1522
40	Zirconium	Zr	91.22	6.51	hcp	1855
41	Niobium	Nb	92.91	8.58	bcc	2469
42	Molybdenum	Mo	95.94	10.22	bcc	2623
43	Technetium	Tc	98.91	11.50	hcp	2204
44	Ruthenium	Ru	101.07	12.36	hcp	2334
45	Rhodium	Rh	102.91	12.42	fcc	1963
46	Palladium	Pd	106.4	12.00	fcc	1555
47	Silver	Ag	107.87	10.50	fcc	961.93
48	Cadmium	Cd	112.4	8.65	hcp	321.108
49	Indium	In	114.82	7.29	fct	156.634
50	Tin	Sn	118.69	7.29	bct	231.9681
51	Antimony	Sb	121.75	6.69	rhomb.	630.755
52	Tellurium	Te	127.60	6.25	hex.	449.57
53	Iodine	I	126.90	4.95	ortho.	133.6(T.P.)
54	Xenon	Xe	131.30			−111.7582(T.P.)
55	Cesium	Cs	132.91	1.91(−10°C)	bcc	28.39
56	Barium	Ba	137.33	3.59	bcc	729
57	Lanthanum	La	138.91	6.17	hex.	918
58	Cerium	Ce	140.12	6.77	fcc	789
59	Praseodymium	Pr	140.91	6.78	hex.	931
60	Neodymium	Nd	144.24	7.00	hex.	1021
61	Promethium	Pm	(145)		hex.	1042
62	Samarium	Sm	150.4	7.54	rhomb.	1074
63	Europium	Eu	151.96	5.25	bcc	822

원자번호	원소	기호	원자량 gram/mol	밀도(20°C) g/cm³	결정구조 (20°C)	융점(°C)
64	Gadolinium	Gd	157.25	7.87	hcp	1313
65	Terbium	Tb	158.93	8.27	hcp	1356
66	Dysprosium	Dy	162.50	8.53	hcp	1412
67	Holmium	Ho	164.93	8.80	hcp	1474
68	Erbium	Er	167.26	9.04	hcp	1529
69	Thulium	Tm	168.93	9.33	hcp	1545
70	Ytterbium	Yb	173.04	6.97	fcc	819
71	Lutetium	Lu	174.97	9.84	hcp	1663
72	Hafnium	Hf	178.49	13.28	hcp	2231
73	Tantalum	Ta	180.95	16.67	bcc	3020
74	Tungsten	W	183.85	19.25	bcc	3422
75	Rhenium	Re	186.2	21.02	hcp	3186
76	Osmium	Os	190.2	22.58	hcp	3033
77	Iridium	Ir	192.22	22.55	fcc	2447
78	Platinum	Pt	195.09	21.44	fcc	1769.0
79	Gold	Au	196.97	19.28	fcc	1064.43
80	Mercury	Hg	200.59			−38.836
81	Thallium	TI	204.37	11.87	hcp	304
82	Lead	Pb	207.2	11.34	fcc	327.502
83	Bismuth	Bi	208.98	9.80	rhomb.	271.442
84	Polonium	Po	(~210)	9.2	monoclinic	254
85	Astatine	At	(210)			~302
86	Radon	Rn	(222)			−71
87	Francium	Fr	(223)		bcc	~27
88	Radium	Ra	226.03		bct	700
89	Actinium	Ac	(227)		fcc	1051
90	Thorium	Th	232.04	11.72	fcc	1755
91	Protoactinium	Pa	231.04		bct	1572
92	Uranium	U	238.03	19.05	ortho.	1135

(S.P. : 1기압에서의 승화점), (T.P. : triple point)

부록 4 실리콘의 물성 (300° K)

표 6 300° K에서 실리콘의 물성

항목	물성값
Atoms/cm^3	5.0×10^{22}
Atomic weight	28.09
Breakdown field (V/cm)	$\sim3\times10^5$
Crystal structure	Diamond Cubic
Density (g/cm^3)	2.33
Dielectric constant	11.9
Effective density of states in conduction band, N_C (cm^{-3})	2.8×10^{19}
Effective density of states in valence band, N_V (cm^{-3})	1.04×10^{19}
Electron affinity (V)	4.05
Energy gap (eV)	1.12
Heat capacity (J/mol-K)	20.07
Index of refraction	3.42
Intrinsic carrier concentration (cm^{-3})	1.5×10^{10}
Intrinsic Debye length (μm)	24
Intrinsic resistivity (ς-cm)	3.16×10^5
Lattice constant (Å)	5.435
Linear coefficient of thermal expansion, $\triangle L/L\triangle T$ (°C^{-1})	2.59×10^{-6}
Melting point(°C)	1414
Minority-carrier lifetime (s)	2.5×10^{-3}
Mobility (drift) (cm^2/V-s):	
μ_n (electrons)	1450
μ_p (holes)	505
Optical phonon energy (eV)	0.063
Phonon mean free path λ_0 (Å):	
Electrons	76
Holes	55
Poisson's ratio, (100) orientation	0.28
Specific heat (J/g-°C)	0.7
Thermal conductivity (W/cm-°C)	
Soild	1.5
Liquid (1414°C)	4.3
Thermal diffusivity (cm^2/s)	0.9
Vapor pressure (Pa)	1 at 1650°C, 10^{-6} at 900°C
Young's modulus (GPa)	130

부록 5 Complementary Error Function Table

x	erfc(x)	x	erfc(x)	x	erfc(x)	x	erfc(x)	x	erfc(x)	x	erfc(x)	x	erfc(x)
0	1.000000	0.5	0.479500	1	0.157299	1.5	0.033895	2	0.004678	2.5	0.000407	3	0.00002209
0.01	0.988717	0.51	0.470756	1.01	0.153190	1.51	0.032723	2.01	0.004475	2.51	0.000386	3.01	0.00002074
0.02	0.977435	0.52	0.462101	1.02	0.149162	1.52	0.031587	2.02	0.004281	2.52	0.000365	3.02	0.00001947
0.03	0.966159	0.53	0.453536	1.03	0.145216	1.53	0.030484	2.03	0.004094	2.53	0.000346	3.03	0.00001827
0.04	0.954889	0.54	0.445061	1.04	0.141350	1.54	0.029414	2.04	0.003914	2.54	0.000328	3.04	0.00001714
0.05	0.943628	0.55	0.436677	1.05	0.137564	1.55	0.028377	2.05	0.003742	2.55	0.000311	3.05	0.00001608
0.06	0.932378	0.56	0.428384	1.06	0.133856	1.56	0.027372	2.06	0.003577	2.56	0.000294	3.06	0.00001508
0.07	0.921142	0.57	0.420184	1.07	0.130227	1.57	0.026397	2.07	0.003418	2.57	0.000278	3.07	0.00001414
0.08	0.909922	0.58	0.412077	1.08	0.126674	1.58	0.025453	2.08	0.003266	2.58	0.000264	3.08	0.00001326
0.09	0.898719	0.59	0.404064	1.09	0.123197	1.59	0.024538	2.09	0.003120	2.59	0.000249	3.09	0.00001243
0.1	0.887537	0.6	0.396144	1.1	0.119795	1.6	0.023652	2.1	0.002979	2.6	0.000236	3.1	0.00001165
0.11	0.876377	0.61	0.388319	1.11	0.116467	1.61	0.022793	2.11	0.002845	2.61	0.000223	3.11	0.00001092
0.12	0.865242	0.62	0.380589	1.12	0.113212	1.62	0.021962	2.12	0.002716	2.62	0.000211	3.12	0.00001023
0.13	0.854133	0.63	0.372954	1.13	0.110029	1.63	0.021157	2.13	0.002593	2.63	0.000200	3.13	0.00000958
0.14	0.843053	0.64	0.365414	1.14	0.106918	1.64	0.020378	2.14	0.002475	2.64	0.000189	3.14	0.00000897
0.15	0.832004	0.65	0.357971	1.15	0.103876	1.65	0.019624	2.15	0.002361	2.65	0.000178	3.15	0.00000840
0.16	0.820988	0.66	0.350623	1.16	0.100904	1.66	0.018895	2.16	0.002253	2.66	0.000169	3.16	0.00000786
0.17	0.810008	0.67	0.343372	1.17	0.098000	1.67	0.018190	2.17	0.002149	2.67	0.000159	3.17	0.00000736
0.18	0.799064	0.68	0.336218	1.18	0.095163	1.68	0.017507	2.18	0.002049	2.68	0.000151	3.18	0.00000689
0.19	0.788160	0.69	0.329160	1.19	0.092392	1.69	0.016847	2.19	0.001954	2.69	0.000142	3.19	0.00000644
0.2	0.777297	0.7	0.322199	1.2	0.089686	1.7	0.016210	2.2	0.001863	2.7	0.000134	3.2	0.00000603
0.21	0.766478	0.71	0.315335	1.21	0.087045	1.71	0.015593	2.21	0.001776	2.71	0.000127	3.21	0.00000564
0.22	0.755704	0.72	0.308567	1.22	0.084466	1.72	0.014997	2.22	0.001692	2.72	0.000120	3.22	0.00000527
0.23	0.744977	0.73	0.301896	1.23	0.081950	1.73	0.014422	2.23	0.001612	2.73	0.000113	3.23	0.00000493
0.24	0.734300	0.74	0.295322	1.24	0.079495	1.74	0.013865	2.24	0.001536	2.74	0.000107	3.24	0.00000460
0.25	0.723674	0.75	0.288845	1.25	0.077100	1.75	0.013328	2.25	0.001463	2.75	0.000101	3.25	0.00000430
0.26	0.713100	0.76	0.282463	1.26	0.074764	1.76	0.012810	2.26	0.001393	2.76	0.000095	3.26	0.00000402
0.27	0.702582	0.77	0.276179	1.27	0.072486	1.77	0.012309	2.27	0.001326	2.77	0.000090	3.27	0.00000376
0.28	0.692120	0.78	0.269990	1.28	0.070266	1.78	0.011826	2.28	0.001262	2.78	0.000084	3.28	0.00000351
0.29	0.681717	0.79	0.263897	1.29	0.068101	1.79	0.011359	2.29	0.001201	2.79	0.000080	3.29	0.00000328
0.3	0.671373	0.8	0.257899	1.3	0.065992	1.8	0.010909	2.3	0.001143	2.8	0.000075	3.3	0.00000306
0.31	0.661092	0.81	0.251997	1.31	0.063937	1.81	0.010475	2.31	0.001088	2.81	0.000071	3.31	0.00000285
0.32	0.650874	0.82	0.246189	1.32	0.061935	1.82	0.010057	2.32	0.001034	2.82	0.000067	3.32	0.00000266
0.33	0.640721	0.83	0.240476	1.33	0.059985	1.83	0.009653	2.33	0.000984	2.83	0.000063	3.33	0.00000249
0.34	0.630635	0.84	0.234857	1.34	0.058086	1.84	0.009264	2.34	0.000935	2.84	0.000059	3.34	0.00000232
0.35	0.620618	0.85	0.229332	1.35	0.056238	1.85	0.008889	2.35	0.000889	2.85	0.000056	3.35	0.00000216
0.36	0.610670	0.86	0.223900	1.36	0.054439	1.86	0.008528	2.36	0.000845	2.86	0.000052	3.36	0.00000202
0.37	0.600794	0.87	0.218560	1.37	0.052688	1.87	0.008179	2.37	0.000803	2.87	0.000049	3.37	0.00000188
0.38	0.590991	0.88	0.213313	1.38	0.050984	1.88	0.007844	2.38	0.000763	2.88	0.000046	3.38	0.00000175
0.39	0.581261	0.89	0.208157	1.39	0.049327	1.89	0.007521	2.39	0.000725	2.89	0.000044	3.39	0.00000163
0.4	0.571608	0.9	0.203092	1.4	0.047715	1.9	0.007210	2.4	0.000689	2.9	0.000041	3.4	0.00000152
0.41	0.562031	0.91	0.198117	1.41	0.046148	1.91	0.006910	2.41	0.000654	2.91	0.000039	3.41	0.00000142
0.42	0.552532	0.92	0.193232	1.42	0.044624	1.92	0.006622	2.42	0.000621	2.92	0.000036	3.42	0.00000132
0.43	0.543113	0.93	0.188437	1.43	0.043143	1.93	0.006344	2.43	0.000589	2.93	0.000034	3.43	0.00000123
0.44	0.533775	0.94	0.183729	1.44	0.041703	1.94	0.006077	2.44	0.000559	2.94	0.000032	3.44	0.00000115
0.45	0.524518	0.95	0.179109	1.45	0.040305	1.95	0.005821	2.45	0.000531	2.95	0.000030	3.45	0.00000107
0.46	0.515345	0.96	0.174576	1.46	0.038946	1.96	0.005574	2.46	0.000503	2.96	0.000028	3.46	0.00000099
0.47	0.506255	0.97	0.170130	1.47	0.037627	1.97	0.005336	2.47	0.000477	2.97	0.000027	3.47	0.00000092
0.48	0.497250	0.98	0.165769	1.48	0.036346	1.98	0.005108	2.48	0.000453	2.98	0.000025	3.48	0.00000086
0.49	0.488332	0.99	0.161492	1.49	0.035102	1.99	0.004889	2.49	0.000429	2.99	0.000024	3.49	0.00000080

찾아보기

▸ K

▸ L

▸ M

▸ N

▸ O

▸ P

▸ **Q**

▸ **R**

▸ **S**

▸ **T**

▸ ㅅ

▸ ㅇ

▸ ㅈ

▸ ㅊ

▸ ㅋ

SI (International System of Units) 접두어

yotta- (Y)	10^{24}	deci- (d)	10^{-1}
zetta- (Z)	10^{21}	centi- (c)	10^{-2}
exa- (E)	10^{18}	milli- (m)	10^{-3}
peta- (P)	10^{15}	micro- (μ)	10^{-6}
tera- (T)	10^{12}	nano- (n)	10^{-9}
giga- (G)	10^{9}	pico- (p)	10^{-12}
mega- (M)	10^{6}	femto- (f)	10^{-15}
kilo- (K)	10^{3}	atto- (a)	10^{-18}
hecto- (h)	10^{2}	zepto- (z)	10^{-21}
deka- (da)	10	yocto- (y)	10^{-24}

그리스어 알파벳

Alpha	Α	α	Nu	Ν	ν
Beta	Β	β	Xi	Ξ	ξ
Gamma	Γ	γ	Omicron	Ο	ο
Delta	Δ	δ	Pi	Π	π
Epsilon	Ε	ε	Rho	Ρ	ρ
Zeta	Ζ	ζ	Sigma	Σ	σ
Eta	Η	η	Tau	Τ	τ
Theta	Θ	θ	Upsilon	Υ	υ
Iota	Ι	ι	Phi	Φ	φ
Kappa	Κ	κ	Chi	Χ	χ
Lambda	Λ	λ	Psi	Ψ	ψ
Mu	Μ	μ	Omega	Ω	ω

몇몇 상수와 그 값

Universal gravitational constant	G	6.67×10^{-11} N · m^2/kg^2
Acceleration due to gravity	g	$9.80 m/s^2 = 980 cm/s^2 = 32.2 ft/s^2$
Speed of light	c	3.00×10^8m/s = 3.00×10^{10}cm/s = 1.86×10^5mi/s
Boltzmann's constant	k	1.38×10^{-23}J/K
Avogadro's number	N_A	6.02×10^{23}mol^{-1}
Gas constant	$R=N_A k$	8.31J/(mol·K) = 1.99cal/(mol·K)
Coulomb's law constant	$k = 1/4\pi\varepsilon_0$	9.00×10^9N·m^2/C^2
Electron charge	e	1.60×10^{-19}C
Permittivity of free space	ε_0	8.85×10^{-12}C^2/(N·m^2)
Permeability of free space	μ_0	$4\pi \times 10^{-7}$T·m/A = 1.26×10^{-6}T·m/A
Atomic mass unit	u	1.66×10^{-27}kg ↔ 931Mev
Planck's constant	h	6.63×10^{-34}J · s
	$\hbar = h/2\pi$	1.05×10^{-34}J · s
Electron mass	m_e	9.11×10^{-31}kg = 5.49×10^{-4}u ↔ 0.511Mev
Proton mass	m_p	$1.672\ 65 \times 10^{-27}$kg = 1.007 267u↔938.28Mev
Neutron mass	m_n	$1.675\ 00 \times 10^{-27}$kg = 1.008 665u ↔ 939.57Mev
Bohr radius of hydrogen atom	r_1	0.053nm
Bohr magneton	μ_B	9.274×10^{-24} J/T 5.788×10^{-5} eV/T

부록 1참조

단위 변환표

질량과 밀도
1kg = 1000g = 6.02×10^{26}u
1u = 1.661×10^{-27}kg
1kg/m^3=10^{-3}g/cm^3

길이와 부피
1m = 100cm = 39.4in = 3.28ft
1mi = 1.61km = 5280ft
1in = 2.54cm
1nm = 10^{-9}m = 10 Å
1pm = 10^{-12}m=1000fm
1light-year = 9.461×10^{15}m
1m^3 = 1000L = 35.3ft^3 = 264gal

시간
1d = 86400s
1y = 365¼d = 3.16×10^7s

각
1rad = 57.3° = 0.519 rev
π rad = 180° = ½ rev

속도
1m/s = 3.28ft/s = 2.24mi/h
1km/h = 0.621mi/h = 0.278m/s

힘과 압력
1N = 10^{5}dyne = 0.225lb
1lb = 4.45N
1ton = 2000lb
1Pa = 1N/m^2 = 10dyne/cm^2 = 1.45×10^{-4}lb/in^2
1atm=1.01×10^5Pa = 14.7lb/in^2 = 76.0cmHg

에너지와 파워
1J = 10^{7}erg = 0.2389cal = 0738ft·lb
1kW·h = 3.6×10^6J
1cal = 4.1868J
1eV = 1.602×10^{-19}J
1horsepower = 746W = 550ft · lb/s

자기
1T = 1Wb/m^2 = 10^{4}gauss

부록 2 참조